设计草图

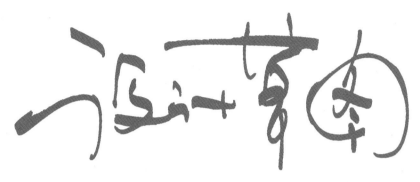

—— 方案创作手脑表达训练教程

AiTOP 手脑思维训练系列

设计草图

—— 方案创作手脑表达训练教程

鲁英灿 蒋伊琳 著

中国建筑工业出版社

文案创作 鲁英灿

插图绘制 蒋伊琳

插图指导 鲁英灿

排版整订 康玉芬

插图扫描 李佳金

前言

所谓“设计草图”，就是在构思、创作和初步表达方案时绘制的一系列概念、图解、分析、总图、平面图、立面图、剖面图、透视图、鸟瞰图等。我们提倡的是通过手和大脑的互动，使得绘制草图的过程不仅达成设计表达、设计交流的目的，而且能够使得绘制草图成为自然形成设计方案的有机过程，甚至使得绘制草图成为手和大脑、自己和潜意识进行互动交流的创造性体验。要达到这样的专业体验和能力，需要专门的训练。

通俗地说，“设计草图”就是把构思和方案绘制出来跟自己以及他人交流的方法和能力。

本质上，同时成为表达专家才算是合格的设计师，然而大多数设计师和设计专业学生在设计表达、设计交流方面存在着严重的能力缺陷，导致很好的方案难以被业主认可和接受。因此，设计草图的能力训练比起设计速写的训练而言，不仅不能忽视，而且有着更加直接的训练必要。让手告诉大脑、让潜意识做出来的方案通过手“打印”出来、让手和大脑交流互动……这些真正的设计乐趣能够体会和实施的人并不多，为什么呢？因为几乎没有人这样告诉过你或者这样训练过你。因此，设计师需要设计草图方面的专业训练，这可不是简简单单画出草图那么简单。

本书以方案创作实践为目标，以直接提高方案创作及表达能力为主线，系统讲解通感、提炼、目标、表达……构成、概念、创作、多案……符号、图解、字体、标注……踏勘、试做、逻辑、意象等一系列专门的设计草图能力训练方法，并结合全铅、炭铅、彩铅、粉彩、马克笔、水彩等专业工具进行实战表达。书中所涉及的设计项目均为真实案例，虽然有些已经时间久远，但宗旨是为了说清楚要表明的观点。

本书的前身是《AiTOP·徒手设计草图专业训练内部资料》，与之配套的另一本是《AITOP·徒手设计速写专业训练内部资料》（后改为 AiTOP）。这套内部资料从 2006 年初开始策划，历经数载，数易其稿，其间甘苦，难以言表。此后又以内部资料为教材，经历了数年的手脑思维表达培训课程的检验，并重新整理文字、绘制插图，以“AiTOP 手脑思维训练系列丛书”的形式于 2014 年 3 月正式出版发行了《设计速写 —— 方案创作手脑思维训练教程》，而本书是第二本，命名为《设计草图 —— 方案创作手脑表达训练教程》。

《设计速写 —— 方案创作手脑思维训练教程》和《设计草图 —— 方案创作手脑表达训练教程》相辅相成、互为表里，是方案创作基本功训练的重要组成。通过阅读本套丛书，并以真实的或假定的设计项目作为训练载体，使设计速写训练对方案创作能力的提高形成积极有效的推动，为设计草图的创作与表达打下坚实的基础，从而完成由手脑思维训练到方案创作交流的过程。提高设计表达、设计交流能力，从而逐步与提高方案创作能力形成互动，是训练的根本目标。

祝大家心想事成！

鲁英灿

2015年9月

目录

第4章 配景引导

第5章 理性轴测

目录

第6章 推理分析

第7章 概念草图

第8章 方案表达

HAND-PAINTED ANALYTICAL

第 1 章

手绘解析

【主要内容】

1.1 画家模式　1.2 效果图模式　1.3 考试模式　1.4 项目实战模式

1

手绘一词被泛滥使用，导致的后果很混乱。我们一直在把各种与设计相关的徒手绘制能力都笼统地纳入了方案创作基本功之列。

科班出身的设计师群体，由于曾经在学校受到了美术教师和设计教师标准迥异的“手绘训练”而长期处于疑惑和矛盾之中，非科班的设计师群体则简单地认为“手绘是方案创作的基本功”。**设计市场中各种手绘培训、手绘网站、手绘书籍，则在画家模式与设计师模式、制图模式与创作模式、交流模式与商用模式中被模糊定义，导致很多设计师茫然不知所从，不知道自己到底该训练哪种“手绘”**。

还有太多自以为是的人大肆抨击创作模式的设计草图“画得不像”、“画得太草”、“太过抽象”、“太过随意”……不假思索地认为只有画家型、表现型、制图型、商用型草图才是设计草图。**这种对绘画、制图、构思、交流、表达、表现、商用、考试等不同应用目标的“手绘”进行概念混淆的情况，目前已经十分严重，甚至形成了反常局面——不以方案创作为目标的手绘模式明显占据了强势，甚至日渐普及**。

普通高校的设计专业在招生的时候普遍加试美术，教学大纲中也普遍设置手绘的快题考试，包括设计专业的研究生考试也普遍加试手绘的快题设计。毕业后，设计公司在招聘的时候普遍加试手绘的快速设计，在职设计师的注册建筑师考试也包含手绘的快题设计。这些目标根本不同的考试，由于都是“手绘”，“手绘”这个词就轻松地变成了一个万能词，并且都被暗示导向方案创作，仿佛只要是手绘，就是方案创作的基本功。同时，由于一些人盲目喜欢“设计”这个词，又盲目地以为设计即方案创作，于是不分青红皂白，各种“手绘”就成了代表方案创作基本功的奇怪“主流”。

大多数人尚未意识到，精细的手绘实际上与方案创作能力的培养以及方案创作实战并没有直接关系。从显而易见的常识统计而言，大多数画家并不容易直接转变为方案创作师。既然如此，为什么还有人如此热衷于写实模式、精细模式、模拟尺规模式的手绘效果图画法呢?

本章就设计行业中较为普遍存在的手绘行为进行逐一分析讲解，希望能够引起读者警醒：不是所有的手绘都与方案创作能力的培养和实战直接相关，不能陷入偷换概念的陷阱而不自知。

1.1 画家模式

我们对画家模式的素描、写生、速写进行分析，以便理清自己的训练需求。

1.1.1 画家素描

画家素描：缓慢周期的真实目标是考验和筛选人才。

学习素描还是训练设计速写、设计草图，这个问题困扰着很多人。种种迹象表明，素描训练是筛选画徒的门槛，并不十分适合培养方案创作师。

传统的素描基础训练强调“慢画”，即用精细复杂的排线花费少则几个小时、多则几天，甚至长达几个星期的缓慢周期完成一张素描。这种以慢慢体会并逐步深入为主的绘画周期，与方案创作师所需的迅速发散、快速创作、多个方案、优选优化的工作模式有着很大不同，但与方案创作师在思路基本定案后对整体与细节进行反复分析与修订的深入推敲阶段有一定的类似之处。换句话说，素描周期的缓慢深入模式与方案创作的后期完善阶段异曲同工。因此，素描训练类似于“已有答案和目标的精细加工”，与方案创作强调的“寻找答案和目标的优选优化”有着显而易见的本质差别。只是由于惯性和传统思维，设计教育行业仍然将素描和钢笔画这类低效率的基础训练模式硬性移植并令人惊奇地延续至今。

在实际的设计教学和工作中，经常会发现绘画功底不错的人一旦去做方案创作、设计表达，往往就像是初学者似的茫然不知所措。这些人有着很强的继续培养的潜力，但是改正他们在素描绘画时的很多固有习惯往往会花费更多精力，甚至在做设计表达的时候反而会忘记对素描关系的强调与重视，这说明在他们的脑海中已经深深留下了“素描关系（包括阴影）很难画、很费时”的心理烙印。太多人由于经过了缓慢周期的素描训练反而养成了思维和行动都变慢了的坏习惯，因此有必要进一步分析画家模式的素描训练。

早期的素描训练实际上是绘画大师筛选学生的有效手段之一，即让那些请求跟随自己学习的学生们先从素描开始训练，并强调慢画慢练，从而根据学生的耐心、严谨、勤奋、毅力等方面判断其坚持的能力，进而判断其是否让大师有必要投入精力、感情、时间、空间以及资金等成本进行深入培养。实际上，大多数学生都会中途退出，于是大师就能有效地筛选出那些最终坚持下来的学生，进而给予进阶指导，直至筛选出自己中意的弟子。这种做法与武术大师要求入门学徒先从枯燥的“蹲马步”开始训练类似。那些不能忍受、坚持不下来的学徒自然就知难而退了。

一旦通过艰苦努力渡过了这段令人疑惑的“考验期”，筛选出来的学生再画素描的时候，老师往往就会开始鼓励他快速创作、大量创作、优选优化，而不再是慢吞吞地画，这也是我们往往会惊奇地发现一些著名画家实际作画的速度非常快的原因之一。因此，单纯的素描训练往往并不是直接训练人才的手段，而是控制浮躁、观察潜质、发现人才的方法。即使是现代，仍然有很多设计单位、施工单位采用这种让新人从事基础的、需要耐心和严谨的底层工作的考察模式，以观察、考验与判断其是否具备可深入培养的潜质。

从另一个角度来看，大多数画家实际上难以直接转化为方案创作师，这是不争的事实。画家绘画的基本目标是画出自己对世界的感觉、印象、观念，而不是为了别人的审美而创作，即主观性、自主性很强。画家是先创作、再卖画，即使是有画商订货，画家一般也不会轻易放弃自己的风格或者理念，真正的画家实际上是希望筛选画商而不是迎合市场。方案创作师在多数情况下则恰好相反，一般是先有业主需求才有项目可做，并且在多数项目中并不是在单纯地表达着自己对世界的认识和观点，而是更多地在表达着业主与使用者以及相关各方多重的价值观和需求。

由于画家模式的自我意识、自主意识与方案创作师模式的合作意识、多赢意识有着本质区别，因此画家的训练模式往往并不适合训练设计师，这是显而易见的常识

逻辑。虽然从慢周期的素描开始设计创作训练的这种观点和做法很普遍，但是非常值得怀疑和商榷，因为培养严谨、细致、耐心等专业基本能力的方法有很多种，缓慢周期的素描训练并非必不可少。

总之，画家模式的缓慢周期素描训练，不仅造成了多数设计专业的学生形成了缓慢思维和缓慢行动的不良风气，而且由于素描训练的枯燥性质导致多数学生对素描关系形成了不该有的反感，反而培养出了大量的忽视明暗、忽视阴影、忽视退晕的所谓“科班”设计师。更严重的是这种缓慢推敲深入的素描训练使得大多数设计专业学生从低年级就开始陷入“重要的是思考”的“思而不为”的恶性循环模式中，创作能力不但没有被训练和挖掘，反而丧失了。

1.1.2 画家写生

画家写生：追求栩栩如生是在提高写实绘画能力。

写生实际上是画家为了积累素材、观察生活而做的一种日常训练，也会集结成册并出版发行，但是很多方案创作师在并不了解画家的情况下想当然地臆想出了很多误解。

问题一：写生一定要付出成本代价么？

由于画家们大多喜欢创作民俗意味浓厚的作品，因此在公开发表的写生作品中往往会偏爱那些破旧的、古老的房子，即使是人物写生似乎也是喜欢那些细节丰富的、满脸皱纹的老人，由此很多方案创作师就自以为是地形成了一种错觉 —— 只要写生就应该去偏远山区或贫困地区。同时，很多画家喜欢画特别的风景，于是另一个错觉就是误以为写生必须到风景优美且独特的地方才行。还有，画家大都画过人体写生，尤其是裸体人物写生，于是又一个错觉产生了：只有画人体写生才是专业训练。这样的错觉还有很多，其共同特征就是老旧或细节丰富、美好或内容特别。这些臆造的错觉使得很多方案创作师误以为只要是写生就需要煞费苦心地长途跋涉或者必须寻求特殊的写生对象，于是就看不到眼前和身边随处可见的景物之中所蕴含的特质，造成了普遍不会观察生活、不会提炼美感要素、不会关注身边有学习价值的产品和作品的“睁眼瞎”现象。

对周围事物、身边景物的视而不见、熟视无睹、选择性失明等不良习惯，往往都来自于对画家写生模式的“有意”误解。

没看到凡高画了那么多诸如向日葵、小酒店、台球厅等身边景物么？其实画家并不是必须跋涉到景物奇特的地方才可以写生，实际上大多数画家都会对身边景物随时随地写生，只是那些写生作品大都没有公开发表而已。为什么那么多方案创作师乐于以没钱雇模特为由、以没时间去景区为由、以没条件去老区为由而反复抱怨呢？他们只是在创造借口掩饰自己连身边的景物都不能抓住的懒惰而已。其实，在我们的身边、就在眼前，有着太多经过专业设计的、久经时间和市场考验的优秀产品和作品：手机、电脑、电器、钟表、文具、工具、提包、衣帽、发型、容妆、海报、封面、装帧、广告、封套、汽车……经典就在我们身边，何必假作失明、舍近求远呢？为什么不开始观察并研究眼前的景物呢？不要再患得患失、遥图远方，“眼前才是全世界！”

问题二：写生一定要惟妙惟肖么？

画家为了训练自己详实描绘景物的能力，往往会在写生作品中尽量把景物画得栩栩如生，于是很多方案创作师就误以为写生就必须把看到的景物原原本本、丝毫不差地画出来，这种不假思索的“以为”害苦了很多人。

太多人以“像”为单一标准衡量设计写生，于是不自觉地向写实努力，结果是习惯了关注细节，习惯了被动描绘物体，习惯了手绘照片效果，一旦临摹则企图成为“手绘复印机”，却彻底忘记了对感觉和印象、美感和特质进行提炼与移植进而转化、吸收，而提炼、移植和转化、吸收才是方案创作师进行景物写生的专业目标。

实际上，即使是画家的写生，也不会完全照搬看到的景物，而是会对景物进行适当取舍、提炼、重组、改造、创作。那么，为什么那么多方案创作人员都像强迫症患者一样执着于写实绘画呢？原因在于这些人其实并没有研究过画家绘画过程，而是跟普通人一样靠着想当然的猜测来轻易决定自己的行动。

看一下勒·柯布西耶的雅典卫城写生和路易斯·康的威尼斯广场写生，希望能够让我们意识到我们是方案创作师而不是专业画家，惟妙惟肖不是我们的职业需要，对我们而言，提炼特质才是写生目标。

问题三：写生是基本功还是业余爱好？

很多著名设计师发表了风景或建筑写生画集，这些涉猎广泛而且成果精致的画集也给很多方案创作师造成了思想压力，误以为这种美术画法的风景和建筑写生是方案创作的基本功，甚至因为自己不能创作这种画集而惭愧，进而认为自己没有资格进行方案创作。还有很多著名设计师发表了摄影、书法、雕塑等方面的作品集，甚至会举办这类作品展览，于是又给更多方案创作师造成了更多的心理障碍。难道必须同时成为画家、摄影家、书法家、雕塑家才能进行方案创作么？当然不是！其实，绘画与其他艺术行为一样，都只是方案创作师的业余爱好而已。就像电影编剧可以同时喜欢烹饪一样，重要的是感悟、提炼、移植、转化的能力，而不是爱好本身。

本节从画家写生入手，初步讲解了画家写生与方案创作师写生的不同和相同之处，希望读者能够从方案创作的目标反向思考应该如何进行设计写生，而不是单向思维、盲目引入画家的写生模式，甚至靠臆想猜测来掩饰自己懒惰与盲从的实质。

■ 选自《水彩画写生技法 —— 建筑风景》 湖南大学出版社出版 陈飞虎 编著

1.1.3 画家速写

画家速写：高速进行特征提炼是在为目标作品积累素材。

速写和写生往往被初学者混淆，以为二者是一回事，其实不尽然。写生和速写有什么区别呢？写生是画家见到令自己感动的景物时随兴绘制的写实绘画练习，而速写则是画家为了创作主题作品而进行的有着明确目标的景物特征收集与提炼的实验。画家写生强调对景物的认真观察、写实描绘；画家速写则更加强调根据主题目标对景物进行关联筛选、特征提炼。换句话说，速写是有主题的写生，是有目标的提炼。

■ 选自《中国画名家经典画库·现代部分 —— 黄胄》 河北美术出版社

画家为了画好主题明确的作品，平时就会对该主题进行大量的、精细写实的写生，等到画家觉得对该主题的写生已经很熟练了，就会进而提炼其特征、形成大量的精炼的主题速写，等到画家觉得特征提炼达到了某种满意的程度，就会挥毫创作主题作品，甚至一气呵成。因此，画家模式的速写给我们的启示是：**速写是有目标的素材收集、提炼、整合，而不是茫然没有目标的潜移默化。**

很多人往往会不假思索地做毫无主题目标的写生，而且会把这种写生偷换概念称之为速写。这种把写生当成速写，并且把写生训练与当前设计项目彻底割裂的现象非常普遍。太多人误以为写生就是速写，而且是提高修养的潜移默化的过程，与自己眼前的设计项目并没有直接关系，于是就会时常见到很多人写生能力很强、方案创作能力却很弱的奇怪现象，其实这与画家不容易直接转变为方案创作师的原理异曲同工。

盲目写生是造成很多方案创作师患得患失、抓小放大、心气浮躁、焦虑自疑的原因之一，因此强烈建议方案创作师少做直接意义不大的画家模式的写生，多做创作模式的设计速写，让设计速写目标明确地与当前设计项目直接相关，从而养成按需训练的专业习惯。至于设计速写，笔者的另一本专著《设计速写 —— 方案创作手脑思维训练教程》中已有详述，恕不赘言。

1.2 效果图模式

手绘效果图：准确细致地描绘的目标是商业美化。

■《建筑绘图与设计进阶教程》机械工业出版社出版 （美）麦克W·林 编著 魏新 译

1.2.1 从创作中剥离

很多人误以为所谓的“手绘”指的就是手绘效果图，这种把商用效果图误以为是方案创作师的设计草图的现象非常普遍。其实手绘效果图往往并不需要方案创作师亲自绘制，因为所谓效果图，实际上是类同于“婚纱照”、“明星照”的美化、渲染设计方案的商业行为，一般是在初步定案或者最终定案后由专门的效果图公司或者美术功底较强的效果图师绘制完成。

方案创作师的任务是创作出具有创造性思维、能够创造性地解决多重需求的概念策划、概念方案、设计方案，一旦达成了这个目标，那么绘制出细节详尽的、给人美好憧憬的或者接近于绘画风格的手绘效果图就是专业效果图师的工作了。并不是每个项目都需要绘制手绘效果图，大多数项目实际上需要的是电脑效果图，因为后者可以更美好地表现出项目的美化效果，而前者往往是在有着特殊需要时才绘制。

目前市场上很多手绘书籍实际上是专门用于培养专业效果图绘画师的教程，由于这类书籍数量过多，导致很多人误以为手绘效果图需要方案创作师亲自绘制。

多年前，市场上几乎没有专门手绘效果图的公司存在，那时的方案创作师的确是自己亲自绘制效果图，现在则由于委托专业的效果图师绘制手绘效果图需要昂贵的费用，因而往往仍然需要方案创作师为了节约成本而亲自绘制。虽然如此，由于方案创作师大都不是美术专业出身，往往难以胜任手绘效果图所需的强烈的艺术感表达的工作，况且方案创作师做完方案草图，还需要继续深入设计，而手绘效果图所需的详尽的制图与设色需要大量的时间和精力，从而导致方案创作师难以分身替代手绘效果图师。这种情形，与目前最终的电脑效果图也往往需要找专业效果图公司制作的道理是一样的。

手绘效果图、电脑效果图、展示用的模型等实际上都是纯粹的商业行为，其特征是夸张美好、掩饰不利，与创作和表达并没有直接关系，因此并不是必须由方案创作师亲力亲为的专业工作。

1.2.2 入行的敲门砖

设计速写、设计草图是方案创作师的分内所为，而手绘效果图则是专业效果图师的工作，这并不是说方案创作师的训练内容中应该删除手绘效果图的专业训练。事实上，如果你目前还没有很强的方案创作能力，那么建议你先学习、训练做一个手绘效果图绘画师，或者做一个电脑效果图制作师，这是接近方案创作师、可以就近观摩方案创作过程及结果的极好机会，也是进入方案创作行业的敲门砖之一。当然，效果图绘画师和制作师也不是那么好做的，想成为真正的高手，不会比成为方案高手容易。因此无论你从哪里开始，都要脚踏实地、逐步积累，万万不能企图在初学阶段就厚此薄彼、一步登天。

需要提醒的是，只有会画手绘效果图、电脑效果图的方案创作师才会真正理解效果图师付出的艰辛，从而与效果图师默契合作，并通过双方努力反复修改最终达成目标。如果你正在做与效果图相关的工作，并非就是走错了路。手绘效果图虽然是方案创作师必须训练的基本功之一，但是一旦具备了较强的方案创作能力，绘制效果图的任务就不再是方案创作师的工作了。

1.3 考试模式

1.3.1 大学设计课快题考试

大学设计课快题考试：缓慢的课程周期的无奈补偿。

在大学的设计教学中，快题考试是用于检查学生设计能力的一种重要手段。通常有两种形式：一种是几小时内完成的快速设计，简称快题考试，一般有 4 小时、6 小时和 8 小时之分；另一种形式是几天或几周内完成的快速设计，简称短期快题设计。

1.3.1.1 快题考试

快题考试的考题即任务书，一般要求绘出建筑的平、立、剖面图及总图、分析图，通常要求在规定时间内完成。设计过程中不得查阅参考资料，不得与他人讨论，必须独立思考、独立完成全套图纸。

快题考试的目的是为了弥补平时设计教学的长周期（6~8 周）课程设计的缓慢创作行为所造成的严重后果，即前面提到过的由于周期过长，学生的思维、行动、创作、制图缓慢，根本不能适应毕业后设计市场上实际存在的高速创作和大量创作、优选优化的要求。为了能够让学生对快速设计能力重视起来，多数设计院校的传统是把快题考试当成升级考试，即快题考试作为一票否决的标准，只要不及格就会降级。近些年由于多数学生的基本功薄弱、快速设计能力更弱，于是导致法不责众，很多设计院校只好不再把快题考试当作升级考试，而只是作为课程组成。

快题考试的实质仍然是应试考试，其目标是考察学生的基本能力是否全面，因此在时间控制方面，先保证画完、不缺项才是最重要的。保证画完是基本要求，方案有创造性则是更高层次的要求。试想，如果一个考生连图都没画完，那么还有必要看他的方案是不是好方案么？

这就像写文章一样，如果根本就没写完，谁会认为文章的立意更重要呢？因此，快题考试要“倒算时间”，即根据自己的画图速度，去掉足够的画图时间，剩下的时间就是做方案的时间。

不出错、不缺项、全画完，这样的考卷，只需方案基本合理、略有创造性即可获得通过甚至高分；那些因为追求方案创意的超凡脱俗而导致没有画完的考卷，则会被认为是基本功不扎实而被判为不及格。总之，快题考试的目标是拿分，而不是中标。

1.3.1.2 短期快题设计

短期快题设计可以查阅各种可能获得的资料及文献，甚至可以外出考察同类型的建筑实物，只是必须在规定的时间内迅速确定设计构思，并完成设计任务书上要求的全部图纸。

短期快题设计一般存在于本科高年级和硕士研究生课程中，一般要求在 1~3 周内完成指定任务书的方案设计与表达，其目的往往是为了借学生之力参加某一个真实项目的投标或者分析某一个研究项目的多种可能性。**这种短期快题设计考察的重点是解决问题的能力、充分表达的能力，与快题考试的应试模式有着本质不同。**

短期快题设计并不要求每个人都必须中标，最终给出的评判仍然是课程的成绩分数，因此大多数硕士研究生并没有意识到这是训练自己创作与表达能力的极好载体，得过且过者居多。

归纳起来，大学教育中的快题考试和短期快题设计，其目标是对长周期的课程设计模式的平衡与补偿，其原因在很大程度上是无法下决心舍弃缓慢周期的课程设计模式所致。由于大学教育的惯性思维多年来一直十分强势，因此目前的大学设计教学仍然难以认识到长周期的设计过程实际上应由大量的快速设计组成，仍然难以做到高效迅速地完成优选优化、思路递进、取舍提炼的专业创作过程。

1.3.2 考研快题考试

考研快题考试：本质仍是应试模式而非创作实战。

1.3.2.1 考研的两个阶段

考研成功的评判分为两个阶段：一是达到院校基本要求，二是所报导师认可。

首先分析如何达到院校基本要求，其实这个问题与我们为什么要考研直接相关。很多人实际上并不以深造和研究为真实目标，由于盲目的从众心理和功利心理而热衷于考研，其中的考研快题考试则往往是心头之痛。考研爱好者们往往误以为应对考研快题主要就是准备好手绘能力和设计能力，实际上事情远远没有这么简单，因为比这些更重要的是，自己是否真的需要考研？

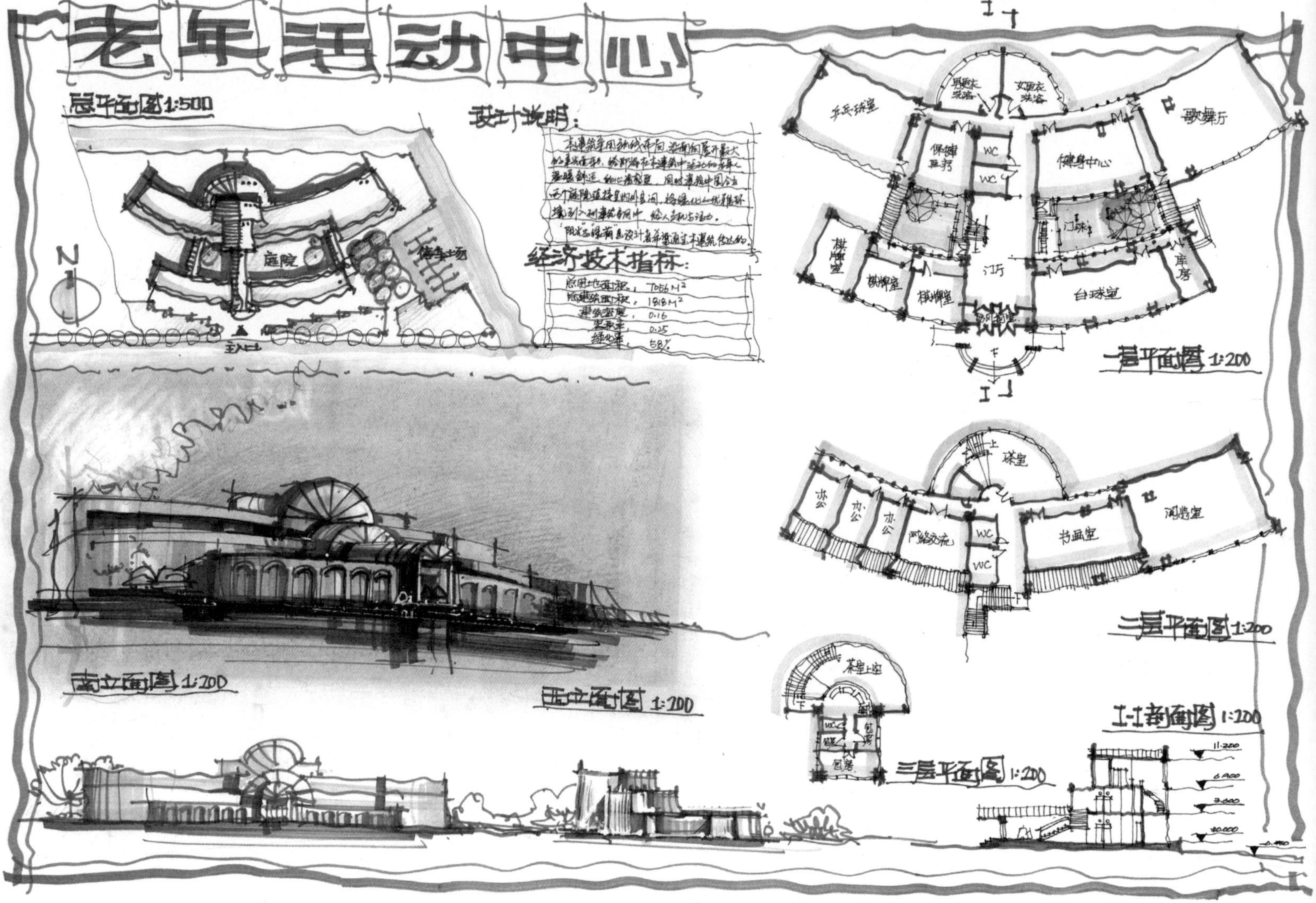

■ 大学设计课快题考试 —— 四年级

对于那些设计创作和设计表达比较熟练的人来说，考研快题设计达到院校基本要求实际上并不困难，真正有困难的人是那些专业基础薄弱，企图靠考研改专业、换出身、找工作的人。从设计院校的基本要求而言，专业基础薄弱的人不应该选择考研，因为研究生的概念是在本科专业优秀人才中选拔出研究型人才进行深造和专业研究，而不是给专业基础薄弱的人补课、帮助改行，这一点往往是那些盲目考研的人群没有想过的基本常理。

至于需要目标导师认可，这一点更少有人认真研究。报考之前应该亲自去实地拜访目标导师的研究所，包括与导师、在读研究生交流，从而亲自了解导师的研究方向和为人处世原则等是否与自己的想象相符，要知道不能只是靠着学历、获奖、论文、著作和各种头衔就想当然地以为导师必然是适合你的。太多人报考之前根本不找自己中意的导师交流，只是天真地以为分数够了就能被录取。如果高分却被拒绝，最终只好接受调剂的命运，导致后悔莫及，这样的例子在现实生活中并不鲜见。所以说，考研不仅仅是考上考不上那么简单，要知道人与人相互适合才是关键要素，一定要亲自做充分的调查研究，而不要仅仅单纯地死盯手绘训练与分数成绩。有时候，名不见经传的导师，会因为你的报考而使得孤独的他感动、感慨，反而可能会给你更好的指导和关注，甚至可能成为终生的忘年交。

太多人靠着一厢情愿去实现所谓的理想，其实是在盲目地赌博人生而不自知。除了你的父母、兄弟、姐妹、亲属你无法选择，你自己每个阶段的人生都需要你自己去调查研究、需要你为自己负责、需要你为自己决策，难道不应该这样么？这是你自己的生命，怎么能因为盲从、借口而放弃常识，忽略对自己人生责任的行动呢？考研不是高考，考研是人生抉择。

1.3.2.2 考研训练的目标

如果你看了上面的文字仍然要坚持考研，那么请记住：考研训练的目标中，设计能力和表达能力都是极其重要的环节。

所谓设计能力，一般来说，从整体上考察逻辑性以及解决问题的能力；从体量关系上考察美学修养、造型能力；从剖面表达中考察结构、构造概念是否清晰等。**而所谓表达能力**，更多的是来源于第一印象，并由此产生对图面整体效果的评价，包括图面的排版、线条的运用、色彩的搭配、细节的控制等方面。对设计能力和表达能力的评价是无法做到量化的，只能根据这些汇总起来的总体印象来横向比较，最终得出哪个人设计能力较强，哪个人设计能力较弱，**核心是考察应试者的研究能力和发展潜力**。

考研快题考试本身终究是应试模式，还是有其规律可循的，目前各个设计院校周边不断兴起的各类考研快题辅导班就说明了这一点。实践也证明，对大多数不是那么故意“偏门出题”的设计院校来说，考研快题考试还是可以通过自我训练、培训辅导顺利通过的。

正因为考研快题仍然是应试考试，很多人单纯为了考研而训练或者参加各种培训，其实本质是很功利的行为。换句话说，他们不是以提高方案创作能力、专业设计表达能力为出发点顺便达成考研快题考试中的好成绩，往往打着热爱设计创作的旗号去做应试准备，去为获得文凭而努力，这种有意无意偷换概念的情形比比皆是，结果是既不能全力研究设计创作并做好自我训练，又没能全力研究应试技巧并做大量试考，更不能通过实地考察对自己负责，最终不尴不尬，只好靠赌徒行为再次迷失方向。

总之，考研快题考试的本质仍然是应试考试，并非创作实战，甚至二者根本就是矛盾的。虽然本书对考研准备可能会有很大帮助，但是这样的结果只是副产品而已。

1.3.3 应聘快题考试

应聘快题考试：向用人单位正确展示自己的优势。

很多设计单位对应聘者实施快速设计模式的应聘考试，通常周期是 1~8 小时之间或者几天，其目的是考察与评估应聘者的基本素质、专业技能、知识构成、培养潜力、创作能力、发展可能等。

由于用人单位的目标并不是打分数，而是发现人才，因此应聘考试的快速设计就不能按照应试模式去准备，也不能完全按照项目设计的标准单纯地争取中标，而是应该尽可能在区区几个小时之内设法传达出自己的长处，证明自己是可造之材、可用之才，换句话说，就是扬长避短、证明自己。

1.3.3.1 扬长避短

所谓扬长避短，指的是应聘者要分析自己的优势，并尽可能在图面中表达出自己的长处，以证明自己值得聘用的价值所在。比如应聘者的文笔比较好，那么就不能像在学校的课程设计那样用套话对付，而是要认真写好设计说明，让用人单位意识到如果接受了这位应聘者，单位就多了一位文案写手；比如应聘者书法比较好，那么就要多手写一些文字（如果毛笔字好，就要带着毛笔入场挥毫），让用人单位意识到如果接受了这位应聘者，单位就多了一位书法拿得出手的人；比如应聘者美术字写得好，那么就要尽可能表现出自己的美术字功底，让用人单位意识到如果接受了这位应聘者，单位以后的手绘图上的美术字就不必发愁了，等等。每个人的长处都有所不同，但是要记住的是一定要设法把自己的长处在图面上或面试时表达出来，以增加被聘用的几率。千万不要靠喊口号、表决心自欺欺人，那样的话用人单位一眼就能看出来你的无能和虚弱甚至虚伪。

1.3.3.2 证明自己

所谓证明自己，是指在应聘考试的图面上，除了做出基本的设计表达以外，还可以尽可能地画出各种分析图，比如现状基地需求权重图、设计概念生成解析图、设计解决要素优劣图、项目商业经营测算图、设计实施难点列表图、设计讲解要点排序图等，以表明应聘者除了基本的方案设计与表达能力之外，还具备更多的分析、预见、策划等方面的专业能力。

应聘快题考试的目标是被用人单位认为是可造之材、可用之才，而不仅仅是方案本身的合理、美观、个性。比完成考题更重要的是，应该亲自对目标单位做调查研究、深入应聘单位实习体验、对应聘单位以往作品做归纳分析……应聘考试的注意事项如果展开，可以写一本书，这里就点到为止。

总之，应聘快题考试并不仅仅是快速创作和快速表达，真正重要的还是要证明自己的优势所在，因此未见得手绘能力弱的人就没有机会被录取，而手绘能力强的人也未见得就一定会一帆风顺，最关键的还是看应聘者的长处与用人单位的需求之间的交集有多大。

1.3.4 注册建筑师快题考试

注册建筑师快题考试：考核目标并不是方案创作能力，而是考察设计师对设计项目的整体控制和责任承担的能力。

1.3.4.1 概念混淆

太多人误以为注册建筑师必然是方案创作高手，正是因为这种误解，导致设计市场上雇佣“枪手”、借用效果图公司创作方案等“潜规则”泛滥。

一些设计单位的注册建筑师并没有很强的方案创作能力，于是就偷梁换柱，私下里花钱雇佣有方案创作能力的设计师或者效果图公司来创作方案，然后堂而皇之地在图纸签上注册建筑师的名字，甚至以“大家都这样”、

"我负责的是重要修改和实施"、"最终实施方案已经与最初方案有了很大变化"等借口心安理得地伪称是自己的作品，这种把注册建筑师与方案创作师混为一谈的现象目前非常普遍。

还有一些设计单位，由于管理团队成员大都是施工图设计师出身，因此制订的利润分配制度往往是以施工图工作量为主，甚至有的设计单位几乎不计算方案创作师的工作量，更为严重的情况是干脆打出"方案免费"的幌子招揽设计项目。这种对方案创意、策划、创作专业的知识产权和专业工作量的不尊重甚至蔑视，导致大量的方案创作师最终被迫不得不"随波逐流"，改为以考注册建筑师为主、以施工图设计为主的工作模式，导致设计师群体普遍缺乏对方案创作的深入研究，整体创新能力自然变得不尽人意甚至江河日下。所以说，只有设计行业体系本身变得真正尊重方案创作师，国内抄袭泛滥、冒名普遍的局面才能开始实现扭转。

事实上，策划、创意等创作行业是没有注册考试的。创作能力和创作师的名气根本就不是考试能够考出来的，只能是靠市场、公众的认可而形成创作师个人和团队品牌。因此，既想做一个创意高手、策划高手、创作高手，又想做一个优秀的注册建筑师，这对大多数人而言是极其困难的，甚至是没有必要的目标。

由于方案创作师和注册建筑师的目标差异很大，尤其是思维模式差异巨大，因此设计行业中很多方案创作师并不去考注册建筑师，说到底最重要的还是自己的能力定位、精力分配，而不是盲目求全。

1.3.4.2 利益诱惑

对一些人来说，考取注册建筑师的动力往往是认为可以靠着注册资格证书换来高待遇和高地位。

对高待遇而言，一些人企图在考取注册建筑师证书后把证书挂靠在某个乐于提供高额挂靠报酬的设计单位，以此换来一劳永逸的日常收入。那么，真的能这样轻松赚钱么？假使我们抛开注册建筑师的职业良心，也应该懂得实际上注册建筑师的责任非常重大，甚至是终生责任。一旦盖着某位注册建筑师注册印章的项目出了问题，比如出现火灾、坍塌、倾斜、裂缝等情况，执法机关要做的第一件事情就是先找到该注册建筑师并暂时限制其人身自由，直至对图纸的审查没有问题。更何况，目前只是过渡时期，一旦注册建筑师的数量达到相对饱和，那些肯出高额的挂靠费用的设计单位就会逐渐减少，那时的注册建筑师更多的还是回归责任，而不是巧取待遇了。

对高地位而言，一些人误以为自己一旦成了注册建筑师，地位就会升高，比如做个合伙人、股东或者副总、总工等。实际上会这么容易么？不见得。那些不具备组织管理能力、不能安心于图纸审查、没有丰富的专业阅历、只靠着应试复习能力而考上注册建筑师的人，即使考上了注册建筑师仍然不能胜任这些重要职务，甚至往往会被迫屈于闲职，于是就会因为考上了注册建筑师却没有换来相应的地位而产生巨大的心理落差。这些人不仅没能换来心中期望的好生活，反而误以为自己怀才不遇，往往就陷入了抱怨、悲愤的恶性循环之中。

1.3.4.3 目标差异

注册建筑师考试中的作图考试，其考核目标是设计师在符合设计规范的前提下的计算能力、解决能力，特征更趋近于数学解题而不是创造性思维，答案也往往具有唯一性而不是多样性，这也是为什么往往结构专业出身的设计师反而容易考上注册建筑师的原因之一。

注册建筑师其他科目的考试则更侧重于设计师对结构、给排水、电气、暖通空调、概预算，甚至施工等其他工种的深入了解，以便考察设计师对项目进程的全面控制能力。因此，那些多年从事施工图设计的设计师由于与各个工种保持着多年的密切合作，甚至有时会亲自参与计算，往往更加适应注册建筑师考试，而专门研究方案策划与创作的方案创作师由于其研究方向更侧重于思维模式的转变以及社会化合作与协同，往往难以适应注册建筑师考试。

打一个比方，方案创作师类同于小说家，方案设计师则类同于电影编剧，注册建筑师则类同于电影导演。小说家和编剧不需要了解或精通电影制作的所有专业，而导演则需要，这是大家都知道的基本常识。换句话说，方案创作师的重点在于创造性的思维模式、创造性地解决问题的能力，而不是去做几乎全知全能的注册建筑师。

总之，想靠考上注册建筑师而规避基本功训练，甚至企图由此改变人生的想法，对致力于方案创作的设计师来说往往并不是一个好的选择。由于注册建筑师的考试需要大量的时间和精力去准备，而考取的几率却并不大，甚至考取了也未见得就能改变人生，因此一直都有不少职业方案创作师拒绝参加注册建筑师考试，原因是以同样的精力和时间可以用来更好地做设计创作和思维模式的研究与实践。

1.4 项目实战模式

项目实战模式：通过大量的和多次的快速设计、研究、比较、表达，达到优选优化的目的。

每个设计周期实际上都是通过大量和多次的快速设计进行多方案比较和优选、优化，因此，快速设计贯穿于方案创作师的一生，必须引起重视。虽然现在最终的设计成果大多用计算机辅助表达，但是，在方案创作阶段，无论是构思还是交流，计算机的效率都比不上徒手快速表达来得直接、互动。作为方案创作师，图解思考与徒手表达是最重要的职业手段之一，其中徒手表达则是方案创作师最基本的职业能力之一。

1.4.1 项目快速设计的目标

方案创作的初期，为了集思广益，为了尽可能多方面探讨多种解决问题的可能性，往往需要在很短的时间内由一人提供多个方案或由多人提供多个方案，以进行设计发展方向的探讨和设计立意构思策划的研究，这种短时间内创作的大量概念方案研究便是项目快速设计。

项目快速设计是为了获得优选的、相对理想的方案而以最快的速度进行的多方向、多数量的探索性方案研究。不求完美，但求创造性地解决问题；不求面面俱到，但求多赢地化解主要矛盾；不求深入细致，但求方案立意有分析、有评估……从而为方案创作进行多方向探索、比较、积累、优选、优化。因此，对于整个建筑设计过程乃至整个建设过程来说，快速设计能力都具有不可低估的作用。

还有一种项目快速设计的类型，是在业主或领导逼迫下的短周期方案创作及表达，通常是 1~5 小时或者 1~3 天，最长一周。出现这种快速设计的原因一般有：业主不懂设计创作的重要性和专业流程，从而导致留给方案创作师的创作周期极短，业主急需吸引投资，业主急需政府审批，业主急需贷款审批，设计单位前期拖延导致后期紧张，设计单位急需向业主证明本单位创作实力，设计单位为了解项目难度和业主决策效率而进行高速试做，设计单位领导不了解本单位创作实力而轻易应允甲方快速创作，某些项目所需创作数量极大，设计单位奇缺方案创作师导致创作任务都压在极少数人身上等。因此，项目快速设计的存在并不仅仅是"中国流行快餐设计"那么简单，而是有着很多实际的可以理解的原因，要知道，即使是发达国家，如果甲方要求紧迫，方案创作师也一样需要快速设计。

快速设计的突出特点就是一个"快"字。很多人诋毁快速设计，把快速设计骂成"快餐设计"，这是因为这些人大多不明白一个道理：真正的方案周期是方案创作师的有效积累，而不是某个项目创作方案的实际周期。诗人当场作诗、画家当场泼墨、书法家当场挥毫，令人叹为观止，这说明创作周期短并不一定代表创作质量差，而创作周期长，也不见得就是负责任。比如举世闻名的列宁墓是前苏联著名建筑师阿·维·休谢夫用一天时间设计完成的，而现代主义四位大师之一的弗兰克·劳埃德·赖特创作流水别墅则用了 6 个月之久。

人们往往容易忘记这样的常识：方案创作师的特点各有不同。有的人在某个项目中的创作是长周期的，在另一个项目中则是短周期的；同样的项目，不同的方案创作师的创作周期也会不同，甚至相差悬殊。

我们不应该用单极思维去说项目快速设计是单纯的好还是单纯的不好，而是应该用整体思维、目标思维做因地制宜、实事求是的分析。实际上，并不建议单纯地对一个方案思路穷追不舍，我们主张在单位周期内做大量的多种可能性的多方案创作与比较分析，以便于优选优化。因此，对单位周期而言，哪怕是 6 个月的长周期，如果做出了 60 个方案进行比较，那么也就是相当于 3 天一个方案了；同理，哪怕业主给了方案创作师 30 天，如果方案创作师做了 30 个比较方案，那么每个比较方案实际上也就相当于一天的周期。当然，实际情况并非如此平均，而是在方案前期创作中会做大量比较方案，实际周期往往以小时计算，而不是用天数衡量。

无论是短周期的项目还是长周期的项目，快速设计与快速表达的目的都是有足够多的方案以便做到优选优化。方案创作师应该具备快速设计与快速表达的专业能力，而不能找借口掩饰自己专业能力的薄弱。要意识到，赖特在 6 个月的周期中，他的脑海里不知道比较了多少个方案，只是因为大师早已过了需要用手不断画出方案的初级阶段，所以才显得大师好像是在 6 个月中只做了一个方案而已。

实际项目中的快速设计与快速表达是很普遍的做法，目标并不仅仅是为了能够做到大量思路的优选优化，而且还包括同时训练出应对不同创作周期的专业能力。这种实战型的快速设计强调先发散、再比较、然后排序、再做进一步整合与提炼，逐步形成创造性解决问题的方案，是真正的创作模式的快速设计。

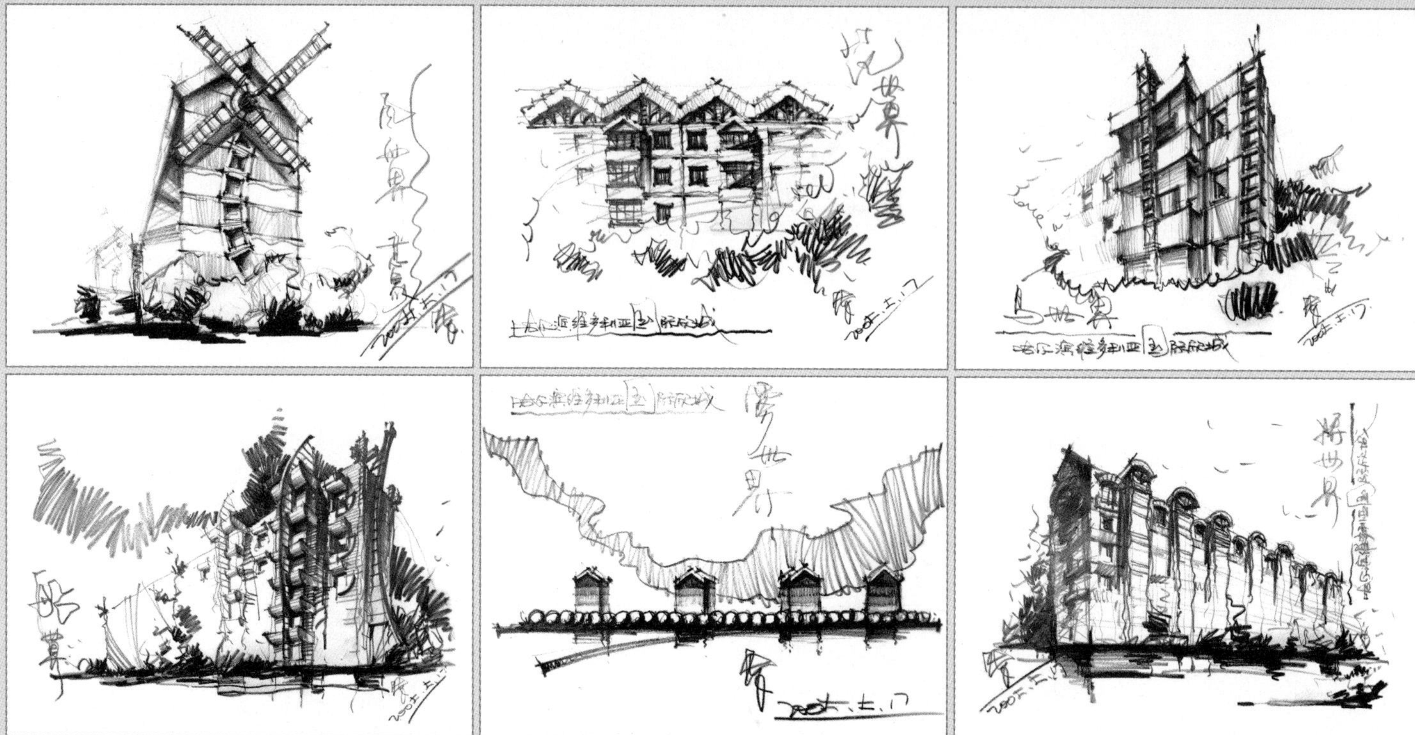

■ 某居住区住宅立面设计概念草图（手稿）—— 模仿自然界中的生物功能及形态是本次创意的源泉，围绕“风、花、鸟、船、雾、桥”等主题，形成不同风格的建筑形态意向（作画周期以分钟为单位，是对未知答案进行发散思维、优选优化的求解模式）。

1.4.2 项目快速设计的流程

即使是项目快速设计模式的徒手设计表达，也因其设计阶段和目标的不同而有多种类型。其中，在构思、创作和初步表达方案阶段绘制的一系列概念示意图、分析图、总平面图、平面图、立面图、剖面图、透视图、轴测图、鸟瞰图等，我们统称为设计草图，也是本书要重点讲解的训练内容。

通常情况下，人们很少能够意识到对设计草图进行分类，而是习惯使用“手绘”一词笼统概括。这种笼统模糊的定义用词，非常容易使人产生错觉，即认为只是“徒手绘画”行为而已，一下子钻进对工具、画法、风格、技巧的研究中，从而形成大量的误区和争论，却忘记了设计草图所要达成的目标。其直接后果是造成了很多人可以画出漂亮的手绘效果图，却对方案创作没什么帮助，也造成了设计师群体下意识地追求具象、准确的效果图模式，却完全忽略了徒手设计草图对方案创作的专业作用。另一方面，由于太多人本能地追求手绘效果图一般完全具象模式的画法，追求达到尺规程度的准确、精细，于是哪怕是所谓的高手在讲解自己的草图画法时，也仍然会以上述要素为主，很少直接以设计草图的目标入手进行讲解。这样一来，设计草图往往被简单地分类为铅笔草图、炭铅草图、彩铅草图、马克笔草图，或者是拷贝纸草图、硫酸纸草图、绘图纸草图、复印纸草图、色纸草图等，即使涉及方案创作，一般也只是笼统地分类为构思草图和表现草图。**由此可见，以绘制工具、纸张和草图类型为标准的分类，会有效地导致设计师们忘记设计草图的本质目标其实是多种类型的交流**。

本书将回归设计草图的交流本质，创造性地提出以“设计草图的本质目标即专业交流”作为分类标准，以不同的交流目标对设计草图进行专业分类，从而有效地使得分类与目标直接整合，促使方案创作师摆脱绘画模式的误导，从过程思维走向目标思维，并逐步形成方案创作领域特有的目标创作思维。

虽然我们几乎每天都在提到“交流”这个词，但是，我们真的理解交流了么？如果把研究范围缩小到方案创作的设计草图领域，认真分析一下我们在设计实践中的所作所为，就会惊奇地发现，通过设计草图进行专业交流，竟然至今也没有形成专业流程，更谈不上可以挥手而就、实时互动的专业习惯。换句话说，通过设计草图进行的专业交流仍然处于可有可无的非专业状态，这方面的研究与实施几乎处于空白之中。

方案创作师们由于专业基本功薄弱，不仅难以有效地使用设计草图这一专业语言与他人交流，也难以做到有效地与自己交流，更谈不上通过徒手绘制以及手写文字启动右脑创造性思维。这种对专业交流处于能力盲区的现状不仅严重阻碍着创作潜力的发掘，更严重的是使得甲方群体普遍产生了对设计师的轻视心态，从而有效助长了压价聘用设计师的不良风气，甚至普遍出现效果图制作师直接充当方案创作师的怪现象。实际上，设计草图是设计交流的重要组成，并非效果图可以替代。

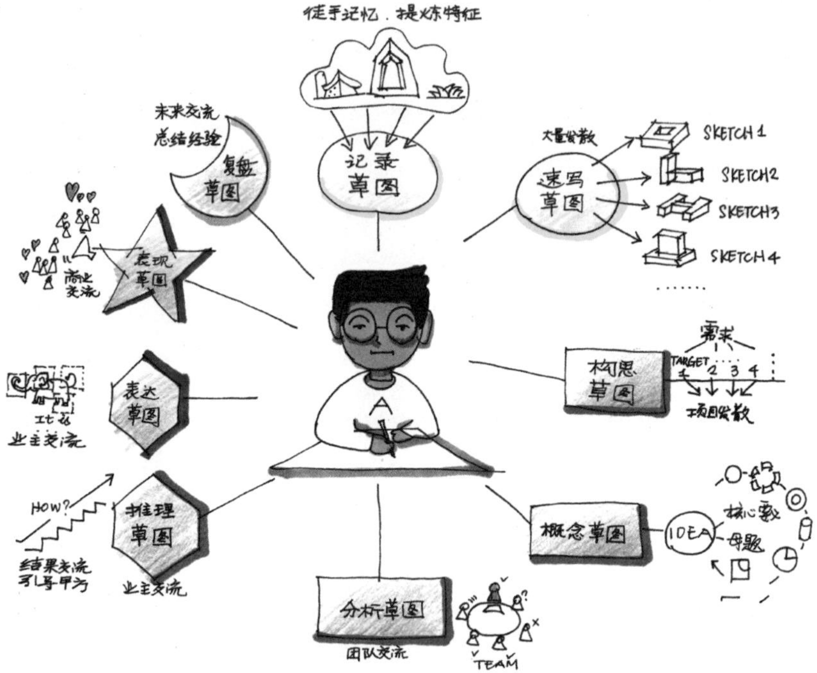

■ 项目快速设计的流程 —— 示意图

下面，我们将以给设计草图分类的方式，阐述项目快速设计中的构思生成、生长、优化并达成认可的专业流程。如果能够安心阅读，相信会获益匪浅。

1.4.2.1 记录草图

指的是与记忆交流的记录草图。

设计院校出身的方案创作师在校期间大都接受过以徒手草图为载体进行专业记录的建议，但很少接受过这方面的专业训练。多数人在经历了短暂的兴奋尝试后往往就会因为感觉效率低下而放弃这种专业行为，转而替换为复印、扫描或翻拍等方式进行资料收集，逐步忽略了设计草图的记录作用。尤其是记录草图特有的**特征提炼能力和感觉提炼能力**被逐渐忽视，进而越来越影响到方案创作师有效培养敏锐的观察与分析能力的专业需要，最终导致了普遍存在的“视而不见”、“选择性失明”的非专业眼力，于是方案创作师们逐渐习惯了只能根据任务书展开设计，只能依赖同类项目资料进行参考借鉴的从众从强、纸上谈兵的模式。

由于忽视徒手记录和提炼资料，方案创作师们自然也就放弃了对生活和自然之美的有意识观察、分析、提炼以及向设计项目转化的专业能力。大多数人在作记录性草图的时候还总是一厢情愿地认为优秀的记录草图应该详尽地记录一切，更多方案创作师则完全忽略了记录与转化的关系，尤其是完全没有意识到这些记录草图与当下的设计项目之间的直接关系。这种“选择性失明”的习惯直接导致了对历史和当代设计大师们持续而诚恳的专业提示的忽视，甚至连老祖宗留给我们的诸如“格物致知”的基本研究能力也忘得一干二净。

由于徒手记录草图被普遍忽视，导致多元思维能力也在丧失。太多人早已习惯于非此即彼的思维模式，认为有了复印、扫描或翻拍设备，就不必再徒手记录了。这种心态的蔓延使得方案创作师无法体会到徒手记录启动右脑创造性思维的可能性，甚至逐渐误以为自己没有创作天赋。

实际上，即使是在复制设备不普及的时代，由于设计教学对特征与感觉提炼能力缺乏明确的讲解和专业训练，大部分设计专业的学生们仍然陷于追求具象与精致的素描、钢笔画以及手绘效果图的训练之中，而针对方案创作的资料收集阶段的徒手记录草图则不仅缺乏讲解和训练，甚至很多设计教师和所谓的老资格设计师也往往会持否定态度。原因其实很简单：几乎每个人都误认为徒手记录草图也应该像钢笔画一样逼真而且巨细无遗，自然也就会觉得徒手记录草图的绘制速度完全不合时宜。这种单纯评估技术性要素的思路，其致命之处在于忘记了人类不是资料和景物的拷贝机器，而且人类的右脑只有在发散思维和精要提炼之中才能感受到属于智慧的快乐，即通过创造性思维拿来我用的成就感。

由此可知，记录草图的作用与复印、扫描、翻拍以及临摹式写生等复制行为几乎没有共同之处，也没有谁替代谁的问题，而是应该并存共用的专业行为。那种轻率地忽视记录草图的观点和行为不仅是单极思维模式的冲动心理，也是有意逃避针对设计草图的记录功能深入探索的懒惰心理，更是对人类右脑智慧的蒙昧无知。

下面，我们详述一下记录草图的要点：特征和感觉的提炼。

所谓特征和感觉的提炼，指的是通过反复写生和分析，找出绘制对象的关键要素，并将这些关键要素反复研究，最终做到以最简练的点、线、面以及色彩进行记录，从而在这个过程中训练自己敏锐的观察能力和迅速提取

事物特征的概括能力，进而逐步转化为抓大放小、达成目标的创作能力。由此可见，提炼所描绘对象的特征和感觉并非最终目标，而只是使得方案创作师逐步具备创作能力的有效训练过程。很少有人能够真正意识到，具备审美能力与具备创造美的能力，实际上有着天壤之别，两者之间其实横亘着巨大的鸿沟。同理，描绘景物的能力与创造景物的能力，两者也同样不能同日而语。以第三人称观察与以第一人称创造之间有着截然不同的本质，而沟通这两种行为的桥梁就是记录型草图，也可以称为提炼型草图。

在进行特征和感觉提炼模式的记录草图训练时，应该注意的最重要的方法是反复提炼，即由细到粗。大多数人企图靠单纯的观察就能够直接提炼出所描绘景物的根本特征，然后一旦发现难以提炼，就开始急于四处请教，或者干脆认为自己缺乏这种提炼天赋。实际上，只需删除对别人的依赖心理，删除浅尝辄问的幼稚习惯，安心于反复绘制，只凭自己的自然进展，就能出现由具象到抽象、由复杂到精简、由表面到结构、由细节到整体、由美观到构成、由观察到分析的特征提炼成果，进而形成将提炼成果向目标项目转化的自然意愿和行动，即举一反三，由此及彼。

特征和感觉提炼模式记录草图的训练步骤如下：

第一步：选材与复制。选材的关键是受到感动，油然而生"如果是自己的作品就好了"的愿望，希望自己近期通过努力有可能实施类似的创作。选好之后复印、扫描或翻拍，按类型保存到不同目录中，以备后用。

第二步：描摹或临摹。可采用钢笔画模式，描摹整体或局部，反复多遍，直至产生概括提炼的欲望。每遍可用不同工具和画法做试验，将主次要素记录在纸上，不要只靠大脑记忆。可做临时性概括提炼试验，如果项目紧急，也可以直接做转化试验。

第三步：提取逻辑关系。通过对轴线、构成、色彩、意境等方面的生成分析，寻找逻辑关系，提炼生成模式，反复试验，用笔至简，注重画面构成。

第四步：向当前项目转化。转化的方式是跨类型、跨要素转化，单一要素扩大化与多个要素组合并进，直至自己的思路灵感跃然而出。

第五步：非当前项目转化。即摆脱载体对象，进行意识流模式的原生创意。可以把这种行为当成方案创作师的专业乐趣，或者当成专业训练的游戏。

第六步：积累创意图库。不断进行类型的归纳，形成自己的创意资料库及个人原创创意图库。个性化以及个人的阶段风格的积累与形成就是这样做到的，而不是通常所见的毫无章法、漫无逻辑和单纯强调潜移默化的缓慢积累。

上述步骤可直接用于实战，各步骤次序也可以打乱，不必拘泥。

1.4.2.2 速写草图

指的是与载体交流的速写草图。

记录草图更多地强调针对目标对象的观察、感受、理解和提炼，并进行初步的载体转化实验，而速写草图则将更多精力专门用于针对提炼出来的目标特征进行**多方向发散试验以及可行性的初步研究**。其特征是目标项目不一定明确，甚至目标类型也可以不做预先指定，重中之重则是全力于思维发散，启动右脑创造性开关，并将发散得出的思路分类保存，从而逐步积累自己的创意库。

这种创意训练才是很多人能够持续于方案创作行业的真正乐趣之一。想想看，如果随时都能因为受到周围景物、事物的感染，并从中提炼出其感动人的主要特征和要素，然后以此为出发点不断发散出各个方向的大量新思路、新想法、新策划、新创意、新造型、新功能、新空间、新构件、新模式……如此便可以形成良性循环。这可是自己的**原创创意库**，不仅可以随时拿出来参考，而且可以几乎每天添加新的创意，这个原创创意库根本就是取之不尽、用之不竭，因为发散的可能性原本就是无限的。

大多数设计师实际上早已习惯于“走马观花”和“临时抱佛脚”模式的资料浏览、资料整理的行为定势，即使很多人可以做到资料收集与分类收藏，也与我们所讲解的自我原创创意库的概念大相径庭：很多人甚至因为收集了过多的资料而陷入了焦虑、矛盾、迷茫之中，收集的优秀作品和资料越多，初期短暂的兴奋与充实感觉就迅速转变为对自身创作能力的质疑、自责和急于求成之中，甚至每次创作新的方案时翻阅自己收集的资料都成为无可奈何的心理负担。

很少有人能够意识到平时积累自己的原创创意的重要性，更少有人能够意识到举一反三的重要性。大多数方案创作师甚至方案创作公司，仍然普遍习惯于“有了项目再创作”的被动工作模式，这种“临时抱佛脚”的工作状态，表面上天经地义，实际上却导致了太多人陷入恶性循环之中。没有项目时抱怨无项目可做，有了项目又抱怨项目周期太短，创作时间太紧，于是任何时候都不快乐。在这种郁闷和焦虑的心态下，谈何放松与创作呢？因此，方案创作师实际上非常需要在平时就养成随时进行载体转换、发散思维，并将举一反三的创意成果分类记录的专业习惯。只有这样，才符合“平时多流汗、战时少流血”、“台下十年功、台上一分钟”的基本常识，才能够真正体会到“方案周期”的真正含义：**平时积累而成的能力才是决定方案周期的决定性要素**。

这里所说的“平时”，并非是完全没有项目或工作可做的“彻底的闲暇时间”，而是指“随时”，即将项目或工作中短暂的休闲时间，从单纯的闲聊、上网、游戏模式转换为“玩载体”、“玩创意”、“玩方案”模式，从而达成专业模式的“换脑筋”、“找心情”。生活中常见的等人十分钟、休会十分钟、闲聊十分钟……其实有太多这样的十分钟可以用来训练自己的载体转换、创意发散能力，并且不断充实自己的原创创意库，进而逐步摸索出适合自己的高速创意流程，以便于能够做到多方案优选优化以及专业模式的临场发挥。

由此可知，方案创作师作为富有创造性思维的专业人群，其创造性积累的方式与普通人所谓的“没有大块空闲时间训练”、“工作太忙没心情训练”等借口模式有着本质区别，因为真正的专业人士是随时训练和积累，而不是在专门的时间用专门的心情进行专门训练的。进一步说，我们必须引入一个崭新的词汇，即业余精力。

所谓业余精力，指的是任意时间、任意地点、任意周期的非工作精力，比如工作间隙、等待闲歇等，这类的看似不起眼的几分钟时间几乎每时每刻都在出现，而大多数人则由于心中固守着“一定要有大块、完整、不被打扰的时间才能专心训练”的教条，自然就忽略了这些细碎的时间。这里，我们需要同时引入另一个崭新的词汇，即短时专注。**所谓短时专注**，指的是不再奢求自己专心致志几小时，而是只需每次专注几分钟。

业余精力加上短时专注，就会成为威力强大的自我训练方法，甚至极其有效的工作模式。如何实现这样的高效模式呢？首先，要准备好适合自己随时取用的随身工具，比如便携的笔记本（速写本、便签本等），比如便携的包（内装粗铅笔、彩铅、马克笔、签字笔等，精选、少装），条件允许的话，还可以改为随身携带 iPad 或者智能大屏手机。随身随时取用的工具准备好了就可以随时进入速写状态，自然也就可以通过短时专注的方法随时做一下特征与感觉的提炼与发散训练，进而逐步形成自己的原创创意库，从而逐步打开右脑，使得自己能够开始习惯于右脑随时提供创造性思维的灵动状态，不断创造良性循环，甚至逐步把这种短时专注的能力用在工作中，自然就能变成不再害怕被打扰却又能高效率完成任务的令人惊叹的专业人士了。

关于记录草图与速写草图的训练方法，请参见笔者的另一本专著《设计速写 —— 方案创作手脑思维训练教程》，不再赘述。

1.4.2.3 构思草图

指的是与项目交流的构思草图。

记录草图在与载体交流，速写草图在与右脑交流，而与真实项目交流的设计草图是什么呢？这就是构思草图。为什么说构思草图是在与项目交流呢？因为有太多人误以为既然是构思草图，自然是自己的事情，于是热衷于追求风格、流派，却把甲方、使用者、市场以及政府的需求忘得一干二净，不仅不认真做现场调研和访谈，反而给闭门造车、纸上谈兵方式生成的设计方案冠以“以人为本”的设计说明，从而自欺欺人，而一旦方案被否定，又抱怨连天，忘记了构思草图根本不是个人喜好的记录。

构思草图的任务是通过反复的发散、优选、优化的过程，使得方案构思不断趋近于项目的各个方面需求从而创造性地解决问题。这里的关键词是创造性地解决，而发散、优选、优化则是启动右脑创造性思维的有效手段。换句话说，我们研究右脑创造性思维的目的是创造性地解决复杂的需求和矛盾，而不是单纯迷恋于大量而且无止境的发散思维。之所以如此强调这一点，是因为很多人太容易忘记目标，热衷于沉浸在过程的精巧和自恋之中，从而普遍性地忽视现场调研、访谈以及需求列表、排序，最终轻易地忽视换位思考，导致方案与需求南辕北辙，自然会获得被迅速否定或勒令修改的后果，这也是方案创作行业充斥着对甲方和领导抱怨不断的原因之一。

从需求入手，寻求创造性解决方案以创造多赢，这才是构思草图的目标。

（1）需求列表

在构思草图阶段，对项目的种种需求进行列表是十分重要的前提工作。

在做需求列表的阶段，尽量不要急于马上判断各种需求的排序与取舍，因为这是下一个阶段的任务。在这个阶段，最重要的是尽可能地进行思路发散，尽可能穷尽地列出项目各方的所有需求，以避免挂一漏万，导致方案构思未能解决主要需求，从而陷入被否定的窘境甚至恶性循环。因此，这个阶段中最重要的是进行**网络信息搜索和亲赴现场调研访谈**。由于现场调研与访谈并非本书内容范畴，而网络信息搜索与整理更是网络时代的基本能力，因此，这里不对这些专业能力展开讲解，只是强调其重要性。

设计院校的课程设计是单向模式的方案创作，不仅远离真实的市场，而且缺少几乎所有的客观要素，比如甲方、投资方、政府、基地周边民众、施工单位、配套设备厂家、物业管理公司、直接使用者、间接使用者、远眺及观赏者等等。科班出身的方案创作师实际上是被培养成了本能化抵触详实地进行项目调研的人群，从而形成了普遍存在的习惯于闭门造车的风气。需求列表与排序这一专业流程早已自然消失，于是方案创作行业充斥着几乎不做项目调研和访谈，养成了纸上谈兵、自以为是的创作习惯，大量方案因为不切实际、水土不服而被否定自然也就在所难免，而大量的实施方案建成后才发现违背常理的现象也就比比皆是了。方案创作行业早已陷入了恶性循环，方案创作师的专业地位不断下降，经费和报酬越来越变得微不足道，于是抱怨和迷茫泛滥却无人反思，其实是在方案创作的前期即需求调研与列表排序阶段已经出了大问题。

（2）需求排序

在对项目需求进行了穷尽式发散列表后，下一步要做的是排序。

所谓排序，指的是依需求的重要性进行主次顺序排序，将“非此不可”的需求排在前面，将“最好能这样”的需求排在后面，将“目前不这样也行”的需求排在最后面，诸如此类。从而使得方案创作师可以清晰地对项目的主要需求形成清晰的认识，也便于将排序后的列表与甲方讨论，以使得双方加深了解，增强对项目需求主次排序的认同，从而抓大放小，避免因小失大、陷入细节争议。

（3）需求取舍

排序阶段获得确认后，下一步则是取舍阶段，即为了主要需求的解决，放弃对次要需求的孜孜以求，并与甲方达成共识。上述流程需要反复进行，尤其是随着方案创作进程的不断发散、优选、优化，列表的内容和顺序、取舍也会发生变化，而非一成不变。不同的主次顺序和取舍，会生成不同方向和不同特征的方案构思，从而生成多个方案构思，以便于优选优化。由此可知，需求列表并不是唯一的、单向的，而是多方向的、多种可能性的探索与论证。

（4）需求分类

每个需求列表的排序和取舍做好之后，需要进行分类，以清晰地表明不同需求方的需求内容，比如甲方、使用者、周边人群、政府、城市发展甚至历史等等各个方面的需求分类。

只有需求列表被列出、排序、取舍、分类，这时的构思行为才有意义。可惜的是当前太多方案创作师往往忽视这一点，往往只是草草地做一点分析就匆匆进入所谓的构思阶段，结果自然是由于对项目目标处于模糊状态，只好大量翻阅同类项目资料以企图获得共性答案，而且个性部分也只好盲目抄袭别人作品的特征，最终茫然地发现自己陷入了方案雷同的恶性循环之中。因此，针对设计项目进行需求列表的发散、排序、取舍、分类，是进行方案构思的必须流程，而不是可有可无的、无需经费和精力支持的表面口号。

需求列表的各个阶段都需要到项目所在地现场调研、访谈以及查阅当地文献资料，进行数据分析等大量专业工作。因此，很多设计大师都有在项目现场创作构思的工作习惯，甚至会在基地露营若干天，以体验项目需求的方方面面。换句话说，在方案不断深入的各个阶段，只要有条件，都应该去项目基地调研和验证构思，这也是专业的方案创作费用往往相对高昂的原因之一，另一个重要原因则是方案创作师敏锐的观察能力和智慧的创造性思维的有机结合。很多设计公司打着“方案免费”的旗号招揽施工图设计合同，实际上是在变相承认自己的公司根本没有上述能力，如此而已。

富有创造性的和取舍明确的需求列表总是可以起到激发创作欲望的积极作用，否则就应该重新审视并修订甚至重做需求列表。**方案创作师在将需求列表经过几番排序、取舍、分类之后，应该徒手抄写几遍以充分输入右脑并引起右脑重视。在此基础上进行构思草图的绘制，会在发散思维的时候易于向目标靠拢，而不至于随着思路的发散越走越远甚至跑题。**

1.4.2.4 概念草图

指的是与目标交流的概念草图。

所谓概念草图，指的是用简练概括的方式提炼出方案构思的核心要义。其方式实际上是没有限制的，既可以是形象化的草图，也可以是抽象化的草图，还可以是模型，更可以是诗词、乐曲、文章、书法、画作等等，不一而足。其深度也是可以多样化的，既可以深入到清晰的细节之中，也可以只是粗略勾画出方案构思的精炼核心，甚至也可以只是针对某个局部的概念分析与提炼。这种概念草图在初期只是一种自我分析的过程，但很快就必须考虑到与他人交流和互动的可能性，因此往往会反复描绘，这种反复的描绘不仅有利于逐步形成易于被他人接受的优雅表述，而且创作者自己也常常在反复的过程中获得更多的发散思维，从而不断惊喜于自己的创造性思维能力，进而形成方案创作师特有的专业乐趣：几乎没有穷尽地创造可能、有如造物主一般的智慧取舍以及对未来可能性的缜密预测。

概念草图绝不是单纯的针对方案创作师个人意愿的提炼和表达，其真正的存在意义在于对目标需求的创造性而且是精炼性的有效解决。核心概念犹如方案创作师创造出来的一种无所不在的母题规则，这个规则一以贯之，直接而且明确地针对目标需求实施行之有效的创造性解决方案。因此，概念草图的生成绝不是草率的和随意的，而是发散思维与实地调研、深思熟虑相结合的创造性产物。由此可知，概念草图往往是在对项目需求有了充分了解后的行为，而非粗略了解项目时的草率提炼尝试。换句话说，概念草图实际上是在试做构思草图和深入构思草图之后，而非刚刚接到项目时的前期行为，这与很多人所误以为的“概念先行”、“思想先行”的观点恰好相反，因为概念不是无源之水、无本之木，而思想也需要因地制宜并且随着项目的进展而进化。

当然，由于当前大部分设计类院校的设计课程中并不重视概念设计的训练，很多人对概念设计处于能力空白状态，更多人则只是在时装设计、产品设计行业了解到概念设计的存在，而对建筑、室内、景观等创作领域的概念设计毫无研究，因此可能会对本节内容略有困惑。请相信这是正常现象，因为对概念设计的应用与实践实际上类似于对人生核心原则的理解与实验，需要经历案例数量与从业时间的双重积累才会逐步清晰起来。

概念设计可以理解为解决问题的关键原则或者核心逻辑，一旦找到了这个关键核心，其他要素都是为这个关键核心服务的细节。很多人在说“细节决定成败”，实际上，这句话是有前提的，即在概念正确的前提下，为概念服务的细节才会决定成败。原因很简单：如果解决问题的方向已经错了，那么细节无论如何精巧完美，仍然逃脱不了南辕北辙的结果，这是不言而喻的常识。以人体为例，如果一个人的骨骼系统出了问题，比如驼背、鸡胸、脊椎侧弯，那么即使这个人的眼睛再好看，从整体造型的美观而言，仍然于事无补，不是么？以人际关系为例，如果一个人的品质有问题，做事虚伪、撒谎而且没有担当，那么无论这个人再英俊、再有学历、有再高的职称和地位，也仍然需要对这种人敬而远之，不是么？由此可知，概念设计不仅直接关乎作品的关键原则、核心逻辑，而且直接面向目标，即与目标交流、解决目标需求。

概念设计就像言简意赅地把一本书或一部电影的立意表达出来，甚至是用一句话、一个词进行提炼表达，而对方案创作师而言，其表达方式则往往作为整个设计的辅助或增强手段使用。那么，为什么我们需要把这种提炼出来的概念以概念草图的方式绘制出来呢？忽略了这个能力有什么坏处么？我们分两个方面来分析这个问题。**首先，对方案创作师而言必须对自己的方案构思进行核心提炼，以便从细枝末节中超脱出来，清醒地认识到自己的构思是以什么为核心启动了解决问题的有效开关，从而打开了创造性解决方案之门；同时，对项目设计团队和甲方而言，也希望能够通过概念草图这种快速、简练的表达方式进行针对目标需求的提炼性互动，以便对几乎没有穷尽的细节问题形成判断和取舍的标准。**

其实，每个方案创作师都会遇到团队成员或甲方脱离主要目标而陷入细节争论之中的“跑题”情形并为之苦恼不已，甚至往往会误以为是对方不懂得讨论交流的规则而胡搅蛮缠。实际上，只需方案创作师拿出思路明晰、表达凝练的概念草图，并辅以分析草图进行逻辑讲解，那么这种讨论与交流自然就会集中在解决目标需求的核心话题上，而不至于迅速陷入针对细节的争论和考证之中难以自拔，甚至愈陷愈深。

由此可见，无论是思路整理还是交流需要，概念草图都是不可或缺的专业能力和专业行为。可惜的是，由于设计院校的不重视和大部分设计公司对概念草图的忽视，在实际工作中因概念的缺失而导致团队屡屡陷入细节却忘记目标的现象层出不穷，甚至会出现与甲方因为很小的细节处理的观点不同而造成心理矛盾，因小失大。

1.4.2.5 分析草图

指的是与团队交流的分析草图。

大多数人在创作的时候已经习惯于单兵作战，因此往往习惯于用大脑分析而不是绘制分析草图。很多人即使是在图纸上画了分析图，也往往只是为了证明方案而做的“后发分析”，并不是为了生成方案的“构思分析”，甚至会为了图纸上有分析图而“凑数”。这样的分析图不是本节文字关注的内容。**我们关注的是创作型分析草图，其目标是通过分析草图启动右脑创造性思维，促使解决方案呼之即出、顺理成章。**

通过针对分析草图的反复绘制，启动右脑创造性思维，迅速生成多种解决方案的构思，这是多么令人感到专业和充实的工作模式。这样的工作习惯，可以有效地使得分析过程转化为创造行为，于是创作过程充满了新思路，不断迸发并形成专业的成就感，结果的产生来自于针对大量思路的优选优化，而非搜肠刮肚的“憋”方案模式。要知道，这些备选思路可都是源自于针对目标项目的大量分析，并且都是原创。由此可见，良性的工作模式决定着工作心态的快乐与否。那么，仅仅通过分析草图的绘制就能生成大量的创造性构思吗？答案是肯定的。关键是摆脱那种“为了分析而分析”的思维模式和心态，转变为“为了创造解决方案而分析”的目标思维，即分析草图直接与构思草图挂钩，二者并行。既可以根据分析生成方案构思，也可以从突发的构思灵感反过来引导项目分析的方向和重点，从而形成双向甚至多向的整体思维、球形思维的创作模式。实际上，大多数人根本不重视全面深入的项目分析，没有意识到分析与创作构思是同步进行的，甚至是互为因果的。

做出一些分析就试做方案，做出一些方案就返回来再分析，如此往复，其乐无穷，因为每个阶段都能出现大量可能性方案。短时间内出现的大量可能性方案，自然形成充实感和成就感，于是焦虑不再是设计创作的主旋律。随着不断分析而生成多方向的多个方案，各个方案反过来又促进多种可能性分析与潜力挖掘，这种反复的互动形成了设计创作以成就感为主的不断创造、生成发展的进化态势，其现象与本质都与当前盛行的焦虑模式形成鲜明反差：不再为拿不出方案而痛苦，因为我们的工作变成了对自己生成的大量可能性方案进行筛选与整合，任何时候都不再担忧没有方案可交待，这是何等的从容！而且，这个过程还可以以团队的模式进行，团队中擅长分析的人可以专心分析并讲解阶段性的分析结果，擅长发散思维的人则可以迅速根据分析结果发散出阶段性的若干解决方案，一旦出现跨越式构思，则可以让团队中擅长现场调研的人重返现场深入调研新构思的基地证据，从而形成更新层面的多方向分析结果……**这才是富有生命力的创作过程，因为它是活跃的、动态的、互动的、递进的**。

由此可见，我们主张的分析草图，其实质是构思草图的有机组成，甚至可以说就是构思草图的子项，而非凑数、美观那么简单。按照这个思路，实际上完全可以重组当前模式的设计流程，甚至可以引发设计流程和团队协同的革命。

对甲方而言，由于各种分析结果均有相应的方案构思来支撑，而各种构思方案又有相应分析来佐证，整体逻辑清晰，备选可能丰富，创作者和创作团队的推荐方案又十分明确、主从清晰，当然乐于接受！对创作者和创作团队而言，这种分析草图的工作模式清晰而轻松，充满了不断创造、创作和互动的专业快乐。

1.4.2.6 推理草图

指的是与结果交流的推理草图。

大多数方案创作师只会仅仅把最终的结果拿出来与甲方交流，后果当然是形成恶性循环却不自知。这里我们提出针对推理草图的讲解，希望会对读者产生有益的启示。

以结果展示和汇报为主与甲方交流的工作模式害处极大，虽然这种模式早已成为习惯定式。

首先，由于以“成果汇报”为名，对甲方而言会产生极大的期望值，而这种期望值对方案创作的一方而言，就自然形成了巨大的压力和焦虑。这就造成了对汇报的担忧一日甚于一日，放松、快乐、效率实际上根本难以做到，而痛苦与恐惧却成了家常便饭。其后果就是太多人误以为方案创作原本就是煎熬加焦虑的职业，大量的方案创作师逐步转变成了以施工图设计为主的设计师、工程师的普遍现象就是明证。

其次，以“成果汇报”为名与甲方交流，实际上抹杀了风险共担的合作原则，使得对项目成败负有重大责任的甲方褪变成了“裁判”而非合作者。这种错误的分工甚至抹杀了甲方的才华与智慧，也抹杀了甲方随时发生新思路的权利。甲方想法的表达被限制在了任务书编制阶段，一旦甲方出现新思路，方案创作一方就会抱怨其出尔反尔。实际上，这种现象早已不是新闻，而是普遍存在的一种令人惊诧莫名的怪现象：被认为是创新与智慧化身的方案创作师群体竟然成了抱怨与指责的专家。

由此可见，传统模式的甲乙方交流方式表面上看起来似乎天经地义，实际上很难形成良性循环，尤其是每次成果汇报实际上就是赌博：被认可则皆大欢喜，被否定则恼火不已，需要修改则唉声叹气，这与赌博几乎完全一样。遗憾的是，这种对甲乙双方都不能创造多赢和成就感的“赌博式交流”工作模式却沿袭至今。

推理草图之所以重要，是因为我们强调的是引导甲方与方案创作师共同推理出各种解决方案的可能性，是专业的互动行为，而不是一方被另一方雇佣的概念。实质而言，方案创作师的确不是一个被雇佣的职业，因为甲方是因为需要富有创造性解决问题能力的高参、顾问才付钱聘请方案创作师的，而不是花钱雇佣百依百顺的服务员。如果能把推理草图当成甲乙双方的头脑风暴，才是真正的良性循环。

1.4.2.7 表达草图

指的是与业主交流的表达草图。

我们平时画的草图不能直接拿给甲方看吗? 不能，除非我们平时画的草图已经直接达到了表达草图的要求和效果。那么，表达草图需要达到什么样的要求呢? 用三个词形容的话就是优雅、深度、逻辑。

所谓优雅，指的是给甲方展示的草图至少要构图完整并有构成控制，画面整体美观、等级高尚，从而显现出方案创作师自身固有的对优雅品质的自然控制能力，进而使得观图者油然产生对方案创作师的本能敬佩与信任，这种由图而产生的专业信任形成的良性影响无论是对方案创作师的个人前途还是项目进展，都会产生惊人的积极意义。优雅，其实是自信和能力的表现，是放松和自然的表达，是专业实力的积累，而非矫揉造作的个性。

所谓深度，指的是画面能够令人感动，而不仅仅是画面深浅、细节丰富。首先是每张草图的完整性强，其次是多张草图的序列性强，而整体感觉则必须令人感到的确是“下了功夫”，并且“好钢用在了刀刃上”。这样的成系列的有深度的草图，才能够令人产生由衷的感动，而不是“偷懒应付、偷工减料”等等负面印象。“令人感动”是接纳方案构思的前提，这是很基本的常识，可惜的是太多人以各种借口逃避“创造感动”，其结果当然是自欺欺人，恶性循环。

所谓逻辑，指的是草图富有说服力，而不是赌徒一般地押注或听天由命。方案创作师是创意者、筹划者、推理者、引导者、证明者、发展者、合作者，决不是赌博者。同时，为了达成上述目标，方案创作师首先要成为调研者、访谈者、观察者、研究者，由此方能拿出逻辑清晰、环环相扣、结论自然、创意合理、各方多赢、令人耳目一新而且钦佩不已的解决问题的方案构思。

平时多加训练，使得随手绘制的草图亦能成为表达草图，这是提高效率的窍门。

1.4.2.8 表现草图

指的是与商业交流的表现草图。

表现草图一般是指手绘效果图，其目标是商业应用，而非面向构思、启动右脑创造性思维。因此，表现草图是阶段性构思成果或者最终成果中手绘方式的商业表现、商业渲染，其实质是商用手绘效果图、商业手绘表现图。既然是与商业目标交流，表现草图就会以形成商业目标为出发点，自然就会有夸张、渲染、造作的成分，这是表现草图的特征，既像商业广告，也像明星照。

由于商业表现草图一般是在方案已经确定后才画，往往会委托效果图公司绘制，甚至委托画家绘制，或者干脆制作电脑效果图、动画以及模型，因此这类行为已经与方案构思的发展关系不大了。目前，设计手绘书籍几乎都是表现草图类画法，并不适合方案构思阶段，这个道理相信读者已经开始有所醒悟和理解了。

需要指出的是，由于表现草图首先分析的是商业目标，往往能够在绘制过程中令甲方和方案创作师发现甚至顿悟方案中忘记商业目标从而导致的不合理部分，在这种情况下，可以认为表现草图是审核、比对商业目标在方案中真实体现的专业流程。

以少数人群原理而言，优秀的方案创作师往往是具备自行绘制商业表现图、电脑效果图和电脑动画等专业能力的少数人群，而且还具备手工制作工作模型的能力，以便于随时通过写实或意境表现图反推并验证方案构思实现商业目标的情况，并因此启发、修订方案形成新的生成模式。这些人懂得方案草图与效果图的区别，因此不会找借口厚此薄彼。

1.4.2.9 复盘草图

指的是与未来交流的复盘草图。

大多数设计单位都没有复盘的习惯，少数单位则只设置了总结环节，而且很多人都反感这种有着挨骂和争论风险的会议形式。方案创作师个体更少有人进行专业的草图复盘，甚至连给自己写项目经验教训列表的习惯都没有形成。

之所以称为复盘草图，实际上是移植了围棋的专业术语，因为围棋是最重视复盘的，甚至在比赛后对手之间都会马上进行复盘分析，我们应该从这个古老而专业的行为中借鉴学习。与此形成鲜明对比的方案创作领域，不仅在设计院校的课程设计中早已养成了交图则万事大吉的有头无尾的非专业习惯，而且在实际项目中也形成了一切为了结束而努力的非专业心态。太多人并不是将项目当作训练自己能力的载体，更不是把目标定位在持续使得项目更好的发展上。由此可见，方案创作领域实际上仍然处于相对幼稚的初级阶段，尚未形成系统的创作专业流程。我们必须对此有着清醒的认识，否则自我进步和行业发展只能是一句空话。

对方案创作师而言，每次复盘过程中的整理与反思、查缺补漏，并由此进行针对欠缺能力的专项训练，都能够有效提升专业能力，因为这种提升是从实践中得来的，是真正的有的放矢，而非撒网式的漫无目标的训练。对甲方而言，由于方案创作师真正关心的是针对项目的全力研究与完善，而非单纯为报酬做事，自然就会被这种敬业的专业行为而感动，从而形成对方案创作师及其团队的敬佩、尊重、信任甚至依赖、托付。

复盘草图的形式可以多样化，最好图文并茂，形成备忘录。

通过本节的讲解，有悟性的读者会发现，虽然对设计草图进行了以目标为导向的创造性分类，但似乎每一种类型的设计草图都与方案创作直接相关，甚至任意一种设计草图只要深入实施，都能形成面向方案创作的工作流程，这就是所谓的分类不分理、条条大道通罗马的“通理原则”，与科学中的“分形原理”异曲同工。重要的是深入，而非追求全面和系统。那种追求创作之前储备好全面、系统的专业能力的传统思维恰巧是最严重的思维误区。**无数的实例证明，关键是深入而不仅仅是全面，因为真正的专注和深入才会促进知识和能力的不断扩展。**

作为本书的读者，千万不要以为被分类的各种设计草图就是系统训练提纲，而是要在实际工作中根据实际需要进行训练和实施，并以实际项目为载体，按照项目需要选择性地深入研究和发展，这样才真正能够体会到“战争中学习战争”的有效方法，从而举一反三，随时研究适合自己、适合项目的设计草图形式，进而有效促进项目进程中的交流需要，达成多方协同、共赢的项目创作流程。“万事俱备”只是愿望，根据项目需求和自身特点有效深入才是真正的举一反三，以小成大。关键是牢记方案构思的创作与完善，达成多赢才是真正目标。无论是哪种设计草图，都是进行方案创作的有效模式，不必拘泥于分类的争议之中：**关键的关键，永远是目标。**

综上所述，画家模式、商用手绘效果图模式、各种考试模式、项目实战模式等不同类型的手绘，由于目标的不同，其特征和训练方法都有着明确的甚至本质的不同，作为方案创作师，应该清晰地意识到这一点。方案创作师之所以区别于通常意义的设计师，是因为其工作更强调“从无到有”，而不仅仅是“有中做好”，更不是单纯的“改而不新”。换句话说，如果一个方案创作师思考问题的模式、工作实战的方法都与常人类似，那么何谈创作、创新呢？这是显而易见的常识逻辑。只有创造性思维才能引发创造性工作并形成创造性解决问题的能力，归根到底，如何从几乎没有创造力的思维模式逐步转换到以创造性思维模式为主，是所有方案创作师不得不面对和正视的自我革命。

创造性思维能力从何而来呢？虽然大多数人都知道是右脑，但是由于我们从小开始就接受了多年强制性的以左脑思维为主的单极教育，于是我们天生具备的发散、全息、图解、多元、乐观、轻松等右脑思维能力都几乎丧失殆尽，进而在思考、交流、实施方面全面呈现出单向、焦虑、自卑、浮躁、盲从、依赖、悲观等左脑思维特征。实际上，只要稍微分析一下国内诸如建筑、汽车、产品的造型设计，或者各大网站的运营模式，就会发现几乎都是缺乏自主创新的左脑特征明显的“拿来主义”、“跟风模式”、“山寨类型”。由此可见，左脑思维已经占据主导，而右脑则无可奈何地一直处于“休眠”状态，只好以睡眠做梦的形式打发时间。因此，重新启动右脑潜能并学会使用右脑，是方案创作师真正步入创造性思维、创造性工作、创造性解决问题的创作之门的必经之路。针对以思维模式转变、启动并加强右脑潜意识创作能力为主要目标的设计速写、设计草图的研究与训练，是方案创作师自我训练的重中之重，不是区区“手绘”那么简单。

我们提倡通过手和大脑的互动，使得绘制设计草图的过程不仅达成设计表达、设计交流的目的，而且能够使得绘制设计草图成为自然形成设计方案的有机过程，甚至使得绘制设计草图的行动成为手和大脑、自己和潜意识进行互动交流的创造性体验。要达到这样的专业体验和能力，需要专门的训练，本书试图帮助读者了解和启动这个自我训练的任务。

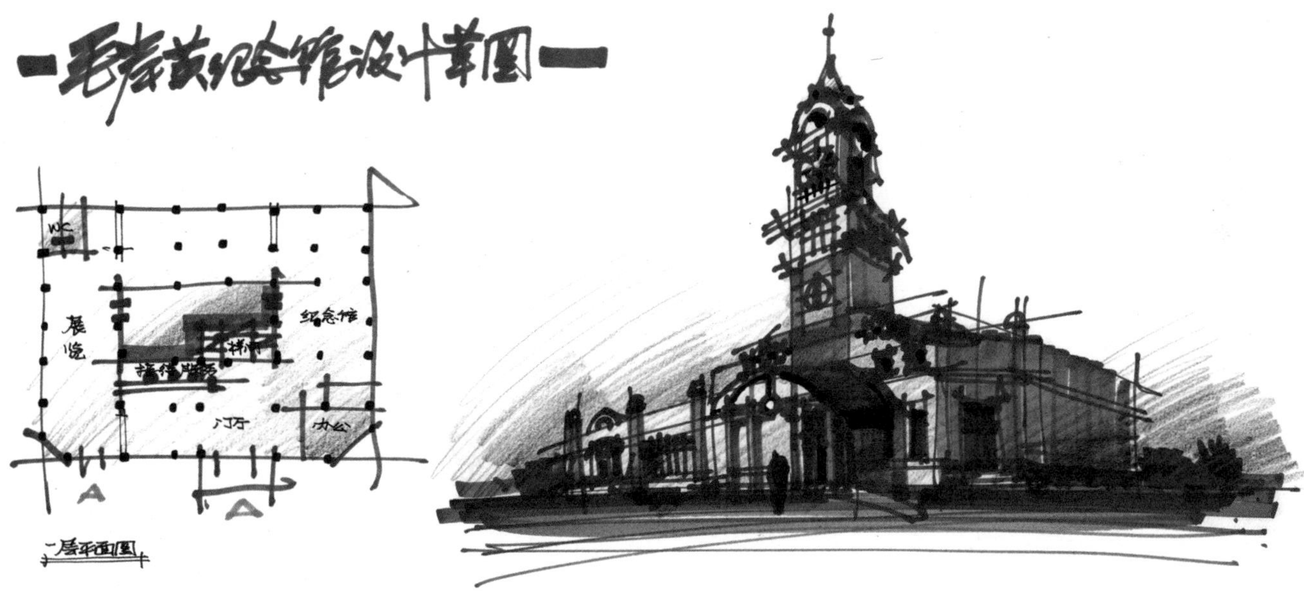

■ 设计草图

BASIC EXPRESSION

第 2 章

【主要内容】

2

设计草图的绘制目标并非精细或美观，而在于对所绘制目标结果的控制。大多数人都在思考诸如分类、流派、风格、工具、画法、技巧、注意事项等内在要素，或者陷入针对线条、色彩、构图、抓形、透视、尺度等画面要素的思考之中，却没有想过这一切的实质目标都是在企图对结果进行目标控制，而非绘制行为本身。

太多人总是单向地企图学到所谓的技巧、窍门、规则，甚至轻易陷入到对不同门类的画法、方法、风格等要素的所谓“思考”、“比较”之中，迟迟难以开始训练，于是“量变达成质变”的“量变”阶段一直处于“尚未深入”的无法促进顿悟的状态，当然更难意识到实质目标的存在，甚至经过多年仍处在“走了很久却忘记了为什么出发”的蒙昧心态之中。这种严重的过程思维模式使得太多人误以为“过程正确则结果必然成功”，陷入了面对大量过程要素的可能性而茫然不知所措，进而形成普遍的开口就问“需要注意哪些问题？有哪些技巧？关键是什么？从哪里入手？有什么特点？”等问题，这就像是站在四通八达的叉路口四处打听路该怎么走却说不清楚自己想去哪儿一样可笑，不是么？然而更可笑的却是这样的人实在是多到了几乎占据人群大多数的程度，已经是很可怕了。人们几乎失去了目标思维和整体思维能力，只会不假思索地单纯地进行过程思维了，只知关注细节以及注意事项却忘记了不同的目标需要不同的方法，即因地制宜、因人而异、因事而不同。

方案创作师群体本该是**目标思维能力**（双向思维）、**整体思维能力**（球形思维）极强的人群，然而现实情况却是大多数方案创作师都是在为了满足任务书而工作，为了完成任务而努力，而不是为了项目的成功与深入发展以及个人专业能力的持续提升而实施行动。表面上看这两种行为没什么不同，实际上则是天壤之别。前者追求的是任务书与规则的完成，一旦任务书有变更，或者任务的内容、要求和期限发生频繁变化，方案创作师就往往陷入烦躁、恼火、抱怨的状态中，情绪受到严重影响，甚至误以为这是职业特点。而对后者而言，任务书只是当时当地甲方的原始思路而已，随着项目的进展、实践的深入、眼界的扩展、右脑的介入，思路和要求出现变化是很正常的事情，因为目标是把项目的各方面需求做好，而不是对任务书的无端膜拜。况且，签署的合同发生阶段性变化也是很自然的正常现象，对方案创作师而言，更重要的是对项目的目标需求负责，而不是仅仅盯着任务书和合同。由此可见，只盯住局部得失的人，其实是忘记了整体目标的人群，虽然他们可以振振有词。

回到设计草图的训练中来，我们应该清醒地回到常识，即清醒地意识到无论是线条、色彩、构图、抓形、透视、尺度，还是工具、画法、技巧、规则等都只是要素而已，并非达成目标的必然原因。换句话说，努力不一定有回报甚至可能会南辕北辙。应该清醒地意识到，根据目标的需要反过来推导所需做好的要素才能使得我们找回自己的智慧，把设计草图真正做成达成目标的有效流程，而不是抱怨“一切都符合规则和任务要求了为什么仍然不被通过或者不顺利”等等。

从过程入手还是从目标入手，表象上是相同的，都很重视诸如上述的各种要素，但是实质却截然不同。过程思维的人企图靠着“走正确的路”、“遵守注意事项”来达成目标；目标思维的人则根据“需要达成的目标”反过来推导需要走的路以及逐步摸索属于自己的注意事项。

举一个例子：因为没有车而走路，与为了养生而走路，表象上是一样的，但实质完全不同，其注意事项以及行为方式都会不同，心态也完全不同，而且不同的养生目标会使得走路的环境、时间、地点、模式都会不同。由此可见，单纯求教或者讲解某种行为的方法及注意事项，实际上是没有意义的。只有在明确了目标的前提下反过来推导出来的行为要素及其规则才有意义，而且不同的目标所需要的行为要素与规则并不见得相同。单纯地认为存在统一答案实际上是十分教条和幼稚的：如果存在统一答案，就不需要人的创造力了。

本章将以极大篇幅和大量章节详细讲解从目标结果进行分析，从而推理出设计草图各个要素的训练方法和注意事项，希望这种针对符合常识的目标思维模式的讲解，能够令读者真正领悟到从目标出发而推导过程要素的重要性以及有效性。

请记住：表象的相同或相似常常令人迷惑甚至感觉似是而非，但是一旦回归常识，即根据目标以及自身情况反推行动准则，那么表象将不再重要，实质目标将引导针对过程的推导，从而令我们更深刻地体会到积累的重要性，反而更加专注于当下。

2.1 生命线条

自从《设计速写 — 方案创作手脑思维训练教程》中的插图采用了放松、潇洒、豪放、富有张力和生命力的小曲大直、甚至大曲大直的线条类型，有些人就在甚至没有仔细阅读文字内容的情况下，只是看看插图就不假思索地疑惑“这种线条能用于快题考试吗”、“这种线条适合室内设计吗”、“这种线条甲方能看懂吗”……不认真阅读文字，误以为那是一本插图集。只有那些认真阅读的人，才能真正领会专业讲解的苦心，从而获得启发与帮助。

《设计速写 — 方案创作手脑思维训练教程》讲解的是方案创作重要的基本功：举一反三、由彼及此、手脑互动，因此其线条自然会更加强调感性、灵性、悟性，而不是拘谨化、尺规化、准确化。之所以很多人提出疑惑，实际上这些人的思维模式是本能化的单极思维，总是企图用单一方法、单一工具、单一线条、单一风格……统一解决所有问题，甚至用所谓的“纯粹”、“极简”之类的借口掩饰自己难以进行多元思维、目标思维进而有效达成目标的窘境。实际上，根据目标的不同，线条的类型有很多种，甚至可以说有无数种。关键是先分析目标再根据目标选择方法，而不是不分青红皂白地套用。

请记住：目标决定方法，不要以为一种线条可以走天下、一种线条可以画遍各种类型的图。对我们而言，关键是控制工具的能力，从而训练出可以随心所欲、曲直自如地画出各种类型线条的能力，而不是为了掩饰自己的懒惰，问那些根本不着边际的幼稚问题。

2.1.1 线条类型

为了方便大家训练，我们总结了四种基本的线条类型。不管选择哪一种线条，都应该非常注意专业线条的基本特征，即强调**起点、终点以及交点**，用笔轻重结合。

2.1.1.1 微抖的线条

我们发现训练初期往往很难迅速掌握那种放松的、富有张力和生命力的线条画法，其原因大多是难以放松和疑虑重重。一些人仍然在骨子里认为自己是在制图，而不是在做创作训练，总是忍不住强迫自己向尺规靠拢。这种骨子里的问题，不是一天两天能解决的，也不是仅靠讲解就能促使其改变的。因此，建议在训练的第一阶段，可以先从微抖线条开始，这种线条有很多好处，比较适合初期训练。微抖线条的典范是彭一刚先生的《建筑空间组合论》中的插图画法，大家可以借鉴一下。

微抖线条有如下好处：

一是由于这种线条画起来不能太快，因此很容易让人养成稳定、严谨、认真的专业心态，避免浮躁、急躁、毛躁。

二是由于这种线条细看是曲，远看则直，因此有利于在绘制中不断调整线条的整体方向，也是小曲大直的一种。

三是由于这种线条不是直线，因此“占地”面积大，一根线条可以占据两根、甚至三四根直线的面积，因此可以“少、快、好、省”。

微抖线条给人的感觉很稳定，容易产生很专业、很踏实的感觉。

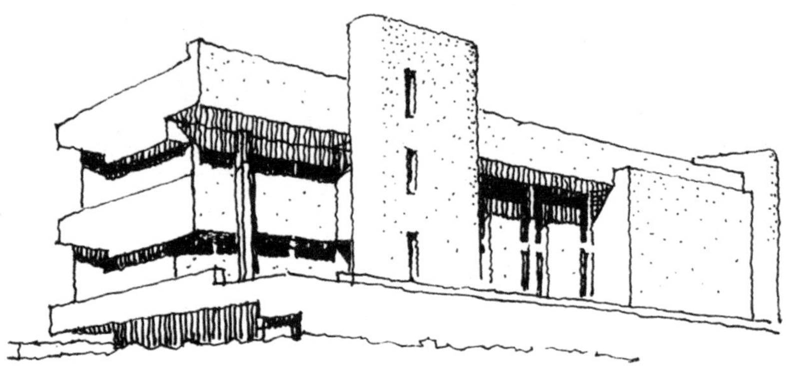

■ 微抖线条　选自《建筑空间组合论》（第三版）　中国建筑工业出版社　彭一刚 著

2.1.1.2 小曲大直的线条

小曲大直指的是大的方向是直的，而小的局部则是弯曲的。主要原因有两点：

一是小曲大直容易让人放松。在线条的起点、终点明确的前提下，中间部分则大可不必过于在意，完全可以有小的、甚至大的弯曲，这样依然会给人“大直”的感觉。控制起点和终点之后，中间部分则通过放松而抖动的线条，表达出不同的感觉。有的人善于微抖大直，有的人善于微曲大直，有的人善于小曲大直，有的人善于大曲大直。极少数人可以通过长期的训练绘制出笔直的线条和圆滑的弧线，并且依然放松自如，就像国画工笔画家那样。对于设计师来说，尤其是在训练初期，追求笔直的线条会导致绘制者手指僵硬、心情紧张，从而丧失训练的乐趣，更会使得表达目标荡然无存。只有放松的线条，才会给人愉悦、给人感情、给人影响。

二是小曲大直有利于方案创作。大家可能都听过“小曲大直”的说法，认为这只是一种画法，却没有意识到这是方案创作中的重要方法。试想，如果只是画了一根又直又准的线段，那么我们就只得到了一根线段而已，并不能在这个过程中获得更多。但是，如果有意无意地画成了曲线、折线，那么就会形成新的线条走向，这种新的可能性就会刺激大脑进行分析，于是该局部可能就会出现新的处理手法，大脑就被吸引、产生兴奋，多种可能性的比较、分析就会开始……久而久之，这种通过有意识的小曲、大曲、小折、大折等模式寻找新的可能性的做法就会成为手脑互动的良好开端。可见，单纯追求画出又准又直的徒手线条，只能导致思路单一、为画而画。这就是很多人可以画出很漂亮的接近尺规程度的草图，方案能力却很弱的原因之一。手脑没有能够互动，手只是被训练成了制图的工具，而不是创作方案的参与者。

总之，小曲大直是一种统称，不仅是为了让徒手线条富有人性，而且更为重要的是形成手脑互动的好习惯：让手提示大脑、让大脑更加兴奋、让手脑共同运作，不断发现方案更多新的可能性。当手脑可以互动，潜意识就会真正被激发，创造性思维才会汹涌而来。

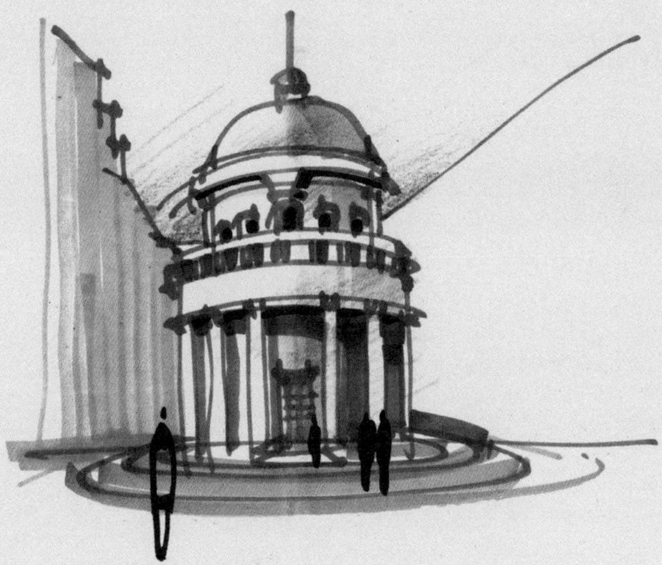

■ 小曲大直的线条

2.1.1.3 潇洒豪放的线条

方案创作师的速写和草图，都会给人豪放、自如、潇洒、大气的感觉。只有做到这种个性表达，才会使得业主认同我们的专业气质、专业能力，进而对我们的设计方案产生信任，产生进一步探讨的愿望。

两头重而中间轻、交点出头、小曲大直等要求，在表现力、心情控制方面，都是为了使得线条更加富有张力、活力、生命力，以使得画面充满方案创作师的人性特征和魅力，因此，训练出富有张力的、潇洒豪放的线条是我们应该梦寐以求的目标。怎样才算是富有张力的、潇洒豪放的线条呢？实际上，当一个人可以画出这样线条的时候，会发现自己已经很自然地达到了放松状态，而且可以自如地控制工具了。只有线条训练达到很熟练、能够收放自如的时候，才会过渡到可以控制自己线条的表情、感情的程度。要想达到这个程度，需要长时间的训练。用业余时间自学的话，微抖线条和小曲大直的线条大约在一个月到三个月内可以训练出来，而潇洒豪放的线条大约需要一年甚至更长时间才能逐步形成。

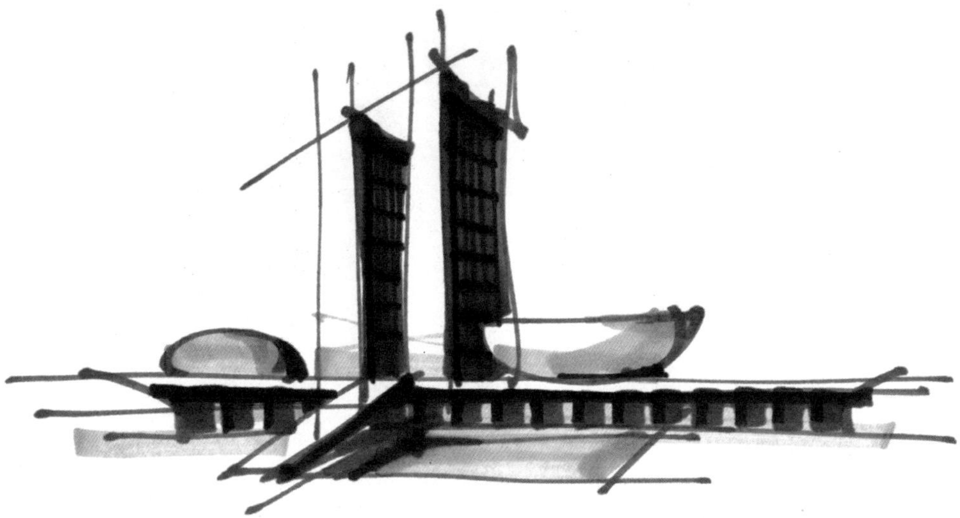

■ 潇洒豪放的线条

2.1.1.4 尺规制图的线条

有些人总是企图一步登天、直接画出准确的线条，甚至企图直追尺规；总是急于让自己没怎么训练就能直接画出如直尺一般笔直的线条；总是急于让自己没怎么训练就能徒手直接画出准确比例、准确尺寸的线段。

首先，让手的准确度逼近尺规并不是不可能，只是需要专门训练而已，但是这些急于求成的人、善于找借口的人却不认真做这种专项训练，却随意质疑别人的创作型线条。

其次，创作型草图由于目标是有意识地聚焦在设计构思、设计创作、设计交流以及设计表达上，往往会借助于网格、尺规辅助线来控制准确度和尺度，而不会为了追求尺规般准确而使得徒手制图变成了尺规制图的翻版。

如果实在是希望自己成为出手就是尺规般准确的人，那么建议做专项训练。无他，惟手熟尔。实际上，徒手设计草图并不拒绝尺规，即使是快题考试，一般也不会规定完全不准使用尺规。

下面是尺规制图的要点：

一是准确。使用尺规制图要具备准确的眼力和手力，比如平行线训练、等距线训练、透视线训练……直至可以靠目测来准确绘制，通过这些训练完全可以使得训练者在短时间内达到准确的尺规制图标准。

二是快速。使用尺规一旦可以准确制图，就需要训练速度了，只要集中精力开始速度训练，就会发现画线的时候如果一直是平均用力，速度快不起来，于是就会发现快速的尺规制图线条必然会出现“两头重、中间轻”的特征，而这种特征正好就体现出了生命活力与张力。

三是表现力。当训练快速尺规制图的时候，就会发现如果一定要把线条点对点相交，绘制速度就会变慢，而且看起来显得不挺实；如果适当做交点出头，速度就会快很多，而且看起来坚挺、潇洒、富有徒手制图的表现力。由此可知，前面提到的强调起点、终点、交点和轻重用笔等专业线条的特征，其实与尺规制图的准确、快速、表现力需要是相互影响、直接相关的。

需要意识到的是，尺规制图的速度可以做到远比纯粹的徒手制图快得多，但纯粹的徒手绘制并不是仅仅为了速度，而是手脑互动、激发潜意识、利于方案创作的需要才使得纯粹徒手设计草图变得非常必要。

不要拘泥于纯粹尺规绘制还是纯粹徒手绘制等单极思维、极端思维，正确的做法是：我都会，怎么能达成目标就怎么做。

四是工具和纸张。一字尺与丁字尺相比，其好处是解放了左手、不必随时校正水平线、图板可以斜放、设计师可以坐着画图等。实际培训教学中，发现很多设计院校的学生竟然不知道一字尺，请不知道一字尺的读者尽快寻找、购买、学会使用一字尺。

在这里简述一下使用尺规时的注意事项：为了避免墨水糊到三角板下面污染图纸，可以把三角板翻过来使用；为了避免墨水糊到一字尺下面污染图纸，要记住针管笔可以斜着使用，其他的就请大家多动脑筋吧。

图纸画完，需要切图，很多人很容易把裁纸刀滑切到尺子上。建议把尺子反过来，用非刻度的那条边切纸；同时注意裁纸刀与图纸的角度越小，越不容易切出毛边。图纸量很多的时候，切纸往往需要很长时间，甚至会超过半个小时。实际上，经过集中精力训练，切纸完全可以不靠尺子而只需纯粹用徒手快速完成。

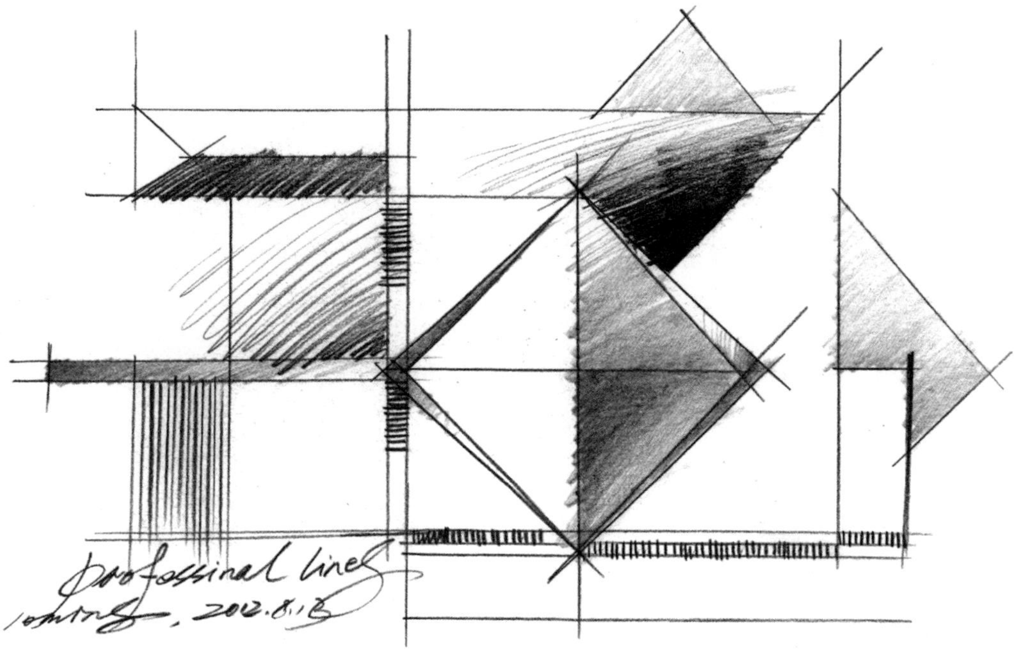

■ 尺规与徒手结合制图的线条

2.1.2 训练误区

在多年进行的设计草图专业培训过程中，我们发现学员出现的一些训练误区是共性的、普遍的，每一期学员就像放录像带一般重复着早已多次出现过的现象。下面把这些误区进行分析讲解，供读者对照参考。

2.1.2.1 企图一次解决

由于线条训练是基础，多数手绘相关书籍都很自然地把线条训练放在了前面，而多数人读书又习惯于按顺序读而不是整体读，因此很多人误以为线条训练是一次性的、阶段性的工作。

有些人认为只有线条练好了，才能进入下一阶段的训练，急得火烧火燎；有些人以为用一段时间集中强力训练线条即可，今后就不必再训练了；有些人则只关注线条本身，完全忽视整体构图，甚至连图名、签名、日期、序号都一概省略，然后问老师自己怎么对构图和色彩没感觉；有些人则长期只关注一种工具或一种纸张，根本不做多种工具、多种纸张的试验，然后说自己只会用钢笔，不会用铅笔、马克笔、硫酸纸、水彩纸、牛皮纸、卡纸……这种完全没有好奇心驱使的学习设计的模式非常令人感慨，这些严重的单极思维、局部思维、单向思维、固定思维直接导致一些人练了几天就不得不停滞下来，也导致有些人几个月，甚至整年都在练线条，痛苦不堪，由此产生的恶性循环非常严重地制约着进步。

实际上，就像走路、写字一样，其实我们一生都在修正自己走路的姿势、字体的变化，而不是小时候会走路了、会写字了就不再修正了。因此，建议在训练线条的时候，以宽容的心态对待自己，而不是严格要求自己必须在规定的时间里达到某种水准。关键是逐步熟悉、控制线条，并随时试验各种类型的线条在设计草图中的实际应用效果，进而不断改进。

线条训练对设计师而言是终其一生的训练，并在一生中会多次改变自己的线条风格。线条训练实际上是对工具、对纸张、对自己不断熟悉和认知的过程，因此，不是单纯靠阶段性考核就能解决问题的。

2.1.2.2 过于追求准确

多数人实在是难以割舍把徒手草图画得跟尺规制图一样准确的欲望。准确得跟尺规制图一样的草图，能不能做到呢？能，当然能。问题是在训练初期的时候，是否有必要要求自己一步到位？连工具、纸张都不熟悉，甚至连尺规制图都不熟练的人，一次性追求又直又准，并且想短期内达成目标，可行么？对多数人而言，这是不合乎常理的苛刻要求，何况徒手设计草图的目标并不是代替直尺和软件。

训练初期的时候就坚持训练准而直的线条，容易导致手、手腕和手臂的肌肉僵硬，在需要进入绘制放松、潇洒、自然的线条模式时，手就会不听话了。同时大脑过于关注细节的准确，很容易导致对整体控制能力的忽视。对设计草图而言，最重要的是设计思路的整体、清晰表达，而不是极度精确。极度精确是方案深入阶段和施工图阶段的任务。

如果你到了已经很熟练的阶段，并有余力做精确徒手绘制的训练，那么可以试着做这种几乎可以代替直尺的绘图训练，但是要知道这是类似于奇人奇事的超级能力训练，并不是多数人都需要追求的普遍标准。

简言之，摆脱直而准的概念，把放松画线条训练成本能才是我们的需要，只有这样才能把大脑从线条等基础问题中解放出来，从而用更多的时间和精力去考虑画面构图、设计目标等方面的问题。

2.1.2.3 陷入单一标准

一些人企图"一线走天下"，企图只靠一种线条模式完成各种项目的各个阶段。过于关注和判断何种线条可以"走"天下，并不利于设计师对多种线条模式的研究和试验，反而使得设计师难以随心所欲地控制线条。设计师的线条最终要的是曲直自如，即强调的是完全的控制能力，而不是陷入"非 A 即 B"的单一标准中。

因地制宜，这个词实际上几乎所有人都耳熟能详，但是一旦在实践中就往往选择性失明地故意忘记。为什么这么说呢？看看有多少人对线条类型应该是曲还是直，还是小曲大直，还是模拟尺规一般地准确，还是尺规与徒手配合等问题进行反复争论、求证、提问就知道了：人们就是喜欢假装自己不知道应该因地制宜，这是多么有趣的现象，而且竟然相当普遍。

相信曾经有过上述疑问的读者只要一看到"因地制宜"这个词就会马上释然：不同的项目、不同的目标、不同的对象、不同的阶段当然会促使我们有意识地选择相应的线条类型，不是么？所以说非此即彼的单极思维往往会使得我们很可笑，因为假装思考是在故意忘记常识，企图一劳永逸地找一个统一答案，或者用假装思考掩饰着行动的懒惰，质疑和自以为是地失去深入研究的机会。

什么情况下用曲线为主的线条，什么情况下用直线为主的线条呢？实际上这类问题很容易解答：

目标越是趋近于构思，线条越是趋近于弯曲、顿挫、复杂、模糊、放松、随意，因为构思阶段需要的是从自己画出的线条中受到多种可能性的启发，即双向互动、手脑思维；目标越是趋近于与别人交流，向别人表述，线条越是趋近于平直、流畅、简单、清晰、严谨、拘束，因为交流与表达阶段需要的是相对准确地讲解方案生成、意图和成果，即单向证明。

这样讲解是不是很清晰明确了呢？关键的关键，是把自己训练成能够完全控制工具、曲直自如的专家，而不是为了掩饰懒惰的非此即彼。

除此以外，不同感觉的目标控制，也会因地制宜地选择相应的线条类型。比如有名气的方案创作师为了显示自己高深莫测的神秘感，会故意选择或弯曲或模糊或抽象的线条甚至色彩类型，这都是因地制宜、目标思维的体现，而不是说大师画法就是统一答案。

最终还是回归常识，通过训练全面控制工具，以目标为原则因地制宜地选择线条模式。

2.1.2.4 容易急于求成

多数人一方面知道循序渐进的道理，一方面又不由自主地为透视、色彩等问题着急，甚至为自己的前途等其他事情着急，导致无法安心做好现阶段的线条训练，患得患失现象很严重。几乎所有人都会企图迅速地练好线条，然而由于着急的心态全面接管了他的大脑和手，结果是越着急进步越慢，进而形成恶性循环，导致自我怀疑，甚至怀疑训练方法。

不是不行，急则不灵；不是不成，能停则停。这是我们总结出来的训练经验，即使是“集中优势兵力打歼灭战”，也不要狂画、狂练、狂急，而是要控制心情和节奏，无条件相信自己在不远的某一天必然会出现质变。这样才能把急于求成的心态抛弃，左脑就会因为不再焦虑而放松，因为放松而动脑筋做多种试验。这时右脑会无缝交接并开始工作，潜意识会帮你做大量分析，在合适的时候反馈给你，于是就会发生质变。这里的关键是学会休息而不是持续训练。

训练的目的是给潜意识提供用来分析如何进步的大量素材以等待质变，而不是单纯企图通过训练本身直接达到目标。

一般建议线条训练每二十分钟就休息十分钟，每天训练时间不必超过两小时。当你休息的时候、睡觉的时候、做其他事情的时候，你的潜意识会分析你的训练，逐步得出结论，并使得你在某一天出现质变。

如果有培训老师面授指导，这种质变往往会在几小时到几天内发生。因为有老师辅导，你就把进步的指望都交给他了，只管训练即可，实际上这是变相的放松，于是潜意识就会因为你的放松而高速工作。如果是自己训练，这种质变往往会在几周到三个月内发生。因为没有人替你承担进步的压力，所以你的左脑总是不会真的放松，总是企图独立完成任务，潜意识只能在不断的怀疑下断断续续地工作，于是质变的来临就慢一些。少数人会天生具备自信和放松，表面上看这些人好像无忧无虑甚至厚脸皮、不急不慌，实际上这些人不仅不需要面授和辅导，而且单纯靠自己训练就能在几天到几周内发生线条质变。由此可见，保持放松、乐观、自信、顺其自然的训练心态，不给自己压力、不怀疑自己，乐在其中，只有这样，才会促使你动脑筋训练，才会促使你不断做各种试验，才会促使你不断发现自己在进步，才会促使你找到自己。不紧张、不焦虑，右脑潜意识会由于左脑的放松而工作，结果是进步神速。

如果你想做聪明人，现在就开始无条件地自信、放松、乐在其中、顺其自然，把量变积累交给左脑，把质变进步交给右脑潜意识吧！

综上所述，“单极思维害死人”这句话用在设计草图的线条训练上是再合适不过了，有太多人强迫症一般固守着“手绘”就应该是完全用徒手，不能用一点尺规，也不能画辅助线，必须一遍就画成功的“神奇”念头。这种现象的最重要误区在于过程的单纯与完美又一次被毫无必要地重视和关注，而目标则被毫不留情地、愚蠢地忽视甚至遗弃。人们对“纯粹”和“完美”的执着追求掩盖了忘记目标的实质，甚至因为自己对尺规、辅助线的恐惧与排斥，固执地企图只画一遍就成功，追求违背常识的下笔如有神，使得太多人在训练初始就陷入了反复的自我怀疑、自我否定之中。结果是根本难以跳出这些自己设定的非人道陷阱，难以认清其违背常识的真相，当然也就无暇顾及实际真实的目标，结果没怎么训练就把自己否定、放弃了。

那么，我们的目标是什么呢？当然是设法把图画得又快又好以达成构思、交流、表达的目标。如果适当使用尺规，适当绘制辅助线能够有利于我们画得又快又好，为什么不用呢？如果多画几遍能够促使我们熟而生巧，为什么固执地追求一次成功呢？想想看，因为徒手画图不熟练而导致线条偏斜失控、抓形错误、透视混乱，而如果适当用尺规绘制关键要素的底稿或者绘制关键辅助线能够有效解决这些问题，那么为什么一定要像偏执狂一样排斥，甚至畏之如洪水猛兽呢？再想想看，作为初学者就企图追求一次成功、下笔如有神，请扪心自问还有天理了么？

横线总是画得倾斜，竖线总是画不垂直，斜线总是偏离方向，透视线总是不能汇集到灭点……多少人为此类事情恼火，值得么？用尺规打个浅浅的底稿，或者用尺规打好底稿后当成垫板不就行了么？熟能生巧、惟手熟尔，这些大道理大家都知道，那么我们先借助尺规逐步熟练起来，何罪之有？动脑筋训练和实战，何乐不为？

2.2 专业字体

写一手好字肯定能够给人留下良好的专业印象，这是大家都知道的常识，但是很少有人能够意识到，如果自己的字写得很差，会起到严重的反作用：这个人连二维的文字都不能做到美观、优雅，怎么能指望他去控制三维的建筑、景观、室内设计呢?

我们经常能够看到很多方案创作师看着自己一手破字无所谓的样子："不过是细节而已，关键是思想"。一个有思想的人怎么会连如何把字练好都搞不定呢? 我们也能看到很多方案创作师装出很惭愧的样子说："我的字不好看，请见谅……"，其诚意、朴实令人感动，可惜的是甲方和领导需要的是专业能力，一个连字都"画不好"的人，怎么能让人相信他可以做好方案构思呢?

很多方案创作师根本不研究练字的方法，甚至对书法的整体布局、抑扬顿挫、间架避让等原理和方法一无所知，天真地以为方案创作与书法、美术字没有直接关系。这就像作曲家认为自己的任务是作曲，钢琴弹得好不好关系不大一样可笑，不是么? 作曲家必须弹一手好钢琴，虽然不必像演奏家那样高深莫测。同理，方案创作师也需要写一手好字，虽然不必像书法家那样登峰造极。否则，人们从常识出发即可怀疑这位方案创作师的专业能力，甚至认为这个人可能只是工程师而非方案创作人士。这种情况不仅尴尬，而且难以辩解，其特征就是甲方会一遍又一遍地要求修改方案，以修改的数量来平衡内心的不信任感。

由此可见，创造信任和尊重的前提是创造认可，而文字书法则是创造对专业能力认可的第一步，即门槛。那些误认为书法能力并非关键的人，实际上正在矛盾心理中进行着自我辩解；那些承认自己写字难看却说是因为不得其法的人，则是在掩饰自己的无能与懒惰。连二维线条组成的文字构成都不能深入研究的人，怎么能研究好三维体块和空间的构成呢? 大多数所谓的方案创作师并非是真的具备了构成本能的人，因为他们连眼前的文字构成都没能做好，又何谈高端的方案创作呢?

方案创作师不是工程师，甚至不是设计师。前者做的是工程与设备的配置与施工设计，后者做的是功能与流线设计以及具体尺度标注，唯有方案创作师是控制体块、空间、线面、色彩、功能、流线的构成，控制印象、感觉、回忆、行为的创作者。因此，如果从事的是方案创作职业，请牢记我们与工程师、设计师的本质不同。

从眼前的文字书写开始，随时进行构成训练，将会发现对文字的线条、色彩、主次构成的研究与方案创作中的构成创作根本就是一回事。

既然如此，何乐不为？

2.2.1 字母数字

很多人对数字、字母等基本功训练并不重视，因为崇尚“重要的是思想”，忘记了“千里之行，始于足下”，结果是连最基本的数字、字母都写不好，一出手就暴露了自己基本功不扎实、不专业的本质，导致“空有思想，无人赏识”的所谓“怀才不遇”。

方案创作师在设计草图中使用的数字、字母写法与一般人的写法有很大差别，尤其是与通常的工程字模式的写法大相径庭。为什么会出现这种差异呢？原因很简单：方案创作师有着强烈的表现个性、烘托方案、令人佩服、获得尊重的需要，因此方案创作师如果使用那种规矩、小心、千篇一律的写法，就会失去可以使得客户对自己的专业能力留下深刻印象的好机会。

2.2.1.1 字母数字的特点

一是直体。采用直体的原因是避免斜体的数字和字母影响画面的“正直性”。很多人由于逆反心理而喜欢做斜向构图，实际上斜向构图会导致看图的人不得不歪头，第一印象往往就不好了。同理，字母和数字如果采用斜体、花体，也会因为没能烘托好主体而导致看图的人产生疑惑甚至恼火。

二是潇洒。书写效果必须潇洒的原因是需要看图的人产生对方案创作师的佩服、尊重，而谨小慎微、小心翼翼的标注会给人以不自信的感觉，从而影响到客户对方案创作师专业能力的判断。

三是淳朴。原因是字母和数字归根到底是烘托草图主体的要素，而不是需要惹人关注的主题，因此花体、斜体、异型字体都会引起注意力分散，还是淳朴明确的字体写法最恰当。之所以先介绍字母、数字的训练，而不是直接训练中文写法，是因为我们需要成就感而不是挫折感。字母数字很重要，但是却很好练，只需抽出一段时间训练，很快就能取得效果。

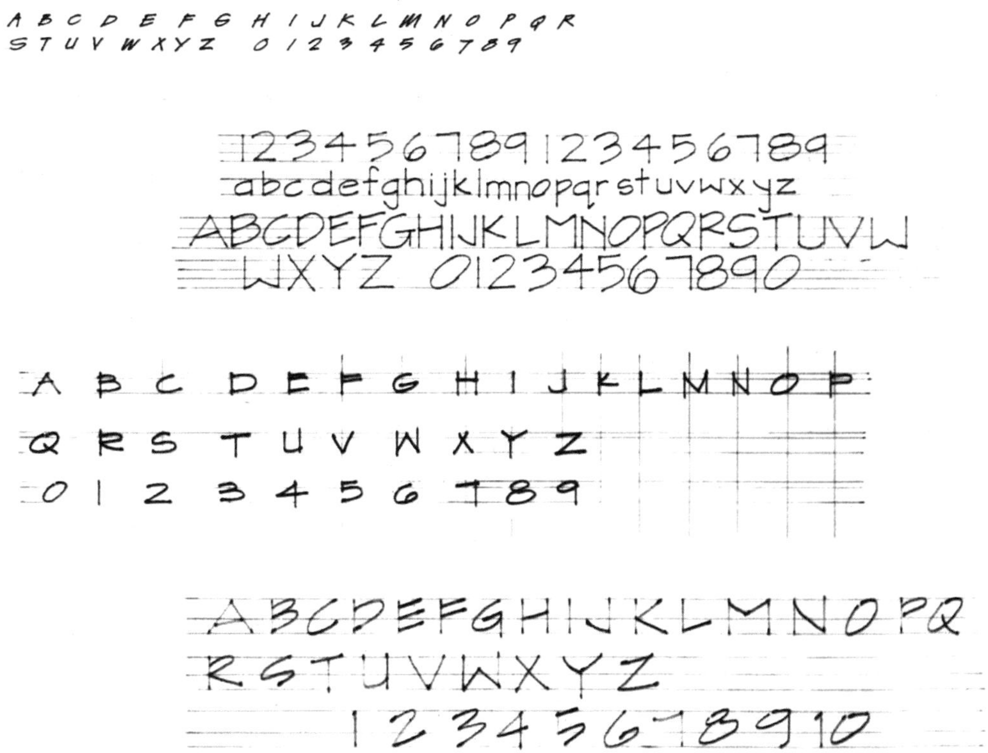

■ 选自《建筑绘图与设计进阶教程》 机械工业出版社出版 （美）麦克 W·林 编著 魏新 译

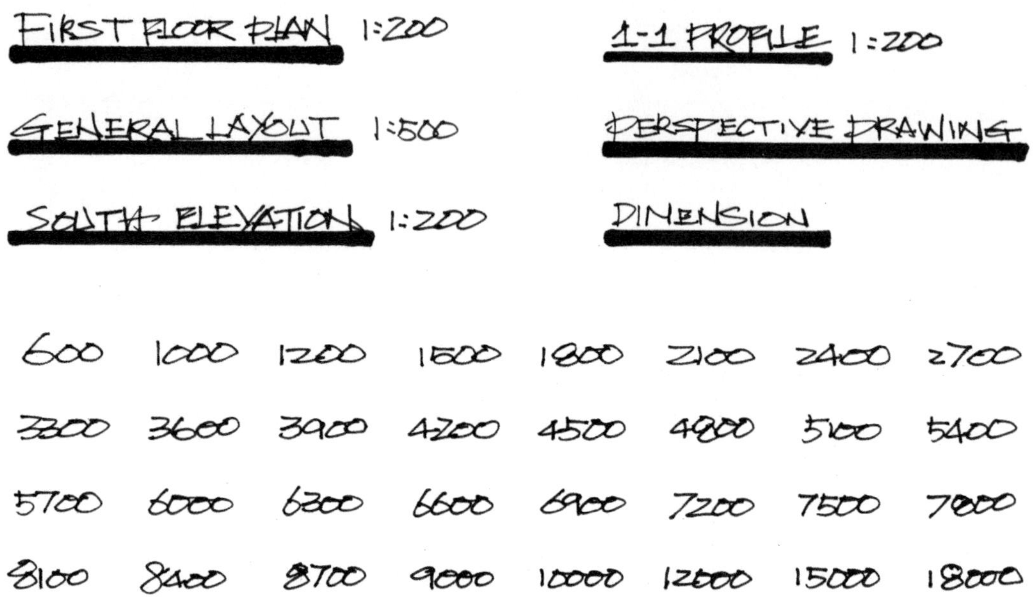

■ 字母、数字组合训练

2.2.1.2 字母数字的美术字

训练初期，因为还写不好中文，所以建议先用英文、拼音加数字的美术字来做图名，以便于扬长避短。如果刚开始的时候连字母、数字都写不好，那就先采用打字、美化、打印然后剪下来粘贴到草图上的方法，以解燃眉之急。不过这种方式只适合非常初级的阶段，不建议长期使用。

字母、数字的美术字写法并不难，只需认真训练一段时间就能用于实战。等到有了一定基础，就能在平时见缝插针地训练字母和数字的美术字了，到那时，就能每隔一段时间发现一种优秀的美术字写法，甚至发明出自己的写法。

练习字母、数字的美术字，首先要注意的是控制其间架，然后就是控制其感觉。所谓间架，指的是美术字的“骨架”，也就是单线画的字体中线底稿。间架一定要稳定、端正、大方，不能斜里斜气，否则会不利于形成信任感、等级感。所谓感觉，指的是美术字的风格，不建议采用商场促销用的那种活泼的美术字风格，更不建议采用怪异奇特的风格，以免看图的人视线集中在这些美术字上，忽略了主题。美术字不必精通到会写各种美术字的程度，只需掌握常用的一两种可以直接用于实战即可。

■ 英文美术字训练

2.2.2 基本中文

对于我们自己的文字，写好它是义不容辞的事情，何况作为方案创作师群体。

2.2.2.1 文字的颜色与字形

文字的颜色要考虑到画面的整体效果，与画面本身使用的纸和笔相配套。正如铅笔画要用铅笔来标注，钢笔画要用钢笔来标注，马克笔画要结合马克笔来标注，混合画法的画面则需考虑画面的统一性与协调性，慎重选择，不能使画面产生突兀的感觉。

在一个图面上尽量使用不多于两种的字形，大小和笔划的粗细应考虑画面的背景、底色、画面内容等因素，注意协调性。

2.2.2.2 传统的工程字

所谓的工程字实际上就是仿宋字，而仿宋字脱胎于毛笔书法，甚至连毛笔书法中的运笔方法都被继承下来了，结果明明是一个最简单的横划、竖划，却需要多次运笔才能完成，书法基础差的人，很容易写得既复杂又难看。还有，工程字强调横划向右上方倾斜，导致所有的中文书写都会显得“不正”，会干扰读图的方向感及心情。

有太多的人在工程字训练的课程中就已经开始失去了对自己的自信，甚至连在图纸上写字都开始产生恐惧。在草图上书写项目名称、图名、注解、解析、日期、签名等等则被一概忽视，久而久之，自然就忘记了这些要素都是图面构成的有机组成。太多人拿着“光秃秃”的草图跟甲方交流，而甲方想破了头也理解不了如此草率的草图何以需要他们付出高昂的方案创作费用，甚至会认为方案创作师拿出来的根本不是自己项目的草图，没准是别的类似项目的草图！试想，甲方连收藏草图的欲望都不能产生，何谈对方案创作师的佩服、敬重和信赖呢？如果连这种感觉都没有，那么又何谈对方案的认同。

看看国外设计师写的英文，再看看我们在学校被迫使用的工程字，就会看出来明显的差别：国外设计师的英文写法简洁、快速、美观、潇洒，我们的工程字则处处勾弯，写起来又慢又复杂，只有很少的人可以快速写出潇洒的工程字。再看看真实的方案创作师使用的字体，就会惊奇地发现，他们早就放弃了工程字。

2.2.2.3 设计师的字体

大多数方案创作师根本不用工程字，而是在用自造的“设计师字体”。如果注意一下报道 2008 北京奥运开幕式策划过程的纪录片，我们会看到张艺谋导演也在使用这种约定俗成的设计师字体。

设计师字体，其特征是扁方块体，横平竖直、略有张力。这种写法迅速、方便、利索，写得好的人则会显得很潇洒，与国外设计师的字体写法有异曲同工的感觉。

扁方块体，适合左右方向的阅读，而且也显得紧凑；横平竖直，则方向平正，不干扰图面的读图方向和心情；略有张力，指的是字体笔划并不是呆板的直线，而是略有弯曲，形成张力。

对中文字体的训练而言，很多人会迷惑：成千上万的汉字何时能练完？实际上，我们的经验表明，只需练好十几个字，其他汉字也就自然迎刃而解了。因为汉字是由偏旁部首组成的，所以只要专心练好部分汉字，那么其他汉字是可以举一反三的。

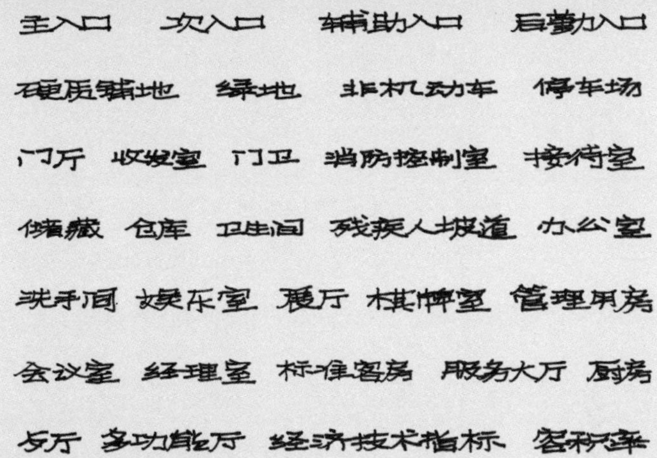

■ 设计师字体 —— 扁方块体，横平竖直、略有张力。

从哪几个字开始练起呢？从我们可以百练不厌的字开始即可。比如自己的名字、爱人的名字、孩子的名字之类的，具体是哪些字可以让自己百练不厌，请自行琢磨。怎么练呢？每周练一两个字即可，最多三个字。先找好别人写的范字，然后在闲暇的时候或者工作时见缝插针地练着玩即可，一般不出几个月，就能开始写出一手好字了。去哪里找范字呢？身边写字好的人！其实在我们身边、网上的群组中，总会有写字很好的设计师，只是我们一般没有设法找到他们而已。这些人给我们写几个范字其实只是举手之劳，不仅会因为有人找他要字而感到荣幸，而且大都会认真书写。一旦某个字觉得练得不错了，就可以试着写相似的字，这样就能巩固、扩展成果了，而且心理压力很小。

练字的时候需要注意以下两个方面：

一是，刚开始的时候，因为不容易控制水平线和字体大小，所以建议用铅笔浅浅地打上横线、分隔线，这里需要注意的是不要用很重的辅助线，以免形成依赖。

二是，不要使用出水不顺畅的笔练字，这不是节约的问题，而是心情问题、放松问题和专业问题。习惯了不太出水的笔写字，一旦换成出水顺畅的笔，会变得难以控制；反过来就没事，即习惯了出水顺畅的笔，一旦遇到出水不顺畅的笔，反而能够很容易适应。

2.2.3 美术字体

大标题一般需要使用美术字。美术字的字体和写法千千万万，而我们也没有必要成为美术字专家，可以先从马克笔方块字开始训练。所谓马克笔方块字，指的是用马克笔写成的横平竖直、稳定典雅的方块字。这种字体非常好写，也容易训练，而且不张扬，便于与画面整体协调统一。以下是标题美术字训练步骤：

2.2.3.1 尺规打格

之所以用尺规打格而不建议徒手，是因为尺规打的格子线条挺实，可以留到最后而不必擦除，自然成为画面的有机组成；而徒手的格子往往软弱扭曲，会影响画面的感觉。**计算好字数、尺度、间隔，然后用尺规潇洒地打出铅笔格子，重视线条的交点出头、两头重中间轻**。即使还没写字，单是格子就已经很漂亮了。

2.2.3.2 铅笔单线

在格子里面用铅笔淡淡地、横平竖直地写单线字，以便在使用马克笔的时候不会出现架构失衡的问题。这一步在熟练之后可以取消，但是完全熟练地直接用马克笔写出架构均衡的字并不是一蹴而就的事情，因此建议不要过急地取消这个步骤。

2.2.3.3 浅色试写

在马克笔使用不熟练的情况下，可以用最浅的暖灰色先试着写一遍，因为颜色很浅，即使出现小差错问题也不大。试写觉得不错了，再用理想的颜色正式书写。当然，如果完全没有信心，那么最好不要在正式图上做试验，而是应该在别的纸张上先练好，再回到正式图上认真书写。

2.2.3.4 立体阴影

用暗色涂阴影，就会马上呈现出立体感，从而迅速提高表现力。先确定受光方向，不受光的方向就需要加阴影。要注意的是，不要使用纯黑色的阴影，这一点很重要。至于是用统一色调的阴影还是补色阴影，那就看图面的需要了。

2.2.3.5 墨线轮廓

马克笔本身有轮廓不鲜明的特点，而一旦用墨线笔勾上轮廓，马上就会显得挺实、水灵、清爽。勾画轮廓还有一个好处，就是可以修正前面用马克笔写错的局部。

2.2.3.6 色彩控制

建议刚开始训练的时候直接从优秀的平面设计类的作品中进行色彩移植，而不要自创色彩组合。很多人会不加思索地使用过于鲜艳的色彩，结果导致标题太突出、太刺激，破坏了画面的整体性。

2.2.3.7 尺度控制

很多人会不小心把标题美术字写得过大，就好像觉得自己好容易写了个标题，不写大一点就对不起自己似的。一般来说，标题要比觉得正常的大小再小一号，这样才会显得典雅、内敛，不至于抢画面。标题就像嘴，太大了并不好。

2.2.3.8 经常训练

美术字完全可以见缝插针地训练，无论是开会、听课或者没事画着玩，不一定找个专门的时间，一旦有“只能在大块时间训练”这种念头，就可能永远也没时间了。

2.2.3.9 注意事项

不要拿正式图做试验。即使是平时的设计草图，也要写上标题美术字，很多人误以为这是练习，于是随意写，一旦写坏了，心情和自信就会一落千丈。强烈建议在别的纸上练好再在草图上写标题美术字，而不能拿着草图表达当成试验田。

先写标题再画图。标题美术字很容易写坏，最好先写好标题再画图，一旦写坏了，就马上换张图纸重写。很多人习惯了先画图、后写标题，一旦标题美术字写坏了，就会全线崩溃。

2.2.4 图文融合

2.2.4.1 构图要素完整

设计草图中的图名应该能让看图的人一眼就知道项目名称及图面要说明的内容，否则还得费口舌解释。注解也很重要，比如备忘、强调、分析等等，这些注解不仅会给自己留下思考的印记，给看图的人一种专业认真的感觉，而且能够让自己积累成就感。日期、签名非常容易被忽视，尤其是在训练初期。很多人以为自己没什么名气，又不是什么大师，何必签名？实际上日期、签名都是构图要素，如果平时不多加训练，等到真的想签名的时候往往会造成一个签名毁掉整张图的后果。何况，正是因为很多人不签名、不写日期、不写注解，才导致客户看了草图就认为设计师没有用心，也不负责，甚至没什么名气，从而失去对设计师的信任和尊重。

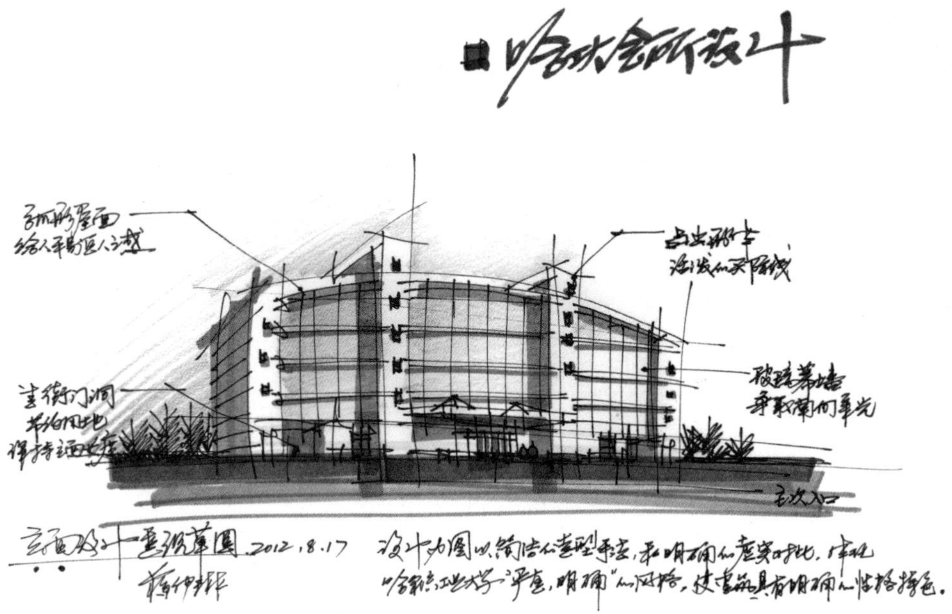

■ 图文融合

很多人习惯了经常跟人解释哪一张是最先画的，其主题想法是什么；哪一张是后来画的，为什么这么修改……这不仅浪费时间和精力，而且很容易令人恼火。现在就开始把**图名、注解、日期和签名**当成每次画草图必不可少的构图要素，认真、正规的时间越长，就越会有人注意到我们的严谨、负责，甚至会有客户要求收藏设计师的草图，自然就会形成良性循环。方案创作师是彻头彻尾的名气职业，不要忽视了对自己的个人专业品牌的长期营建。因此，我们提倡实时进行图文构成训练。

2.2.4.2 提高构成能力

在多次的设计教学和培训实践中，发现太多人都习惯于图文割裂模式的训练和草图绘制，即使反复提醒也仍然无济于事，直至不得不强烈要求甚至不得不故意发怒，学生才会开始有意识地进行图文构成训练，并惊奇地发现自己在这方面的能力之差出乎自己的意料，这时才会真正明白自己的整体控制能力实际上是多么虚弱。

太多的人几乎没有训练过自己的整体思维和整体控制能力，他们的思维和训练大都停滞在被人为割裂的局部要素之中，而像文字、注解这类要素则干脆排斥在设计草图的训练之外。太多人习惯于只是单纯绘制设计草图本身，有意或无意地忘记这些文字类要素其实也是设计草图的有机组成，然后等到需要正式表达的时候才会愕然发现自己加上的标题、注解、日期、签名都能轻易地破坏画面构图甚至惨不忍睹。平时最不重视的要素却成了最厉害的杀手，这种情况的危害绝对不仅仅限于设计草图层面。

比如方案构思，往往会单纯为了满足某个要求而深陷其中，却忘了及时跳出来审视全局。结果挂一漏万，局部完善了，整体方向或效果却出了大问题。是的，很少有人能够意识到应该从目标结果、整体诉求入手控制过程，表面上看似很努力，但是非常容易出现劳而无功、功亏一篑的沮丧结果，有趣的是大部分人都没有意识到这是自己平时不注意整体训练的结果，没有意识到平时自以为是的懒惰虽然借口堂皇，似乎很有道理，却因此而丧失了整体控制能力。

由此可见，在设计草图的训练中，要有意识地将标题、注解、日期、签名等要素有机地纳入到整个构图之中，甚至要以构成的方式与图面其他要素形成互动、创造意境。我们强调无论是在做线条训练，还是在做配景训练，还是绘制最常见的记录草图，都要有意识地进行图文有机构成训练，这样才能达到日积月累的效果，才能随时处于整体思维的状态之中，从而使得整体思维、目标思维逐步形成本能，进而事半功倍，减少局部要素对整体效果的负面影响，使得所有要素都能够为目标和诉求中心服务，达到浑然天成、多赢解决的效果。

2.3 高效色彩

我们一直都下意识地习惯参考“同类”资料和案例，甚至是“绝对同类”的范例。比如做某种类型的设计，就参考相同类型的方案或实例；比如画某一种类型的草图，就参考相同类型的范图；比如要做某种类型的图面版式构图，就参考相同类型的图面版式；比如要做某种类型的色彩搭配，也只是知道去找相同类型的参考范例……最多也就是找一下相似类型的参考范例，却很难想到由彼及此、举三反一。

所谓由彼及此，指的是通过对表面上并不相干的其他事物的观察、分析、研究，将获得的成果用于自己的项目中。比如有一次做一个规划的设计表达，我们觉得需要的感觉是成熟、稳重、可信，那么选择的是一张给人这样感觉的人物照片作为色彩配置的参考，于是将这张人物照片的色彩移植到设计的图面上，其结果不仅与众不同，而且被甲方一次看中而进入下一阶段的进程。大多数人不会这样，他们往往只知道参考相似规模小区的效果图，结果是大同小异，拿到甲方那里自然不会有好结果。

所谓举三反一，指的是通过对不同的、经典的案例进行观察、分析和研究，将其可以借鉴的要素逐一转化到自己的设计中，并加以学习、分析和提炼，最终获得的是有自己特色的成果。比如有一次，设计一个需要体现启航、出航、远航的感觉的大型商业综合体建筑造型设计，以带动周边地区经济的发展，那么就把有这种感觉的飞机、飞艇、轮船、汽车、飞鸟等经典造型逐一借鉴过来做实验，最终得出“大型游轮的造型比较符合该项目”这样的结论，于是造型方案自然就有了方向，其结果也是一次通过，打败对手。大多数人不会这样，他们往往只知道参考同类规模的商业综合体方案效果图或者建成的案例，于是仍然只能是大同小异，拿到甲方那里自然不会被认为富有创造性，也不会被认为能够很好地解决造型需要。

由此可知，大多数人是不善于由此及彼、由彼及此的，也是不善于举一反三、举三反一的，因为大多数人忘记了目标，只知道下意识地做好过程，于是就在犯着熟视无睹、视而不见的选择性失明的错误。比如，看到别人的图中水面是蓝蓝的，就下意识地直接模仿，却不去看看真实的水面到底是什么颜色，也根本不去观察同样的水面在不同的时间段的不同色彩；比如，看到别人的图中天空是蓝蓝的，就下意识地以为这就是天经地义，于是每天在蓝天下却从不观察真实的天空色彩；比如看到别人的图中窗玻璃是蓝蓝的，就会在自己的图中也下意识地使用蓝色玻璃，往往很多人一生都想不到自己每天都在真实的门窗前面走过，却从来没有用自己的眼睛真实地观察色彩。墙面、屋面、草地、植物、汽车、人物等等太多要素需要我们不断观察、不断提炼、不断分析、不断转化为自己的设计表达模式，但是如果只知道单纯参考别人的同类作品，最终将在过程中失去自我。

为什么会这样呢？因为捷径心理。很多人为了掩饰自己的懒惰，就会说向别人的作品学习是捷径，甚至会找借口说“大家都这样做”，于是就会养成“选择性失明”的坏习惯，一旦学到了某种模式化的画法，自己就不再认真观察和提炼了，周围的一切包括人的生活都不再感动自己，于是就超然成了只会做脱离真实生活的所谓概念，而不会做反映生活、为生活服务、为目标而战的设计了。比如很多人根本不去项目现场，而是闭门造车地做方案，建模、渲染之后直接把水晶石公司的配景适配到图中，全然不管是不是与现场情况吻合，结果违背基本常识，导致投标中因为这种懒惰行为而落标。

2.3.1 色彩类型

我们先明晰以下几种色彩类型：固有色彩、经典色彩、个性色彩、目标色彩。

2.3.1.1 固有色彩

比如红色屋面，其固有色彩自然是红色，但是由于空气、距离、时间等因素，真实的红色屋面往往并不是鲜红色的，何况我们的表达目标是令人可信，而鲜红色的屋面往往就像鲜红的嘴唇一样不会给人以成熟、美好的印象。很多人看别人的图中有过于鲜艳的色彩，会马上产生“这也太幼稚了吧”的印象，但是一旦自己去画，就会选择单纯的固有色彩，于是过红的瓦、过蓝的天、过绿的草、过翠的树、过艳的车……充斥着画面，却因为“敝帚自珍”的缘故而不自知。

建议用自己的眼睛认真观察各个建筑的真实色彩，而不要习惯于用固有色彩的思维去做设计表达。**最简单有效的做法就是点到为止，即适当偏向固有色彩即可。**最重要的是保证整体画面的协调、成熟，从而给人值得信任的感觉。

2.3.1.2 经典色彩

对于令我们感觉舒适、印象深刻的经典作品，比如画作、摄影、海报、包装、封面、网页、广告、片头、服装、产品、电影、效果图等，不能只停留在欣赏、评论的层面，应该意识到需要对这些经典作品进行分析、提炼并拿来我用。实际上，我们的周围充斥着优秀的、经典的作品，只是由于总想着寻找几乎完全相同的或相近的作品作为参考，就完全忘记了触类旁通（通感移植、色彩移植）、融会贯通（由彼及此、举三反一）这些我们实际上早已懂得的道理。

比如，众所周知的经典油画《蒙娜丽莎》，其色彩运用完全趋近于单色，这就是这张画留给人们的经典印象。实际上，大多数经典油画都有着明显的**色调统一**的特征，如果我们选择视而不见，那么就不能向经典学习并把经典作品的明显特征移植、运用到自己的作品中，就像很多人赞赏着《蒙娜丽莎》，却画着色彩斑斓的设计草图。至于其他种类的经典作品，统一色调的情况也非常多，但是一直处于视而不见、只知道参考同类作品的话，就会一直是视觉健康的“盲人”。

2.3.1.3 个性色彩

一些人存在着强烈的逆反心理，看到经典作品，第一反应并不是安心学习、分析、提炼，而是不屑、逆反、颠覆，这种企图不经过继承、发展的过程就直接反传统、反经典的情形大有人在。有趣的是，同样是这些人，往往又会同时盲目崇拜大师，尤其是那些反叛精神很强的前卫、先锋大师。这种既藐视经典又盲目崇拜的现象往往会集中在一个人身上，于是矛盾心理就会形成：既看不起经典传统，又难以模仿先锋。

那些企图直接创造个性的人，由于基础薄弱、积累不足、好高骛远、急于求成而导致处处碰壁，于是肆意乱用色彩，并振振有词地说在摸索自己的风格。因此，个性色彩的运用，并不适合训练初期，应该是方案创作师在各方面都成熟了之后，作为辅助表达来呈现。

2.3.1.4 目标色彩

所谓目标色彩，即为了达成某种设计表达目标而进行的色彩配置，一定要记住这决不是仅仅为了个人的喜好而进行单向的、自以为是的赌博。

比如，某个办公类项目，做稳重的棕色或灰色的统一色调处理可能是非常适合的，但是设计师很可能会以“喜欢紫色的神秘感”为理由而作出令人目瞪口呆的色彩处理，当然，甲方则会由于难以理解设计师造成的这种惊悚的感觉而放弃对方案的深入研究。比如，某个住宅类项目，做温暖的、温馨的统一色调处理可能更加适合这种建筑，但是设计师很可能会以“喜欢热闹的场所感”为理由而做成色彩争奇斗艳的感觉，结果连普通百姓都会因为难以理解为什么住宅需要给人如此热烈的躁动感觉而失去信任。

由此可见，从自我为出发点去进行色彩配置是不尊重项目目标、不尊重甲方、不尊重使用者的表现，我们需要的是因地制宜地达成目标，而不是自以为是地单纯表达自己的喜好。因此，为了使得我们的设计表达达成目标，就必须认真观察生活、学习经典、借鉴优秀，从而能够以“先继承后发展、先遗传后变异”的人类学习与进化的本原方式让自己不断进步与成熟，从而使我们的设计表达更加令人信服。

2.3.2 色彩搭配

2.3.2.1 底色提白

底色提白是最有效的简单画法，同时也最容易在实战中迅速出成果、出效果。从远古时代的壁画直至现代的工业产品设计，这种画法实际上存在了几千年，只是建筑设计、室内设计、景观设计、规划设计等行业一直没有把它当作重要的训练阶段来重视。

由于底色提白简单有效，很容易创造训练者的专业成就感，而且很容易直接用于设计实战，建议读者从这个阶段开始训练。

这里所说的底色提白，指的是在统一的底色基础上，用色彩加重、提白，从而形成对物体和思路的表达。这看起来似乎很简单，甚至有些人会不屑一顾。实际上，底色提白是普遍存在于我们生存的世界中的一种高等级的色彩规律。

首先，观察一下人体，人体几乎完全是一个底色（肤色），靠着局部的色彩加重、提白（毛发、五官等），成就了美轮美奂的自然之美。人们一般是把跟自己相似的构成看成是最高等级，比如对称、统一、稳定、中心明确等，因此出现了金字塔、紫禁城等高等级建筑物。

其次，望一眼天空就会发现，天空以蓝色为底色，由云彩提白。当我们仰头望天，油然而生多种感慨的时候，是不是忘记了其实天空本身就是“底色提白”的色彩构成呢？我们只是“熟视无睹”而已，结果是“视而不见”。

再有，就是宇宙，实际上是黑色为底，各种星球提白。每天晚上，我们遥望夜空，只是感慨万端，却没有意识到这是明确地影响着我们色彩感觉的底色提白。

除了人体、天空、宇宙以外，还有太多的例子可以佐证，这里就不展开了，只是通过上述提示达到一个目标即可。希望大家了解底色提白不是初级的而是非常高级的色彩模式，并早已普遍存在于我们身边的各个领域。

从底色提白模式开始训练的好处很多，不仅可以快速进入实战状态，而且可以很方便地画出经典感觉的作品，更大的好处是在初学阶段简化了色彩控制的难题，甚至能够使得读者掌握色彩感觉的基本诀窍：好的色彩类型真的存在于几乎单色的模式之中。

底色提白的色彩搭配训练可以通过以下方式进行：

（1）从黑白灰到单色调

在现代人类的色彩原则中，实际上色彩等级是按照人类自身的肤色模式确定的，因此越趋近于单色、越趋近于黑白灰，等级越高，而不是色彩斑斓、处处争艳。建筑作为等级最高的人造物，其整体色彩大多趋近于黑白灰，自然不足为奇。作为设计师，并不是对鲜艳色彩的掌控能力越强就表明其色彩感觉越好，而是越能控制画面趋近于黑白灰，越能控制色彩等级，才是有设计感觉的证明。

为了使得大家对这种画法重视起来，可以借鉴国画的画法，其单色倾向十分明显，是底色提白最好的例证，希望能给大家树立信心。不过，因为这么画设计草图的人目前并不多，所以并不是很容易能够找到底色提白画法的设计草图用来当作临摹范本。有一个办法很简单也很有效：找到你认为很好的图，在 Photoshop 软件中把图片的色彩模式改为灰度模式，略微提高对比度，再让它偏向某种色彩，找到专业的感觉。这样，范本就有足够数量了。单色画好了，就为今后的彩色表达打好了基础，这才是稳扎稳打。

很多人画的彩图色彩斑斓，看着都头晕，原因很简单，没有从单色模式稳步训练，企图一步登天，换来的却是整体控制能力的薄弱。因此不要急于着色，在训练中**首先着重训练黑白灰和单色训练，再逐步向多色彩过渡**。

（2）运用色纸

色纸一般有很多种颜色，可以选择一些颜色比较淡雅的。在色纸上绘画，画面色彩的饱和度会有所下降，如果使用鲜艳的颜色，会自然地与纸张的颜色搭配从而降低鲜艳程度。牛皮纸的底色提白效果也很好，通常呈黄褐色，具有稳定而专业的风格，与色纸相同的是，牛皮纸的画面色彩也容易出现饱和度不够的情况，选择颜色搭配时需要多试验几次。运用色纸作为底色绘制，提白效果靠什么呢？除了白色彩铅，还有一支笔是必备的，那就是高光笔。除了专门的高光笔，也可以用涂改液代替。

■ 运用色纸

（3）粉彩铺色

粉彩笔一般用于大面积的渲染，比如天空、地面、草地或者整体气氛的营造。粉彩笔往往并不适合所有人，有的人用起来兴致盎然，有的人却觉得索然无味，需要根据自己试验以后的感觉来判断是不是喜欢这种特殊工具。由于粉彩笔附着力弱，画面必须用定型剂喷过才能保证不掉色。如果采用大面积的粉彩铺色，最好准备好橡皮或纸巾，用擦除法提白。

■ 粉彩铺色

2.3.2.2 统一色调

由于空气浮力的原因，导致尘埃的漫反射无处不在，因此物体的亮面、暗面都会笼罩在或强或弱的统一色调中。此外，为了强调和突出自己想要表达的主题思想，往往会把实际上并

非如此却希望能够使观图者感受到的感觉用色彩传递出来，往往会有意创造统一色调的画面，例如暖色调、冷色调或者是中间色调，依据要表达的主题思想而定。

很多人羡慕那些色彩斑斓、配置纷乱的画面，以为色彩感觉好就必然具备了控制丰富色彩的能力。实际上，人群中能够控制丰富的、微妙的色彩变化的人只是少数，大多数人则并不能娴熟地、下意识地进行这种专业画家模式的操作，这也是为什么人群中喜欢画画的人那么多，成为画家的人却很少的缘故。要知道很多时候画家模式的色彩变化，大都是画家们为了达成某种感觉和意境而有意识地对色彩进行的夸张处理，这就是为什么我们拍摄的照片与画家画出的作品往往有着明显差异的原因之一。

只有色彩斑斓、色彩丰富才是色彩感觉好的特征么？未见得。为什么呢？因为目标才是第一位的：达成目标，过程就是正确的；没有达成目标，过程显得再正确也无济于事。

色彩配置对设计师而言，目标是什么呢？是信任，获得信任。我们的设计表达最重要的目标就是首先要给人值得信任、值得依靠的感觉，至于是否给人“够酷”、“另类”、“先锋”、“前卫”、“神奇”等感觉则是第二位的。可惜实际工作中很多人并不能做好这个排序，尤其是年轻的设计师，往往误以为后者才是第一位的，于是本末倒置。请问，甲方连信任的感觉都没有，何谈欣赏你的另类构思呢？因此，色彩丰富、色彩斑斓、色彩微妙、色彩大胆、色彩鲜明……都是过程，而非目标。换句话说，色彩感觉差不等于是因为不能控制复杂的色彩，而色彩感觉好虽然可以控制纷乱的色彩，却与设计表达能否达成目标并不存在直接关系。

设计表达最重要的目标是信任。有了信任，设计方案才会逐步发生后续的一切。那么，如何营造让人感到值得信任的色彩感觉呢？

（1）控制整体色调

如果想使设计能够传达出或活泼、或稳健、或冷峻、或温暖等不同感觉，就应该认真考虑画面的整体色调。首先要确定占据画面面积比较大的颜色，并根据这一颜色来选择不同的配色方案，试验不同的整体色调，从中选择出想要的。

如果用暖色系列来做整体色调则会呈现出温暖的感觉，例如红色、橙色、黄色等色彩的搭配，这种色调的运用可呈现温馨、和煦、热情的氛围。如果用冷色系列来做整体色调则会呈现出冷峻的感觉，例如青色、绿色、紫色等色彩的搭配，这种色调的运用可呈现宁静、清冷、高雅的氛围。

在需要实时或者快速交流表达时，色彩统一的画面不仅容易被人接受，而且画起来迅速、潇洒，给人十分专业、高雅的感受。统一色调的训练，最初可以试图把经典作品的统一色调移植到自己的训练表达或方案表达上，不必凭空“创造”配色，以逐步培养出自己的色彩感觉。这部分的训练极其重要，需要通过大量的训练来体会。色彩移植还应考虑到建筑的功能和性格，否则再好的配色方案都将失去意义。

■ 暖色调组合

■ 冷色调组合

（2）用好局部对比

大多数经典的画面和摄影作品都有一个统一的整体色彩，并有少量对比色去烘托，追求大统一、小对比的效果。如果色调过于统一，会给人“发腻”的感觉，需要加入局部对比色来调节。这就像人的脸部，用肤色统一了色调，但是会用眼睛和嘴唇的色彩来做局部对比，以避免单调。建筑效果图中会用配景来做局部对比；室内效果图中会用墙上装饰画、配景或窗外的色彩做局部对比。

局部对比的颜色可以是原色，即红、黄、蓝、绿四种原色中至少有三种原色少量出现，就会很容易使得趋近于单色的画面或者色调十分统一的画面富有生机，避免单调。原色一般出现在视觉中心附近，用来引导观图者的视线。**需要注意的是，这里所说的局部的原色，并不是指纯色，而是色彩倾向趋近于原色即可，注意尽量不要使用鲜艳的颜色**。

无论是黑白灰加一点色彩的模式，还是偏向于某个色调的颜色组合加一点对比色的模式，都比较容易快速绘制出效果，同时不必过度拘泥于每一笔如何配色、每个面如何配色等令人焦躁的问题。

（3）注意色彩呼应

初学者往往不注意方案中造型、色彩、材质的家族性，使画面产生凌乱、生硬的感觉。比如地面上应该适当有一些建筑上的色彩，建筑上有一些配景中的色彩，配景中有一些周围环境的色彩，也就是说主要色彩应该是“你中有我”、“我中有你”的感觉，以形成家族化，从而使得画面完整统一。如果建筑是暖色的，那么配景树、车、人就应该有暖色的表达，而不是用鲜艳的与建筑毫无关联感觉的色彩去孤立。建筑的各个表面也是如此，如果建筑主立面有某种颜色，那么侧立面、入口等其他相关等级的部位也应该适当安排这种颜色用来呼应，从而达成完整的整体感觉。由此可见，在统一色调的表达中，除了统一还要有对比和呼应，以调节观图者的心情，避免画面色彩过于简单和单调。

2.3.3 重黑重白

无论是底色提白还是统一色调，重黑、重白的表达都是非常重要的。图面如果没有重黑、重白，则会出现发灰、模糊、不明确、没有重量、没有趣味的感觉。试想一下，一张没有暗面、没有高光的脸会给我们什么感觉呢？自然是重病、死亡、鬼魅的不良感觉。假如一个人头发灰白、肤色灰白、眼珠也灰白，这样的头像往往不会引起我们的好感，因为我们喜欢的是头发或者眼珠至少有一样颜色重一些，这样整张脸给人的感觉才能是值得信任、富有生命的，这就是重黑的重要性。同理，假如一个人牙齿黝黑或者发黄，眼白也混浊不清，那么我们对着这样一张脸是不会有好心情的，我们喜欢的是“明眸皓齿”、“唇红齿白”，这就是重白的重要性。

需要强调和注意的是，无论是重黑还是重白，我们说的都不是纯黑和纯白。没有层次的纯黑会使图面发死，而没有层次的纯白会使图面发贼。要在纯黑、纯白区域或多或少添加色彩倾向，也可以理解为是有色彩倾向的重色、浅色，使得画面产生微妙的良性感觉。

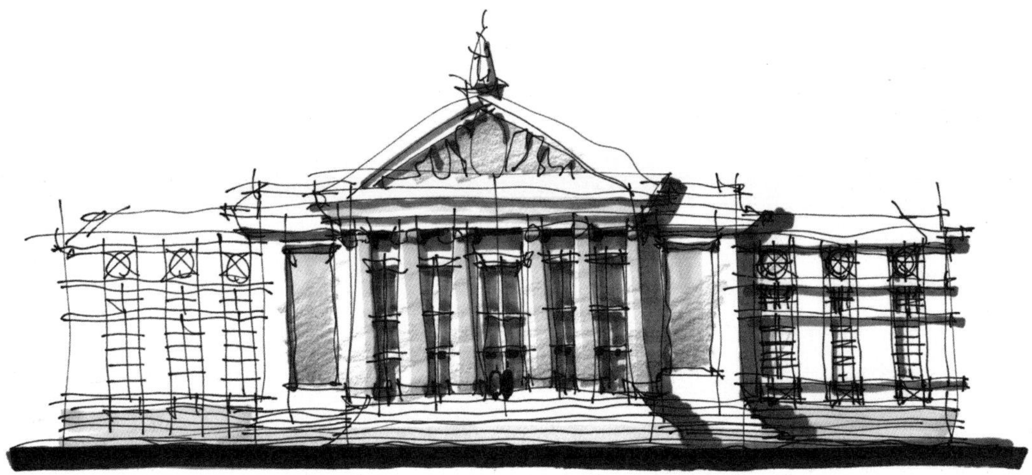

■ 重黑重白

2.3.3.1 重黑压图

所谓重黑，指的是在画面中有意识地营造出黑而重的区域，俗称“压图”。

对初学者而言，画面发飘、发灰、不稳重、无重量感、缺乏深度等情况十分普遍，却不知原因何在，误以为是细节刻画不够突出，于是集中力量深入细节，却往往失望地发现并不能有效解决问题。画面不能给人重量感和深度感的后果是严重的，会使得观图者油然而生出方案创作者水平有限、控制力弱、思路未深入、从业经验浅薄等等怀疑与不信任的感觉。这种怀疑与不信任往往从方案创作师的一条线、一个简单的符号、一个体块的画法甚至从一个签名上就能体现出来，也就是“行家一出手，就知有没有”这句话的真实写照。由此可知，用重黑等方法体现出方案创作师的自身专业能力以及修养深度，极为重要，绝非可以掉以轻心的小事。

适当在视觉中心附近加重黑，会使画面重量和视觉中心的冲击力一下子凸显出来。当然也可以用反衬法，比如在前景处加重黑，以反衬视觉中心的空白。

控制重黑的窍门：一个是分级加重，一个是“心狠”。

分级加重指的是：一般在视觉中心及其附近通过加重来强调，而其他地方，虽然往往也需要适当加重，但为了不喧宾夺主以实现突出视觉中心的重要，就必须“分级谦虚”，根据重要的程度来有意识地控制重黑的程度。

“心狠”指的是：在使用不同工具时，要舍得力气或者颜色深度。如果使用铅笔或者彩色铅笔，那么在重黑的部位下手要重，要非常重才行。即使是 8B 铅笔，也不那么容易在纸上留下我们需要的那么重的重黑感觉，需要用力才可以。初学者一般因为握笔的手指距离笔头太远，所以总是不敢真的使力气，结果是画面怎么也重不下去，就会画出俗称的“灰”图。用钢笔、马克笔等工具时，则完全不需要用力，因为这类工具是靠线条密度、颜色深度、形状强度来体现重黑而非力气，这一点要切记。

重黑的目的是压图，要有足够的成片的面积，不然不仅压不住图，反而由于到处都是小块的重黑而使得画面纷乱。

2.3.3.2 重白提亮

所谓重白，指的是在画面中有意识地留出一些空白或者强行提白，以便更好地突出视觉中心，形成气势。

古代绘画论说：疏可走马，密不透风。国画讲究的“留白天地宽”就有这个意思。“不画是画，画乃不画”，需要长期体会才能明白。初学者往往舍不得留白，总是自觉不自觉地把所有的空白都画满、填满，不然心里就直痒痒。结果是画面到处都是主观内容，却会导致观画者觉得几乎无法“呼吸”。这样的画面一般不容易训练设计者大胆取舍、突出中心的能力，反而会导致事无巨细、事必躬亲的坏毛病。

控制重白的窍门：分析大留白、小提白，疯狂取舍，能舍即舍。

大留白指的是：天空、地面之类的面积比较大的部分可以用空白代替的就干脆留白，这样就突出了视觉中心和整体感觉，会使得画面重点突出、天高地远。

小提白指的是：随着与视觉中心的距离越来越远，就越来越用空白来代替纷繁复杂的细节，同时对需要高光的部位进行局部提白，从而既使得中心目标更加明确，气势大度，取舍分明，又使得画面有空气感、距离感。

重白的目的是提亮，实质是给画面提神，因此不能到处留白，而应是画龙点睛。

综上，重黑在哪里，重白在哪里，往往并不能自然形成，而是需要绘图者进行反复的策划和试验，其目标都是突出视觉中心，引导读图。

2.3.4 多图色彩

一张图，是画成偏暖色的好呢，还是偏冷色的好呢？或者是偏红色，还是偏绿色呢？换句话说，很多人都知道需要统一色调，也知道要策划色彩倾向，但是往往在实战中却会拿不定主意。一张图如此，一套图则更加令人心神不宁：是全套统一色调好呢，还是做成冷暖交替好呢？还是暖多冷少或者冷多暖少好呢？要解决这些问题，应该做好以下三件事：

2.3.4.1 多做试验

针对项目特点，做多种色彩倾向的试验，然后做对比，看看哪一种色调更加符合目标项目、目标甲方。这种试验，可以用绘制多个小稿的方式，也可以先画一张小稿，然后扫描到电脑里，用软件先调整为低饱和度模式，然后调整为多种色彩倾向进行对比。

需要注意的是，做对比观察的时候要离开一定的距离，一般约为 1~2m 。只有离开一定距离，才能发现画面哪里需要重点强调，哪里需要提炼取舍，因为这个距离是观图者看图的正常距离和心态距离。同时也要试着离开一段时间，比如离开十分钟，然后闭眼回到图前，突然睁开眼睛看自己的图，一般就能马上发现出来哪里有问题。一旦发现问题，马上再做试验，如此往复，整体效率反而会提高。量变才能形成质变，实验才会出真知。

2.3.4.2 客观测试

由于大多数人还没有学会换位思考，而且即使有了换位思考的意识，也未见得总能运用到实际工作中，因此经常性地找别人对自己的图做客观感觉调查就变得十分重要。很多人在找别人看图的时候，心态会处于不端正的状况，即心里想要的是夸奖，嘴上说的却是“请多多拍砖”，结果是一旦别人指出哪里不好，心里就不高兴，甚至会辩解、顶撞、争论甚至跑题到别人的态度上，于是很快就失去了原本的目标。

找别人做客观评述其实非常容易，因为大多数人都有着“同行相轻”的批判心态，所以一旦看到我们的图，第一反应大都不是去赞赏图上的优点，而是找图中的缺点，而且设计师们这种鹰眼一般的找别人缺点的能力大都很强。因此，只需抱着坚决找出缺点的决心，而不是企图获得夸奖的期待，一般都会获得大量的反馈。一旦别人对你的图有了“批判”，一定要努力鼓励他继续说下去，直至他说不出来更多缺点，然后把他指出的缺点一一记录整理，再做大量试验来解决这些缺点。记住：关键词是“鼓励”，而不是自我辩护。

设计师同行，尤其是刚入道的设计师的“相轻”能力是最强的，挑毛病的眼力也最尖锐，而那些入道很久的成熟的设计师则往往不会说太多，他们怕人家说他小肚鸡肠、不能容人。因此，做客观测试要尽可能找那些“新人”设计师，他们往往能直白地说出很多问题，而我们只需感谢、整理、提炼，然后做试验修正。

家庭成员和亲属是为你好的人，往往能够去掉“相轻”的心态，正确地描述他们的感觉。因此，一定要极其重视，而不能由于关系亲密导致撒娇、生气、辩解。

单位领导是为了项目成功而操心、担当的人，他们给你的反馈信息一般都会是“很严重”、“需要重画”，这些人的反馈是最重要的，只有他们才知道怎样的图才是能够中标的图。因此，千万不要由于他们疾言厉色、严重抨击而产生反感和挫折感，他们说的往往是战场上真正的经验教训，是能够决定胜败的经验教训。

2.3.4.3 分析对手

要做竞争对手的情报收集与分析，这是专业行为却容易被忽视，其结果是导致不专业。如果对手是学院派的设计师，很可能会做色彩稳定的设计表达；如果对手是新出道的设计师，多数情况下会做突出个性的设计表达；如果对手是国外设计师，往往会做令人惊讶的功力深厚的设计表达，但是惜纸如金。这是大范围的推测，而更细致的工作，则需要通过分析对手以往作品来实现。

一般来说，差异性是设计表达中很重要的组成。如果你和对手“撞衫”，大家的图纸看起来差不多，那么很可能就会被误认为没什么个性而失去关注。因此，分析对手，决定自己设计表达的特征是很重要的环节。

总之，设计不是闭门造车，设计是需要“多赢”而非仅仅表达自己。

2.3.5 色彩移植

2.3.5.1 学习色彩的规律

由于在内心深处对“抄袭”一词的恐惧和反感，大多数人对色彩移植的原理、训练、应用均处于几乎空白的状态，甚至因此荒废了针对经典和优秀作品的色彩要素的深入研究，更乐意高谈阔论于作品的境界、思想、哲学、风格、流派、传承等等所谓的高端和深度，却轻易忘记了至少应该进行的针对经典和优秀作品的色彩归纳与分析，也就更谈不上尝试着移植到自己作品中的体会和实验，干脆忘记了“遗传的同时进行变异”、“继承的同时进行发展”的常识，转而自行“创造”色彩搭配，然后又因效果差强人意而质疑自己的色彩控制能力，甚至认为自己的色彩感觉是天生有问题，进而自卑、焦虑、自暴自弃，似乎色彩感觉只能是有如神助而无需训练一般。

回归常识就会发现，我们具备的大多数能力都是**从模仿开始，进而借鉴、发展、超越、创新**，比如书法的描红、写作的背诵、音乐的练曲、武术的套路、绘画的临摹、围棋的打谱……各个学科和技术的学习，都在遵循着从继承开始的模式，并且十分有效而且成熟。只是不知为什么，一旦涉及方案创作领域，人们就总是想摆脱常识，要么企图一步登天、浑然天成，要么灰心丧气、自怨自艾，甚至自卑自怜、自暴自弃。

如果仔细观察就会发现，无论是那些流芳百世的经典作品还是那些令人愉悦振奋的当代作品，都有着普遍的色彩规律，即大统一、小对比、重黑、重白，换句话说，答案其实一直在我们身边。

现代审美以西方古典作品的审美趋向为主，因此可以先重点观察、分析、归纳、移植西方古典油画的色彩配置，然后再研究中国古典作品。至于现代优秀作品，则充斥于我们眼前和身边：电影海报、唱片封套、书籍装帧、招贴广告、摄影作品、汽车造型、家具饰品……太多人干脆忘记了应该“先研究普及了的经典与优秀作品，后研究甚至不研究未普及的、不可复制的极端作品”这一基本的常识，只知一味地追随那些先锋的、前卫的风格或流派，殊不知个性是通过长期实践积累形成的，而且真正的个性只能是个性，是不可能模仿的。

2.3.5.2 配色参考资料集

色彩配置与色彩感觉的移植与应用训练是方案创作师必须实施的专业训练之一，并且是入门必备的训练。连经典作品和优秀作品的色彩特征都没有定心研究和应用，却总是企图高谈阔论甚至怨声载道，连继承与分析都没有形成学习流程，却总是企图指点江山甚至恨铁不成钢，不是很可笑么?

建议从现在开始，只要发现感觉很舒服的图片，无论是速写、绘画、摄影，还是招贴、广告、杂志装帧……只要能让你产生“如果这是我做的就好了”的感觉，就马上收集起来，从而逐步给自己积累一个《配色参考资料集》。具体使用时，根据自己需要绘制的画面感觉，选择一个值得借鉴其配色的图片范本，然后把范本的配色体系、色彩比例“移植”到自己的画面上，并进行反复多次的绘制和试验，以充分体会和理解范本配色之所以给人良好感觉的原因，从而提炼出自己作品的目标感觉。

不要惧怕在初学阶段和别人的作品雷同或相似，我们的目标是不断进步，而不是强求自己在每个阶段都必须凭空创作成品。在学习中不断试验、琢磨、训练，久而久之，才会逐步把属于自己的色彩感觉培养起来，进而在成熟以后逐步形成自己的多套配色体系。

希望读者从现在开始学会观察世界、学习经典、海量实验。关于色彩移植的范例在《设计速写 —— 方案创作手脑思维训练教程》一书中有过详细的介绍。

综上所述，对色彩而言，我们真正应该关注的是找回色彩感觉的目标，而不是企图证明我们是何等高明的色彩专家。目标其实是轻松、高效、快乐地让图纸和我们自身获得专业层级的认可，进而达成信任与尊重，以促成方案构思的有效发展直至实施。当我们回归了这个本来的目标，那么“自行创造色彩配置”和“色彩移植”、“统一色调”、“底色提白”之间就没有什么实质分别了，无论采用何种方式实施色彩配置，进而形成色彩感觉，其目标都不是控制色彩本身。如果我们能够简单而高效地达成获得认可的目标，那么又何必深深陷入“自行创造色彩配置”的无谓欲望之中呢? 实际上，需要做的其实只是选择适合我们需求的色彩载体，并将其移植、整合、应用到方案设计草图中，进而逐步积累出自己的色彩体系，使得学习与实践同步，何乐不为?

2.4 明确明暗

明暗，又称明暗关系，绘画用语称作素描关系。众所周知，体块明暗关系的推敲与表达，是方案创作中极为重要的环节。没有了明暗，物体就不会明确地显现出三维实体的感觉。虽然大家都知道这个道理，却在实际画图的时候几乎根本不在意这么重要的原则。无论是明暗面、转折面、曲面的表达，还是暗面与阴影的区分，都被大多数人所忽视，结果是明显地让人看出来是外行画图、二维眼力。这样做的后果就是体块表达看起来轻飘飘的没有实体感，房子就像豆腐块一样让人觉得不仅不结实而且似乎用手指一捅就破。试想，看起来都不结实的方案如何给人可靠感、可信感，从而产生建造欲望呢?

■ 明确明暗关系

忽视明暗表达的设计草图极其令人恼火，尤其是并非白描画法的设计表达，既非完全没有明暗，却又没有控制好明暗关系，很容易造成观图者的困惑：这位方案创作师连明暗关系都控制得这么差劲，怎么会有实力控制整个项目呢？这种情况更严重地体现在电脑建模和渲染的设计表达中，除了专业效果图公司的作品以外，很多所谓的方案创作师的设计表达都普遍存在着对明暗关系漫不经心、缺乏控制的状况，甚至因此而产生了大量的“立面建筑”。这种明暗关系不明确的图面往往给观图者造成看不清体块转折的问题，甚至会造成对造型的误会，例如在 SketchUp 设计表达、效果图渲染等电脑表达中这种情形也是普遍存在。连明暗关系都不能敏感地控制好，又何谈创作呢？我们的经验表明，应聘者中 95% 的人都有这种忽视明暗关系的问题。

设计草图中只要事关体块造型，则强烈建议首先明确明暗关系，其目标是清晰表达各个体块表面的转折情况以及前后位置。这种清晰明确的明暗处理不仅是给别人看的，对方案创作师自己也非常重要。绘制了明暗关系以后，方案创作中就不必总是提醒自己哪里是何种体块关系了，从而解放大脑深入构思。同时，明暗关系的绘制有助于方案创作师有效预测方案的实际效果，而不是凭空在脑子里做“美好”想像，有效避免建模以后才发现效果不佳的现象，从而提高工作效率。当然，明暗关系明确的设计草图也有利于团队交流以及与甲方交流，从而使得各方可以全程互动，而不是愚蠢到只能用费时费力费钱的电脑效果图去赌结果。

明暗关系至少分三种，即前后、转折和阴影，画面中主体与配景、主体各个要素之间受光方向要保持一致。为了减轻训练难度，可以先从明确前后面、转折面的明暗开始，逐渐过渡到描绘明暗的渐变关系以及受到环境光后的效果。

2.4.1 暗面取舍

在一张图中总是有主次表达面，主要表达面称之为主面，次要表达面则称之为次面。

一般来说，建筑的主面多为主入口所在的面，作为亮面处理，以使得建筑表达主次分明。

需要注意的是，即使是主面在北向，一般也不建议当成暗面处理，容易给人错觉：主面昏暗，是不是自我否定？这就像我们照相，即使是逆光拍摄，也往往会设法用闪光灯、反射板等方式把人物的主面提升为亮面，以表达作品主题。因此次面一般会当成暗面处理，其任务就是衬托主面的清晰表达。

换句话说，暗面的任务并不是清晰表达自己，而是为了能够突出亮面，暗面往往会有所取舍，不要求过于精细的绘制。但是，如果暗面中有体块转折，那么就需要把主要的转折面、曲面的明暗关系适当表达出来，即“暗面中的明暗关系”表达明确，否则，暗面就会混浊一片，反而难以衬托亮面了。

如果次面也有很多细节需要清晰表达，那么建议再画一张以次面为亮面的设计草图，即把

■ 主面为亮面、次面为暗面

原来的暗面作为另一张设计草图的亮面，原来的亮面则成为新一张的暗面，当然透视角度也要改变成原来的暗面变成主面的场景。

企图在一个透视角度中表达出所有细节的图面必然会造成主次不清、眼花缭乱，以省事的代价换来了许多风险。而至少画两个角度的做法，表面上看很费事，实际上因为每一张都主次清晰，很容易换来良好印象，风险反而大大减小。不必担心被概括表达的暗面会导致观图者产生困惑，因为当人们看了不同角度的同一个场景后，大脑会自动形成全息图像，从而了解所有细节和整体情况。

在实际工作中，多画一个角度的模式很容易令甲方感动，尤其是徒手的设计草图，甲方清楚这个工作量，会敬佩方案创作师的敬业与严谨。

■ 次面为亮面、主面为暗面

2.4.2 笔触退晕

所谓退晕，也就是我们平常所说的渐变。

明确明暗关系是最基本的，而做好明暗面的退晕变化，则会给设计草图注入生命活力。为什么呢？用卡通动画人物和人物照片进行一下比较就会很明白了：前者因为没有退晕变化，所以一看就是示意图，后者则充满了令人信任的真实感。令人信任是设计草图最重要的表达目标之一，我们的方案需要获得观图者的信任。

为什么有了退晕就会产生有生命活力的感觉呢？由于地球有空气、空气有浮力、浮力造成尘埃漫反射、漫反射使得平面物体表面反射到人眼的光线出现了渐变，而曲面物体则更会由于光线反射的不同造成明确的渐变。由此可见，退晕实际上无处不在，只是明显或不明显而已。画出了退晕，就会给人真实可信的感觉，否则，就会给人不真实的感受。更重要的是，人类自身是曲面造型，人体无处不是退晕。人类更乐于看到有退晕的而不是惨白或者黝黑的人体，因此，令人感到恐惧的鬼的形象，往往是惨白的或是颜色突变的。

需要注意的是，人类更喜欢被夸张了的退晕。如果我们对比一下实地照片与电脑效果图、身份证照片与婚纱照、普通照片与摄影作品、风景照片与风景油画等，就能看出来前者一般退晕并不明显，而后者则在夸大退晕效果。

退晕的画法也有一些变化。马克笔未出现的时代，人们往往用喷笔或者细致的水彩、水粉渲染退晕，也常常用墨水笔细心地点出退晕，还会用铅笔排线做退晕……后来马克笔出现了，于是用笔触法简化退晕表达的画法开始流行，成为退晕表达训练中很重要的内容。

笔触法，实际上是用笔触粗略模拟退晕，或者说是概括表达退晕的一种方法。明白了这个道理，就会恍然大悟：原来笔触并不神秘，而是有规律可循的。**例如，马克笔的退晕，关键形式是在于做好平面构成、色彩构成；而铅笔的退晕，是要掌握好用笔的力度和方向，让画出的线条呈现出深、浅、厚、薄，注意起笔、中间运笔、收笔的力度。**

笔触法实际上是简化了的退晕，而非传统的非常细腻的退晕。所谓慢工出细活本身没错，但是并不适合所有的情形。一是，大脑的思路很快，如果手跟不上大脑输出的速度，那么大脑就会被手拖累，于是就会失去专注能力，自然就导致恶性循环。二是，甲方需要我们快速表达、实时交流，如果甲方总是需要等几天才能看到我们描述的新方案，那么他们就会逐步开始怀疑我们的专业能力。

笔触的研究需要经常做，没事的时候可以画着玩，做多种笔触的可能性分析与研究，而不要在正式图上做试验。

■ 笔触退晕的用法

对于高层建筑而言，因高度的关系，竖向的退晕表达一般都是上浅下深。

① 亮面退晕：一般是先做暗面退晕，然后以相互映衬的原则处理亮面退晕。

② 暗面退晕：明暗交界线处最暗，于是形成对角线退晕。暗面中的体块转折也需要退晕，以面与面互相映衬为原则。

③ 阴影区退晕：既有边缘区暗的情况，也有边缘区亮的情况，根据面与面互相映衬原则进行退晕表达。

④ 窗玻璃和玻璃幕墙退晕：上部会因云天的反射而产生退晕；下部由于反射周围景物，并不会参与上部退晕，否则就会有矫饰感觉。

⑤ 地面退晕：由于有支撑建筑的需要，越靠近建筑的部位越会加重处理。

⑥ 天空退晕：目标是衬托建筑和将目光引导到视觉中心，应依照建筑明暗情况设置天空云彩的位置、走向和退晕。

2.4.3 色彩明暗

有色彩支持的明暗关系会使得画面更富有人情味和感染力，这是不言而喻的，只是很多人实际上很难理解为什么在现实中我们用肉眼看不到那些所谓的亮面和暗面的色彩变化，却要在自己的画面中“无端”加入色彩。

在通常的天气情况下，无论是拍照还是肉眼观察，现实中的物体实际上除了本体颜色（固有色彩）以外，并没有那么多明显的和诱人的色彩变化甚至冷暖变化。那么，为什么我们会看到各类画作都在夸张表现这种明确的或者微妙的、单色的甚至复色的色彩变化呢？这种疑问其实很普通，只是太多人担心问这种问题太“浅薄”而只好埋在心里。

对本来并没有明显色彩变化的表面加以夸张处理，其目标是**愉悦人眼**。由于人的眼睛倾向于喜欢受光面、近光面趋近暖色（阳光给人的温暖而形成了色彩的暖色系分类），背光面、远光面趋近于冷色（暗面和远处给人阴冷、退后的感觉而形成了冷色系分类），因此，我们在对明暗进行色彩处理时，一般会让亮面趋近于暖色，暗面趋近于冷色。同时，人眼喜欢统一色调但又嫌腻烦，喜欢在大面积的某种色彩中用那么一点补色来调剂，即大统一、小对比。由此可见，色彩在明暗表达中的应用更多是在愉悦人眼，其实质是在**愉悦人心**。

人眼并非照相机镜头那么简单：人眼看到的一切都会经过大脑处理，然后才会获得感知，因此画面中的色彩更多地是在面向人的感觉而非事物的“真相”。观察一下世界名画、电影海报甚至著名影视剧的色彩，再与身边环境的实际色彩比较一下，就会轻易地发现这种“取悦人的感觉”的现象。而这种对明暗面施以色彩冷暖变化的手法，在电脑效果图的表达中也很普遍而且非常成熟，虽然甲方明知真实的色彩并非如此，却似乎很喜欢并很愿意接受这种夸张的处理手法。

建议在基本明暗表达都已经非常熟练并形成本能之后，再进行色彩明暗的训练，毕竟是“锦上添花”的事情，否则容易造成画面色彩混乱，得不偿失。

■ 色彩明暗

2.4.4 阴影画法

2.4.4.1 阴影的常见错误

以下列出的阴影常见错误，不仅在设计草图的表达中经常出现，在电脑效果图的表达中也非常常见，希望能引起读者的重视。

（1）顺影

太阳光的方向与视线方向接近，导致阴影被遮挡在处于前面体块的后面，只能露出一部分，这种情况使得体块关系没有得到合适的表达，甚至造成误解。

（2）逆影

逆光导致阴影朝向观图者，体块则处于没有明暗的状态。一般会在极少数情况下使用，但是有些人会单纯为了朝向而作出逆光效果，失去了对体块的表达，导致体块关系模糊。

（3）左影

人们一般习惯于从左到右的方向感，同时大多数人是右撇子，因此一般习惯于画面右侧稍微重一些才舒服。如果观察一下，会发现大多数效果图、立面图都是**阳光在左、阴影向右**，这样眼睛才会觉得舒服一些。阴影向左，人眼会觉得不自然，但是说不出为什么，这时往往会误以为是方案有问题，就会请设计师修改。设计师不知道甲方到底说的是哪里不舒服，于是会出现无论怎么修改人家也不满意的情形。

（4）延长线阴影

在透视图中，比如阳台之类的体块是有透视角度的，如果阴影方向恰好画得与其透视角度接近，就会给人阳台挑出很远的错觉。在总平面图中，如果不选好阴影方向，也会因与某些斜线平面方向接近而造成错觉。

（5）暗面阴影

很多人误以为暗面不会有阴影，造成暗面中悬挑出的体块因为没有画阴影而有漂浮的感觉。实际上，由于空气尘埃的存在，暗面也会因为漫反射的缘故而有柔和的阴影，这需要平时多进行观察才能画出来。

（6）门洞阴影

门洞的阴影往往被人忽视，画出来的门洞常常被人误会，看不出来是门洞。

（7）门窗阴影

门窗往往只比墙面凹进去十几厘米，很多人就忽略了这里的阴影，导致门窗似乎与墙体处于一个平面，不利于前后关系的表达。

（8）窗格阴影

窗格、门格比玻璃只是突出了一点点，有些设计师懒得画阴影，造成这些分格没有了表现力，显得单薄、没有设计，特别是一些规模比较小的建筑。

由此可知，阴影并不是简单的要素，而是需要我们像重视太阳、重视生命、重视信任一样来重视。

2.4.4.2 模式阴影

对于阴影作图能力较弱的人来说，自行学习求阴影的作图方法往往因为懒惰而难以实施，那么从模式阴影入手就是一个入门的好办法。

所谓模式阴影，指的是总结归纳一些常见模式的体块之间的相互关系造成的阴影，然后直接应用在图面上，避免因为大量求阴影的工作影响思路和效率。

由于目前三维电脑软件已经很成熟，因此借用这些体块建模迅速、调整阴影方便的三维软件逐步归纳各种体块的阴影模式，是对阴影形成认识与控制的有效途径。实际上，大多数设计并非异形体块，归纳类型也不是很困难的事情，只要平时有心，能够按照自己通常的创作习惯，逐步使用三维电脑软件分析适合自己的阴影情境，是完全可以归纳总结出常用体块阴影模式的。换句话说，徒手设计草图与电脑三维软件并不冲突，关键在于如何运用。

同理，在体块创作有了感觉以后，使用电脑三维软件迅速按照自己的设想建立体块，设定透视角度，选择阴影方向和效果，是必要的创作过程。一旦体块表达和阴影效果获得了自我认定，完全可以打印出来作为进一步推敲与绘制设计草图的“底稿”。如此反复进行印证，才是与时俱进、充分运用工具的正常工作方法。因此，**徒手设计草图与电脑三维软件并不矛盾，关键是根据自己的实际能力整合应用，目标是做好创作，而不是工具运用的非此即彼。**

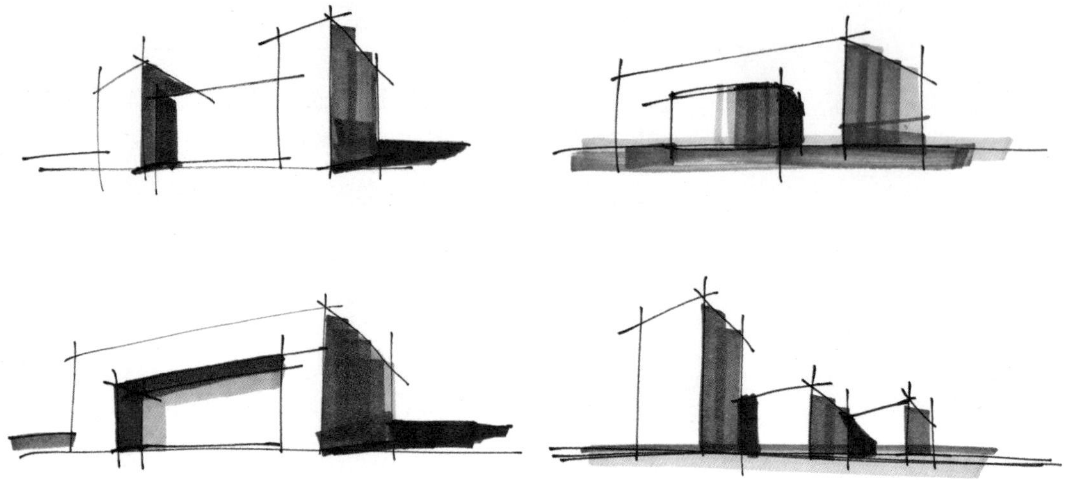

■ 模式阴影训练 —— 常用体块的阴影模式

当然，不得不借助电脑进行阴影分析和控制，是方案创作师尚未训练出良好的阴影感觉的表现，在此，我们仍然强烈建议有志于方案创作事业的人，抽几天到一周时间认真自学或者复习《画法几何与阴影透视》书中的阴影求法，并做十到几十次手求阴影训练。实践证明，手求法是建立阴影感觉最可靠、最高效的方法。

总之，平时自己多整理归纳模式化的阴影情境，做项目时一旦出现把握不准阴影的情况时马上建模分析，既能满足眼前项目需求，又能逐步训练出属于自己的本能化的阴影感觉，从而成为控制光影的高手。

2.4.4.3 距离平移法

很多人对求阴影很打怵，其原因在于大学的阴影透视课程太基于教学而不是基于实战，因此，虽然在大学里面做过求阴影的作业习题，但是在实战中却仍然难以迅速求出阴影。

"距离平移法"求阴影是一种简便易行的方法，其原理十分简单，用起来得心应手。可以这样理解：受光的物体外轮廓先向后平移到接受阴影的平面上，然后再向下、向右（或左）平移到根据光源照射方向所形成阴影的位置，阴影自然也就绘制出来了。这种方法对大部分矩形体块和平行的受影面都适用，但对异形体块和非平行受影面则需校正。对异形体块而言，建议"以点为单位"进行平移，即求每个转折点的阴影位置，然后连线即可知阴影情况。至于接受阴影的表面为不平行面和非平面情况，这里所说的距离平移法就不奏效了。在阴影图法不熟练的情况下，对这种异型情况，仍然建议用电脑三维软件快速建立体块模型，观察和学习阴影形成情况，以促进设计草图能够更好地分析和策划解决方案。

总之，距离平移法有助于我们理解阴影生成的初步原理并应用到多数的平面互为平行的情况，但对千变万化的方案创作而言，最实际的培养阴影感觉的方法仍然是来自进行阴影求法的作图训练。只需按照阴影求法的教科书和练习册认真训练一段时间，就会惊奇地发现自己建立起来了阴影感觉，从而使得阴影策划、设计与控制变得理所当然，而非听天由命。

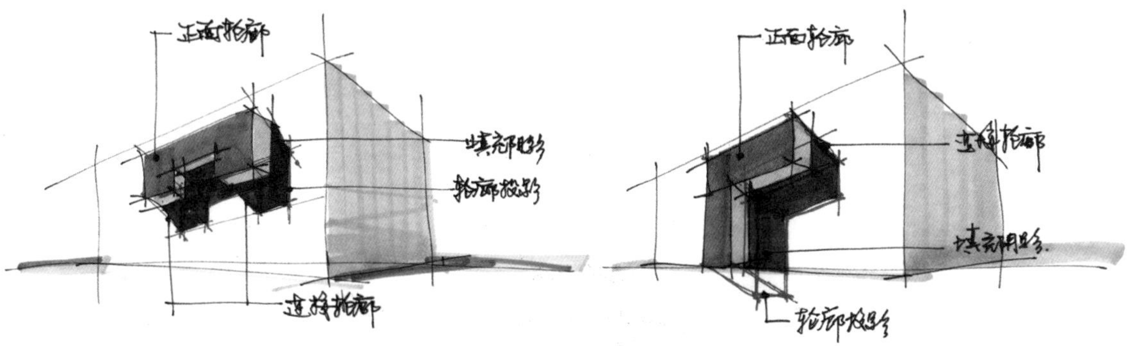

■ 距离平移法应用示意

2.4.4.4 灵动阴影

所谓灵动阴影，包含两个方面的意思，一是阴影区的本身变化，二是多个阴影区为了主次关系而由人为控制的浓淡取舍。

灵动阴影在阴影区至少有两种不同的变化，一种是阴影的外边缘清晰而加重，阴影的内侧区域则相对变浅；另一种则相反，即阴影的外边缘模糊而变浅，阴影的内侧区域则相对加重而且边缘清晰。这两种处理方法都很常见，可根据需要自行选择。后者对表现不明确的阴影比较有利，即自己没有求出明确的阴影边界，又想表现出阴影效果的时候，就可以采用这种内重外轻的阴影退晕模式，既保证效率又能体现出整体的阴影感觉，一举多得。

有变化的阴影才是有行动的要素，有主次的阴影才是有灵气的要素，所以说，灵动的阴影才是方案创作师笔下有着生命活力的图面组成。

■ 灵动阴影应用

2.4.4.5 色彩阴影

与实体明暗一样，当自己对阴影的明暗控制有了一定感觉以后，可以尝试着给阴影加入色彩并试图做色彩的微妙变化。这种暗面和阴影的色彩变化能够丰富画面，产生“细节丰富”、“有色彩修养”的错觉，从而便于掩饰暗面和阴影区缺乏细部设计的阶段性“贫血”问题。对于手绘效果图和电脑效果图阶段而言，暗面和阴影区丰富的色彩运用及变化会起到明显的商业美化作用，因为实际建成的建筑用肉眼看去是不会感觉到那些画面上斑斓或微妙的色彩和变化的。

换句话说，提倡对阴影区进行适当的冷色处理，或者很小动作地加入一点补色对比，不提倡进行过分的色彩处理，终究是在做设计创作而非完全主观的艺术创作。希望画面色彩形成人情味和生命力，但不希望以此为名过度破坏真实感，因为我们的任务是反复预测和推敲建成后的效果而非单纯地描绘个人感觉。**关键词是“适当”、“调剂”，而不是喧宾夺主，忘记真实感预测与推敲的目标。**

■ 色彩阴影应用

综上所述，无论是**明暗、退晕还是阴影**等要素的控制能力，都是基础中的基础，没有任何借口可以忽视和辩解。千里之行始于足下，扎实基础，踏实积累，是永远不过时的行动，这也是笔者能够安心写作如此基础的专业基本功训练书籍的原因。需要安心训练的基本功本身已经博大精深，哪里有资格动辄妄谈理论。

2.5 轻松抓形

抓形，一直令很多人感到困惑甚至恐惧，其共同特征就是误以为抓形是一种神秘的感觉天赋，或者干脆就是人群中少数天才的特殊能力，自己靠训练很难迅速掌握这种能力。实际上，抓形与其他可训练而成的能力一样，是可以并且完全能够通过训练快速获得的能力，这个训练过程本身并不复杂，也不困难，真正不容易的是删除脑海中已成定式的“靠感觉抓形”这一概念化说法，因此，我们需要从分析这种说辞开始逐步展开抓形训练。

产生这种没有意义的神秘心态的根源实际上源自人们对绘画能力的神秘化做法，尤其是很多美术老师对初学者过早地讲解绘画的高端目标和精神意义，自然使得太多人有意忽视绘画中的基本技术，甚至干脆把那些对绘画技术的讲解讥讽为“匠人所为”，于是抓形这种本来是以极为简单的**几何求解为主**的绘画技术也未能幸免。

虽然几乎每本讲解绘画入门的书都有几页是在说明如何以几何法抓形，但是由于并未上升到必须通过大量训练达到轻松抓形的高度，很容易造成“这部分不重要”的误解，因此太多人仍然处于连抓形这么简单的基本功都没能本能化的程度。抓形竟然成了很多人的隐痛，当然也就难以扎实地进行针对色彩、构图以及感觉控制的深入训练，致使大量的方案创作师不得不依赖电脑建模来验证自己的想法，其效果和思路的非连续性可想而知。

本节内容将抓形的技术回归入门、回归常识、回归几何法抓形，希望能够使读者重视并做大量训练，之后就会发现抓形能力像骑自行车一样没什么难度，真正阻碍我们的仍然是心中固执地认为“抓形是感觉”这句忽悠人的话。虽然到了高端层面抓形的确是需要感觉和悟性，但是别忘了**所谓的感觉是熟练到相当程度时才会出现的**。何况，任何一种能力只需做到了纯熟、举一反三以及令人惊叹，实际上都可称之为艺术，想想看，生活中的烹调艺术、管理艺术、人际艺术、婚姻艺术……哪一样做好了不是艺术呢？回到常识吧，入门都没做好，谈何艺术？匠人都做不好，可以直接质变成艺术家么？无非是急于求成而已，无他。

抓形法有很多种，其本质都是在做几何题。**还有一个共同的特点就是不删辅助线，并把辅助线纳入整体构图之中，使得画面更加潇洒、有活力和生命力**。

2.5.1 坐标抓形法

先介绍大家最容易接受的坐标抓形法，也叫网格抓形法。坐标抓形法很简单，与施工图中的定位轴线类似，在原图上打网格，在新图上打出同样的网格（可以按比例放大或缩小），并标明坐标，然后一格一格临摹绘制即可。

别看这么简单，实际上画家大多都在用这种方法做小稿向大稿的移植，包括米开朗琪罗。只是后来出现了幻灯机、投影机，有些现代画家才开始用这些现代投影设备做照片向画稿、小稿向大稿的移植工作。国外有些著名的绘画速成培训班，其抓形方法很简单，也很有效：做一个有透明网格的取景框，然后对着实物确定关键点和关键线的坐标，把这些坐标移植到自己的画纸上。由此可知，坐标抓形法并不神秘，也不低级，而是非常值得重视的一种抓形技巧。

坐标抓形法适合对原稿进行复制类型的绘制需要，比如对花纹、图案、雕饰等需要复制的要素进行绘制。但是，如果是对涉及透视灭点的透视图等含有制图法则或者生成规则的图形进行绘制，坐标抓形法往往容易出现误差，因此对建筑、室内、景观等设计专业来说，大多数情况下不会以坐标抓形法为主。换句话说，**坐标抓形法更多用于图案复制，而非设计创作**。

■ 坐标抓形法应用

2.5.2 几何抓形法

几何抓形法是非常重要的一种抓形方法，必须熟练掌握。

我们经常看到画家手拿铅笔竖在眼前去测量绘画对象，实际上，他们是在做简单的几何题，比如分几份、成多少角度、相互对位等等。这些几乎在每一本讲解素描的绘画书中都有涉及，只是太多的人都会漫不经心地翻过去，即使是上过素描课也没有意识到，更没有做强化训练，然后说自己不会抓形。其实，只是在做简单的几何题而已。

很多会画画的人都会神秘地说“抓形靠的是感觉”，实际上，几何抓形法熟练了以后，自然会形成抓形感觉。如果一味地强调感觉，忘记了从基本开始训练，那么所谓的感觉就永远不会有了。记住：感觉是靠大量的逻辑训练形成的，即量变形成质变。直接追求感觉而企图忽略大量的训练过程，不合乎人类学习的常理。

2.5.2.1 分格与透视

如果只是立面、平面的抓形，那么只需做几何题、画辅助线即可逐步抓出正确的形。**如果是透视图，可先作等分透视，即先把真高线等分，然后把最远处的轮廓线也作同样的等分，再把这些等分点对应连接，透视线就基本能确定下来了。最根本的是要建立起视平线、灭点意识，绘制的辅助线要符合透视规则。**

需要自己先设定好基本尺度，通过推测获得其他尺度。比如多数建筑是以层数、开间为基本尺度划分的，室内空间是以柱距或标志性的物件为基本尺度划分的，这样整体的透视和尺度就不会出问题了。

2.5.2.2 单位与倍数

首先要找好基本的单位基准，一旦找了一个基准单位，就可以以此进行倍数测量，就像画人体的时候以头部的高度为基准测量身体高度一样。开始的时候可以借助工具，时间长了就能目测了。

倍数测量，不见得是整数倍数，多数时候会是几倍后的几分之几，比如我们会自言自语：这部分是顶部塔楼高度的三分之二，那么我们就可以在三分之二的地方画上辅助线或者辅助点，于是抓形就可以顺利进行了。关键是找好一个基准单位，便于测量长度的倍数。

2.5.2.3 基准与角度

一般来说，我们会把水平线和竖直线当成基准，去测量其他斜线的角度。不一定非要像量角器那么精确，但是心里面要默念其大致角度，以使得抓形更有逻辑。有的时候也会根据已知的线段去求相对角度，这跟个人习惯有关，并没有一定之规。只是很多人总想直接越过用量角器模式进行训练的阶段，然后再为自己难以控制相对角度而发愁，这是典型的忽视基本训练的问题，只需踏实地重回起点，从量角器模式开始训练即可。

2.5.2.4 辅助线与辅助点

我们说抓形其实就是在做几何题，而几何题是需要画辅助线的，这一点大家都很清楚，但是很多人在画图的时候却总是想一步到位、干干净净、下笔如有神。这种急于求成的心态十分普遍，已经达到了忘记常理的地步：即使是做真的立体几何习题，也不能从开始就直接进入通过目测直接求解的程度吧？

实际上，产品造型专业的设计师在这一点上做得非常好，看看产品造型的设计草图，就会发现大量的辅助线不仅没有被擦掉，而且还变成了画面的有机组成，甚至使得画面更加潇洒、大气、富有人性。

2.5.2.5 逐级深入

比如画建筑，可以先把一层的高度作为基准单位，就能依此衡量出其他各层的高度；画一层的时候，则可以把柱距和主入口的宽度作为并行的基准单位，就可以既保证全局定位，还能做好局部尺度；画主入口的时候，则可以把入口宽度作为基准，去划分每个门扇的宽度。这样一级一级做下去，就自然抓住整个形状了。

比如画室内也是如此，可以先把门宽作为基准单位，就能依此衡量出其他部分的宽度；可以把床高作为基准单位，则可以依此推理出其他家具的高度。

2.5.2.6 相互对位

设计的特征之一就是对位，因为人体本身就是依据对位原则生成的。在抓形的时候，要注意形状和物体之间的对位关系，只有把对位关系做好了，抓形才能紧凑、合乎逻辑，而不是松散的割裂关系。

总之，几何抓形法是最基本的抓形训练方法，如果连这么合乎常理而且基本的专业训练都懒得做，那么很难想像抓形能力会自动从天而降。

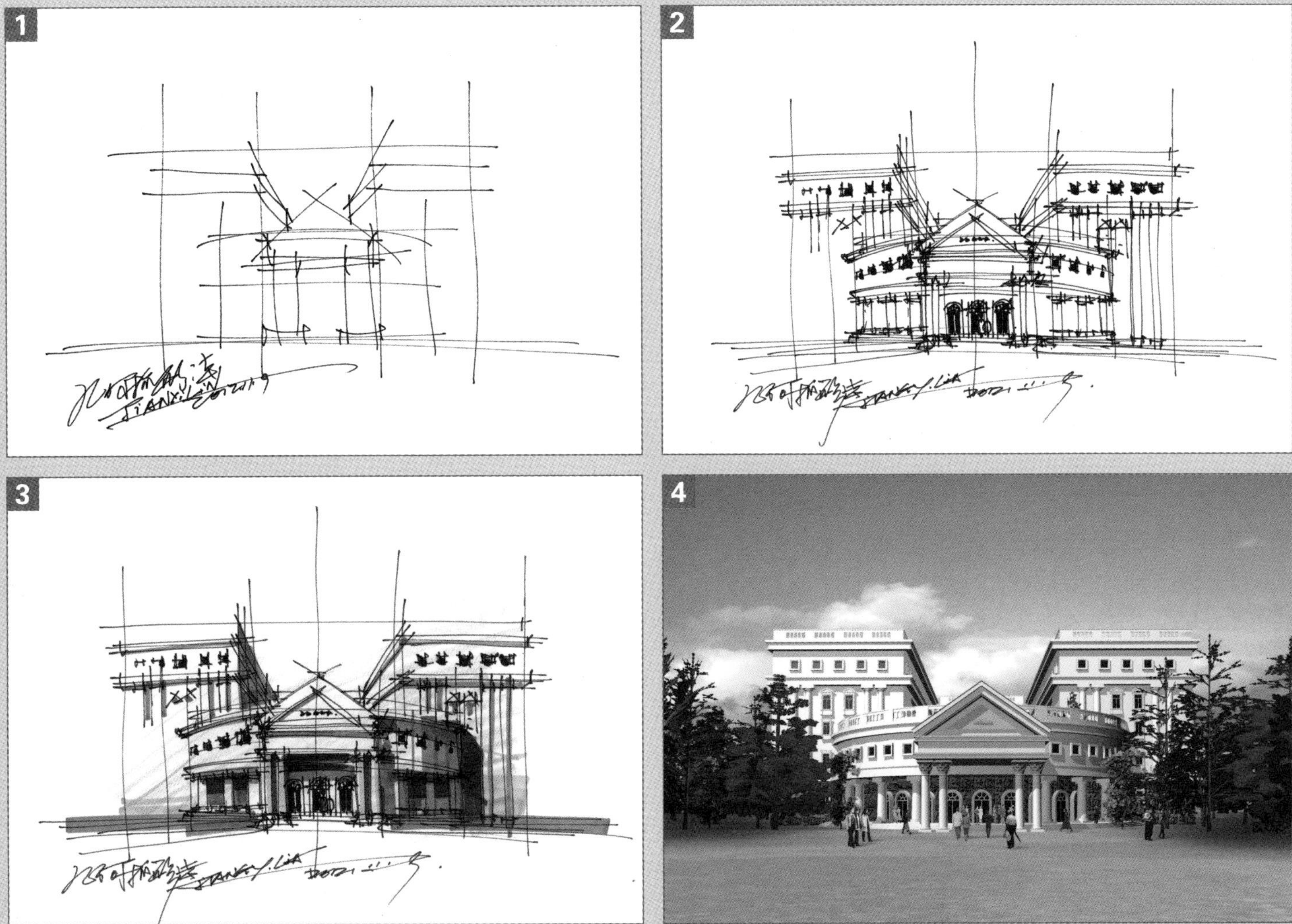

■ 几何抓形法训练示意

2.5.3 结构抓形法

所谓结构抓形法，指的是按照物体的生成规则或者物理规则、制图规则抓形，而不是像坐标法和几何法那样机械，也称“透明”抓形。

如果物体之间相互遮挡，应该先画“透明”物体，把前后的物体都“透明”地画出来，然后再根据物体前后的遮挡情况整理物体的轮廓，只有这样，被遮挡的物体才不会出现错位和别扭的现象。这也是我们强调用 8B 的软粗铅笔“先轻后重”，或者用其他工具时“先浅后深”地逐步深入的原因。同时，不必担心先画的那些被遮挡物体的线条会影响画面效果，因为随着关键线条的不断加重，先画的浅轻线条很快会成为衬托性的“笔触”，反而能够令画面更加潇洒、真诚。

复杂的物体或物体组合，往往必须用结构法抓形才能把形找准。如果单纯采用几何抓形法而忽略了结构抓形法，经常会出现结构逻辑出错的混乱局面。因此，结构法抓形和几何法抓形一般都是同时使用的。

2.5.3.1 生成法则

比如画家研究人体、骨骼、肌肉，其目标往往是使得自己可以画出更准确的着装人像，这就是按照物体的生成规则抓形，在这方面，时装设计师的画法最明显：先画出人体，再画衣服，于是姿态造型都能准确和理想化。

2.5.3.2 物理法则

比如不同树种，要根据其主要特征提炼出简便画法，使得需要表述树种的时候不会让人产生误解；比如水体的不同形式，要认真观察诸如瀑布、喷泉、跌水、静水等情况下的受光、色彩、渐变等特征并加以提炼简化，使得画法简便，效果可信。这方面，动漫行业是很典型的，尤其是简化模式的动画和漫画，会提炼物体的物理特征，比如受光、暗面、阴影、质感、变形等等，然后概括绘制，虽然画中的人物看起来细节不多，但却令人感觉如身临其境，真实可信。

2.5.3.3 制图法则

透视图要以视平线、灭点的确定开始，而不能随意地“凭感觉”绘制。那些接近轴测图的“国画”画法也是这种类型，只是其画法更重视意境营造而非透视准确。在产品和汽车造型专业中，透视规则表现得比较明显，画出来的草图令人钦佩。

至于阴影、反射等要素，也都应该遵循制图法则，而不能肆意编造，否则容易导致对绘图者专业能力的质疑，那就不划算了。

结构抓形法是方案创作师最重要的抓形方法，也最能体现专业特点和专业实力。由于结构抓形法更加注重观察和提炼物体特征的能力，因此这种训练对方案创作师专业能力的提高极有助益。

宁可先不研究其他能力，也应该花大力气练好抓形功夫，否则，一个方案创作师最需要具备的预见能力会因为抓形训练被忽视而薄弱，只好沦为大量依赖效果图制作人员的伪创作师。

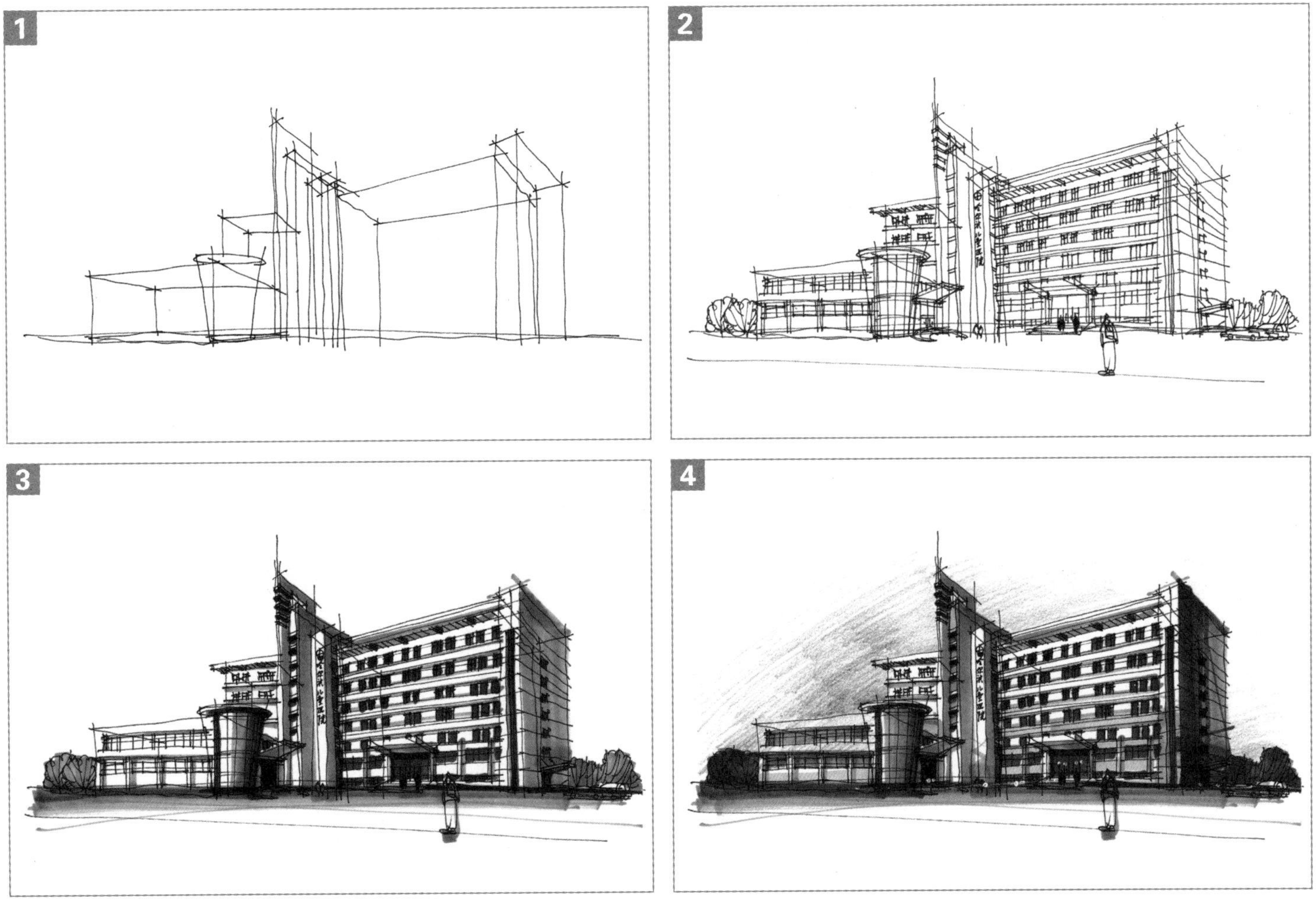

■ 结构抓形法训练示意

2.5.4 取舍抓形法

所谓取舍抓形法，指的是在抓形的时候，并不是事无巨细地处处抓形，而是抓大放小，提炼大的特征进行抓形。另一个含义是根据诉求中心的需要，对中心部分做精细抓形，而对中心以外的部分做大幅度省略，以此形成明确的主次关系，并形成鲜明的画面风格。当然，这样做的好处是同时提高了绘制效率，一举多得。

很多人会下意识地企图追求精细模式的“超写实”画面，往往就忘记了设计草图不是手绘效果图，设计草图的目标是研究和阐释方案构思而非展示建成效果或商业模式的美化渲染。因此，绘制设计草图时既要做好大效果的实体表达，又要克制无限精细和写实的企图，不要把目标偷换为所有细节的完美展示。

抓大放小，说起来容易做起来难。设计草图的绘制往往并不是一蹴而就的，而是会有意识地控制流程，即从小稿、试画到正稿的每个阶段中都会反复做试验，以找到最能够简明扼要地表达主要概念的画法，从而使得看图的人能够不陷入细节之中，把精力集中在大的方向和主要构想上。只有大的概念趋近正确了，细节的研究才有意义。反复试验，每次都改变取舍范围，会不断发现更好的可能性，最终找到最有效地引导观图者思路的取舍程度及画法，而这种反复寻求优化的训练，将能够对方案创作师抓大放小专业能力的形成起到莫大的帮助，从而越来越擅于方向明确、概念清晰、原则精炼的专业思维，进而引导甲方从大处入手，逐步深入到细节研究，摆脱无谓的细节争论，使得项目能够有序进行。

取舍抓形法的关键在于反复试验，直至找到取舍的合适临界点，使得设计概念能够得到充分重视，而不是陷入细节争论难以自拔，即大舍方能大得。

综上所述，抓形训练的目标是摆脱抓形恐惧，直面创作目标。本节所讲述的几种抓形方法并不难训练，真正困难的是删除掩饰懒惰的企图。只要安心训练，一旦抓形与取舍能力有所提高，心手合一带来的是专业自信与真正乐趣。如果抓形能力已然训练成本能，那么全部精力不就能够用于创作本身了么？又何必因为抓形困难而不敢动笔构思和图解表达，结果总是在患得患失的状态下创作，以时间和效率为代价用电脑建模去逐一验证设计思路，从而造成没有必要的心力交瘁。如果抓形能力已然训练成本能，是不是就能迅速地绘制大量的构思草图，并迅速与团队、与领导、与甲方交流，将方案迅速优选、优化了呢？只需把优选优化的方案构思拿到电脑上做最终验证、修订与深化，是不是就能大幅度提高工作效率从而节约精力、时间和金钱成本了呢？

是的，开始训练吧！

■ 取舍抓形法应用

2.6 关键构图

很多人都没有意识到自己的整体控制能力其实一直处于非训练状态，甚至构图能力根本没机会训练成本能，只有在绘制正式图的时候才会懊丧地发现自己的构图能力近乎于零。

由于整体构图能力一直没有得到足够的训练，整体控制能力一直没有形成本能，在做方案的时候，就很容易做出细节繁多、整体感差、体块构成逻辑混乱、要素等级缺乏控制的方案，当然也就不容易中标。这种把平时训练、平时草图与正式构图截然分开的错误工作习惯，使得很多人虽然在私下里做了大量的方案比较，但由于这些工作都画在了很随意的纸张上，根本没有注意整体构图和交流的需要，因此，就拿不到桌面上跟甲方或领导探讨。

目前，设计市场上有专门的文案公司，能够为设计师投标制作构图精美的标书；有效果图公司，能够为设计师制作构图精致、意境美好的照片级效果图，有的公司甚至会帮助设计师绘制草图。表面上是社会分工的细致化，实际上也折射出了大量当代设计师创作能力、表达能力的薄弱，构图能力首当其冲，亟待提高。

2.6.1 实时全局控制

实时的意思是平时就注意构图控制，不要凡事都等到正式的时候；全局指的是认清控制构图的目标是什么。

2.6.1.1 实时控制构图

无论是在大学生中，还是在设计师中，都有大量的人习惯于拿着破纸片画的草图、潦草的草图、没有标题也没有签名和日期以及页码的草图跟自己交流、跟他人交流，这些人的共性就是平时对整体控制能力的训练过少，导致正式出图的时候到处找版式构图、色彩搭配甚至字体选择。很多不错的创意因为没有控制好整体感觉而名落孙山，令人哭笑不得却不自知。

从一开始就做整体构图训练，把标题、项目名称、签名、日期、页码等要素直接纳入整体构图之中，这些平时的大量训练会给我们带来莫大好处，甚至会因为具备强大的整体控制能力、整体思维能力而使我们很容易成为稀缺人才。从现在开始，就应该意识到我们的每一张草图，都是训练整体控制能力的载体，就像士兵平时练习射击一样，需要通过反复的、正式的训练把专业控制能力培养成本能。对设计师而言，就是把控制感觉和等级的能力训练成本能。

如何进行实时构图控制训练呢？简单来说，首先必须改掉早已习惯的不假思索就动笔的急躁做法，而是先做构图小稿，经过比较后再从整体入手动笔。其次必须改变早已习惯的先画草图内容再加标题等要素的作图顺序，改成先做好标题等构图要素，然后再画草图内容。

刚开始的时候可能会有些不习惯，但是改用这种相对正规的作图顺序是值得的，因为经过长期训练，等到已经非常熟练的时候，就能够在脑海中随时浮现出对最终成果的预测画面，这种预测能力是大多数常人所不具备的，是设计师值得自豪的最重要的专业能力之一。

大多数人很难改掉直接动笔的坏习惯，借口是“这只是草图而已，到了正式图的时候我会控制整体的”。然而这种急于绘制内容、忽视整体控制的工作习惯因为基本充满了我们的整个设计生活，所以会因其数量巨大而产生潜移默化的作用，导致设计师渐渐失去对整体感觉和等级的警觉及控制能力。这就像士兵平时不按正确操作方法射击，却说“到了战时我自然就会注意的”一样不符合常识逻辑。这实际上也是为什么只有少数设计师会最终成功，大多数设计师则平庸一生的原因之一。

现代主义设计大师密斯·凡德罗在美国伊利诺工学院任设计系主任期间，要求学生按照设计构成的原理摆放桌面的文具，甚至随意乱丢铅笔屑的学生会受到重罚。由此可见高手与臭手的明显差别：无条件控制感觉训练与平时找借口随意发懒。

2.6.1.2 全局控制构图

太多人只是不停地问“构图应该注意什么”，却很少有人去研究“构图是为了什么”。实际上，如果能够达成目标，即使不注意构图又能怎样呢？只是，为了达成方案创作师的目标，构图往往是必须做好的充分条件而已。因此，最重要的事情是首先分析清楚设计草图构图控制的目标，从而根据目标来明确构图的重要性和构图形式的选择。

构图的目标是什么呢？很多人会以为是诸如中心明确、诉求清晰以及均衡、尺度、比例、主次、韵律等等，而这些其实只是构图要素而已，并非目标。这种把过程当成目标和结果的想法，很容易只关注那些构图要素，一旦遭遇失败就认为自己没错、怨天尤人，更容易产生“现在我只是在构思，不必在意构图”或者“现在只是内部交流，不必花费精力在构图上”等得过且过的想法，出现懒散、潦草、整体观感很乱、不专业等状态，导致一系列的恶性循环，主要体现在以下几个方面。

（1）对自己创作心态的影响

当我们不注意控制自己随手勾画的设计草图的整体构图和整体观感时，自己创造的散漫、潦草、混乱的画面感觉最直接的受害者其实就是自己。太多人画的时候跟自己说“这只是非正式的草图而已”，完全不控制整体构图和感觉，却由于自己画出来的杂草一般的整体感觉而沮丧，迅速转变为“我没有这个天份”、“领导不理解我”等不良心态，忘记了这一切的结果都是来源于自己最初的掩饰懒惰的自我狡辩和非专业行为。想想看，有多少人一直在这种自我设置并且自欺欺人的恶性循环之中而不自知。

（2）对同事、领导、甲方的影响

没有控制构图感觉的设计草图，任何人看了都不会留下好印象，但是更加真实而重要的是“别人知道我只是随意勾画而已”的想法从来都只是一厢情愿。真实的情况是，所有人都会像听到专业歌手平时唱歌竟然跑调一样，顿生恶心和轻视心情。而人们对待这种情况的心态往往是“这次可能是不小心再观察一下”，一旦发现这个人一而再、再而三地犯这种低级错误，期望和信任就会消失，进而对所谓的“正式图”百般挑剔质疑，反复要求修改，直至觉得这位方案创作师的确已经真的尽力才会罢休。另外一种情况就是表里不一，即表面宽容大度，暗地里则会聘请其他方案创作师另行创作，以备万全。蒙受屈辱而敢怒不敢言，恶性循环已然产生而不自知，其实是源自于自己的不专业习惯。

（3）对个人和团队事业的影响

对个人事业发展而言，由于总是需要对自己不能对构图进行全局控制而进行自我辩解，生活和工作中自然会充斥着这种没有必要的纷扰、争论，于是怀才不遇的心态自然生成甚至巩固，却没有想到自己平时的表现根本就无法被伯乐认可，更谈不上培养与发展。对团队事业而言，由于团队内大部分人都不重视画面构图与感觉的控制，因此给外人的印象往往是没落、混乱、不规整，于是“有待观察”的心态就自然形成，需要团队做出很多后续努力才能挽回和弥补这种不经意间留下的不良印象，其特征就是需要更多时间、更多方案和更多轮次的修改。由于初期的不良印象是那种难以说出来的不信任感，因此这种恶性循环不仅极易形成，而且难以令人醒悟到其实是“不拘小节”造成的，隐蔽性极强。我们能看到的只是团队成员在反复抱怨、唉声叹气，工作效率和热情低下，却又不知这一切后果往往源自于团队自身，而非甲方和领导。

通过以上分析，我们应该清醒地意识到，构图的全局控制的实际意义其实十分重大，根本不是可以靠狡辩而掉以轻心的“小节”。**更为重要的是，进行构图的全局控制的目标并非构图本身，而是创造认可和信任，即创造观图者对方案创作师专业能力与实力的认可和信任**。那种以为只在“正式图”上注意构图的想法是错误的和异想天开的，因为对方案创作师的观察是无时不在的，而观察者并不仅仅限于甲方，还有同事、领导、甲方联系人……还有太多观察我们的网友。太多人抱怨自己难以获得机会的垂青，而实际情况是那些企图给我们提供机会的人无时无刻不在观察我们并且在作出判断。由于懒惰而忽视本该具备的构图的全局控制能力，其后果决不是可以靠貌似理直气壮的强辩甚至“群殴”就可以自欺欺人的，受害者从来不会是别人。

当我们指责公众人物、专业人士在小事上不检点并且为之怒不可遏的时候，当我们嘲笑专业歌手在平时唱歌跑调的时候，当我们讥讽知识分子竟然写错字读错音的时候……想想自己是不是忘记了自己也是专业人士呢？相信读者能够开始理解笔者反复强调训练实时全局控制能力的好心和专业意义，这种实时全局控制的意识和能力是方案创作师的分内所为，决不是那些自以为是、掩饰低能和懒惰的人群所谓的“强迫症”。你能说钢琴演奏家在平时练习时也要习惯性地保证和弦和曲子的完整弹奏并且不出错是“强迫症”么？那是专业精神。

方案创作师的构图控制实际上是感觉控制、等级控制、品位控制、形象控制、信任控制、机会控制，因此，在平时就控制好整体构图，其目标是全局性的，而非仅仅针对构图本身或者仅仅针对项目创作本身。

2.6.2 构图基本原则

构图的目标阐释得很清晰明确了，下面我们讲解一下构图最重要的原则，即完整、统一、均衡，以使得构图目标可以轻松达成，而非通常所误以为的神秘、不可捉摸。原理上，构图只需做到完整、统一、均衡，就能很容易地达成构图的基本目标：认可、信任。至于很多人念念不忘的所谓“个性”，其实是在基本构图控制能力很强之后的事情，决非可以一蹴而就的一日之功。

对大多数人而言，训练自己逐步做到能够轻松控制画面构图的完整、统一和均衡是最重要的基本功训练，并且要做到本能的实时全局控制能力，才能为逐步形成鲜明的个人特征打好基础、做好积累、培好土壤。换句话说，不要为了有个性而有个性，个性是长期的良性量变积累而成的自然质变，进而形成的本能化特质。下面，我们分别讲解完整、统一和均衡与达成构图目标的直接关系。

2.6.2.1 构图完整

完整的构图才会给人认可、信任和尊重的良性印象和主观愿望，这是不言而喻的，因为有始有终从来都是人们对行为判断的重要原则标准。对方案创作师而言，保持画面的构图完整实在是举手之劳，而形成的效果却往往可以事半功倍。生活当中，我们往往会收到两种截然不同的电子邮件，一种是忽视了尊称、问候和落款、日期，甚至连标题都漫不经心的邮件，另一种则是标题严谨，尊称、问候及落款、日期甚至祝福语句俱全的邮件，试问会觉得哪一种邮件令人感觉更受尊重呢？哪一种邮件会令人感觉发邮件者更有品位和专业实力呢？答案是不言而喻的。所以说，设计草图的构图完整性就是这样重要，而实际行动却只是举手之劳。

对设计草图而言，最能体现构图完整性的要素是画面标题、页码、签名、日期以及适当的符号与文字注释。

我们在教学和培训实践中发现，一旦被要求在画面上加入上述要素以使得画面构图完整，竟然普遍出现控制能力低下的情况：要么是字体过大，要么字体难看到明显未经训练，要么竟然连自己的签名甚至数字日期都难以入目，至于色彩控制、效果处理则更加谈不上了。连这些基本要素都难以控制，还有什么资格奢谈创作理念呢？

换位思考，如果旁观者是设计单位领导、设计项目甲方，又会做何感想呢？他们有什么理由要尊重和信任我们并给予合理的方案创作报酬呢？由此可知，设计草图构图的完整性，一定要重视，而且必须落实到训练和行动中，否则极易导致看图的人从第一眼开始就产生不良印象，从而导致没有人愿意耐着性子深入研究方案的内涵，因小失大。

对于工作和训练而言，大多数人习惯于先画主要内容，画好后再加上标题和页码、签名以及日期，这样做实际上有着很大的风险。主要内容的绘制自然需要花费大量精力和时间，一旦在添加上述要素时出现了错误或构图问题、色彩问题，则必然功亏一篑。其实，只需把顺序倒过来，效果就会截然相反：先把画面标题、页码、签名、日期等要素画上去，特别是大标题，由于这些内容不需要花费过多精力和时间成本，一旦画坏了就可以毫不犹豫地重画，直至画得很好，再开始绘制画面的主要内容。因此，我们的建议与通常的“先画主要内容”的做法正好相反：先画次要内容。这样做的好处非常多，除了上述优点以外，还能够有效解决方案创作过程中常见的“前松后紧”的顽疾。我们完全可以在创作前期不那么紧张的时间段先做好这些事关构图完整性的“小事”，甚至可以逐步形成自己常用的“系列构图模板”，届时只须根据项目填上标题和日期即可，岂不快哉？

2.6.2.2 构图统一

构图统一的原则指的是格式统一和色彩统一。格式统一很容易理解，即一个项目的整套图的构图格式相对统一，以免产生混乱的感觉。下面我们重点讲解色彩统一原则。

大多数初学者总是忍不住让自己的画面色彩斑斓、争奇斗艳，甚至脑海里总是浮现着凡高那些令多数人都不容易接受的色彩配置，似乎只有这样才能显得自己“有个性”，却忘记了自己其实没有凡高的色彩功底，于是画出来的自然是与幼儿园展墙异曲同工的儿童画色彩，然后再狡辩“儿童色彩有什么不好”，于是引发争论，却忘记了已经跑题。

实际上，之所以有那么多人喜欢用凡高为借口掩饰自己色彩配置的幼稚，是因为这些人根本没有安心研究过西方经典名画。只需稍加观察和归纳分析，就会发现几乎所有经典作品的色彩都是趋近于色调统一，而统一的色调不仅品位高雅，毋须争论，而且比起鲜艳多彩模式的色彩配置更加容易操作，更加容易出效果。想想看，雍容典雅的统一色调，何尝不是个性呢？而且这样更容易控制，何乐而不为呢？何况大多数设计专业的学子和从事设计创作的方案创作师并非画家出身，又何必强求自己去控制复杂色彩构成的画面呢？更何况，实际生活中色彩鲜艳丰富的建筑、室内、景观、家具产品并不常见，何必舍弃普遍性色彩配置而去追求极少数呢？难道那些所谓“标志性”设计是入门者可以直接追求的么？

统一色调模式的构图控制，使得目标感觉更容易操作、实施和控制，并以此轻松解决色彩构图难题，从而使得画面感觉很容易达成令人乐于认可的目标。

2.6.2.3 构图均衡

均衡有如天平，既可以对称均衡，也可以不对称均衡；均衡有如人体，既可以静态均衡，也可以动态均衡。无论是哪种均衡，关键是感觉上的均衡，既不要让人感觉头重脚轻，也不能左右失衡，还要注意色彩和形状的呼应，以免出现画面要素各自为战的割裂局面。

一旦画面失去了均衡的感觉而失衡，观者会十分敏锐地感到心里不舒服，进而对方案产生疑虑，因为观者往往难以说清楚到底是哪里令他觉得不对劲，只好语焉不详地反复要求修改甚至重做方案，而方案创作师由于得不到明确指示自然会感到恼火，甚至会认为是故意刁难，原因却往往只是画面给人感觉不均衡。

要知道，均衡与否的感觉能力是每个人天生的能力，为什么方案创作师本人却看不出来呢？其实，他是能看出来的，只要让他去观察别人绘制的画面就会发现，他甚至比别人还感觉敏锐，这就是“敝帚自珍”效应的体现。因为是自己费了心力画出来的，所以内心里面就预先有了不愿否定自己的念头，失去了本该具备的换位思考的专业能力，自然也就无法预知观者的反应了。

太多人误以为自己的设计草图只是自己想法的“表达”，只知单向判断，忘记了自己的目标其实是企图让观者认可、信任和尊重，因此单向思维、一厢情愿的赌博式设计草图普遍存在。不做换位思考，也不做第三方观察实验，即请第三方尤其是与甲方背景和身份类似第三方看图并反馈。由于均衡是一种客观感觉，因此必须做大量的客观人群实验，以逐步训练换位思考、换位观察的专业能力，而不能靠着听天由命、尽力而为来掩饰自己在专业控制能力上的虚弱。

■ 构图 —— 完整、统一、均衡

综上所述，完整、统一、均衡是使得画面构图轻松达成目标的简便而直接的基本原则，忽视如此基本的三原则，企图跨越专业能力的原始积累直接跃入所谓“前卫”、“先锋”、“个性”，其结果是因积累不足而使自认为的捷径反而变成了实际需要数年甚至更久的弯路，其代价是巨大的。让我们回归常识，回归基本，回归积累吧。

2.6.3 引导读图流程

很多人的图面总是希望面面俱到，结果却往往是本末倒置，忽视了真正的诉求目标：明明是卖楼、卖方案、卖构思、卖概念的图，却变成了卖人、卖树、卖车、卖鸟、卖美女、卖云彩、卖气球的图了；还有很多人企图在一张图中表达出所有诉求目标，结果使得画面纷乱、处处争锋斗艳，导致观者心绪不宁，很难产生对方案、草图的认可与信任。这种由于陷入对刻画局部的热衷而难以对整体构图、诉求目标进行等级控制并引导读图的情形几乎比比皆是、普遍存在，实际上这是很多方案本身不错却得不到认同的重要原因之一。

大多数人知道应该控制视觉中心以及对视觉中心的简繁取舍、配景气氛的烘托等注意事项，却没想到这一切的目标：有意识地做到对观图者的视线流动和心情波动进行控制和引导，以达成方案创作师所希望产生的感觉、印象、心情等效果。

读到这里，很多读者很可能会感到惊奇，难道这也需要控制？难道这也能够控制？其实，想一下就会明白，我们设计的空间、流线、功能、界面等，不都是在做预先设计的视线、行为、心情、感觉的引导与控制么？既然三维的空间都需要我们预先策划、引导以及控制，那么为什么竟然连设计草图的视线流动与心情波动的预先策划、引导以及控制都要感到惊奇呢？

在教学与培训中，一旦讲到引导读图，就往往会引起很多议论，学员往往会说："从来没有人这样教过我……。"是的，即使是笔者，也是在长期的创作与投标实践中自悟出来的这个道理，也的确没有人给笔者这样讲解过。这说明无论是设计院校还是设计单位，仍然普遍存在着忽视方案创作专业基本功训练的虚浮风气，人们正在焦虑地急于超越世界先进，忘记了诸如视线引导、感觉控制、等级塑造、品位影响等目标思维，忘记了换位思考模式的创作流程以及表达策划，其实这些都是不可或缺的专业基本功。

常见的引导读图流程，实际上是对视觉中心的良好控制，而更高层级的引导读图流程由于涉及更多微妙的心理引导能力，不适合对积累不足的读者进行讲解，相信大家能够理解。

在这里，我们把引导读图的要点再强调一下：

分析画面诉求目标，根据诉求目标确定诉求中心；

根据诉求中心选择或策划构图，使得诉求中心成为视觉中心；

根据视觉中心决定画面要素取舍，对视觉中心尽可能详细描绘、增强对比；

对非视觉中心的画面要素尽可能简略描绘、弱化对比、降低色彩饱和度；

配景的目标是引导读图，要使得配景的方向、聚散都指向视觉中心，使视线总是能够被引导到诉求目标上；

如果有多个诉求目标，则多画几张设计草图，不能企图在一张图中表达所有诉求目标。

■ 构图 —— 主次清晰、层次分明

方案运用简洁有力的体块语言
塑造而具有韵律的立面分格形式
通透而清澈的玻璃材质，营造
一种理性的现代感。

2.6.4 构图移植借鉴

一想到构图，大多数人心目中就会涌出“原创”的念头，就好像自己的身体构成与其他人迥异一般，这种从入门起就疯狂追求“直接原创”的想法，实际上是非常幼稚的，因为这种思路和想法违背了基本常识。人类的原创来自于继承、发展、积累、整合、创新、发明这样一个流程，而非毫无学习、继承、移植、积累过程的一厢情愿、一蹴而就模式的“零基础原创”。

太多人企图跨越临摹、借鉴阶段，甚至跨越移植阶段，企图直接“原创”自己的画面构图，一旦不成功，则又走向另一个极端：四处索要构图模板，干脆直接套用。在企图“直接原创”的阶段，这些人会极度鄙视那些向优秀构图范例学习并进行因地制宜的构图移植的人群，而到了自己不得不直接套用构图的时候，又会极度沮丧甚至会产生负罪感，或者干脆把矛头指向设计教育，以掩饰自己未对设计构图加以深入研究的低能与虚弱。总之，企图“零基础原创”的人群和企图“零修改套用”的人群都需要靠批评和指责才能使得自己心理平衡，而不是安心于踏实学习、研究、借鉴、移植经典和优秀的构图，以逐步积累和发展自己的构图能力。

由于受“零基础原创”观念的人的自我蛊惑，太多人只是对经典和优秀的构图如走马观花一般粗略浏览后，就马上进入“原创”阶段，甚至还有人叫嚣“我从来不参考”，以“避免抄袭”。这种为了原创而原创，为了原创甚至放弃学习和研究经典优秀作品的病态行为竟然并不少见，由此可知实在是太少人真正在研究和试验符合人类常理的创作流程，可悲可叹。

学习、研究、归纳是寻找和发现规律的阶段，套用、移植、借鉴是因地制宜地深入理解的阶段，通理、通感、创造是融会贯通、自主分析与自主创作阶段，由此可知各个阶段只是积累进步的过程，而不是非此即彼那么对立和矛盾。如果仅仅为了追求原创而导致前面各个阶段难以扎实深入，那么何来创新、创造呢？

好人好衣衫，好马配好鞍。这个道理大家都懂，但是一旦到了设计表达的构图阶段就会不耐烦，于是“到底是思想重要，还是形式重要”的借口又会浮现脑海，结果是挺好的方案因为构图糟烂而被人误解。

在初级阶段，我们建议采取构图移植的方式进行设计草图的构图学习，不建议从头就企图原创、创造。请参考如下步骤：

（1）收集

平时就注意观察，无论是摄影、海报、封面、插画、广告等等都可以，看看哪些图片的构图模式能够引起自己兴奋和产生佩服之情，甚至涌出“这要是我做的就好了”之类的感慨，然后把这些图片收集起来以备后用。

（2）分析

从收集到的图片中抽取一张，分析其构图结构、色彩要点、视觉中心、读图顺序等等，反复归纳，并尝试着把自己的透视图、平面图、总平面图、分析图、剖面图、立面图等等纳入构图中，大量绘制小稿做试验。时间长了，就会在脑海中逐步积累出自己的构图库、版式库、色彩配置库，这些积累会促使我们在潜意识进行思考、分析、消化，慢慢地我们就能具备自行创作构图的能力了。

（3）移植

做真实项目的时候，根据自己的草图类型，搜索相似的、优秀的设计表达图片，试着把自己的草图构图按照人家的构图模式进行处理，然后因地制宜进行改造，最终成果往往会令我们欣喜：虽然是移植，但是因为我们需要因地制宜，最终的结果往往根本看不出来是移植的了。久而久之，就能从那些经典构图中汲取营养、归纳类型，逐步就具备了自行分析、策划、创作构图的能力。

（4）试验

一定要做优选优化实验。换句话说，不要等到万事俱备才开始做图面构图，而是要在开始、过程中一直分析整体构图，研究怎么做才好。午休、开会、等人、饭前、饭后等等，有很多小块时间可以试着做构图分析，等到方案确定、画每张小草图的时候，整体构图早就策划出来了。

只有足够的积累才会激发真正的创造力，让我们先从构图移植的方式开始，尽情去向经典学习。

■ 构图分析 —— 依次为《泰坦尼克号》电影海报、构图结构分析、色彩要点分析、读图顺序分析

■ 构图移植借鉴

2.6.5 重视构成能力

2.6.5.1 构图与构成

经常会有人疑惑，构图与构成是什么关系呢? 比如我们去拍照片，大家在一起站得比较匀称，这就叫构图，但是大家的站位排布得比较有设计的味道，这就叫构成。再比方说，我们平时用的桌子，有桌面、桌腿等，功能都不缺，四四方方，看上去不难受，这就属于功能型设计，可以把它叫作功能性制造，属于构图范畴。如果把设计的含量加进去，感觉到设计师想创造某种意境，例如把桌子的概念给改了，创造了一种东西，那么这就叫作构成。除了具象的构成之外，还有一种情况是抽象的，体现的只是一种感觉，如我们常见的抽象的雕塑作品，有设计师的感情在里面，而不是完全仿制具象，这也是构成。

通俗地说，构图可能多数是静态的均衡，而构成可能是动态的均衡。静态均衡是对称的均衡，而动态均衡是不对称的均衡，像天平一样，左右两边的重量一样，但体量不同。设计讲究的是均衡，对均衡的需求是人类本能的需要，无法解释。

由此可见，构图是构成的低级形式，也可以称为是入门级构成。换句话说，太多人连构图能力都尚未训练成本能，就企图妄谈方案创作，实际上远未入门，而这种几乎从未入门却在从事方案创作的人多得惊人，这也是轻创作重设计甚至重施工的人群普遍占据强势发言权的重要原因。

从目标而言，构图的目标往往仅限于“好看”、“让人看着不难受”，如果能够让人看着有愉快的感觉，那么构图就算是不错了；如果能够让人感到有品位，则是优秀的构图；如果能够在此基础上让人感到可以若有所思，则是做到了高级构图；如果能够让人因此而感到心情受到了高尚的影响，甚至影响到了行为向优雅方向转变，那么构图则接近构成了。构成的目标要远远高于构图，真正的构成绝不仅仅满足于被欣赏的层面，而是有意识地创造目标感觉，并达到能影响感受者的心情、行为甚至人生的良好结果。

构图是平面的，构成则是全面的。对构图而言，即使是对空间的构图感觉，人们也是将其在脑海中压平为图片去感受的；对构成而言，则是多质的、多维的、多元的、多义的、多线程的。实际上，二者不可同日而语。人们对构图的感受周期是瞬间的或短暂的，而对构成的感受周期则是长期的和深入的。构图影响人的感觉与判断，而构成则影响人的行为方式甚至行为模式，可能包括道德情操、人生走向、名利取舍等。

构成是一个理念性的东西，带有一定的艺术效果，强调和传递一种情感，而非简单意义上的排列组合；构图则是指对画面中块面的良好把握、位置的良好安排、虚实的良好呼应，使其处于相对均衡的状态，看起来不难受，是构成思维在实际中的低端应用。

构图和构成并不是简单的几个公式可以衡量的，需要大量的积累，建议平时多向摄影、书法、音乐、电影、小说、诗歌等艺术门类汲取营养。

2.6.5.2 构成能力与创作能力

创作能力实际上是创造某种目标感觉并成功影响受众的能力。从这个涵义而言，写作、作曲、书法、绘画、雕塑等创作专业都是如此。而创造出合适的形式与形式组合，以达成创作能力，则是构成能力。这里所说的形式与形式组合，其要素范围则几乎没有限制：平面的、立体的、色彩的、光影的、材质的、液态的、气体的、固体的、空间的、文字的，还有涉及时间轴的等等。由此可见，对方案创作师来说，构成能力是何等重要的基本能力。这样，我们就能够更清晰地意识到方案创作师与常人之间最本质的差别，也能明确地区分出方案创作与方案设计之间的本质不同。

设计专业基本上都有三大构成的课程，即平面构成、立体构成和色彩构成，但是有趣的是课程本身忽略了构成目标的讲解与训练。这些构成训练课程大都设置在低年级阶段，往往会被误以为是初级的、初步的和基础的，而不是高级的、专业的和本质的。这种表面化的教学与认识，导致几乎所有方案创作行业人士都从起始层面就忽略了构成能力对方案创作的至关重要的作用，从而使得构成往往被混淆为构图，进而将方案创作偷换概念为方案设计甚至是施工图设计、施工流程等技术化层面，终于“成就”了当下轻创作重设计、轻创作重施工的局面。

国家发展需要我们成就创新设计，而创新研究本该是设计院校的重头戏，却连构成能力的训练本质与目标都尚未清晰和深入，甚至没有意识到构成能力本身就是创新、创作的源头之一，设计草图当然也就被沦为了“手绘”的表达方式之一，或者只是“手绘效果图”而已了。当方案创作师们已经不知道构成能力的重要性，自然也就难以创作出优雅而符合行为需求的形式构成，更不可能意识到至关重要的体验构成，更谈不上创造出目标感觉并控制时间轴之上的目标流程。至于综合运用多种要素则更是难如登天，于是“品位”只能停留在口号层面，而用作品影响和引导高尚的人类行为与生活，则干脆只好是个“梦”而已。

如果我们不能意识到设计草图的专业训练与构成能力训练的直接关系，那么这种忽视构成能力的做法，仍然会让我们误以为无论是设计草图还是设计构成都不过是大学低年级的基础入门课程而已，甚至会误以为只是创作过程中可有可无的传统工具而已，当然也就难以意识到“其实创作就在这里”。因此，我们负责任地辟出了一个章节，初步但直接地讲解构成能力的本质与重要意义，以及如何在设计草图的训练同时进行构成能力的训练，其实二者根本就是一件事。不仅如此，构成能力与创作能力其实也是同一件事。具备了构成能力，自然使得创新变得非常必要而且快乐，顺利创造多赢。

方案创作师，根本不是画画、画图的职业，请反思自己。

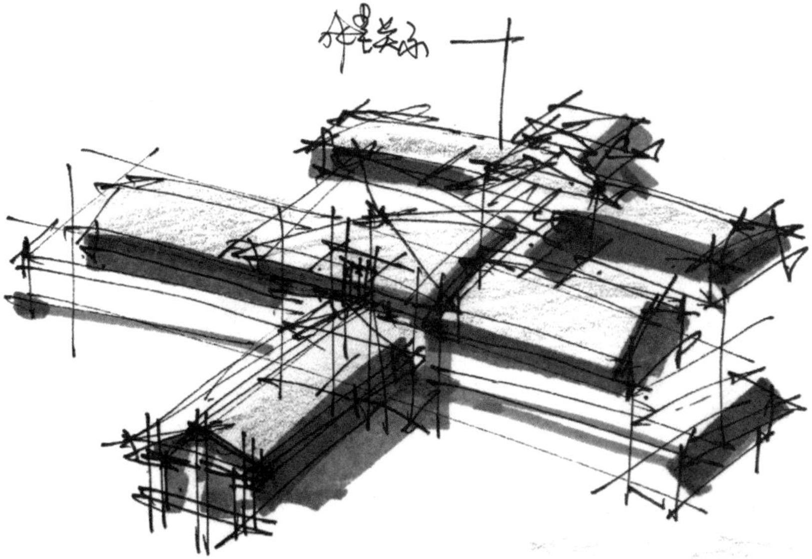

■ 通过构图营造优雅的动态感觉（手稿）

PERSPECTIVE TECHNIQUES

第 3 章 透视技法

【主要内容】

3.1 透视感觉　3.2 透视要素　3.3 模拟透视

3.4 建筑师法　3.5 视差校正

3

大家应该对向地平线延伸的笔直铁路轨道的例子很熟悉，铁轨似乎集中于远处的单独一个点，但眼睛更愿意把真正的场景纠正过来并将这些线条理解为平行的而不相交于一点，这就是透视现象。**为了真正理解透视法，必须学会怎样看世界，以及实际上它是怎样的。透视法很有学问，它并非显而易见，而且透视法与人的大脑所应用的规则也并不完全相同。**即使人的大脑根据透视法的规则解释不了所见的一切，如果一幅画或图像在空间远近关系处理上出现漏洞的话，也许不能马上辨认出哪儿出错了，但直觉会告诉人们一定有什么不对头的地方。人的大脑会自动地进行透视和真实空间的转换，不必为此多费脑筋。

由此可见，普通人对透视是有感知的，那么设计师呢？设计师的透视感觉应该如何落实到设计草图中呢？其实，设计师大多数是理科出身，学过画法几何和阴影透视的课程，只是太多人不以为然，总以思想更重要为借口，将手求透视彻底抛弃，结果导致方案遭到甲方的抛弃。

3.1 透视感觉

对于那些懒得训练跟立体几何一样手求透视的人，应该反思一下，是不是把设计创作看得太简单了，是不是误以为不必夯实基础就能一蹴而就了？为了掩饰自己的懒惰，出现了大量的借口：透视最关键的是感觉而不是准确、多看经典作品自然能够训练出透视感觉、电脑能够自动求透视等等。

3.1.1 画透视而非看透视

透视感觉真的可以靠“看”就能训练出来么? 答案是否定的。我们每天都在认真地“看”着透视的世界，仍然不能靠着“看”而具备专业的透视感觉。我们每天都在电脑里面“看”着三维的、透视的建筑、室内、景观、产品等设计，如果靠“看”电脑中的透视就能训练出透视感觉的话，那么设计表达岂不成了儿戏? **是的，单纯靠“看”是训练不出来透视感觉的，尤其是可以充分体现设计意图、能够征服甲方的透视表达**。

透视感觉的培养没有捷径，只有真的下功夫训练手求透视，认认真真地按照透视学原理求上几遍、十几遍，才能逐步训练出透视感觉，摸索到透视规律。那么，什么是透视感觉呢? 所谓的透视感觉，就像摄影的取景方向、电影的拍摄机位、画家的表现角度，虽然我们在欣赏这些作品的时候能够产生平和、温馨、神秘、宏伟等各种感觉，但是这些感觉的形成并不是偶然的，而是这些作品的创造者有意识地进行创作的结果，这其中**与视线的角度、高度、广度**等相关的部分就是我们需要研究和培养的透视感觉。

比如静物摄影，很普通的一个物体，经过摄影师从特别的角度取景，并配合特别的照相机参数设置，于是就产生了特别的感觉; 比如风光摄影，大多数人熟视无睹的景物，摄影师通过选取特别的站点、角度、参数、时间，就能化腐朽为神奇，使得观图者产生对大自然的热爱; 比如人物摄影，丘吉尔那张眼含愤怒的著名肖像，就是摄影师突然拔掉丘吉尔嘴上的雪茄，然后抓拍的那一瞬间而获得的佳作。

比如武侠片，常常会把摄影机贴近地面拍摄，配合地面上秋风吹起的落叶，自然就能表现出该场景所需要的空荡、肃杀的街景气氛; 比如爱情片，常常会把摄影机放在高处，恋爱中的青年男女在旋转着、相拥着，于是就能表现出甜蜜、幸福的感觉; 比如科幻片，常常会用常人不可能看到的角度去拍摄，自然就能产生高科技、未来感极强的效果。

比如画家在创作的时候，往往会找到一个适合作品意图的、特别的观察方向、视线角度、构图结构，从而可以更加感性地表达出作品的创作目标。由此可见，虽然早就发明了照相机，画家这个行业却几乎没有受到影响，甚至成了其他艺术门类学习和借鉴的必要课程。

对设计师而言，如果只靠着摄影等方式进行透视感觉的训练就会显得很不够。大家会发现摄影水平很好的设计师也会在设计表达中出现很多透视感觉的问题，因此对设计师而言，仍然建议**通过手求透视的方式训练出自己专业的透视感觉**。

大家都知道色彩感觉需要培养，但是诸如透视感觉、构图感觉、构成感觉、材质感觉等设计师必须具备的、必须训练成本能的感觉则往往会被忽视，因此，从现在开始，请大家关注身边各种经典的、成熟的三维以及平面作品，从中分析、研究、提炼、训练自己的各种感觉，包括透视感觉，即**通过特定的视点、视高、视角等要素表达出特定感觉的一种能力**。换句话说，如果把纪录片、家庭照相比作正常的透视，那么经典大片、摄影作品就是具备透视感觉的佳作。

3.1.2 全进程透视控制

方案创作与透视控制的脱节现象非常普遍，很多人都是从单纯的二维入手做设计，典型模式是平面、立面、轴测、透视这样的先后顺序，这种把大学里为了教学方便而制订的教学顺序当成工作流程的错误模式处处可见，其典型特征就是把本该同时进行、交替进行的二维、三维分析强行割裂开来，导致非常严重的脱节。这种做法的典型后果就是在把平面功能做好后，一旦画立面或者求透视，就会发现实际上很难看、甚至很难说是设计创作，于是就变成了单纯地做功能摆布，不得不再去找“枪手”创作立面，修改造型。

由于透视图是设计创作中最重要的结果表达，是进行设计交流、方案判断的重要依据，因此建议在基本的构思出来的时候就开始求透视，然后随着方案的不断深入调整透视的视点、视高、视线、视角等要素，等到方案成熟了，透视图也就自然成熟了，而且是直接面向设计表达，就容易直达目标，而不是出现割裂情形。换句话说，每次的方案改动，都能直接在透视图中求证，这样才能算是真正的方案创作。

对电脑制作而言，无论是小区、景观、建筑、室内还是产品造型等，大多数人往往会把建模与求透视割裂开来。建模的时候只知道建模，不在意透视的要素控制，甚至忽略目标构图，只是随便找个角度就分析方案，直至模型全部建完，才会开始进行透视与构图的控制，而这时时间已经很紧张了，于是就会草草地找一个差不多的角度就出图。这样做的后果显而易见：辛辛苦苦做了模型，却十分草率地找角度出图。由于视点定位直接关系到最终效果，因此建议在体块基本建出来的时候就开始设置照相机，然后随着模型的不断深入，随时不断地调整、试验合适的视点、视高、视角等要素，等到模型基本建完的时候，照相机的各项参数也就同步成熟了。

这种全程控制的专业习惯对方案创作具有举足轻重的重要性，一定要记住：总平面图、平面图、立面图、剖面图、轴测图、透视图、分析图以及工作模型，这些本该是同时考虑、交替分析、全程互动的要素，千万不能再割裂了，而透视图更是直接验证方案构思的直观表达方式之一，就更不能不做全程控制与互动了。

从设计初期就开始同步进行透视图的分析与控制，不仅能够对方案的具体形象不断求证、修改，而且能够不断根据方案的特点调整透视的各个要素、不断调整构图及色彩，于是就能够不断地向表达目标接近，而不是在最后阶段草率突击。

3.2 透视要素

本节涉及的透视要素包括灭点、视平线、视点、视高、视角等，这些要素决定了求解透视后的效果，缺一不可。

3.2.1 关键的透视灭点

关于透视，首先要树立的就是灭点概念，即与视线不垂直的所有线条，都会与其平行线汇聚到同一点。

换句话说，当我们站在街道上向远方平视，只有左右方向的水平线和上下方向的竖直线是与我们的视线相垂直的，这两条线及其平行线都没有灭点而是相互平行，其他的线条则都会与其各自的平行线汇聚到某个点，即灭点。这样，大家就知道了：每一组平行线只要不是与视线垂直，就会有自己的灭点，也就是说不同方向的线会有不同的灭点，即多个灭点。只有一个灭点的透视图叫作一点透视，同理，还有两点透视、三点透视、多点透视。我们可以先用照片试着找出其各个方向的线条的灭点，就会发现透视灭点其实并不难以理解，大家不必心存恐惧。

3.2.2 本能的视平线

大多数情况下，我们采用一点透视和两点透视。

第一，在这两种模式下，我们一般都是采用平视的视线，会出现水平的视平线，也叫地平线，而一点或两点的灭点则必然在这条视平线上。这个要点极其重要，即使是临摹，很多人也不注意视平线的存在，结果是灭点或高或低，导致透视扭曲变形严重。

第二，除了鸟瞰图，我们一般采用人的眼睛高度作透视图，这时的视平线就会与人眼高度相同，画面中身高差不多的人的眼睛就会基本都在一个高度上。这个要点也非常重要，很多人“凭感觉”以为远处的人会“矮一些”，于是就把远处的人画得低于视平线，结果造成透视扭曲变形。实际上，的确是近大远小，只是远处的人头部所在位置仍然是视平线上，变化的是脚的上下位置。

第三，鸟瞰图的视平线就是远处的地平线，因此远处的山峦、树木、天空都会以视平线为分界，否则就会出现透视扭曲变形。

请记住：无论是一点透视还是两点透视，以人的视高平视时，灭点都会处于视平线上。由于大家的身高相仿，会发现街道上所有人无论远近，头部大约都处于视平线上，所不同的是大家的脚并不在一条线上，而是根据与视点距离的远近分布。

3.2.3 仿真的视点

视点也称站点，即人观察实体或空间所处的位置。

在求透视的时候，确定视点位置十分重要，因为视点所在位置决定了**主面与侧面的主次关系**、**透视变形的大小**、**视觉中心的位置**、**距离层次感的营造**等一系列的效果控制。很多人不是很在意也没有认真研究过视点的选择，导致前期很多的工作被浪费，甚至会出现功亏一篑的局面。

在电脑制作的项目中，这种情况非常多见：比如辛辛苦苦创建的建筑模型，仅仅因为视点的选择失误而导致等角透视，使得画面主次不清影响了设计的正确表达，甲方看起来很迷惑，很容易导致方案不断修改甚至流产；比如好不容易做好的室内模型，仅仅因为不了解大多数室内设计表达中的“视点在室外”这个原理，使用过于广角的照相机设置，导致画面变形过大、尺度感缺失，使得甲方误以为空间不符，方案被屡屡质疑。

在徒手设计表达过程中，由于需要事先设置好视点位置才能开始求透视，因此更有着牵一发而动全身的重要作用。视点的选择，有实际视点、典型视点、虚拟视点等几种类型。

3.2.3.1 实际视点

对建筑设计而言，实际视点的选择有着举足轻重的作用。很多人会忽视这一点，随便找一个视点就做设计表达，或者选择的视点使得设计显得很漂亮，但是甲方略加思考就会发现在实际的基地中根本不存在这个视点，从而就会怀疑方案的实际可行性。比如坡屋顶、高层顶部的造型，往往会在设计草图中显得尺度适宜、效果不错，但是在实际可行的视点范围中，却可能出现看不到坡屋顶、高层顶部造型的情况，也有可能会出现从近处观察建筑顶部造型还不错，一旦从远处看建筑则出现顶部尺度不妥的情况。

作为方案推敲来说，应该选择若干个实际存在的近、中、远视点，以及低、中、高视点，分别求透视以验证构思的实际可行性，这时最好采用与主面成 60° 左右的视点位置及标准镜头的视角，验证接近人眼中的实际情况。

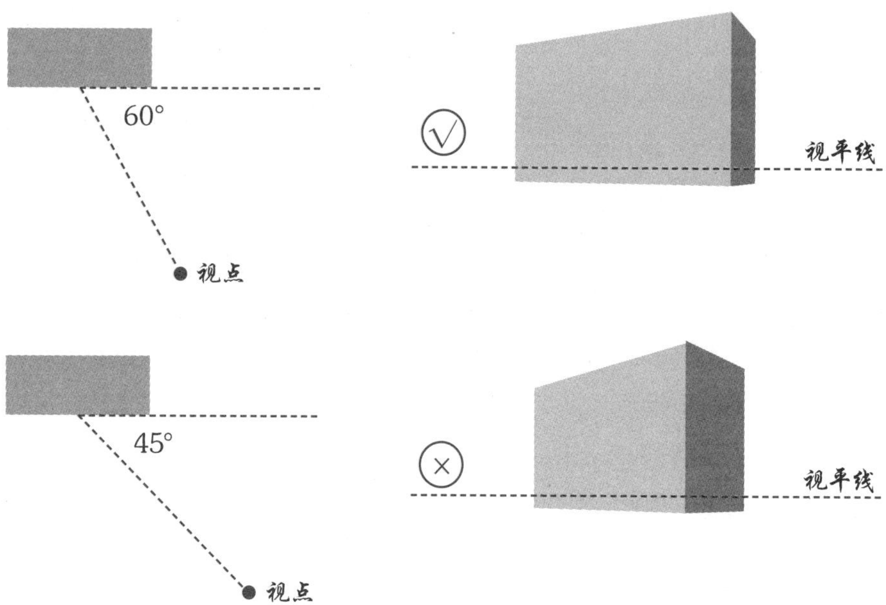

■ 视点的选择

3.2.3.2 典型视点

所谓典型视点，指的是在基地中具有典型意义的真实视点。

比如在街道上便于停留、观察的位置，比如便于留影的位置，比如附近建筑中便于俯视的位置，比如远处可以观察建筑及周围环境的天际线的位置等等。以沿江建筑为例，设计师不仅要重视街道方面的建筑形象，还要重视水面对岸看到的建筑形象及其与周围建筑共同形成的天际线的感觉，更要重视沿江街道中人流可以近距离观察部分的材料、色彩的细致处理。对典型视点的忽视是目前设计行业普遍存在的现象，即使是鸟巢这样的国家级建筑，人们也会发现实际上极难找到不被广场灯干扰的便于留影的站点。

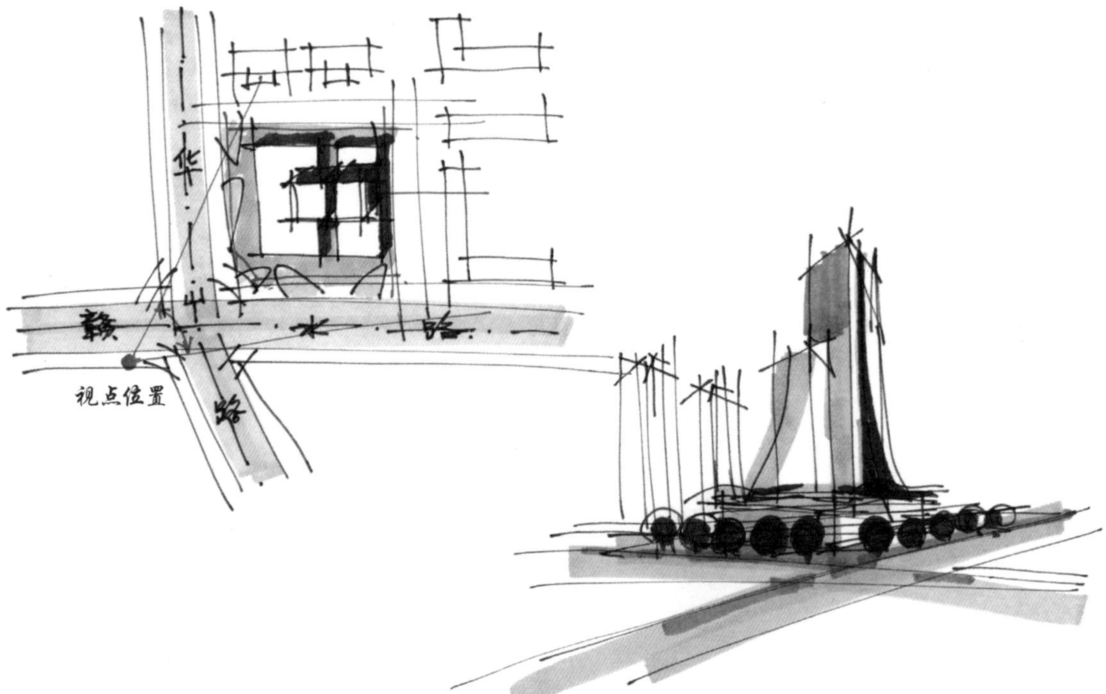

■ 典型视点的选择

3.2.3.3 虚拟视点

所谓虚拟视点，指的是为了达成某种表达目标，选择了实际上并不存在的视点。虚拟视点在室内设计中比较常用。

由于人眼可动、头部可动，加上还有大脑的全景后处理配合，因此虽然人眼的物理视角在60° 左右，但是实际观察角度要大得多。比如，如果使用标准镜头照相机去拍摄室内，往往会发现照片的感觉与用眼睛看到的范围有很大区别；如果使用广角镜头拍摄，虽然拍摄范围变大了，却又会出现透视变形的问题。这就是往往很难根据室内空间的照片产生真实体会的原因。

在室内设计表达中选择透视视点时，往往采用标准镜头或者接近标准镜头的广角镜头，而为了尽可能接近人眼的大范围观察的感觉，将视点有意识地放到室外"穿过"墙体求透视。

以宾馆的标准客房为例，就会发现无论视点放在哪里都很难表现出两张床的全部感觉，而人眼则会通过眼球的转动、头部的转动看到大范围的空间并在大脑中形成一张全景画面。这时，如果有意识地把视点放到室外，保持视角与人眼接近，那么获得的透视画面就会接近人眼的感觉。实际上，无论是手绘的还是电脑的标准客房表现图都是很常见的类型，由于多数人存在"只看不练"、"只画不求"的懒惰心理，往往看不出来其实视点并不是在客房内，而是在客房外。

与此类似，诸如办公室、会议室、报告厅等空间，都会出现这种视点放在室外求透视的情形，只有面积很大的大堂之类的空间才有机会把视点放在实际位置。因此，室内设计中，平面图上表示视点的符号与求透视时的视点并不相符，只是通过虚拟视点表达出图示视点所希望感受到的画面范围而已。

在建筑、景观等设计表达中，虚拟视点也会使用，比如鸟瞰视点、水面视点、街道对面视点等，只是没有室内设计表达那么普遍。

3.2.3.4 注意事项

视点的选择中，最重要的注意事项就是要“避免巧合”，应尽量避免不同体块的轮廓线重合、避免轮廓线与阴影的边线重合、避免阴影与阴影重合、避免不同的体块及阴影相切等，这种无意识造成的巧合、重合、相切的情形是很不专业的表现。

这种避免巧合的训练十分重要，很多人就是因为“眼睛不专业”而使得图面形成不必要的巧合，导致甲方看图时出现误会，设计师被迫做很多解释工作，于是就出现了不必要的精力分散，当然会对方案的成功通过产生不利影响。总之，视点的选择十分重要，是牵一发而动全身的专业决策。

3.2.4 需要决策的视高

视高，指的是求透视的时候所选择的视线高度，也可以理解为是眼睛所在的高度。在不同的情况下，视高的选择根据表达目标会有不同的决策，这种不同一般体现在鸟瞰、仰视、站视、坐视、虫视等方面。

3.2.4.1 建筑设计表达中的视高

（1）建筑的鸟瞰

建筑设计的鸟瞰图主要用于体现建筑与周围环境的关系、建筑本身的体块构成、在周围建筑中观看建筑顶部造型的效果等等，其主要目标往往并不是体现细部处理，因此，主鸟瞰图一定要保证是从高处向下看，而不是企图在一张鸟瞰图上表达所有需要表达的各个方面。很多人喜欢半高鸟瞰，这种高不高、低不低的视高，往往造成建筑屋面或者顶部造型表达不清晰，也会造成建筑表现力减弱，使得建筑处于非常尴尬的境地。而且，半高鸟瞰图的配景尺度与透视变化很容易出错，要么是汽车看起来有翘起的感觉，要么是人的尺度往往偏大，要么就是道路行道树近大远小的控制出现问题。如果是为了表达在周围建筑中看到的建筑形象而作半高鸟瞰图，那么这种鸟瞰图最好作为辅助鸟瞰图出现，而不要做成主打鸟瞰图。

所谓的辅助透视图，一般相当于分析图，既方便甲方从另一个角度分析自己的项目，又增加了图纸阵容。如果把辅助透视图当成了主打透视图，一旦产生误解，就需要解释，这种做法就会事倍功半、得不偿失。

（2）建筑的仰视

设计表达最重要的是清晰表达、充分表达、不产生误解，一般宁可多作各个角度的图，也不能寄希望于一张图面表达所有的要素。仰视的透视图由于是三点透视的缘故，也会给甲方造成墙体倾斜的误解，因此一般也是作为辅助透视图出现，而不是作为主打透视图。

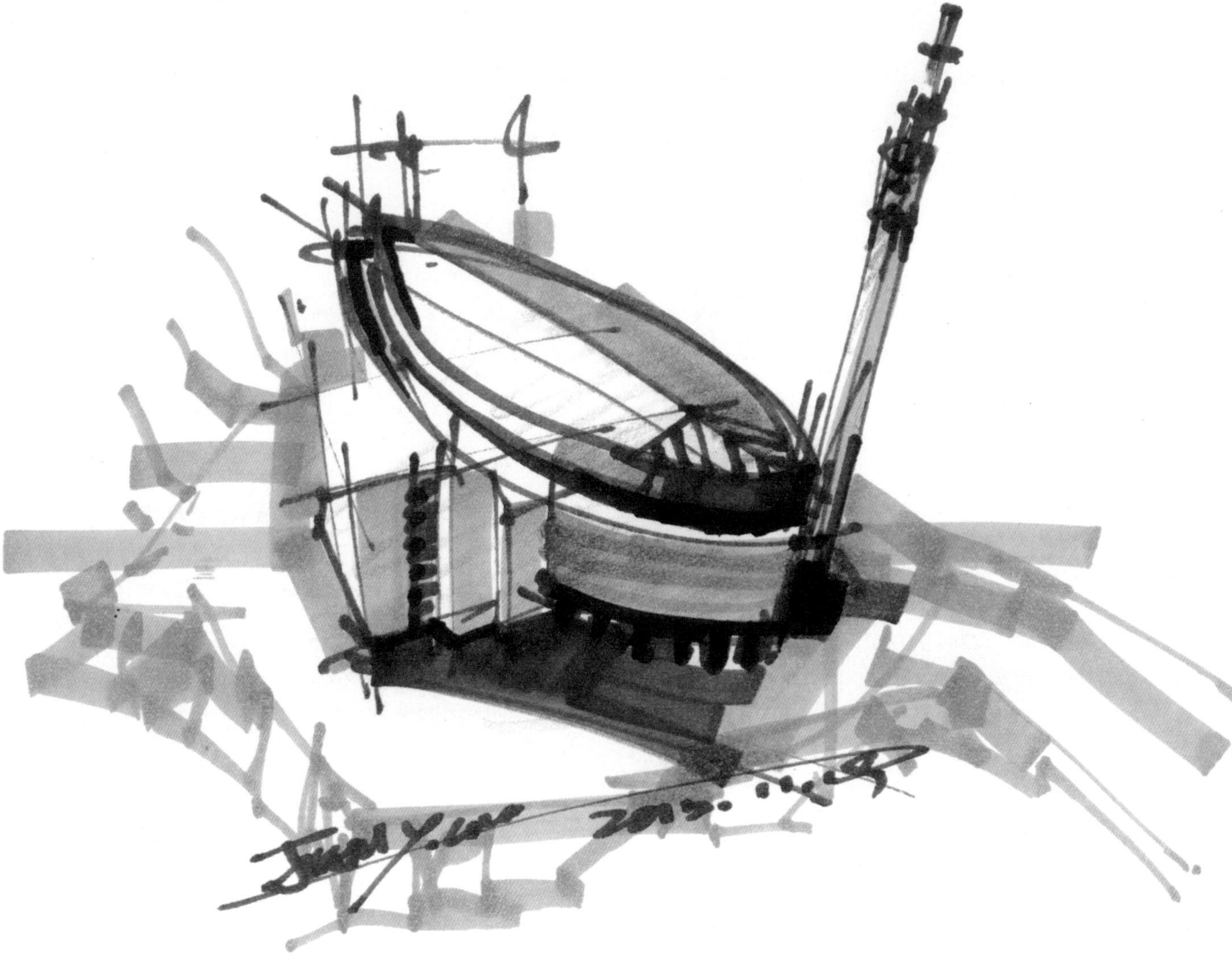

■ 建筑鸟瞰图

■ 建筑仰视图

（3）建筑的站视

对透视图而言，建筑的透视效果越明显，其表现力越强，因此出于强化透视效果的需要，站视的视高越低越好。以人的平均身高 1600~1700mm 计算，去掉额头的高度，将视高定为 1500~1600mm，这是最常见的透视图视高。

（4）建筑的坐视

有时为了加强表现建筑的挺拔、宏伟的透视效果，但是又不想失去视平线，就会采取坐视的视高，比如 1000mm，这种视高可以增强透视线的倾斜度，使得透视效果被增强。

（5）建筑的虫视

这是一种极端增强透视效果的视高，即虫子在看建筑，视高设置为 0。试想一下，虫子看建筑，该是多么宏伟、高大。一般用于投标，以略加夸张的透视效果吸引评委眼球，从而在众多的方案中脱颖而出。在视高为零的情况下，视平线就会与地面重合，配景就会因为失去了视平线而难以控制尺度。这时，需要“伪造”一条视平线，即在相当于人的站高的地方画一条参考视平线，然后就像正常的视平线一样以此为参照去添加配景。**这种虫视的方法可以使得不那么高大宏伟的建筑显得透视效果强烈，但是只适合商业投标之类的纯粹商业行为，对设计师自身而言，则不能被虫视透视图表现出来的假象所迷惑，真正的建筑造型分析仍然应该以正常的视高做分析，以免造成设计师自我认识能力和预见能力的减弱。**

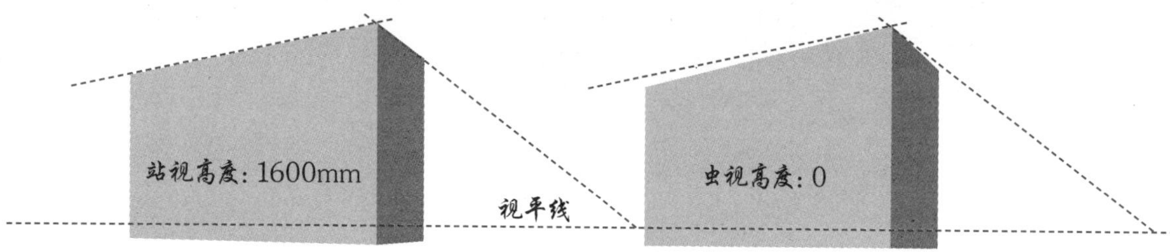

■ 视高对比 —— 与站视相比，虫视的透视线更为陡峭。

3.2.4.2 室内设计表达中的视高

（1）室内的坐视

多数的室内空间，人们都是以坐着为主，因此人们对这些空间所留下的印象往往是坐着的视高看到的感觉。比如客房、办公室、会议室、报告厅等，再比如住宅的客厅、卧室、书房等，这些空间如果以站高作为视高，图面就会让人感到不知哪里不舒服，甚至会有地面向上翘起的感觉，而茶几、沙发、床、桌子等家具陈设，由于视高的原因导致上表面显得过大，也会让人感到别扭。比如凡高著名的油画《夜间咖啡座·室内》，以其远远高出正常坐高的视高，表现出了一种烦躁不安、彷徨紧张的精神状况。我们往往看到很多设计师由于下意识地以为视高就该是站高，于是不假思索地以站高为视高求透视，结果是无意识地令人觉得别扭，那可就跟凡高作品所表现的扭曲感觉异曲同工了。

实际上，只需认真观察和临摹成熟的室内设计表达作品，很容易就能发现大多数作品实际上都是按照坐高求的透视，甚至会更低。

（2）室内的站视

少量的室内空间，比如电梯厅、走廊、卫生间等等，人们都是以站着为主；还有一些空间，人们会以步行穿过为主，比如办公建筑、交通建筑、体育建筑的大厅。人们对这些空间所留下的印象往往是站着的视高看到的感觉，因此，求透视的时候以站高为视高就会显得更加真实。

采用坐视还是站视的视高，取决于空间类型和人的通常行为造成的印象，既不能一律采用坐视的视高，也不能机械地以为视高就是站高。

（3）室内的仰视和鸟瞰

仰视和鸟瞰在室内中庭的设计表达中比较常用，视角的选择很关键，详见下节。

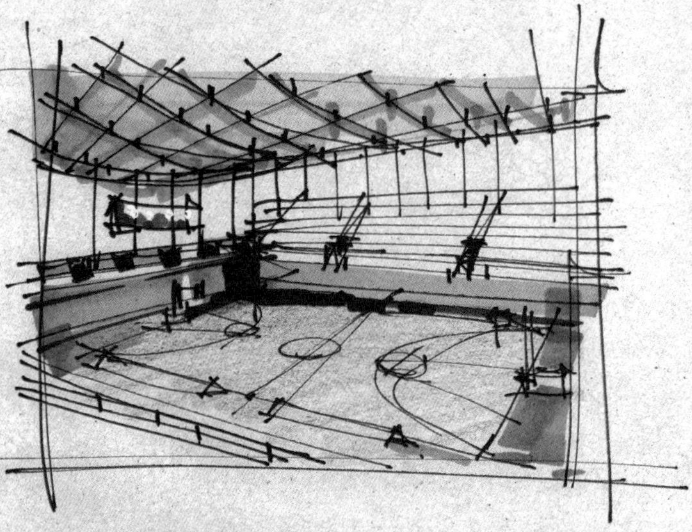

■ 室内的鸟瞰

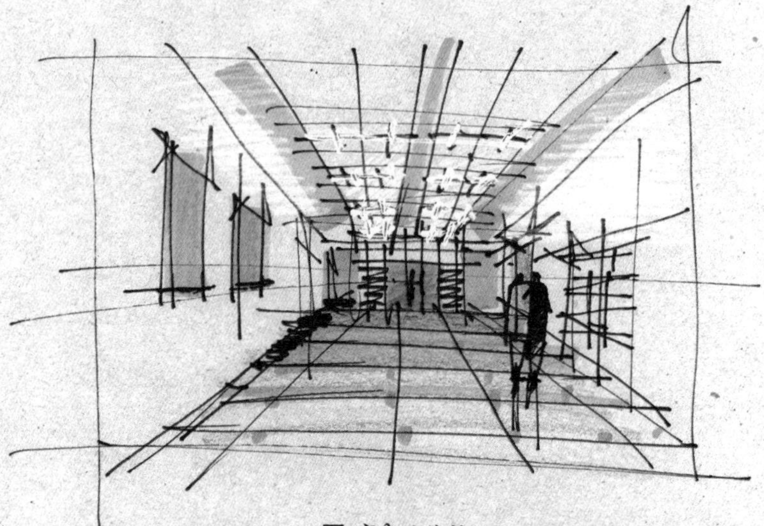

■ 室内的站视

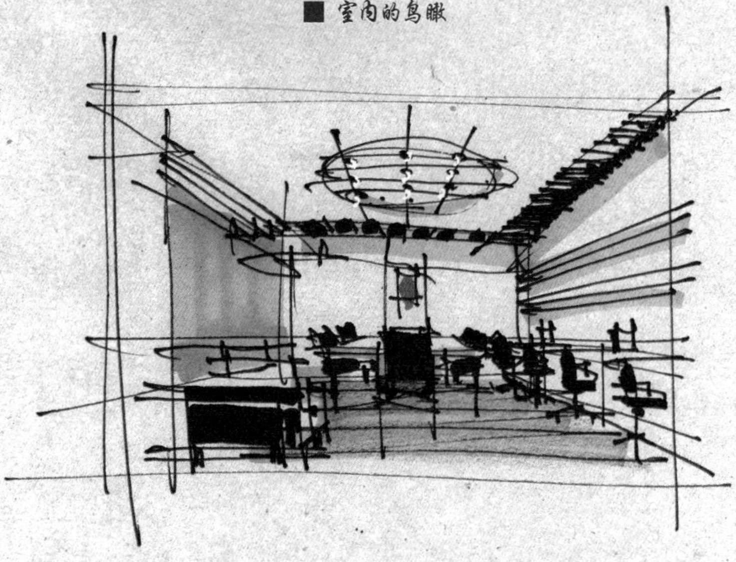

■ 室内的坐视

■ 室内的仰视

3.2.5 主次分明的视角

视角，即以视点为中心的可视范围的角度。

以 35mm 照相机为例。标准镜头的视角为 45°～60°，相当于人的头部和眼球都不动情况下的固定视角，因此这种相机镜头拍出来的景物最接近人眼看到的透视效果。视角小于标准镜头的称为广角镜头，视角大于标准镜头的则称为长焦镜头（望远镜头）。

对广角镜头而言，视角越大，看到的范围越大，但是近大远小的透视效果越明显，透视变形也越严重，其极端就是视角为 180° 的鱼眼镜头；对长焦镜头而言，看得越远，视角越小，看到的范围越小，而透视效果则被减弱，趋近于立面效果。

就像数码相机虽然使得我们可以很方便地通过多按快门、后期处理来做到构图、色彩等方面的控制，但是其训练效果却远远不如胶卷时代为了节约胶卷而认真对待每一次按快门的训练强度来得大；同理，用真实的颜料作画，尤其是水彩、马克笔等这类无法通过覆盖方式修补错误的绘画训练往往能够比单纯用可以后悔的电脑训练色彩感觉要高效得多。

对手求透视而言，由于必须事先确定好视角的大小才能开始求透视，因此可以最大限度地训练出设计师的预见能力、透视感觉。

3.2.5.1 建筑设计表达中的视角

（1）建筑的电脑求透视

比如商业建筑、高层建筑，此类建筑往往因其商业目标而需要营造出造型新奇、视觉冲击力强的感觉，因此往往需要强调透视效果，以体现其高耸、宏伟、现代的感觉，往往会采用广角镜头的视角，比如 80° 的视角。使用偏向广角的视角，可以使得透视效果更加陡峭、画面更有视觉冲击力，建筑的性格被适当夸张表达，就会更接近表达目标。这就像适当化妆一样可以突出优点，但是如果浓妆艳抹、脱离本来面目，那就是弄虚作假了。

比如多层住宅建筑、别墅建筑，此类建筑由于其性格和表达目标偏重于稳定、安全、舒适、温馨，因此透视效果就不能过于陡峭。很多人会因为单纯追求透视效果而忘记了建筑的性格及表达目标，于是会作出向上的三点透视，令甲方误以为自己的建筑有倾斜的墙体；或者会作出广角效果，使得透视效果很陡峭，令看图的人产生危险、凶狠、压迫的感觉，自然就不会形成希望表达的感觉。这类建筑的透视表达，除了保证垂直线是竖直的以外，同时要保证视角不能太大，尽量以标准镜头的视角作出透视效果，从而形成所需的稳定模式的透视表达。

同理，银行建筑往往需要表现安全、稳固的性格，学校建筑需要表现出包容、进取的感觉，医院建筑需要表现出保护、希望的感觉，都需要选择不同的透视参数。

总之，最重要的是对建筑性格、表达目标进行分析，一定要根据目标来选择作法，而不要企图凭借一个公式可以“一统天下”。

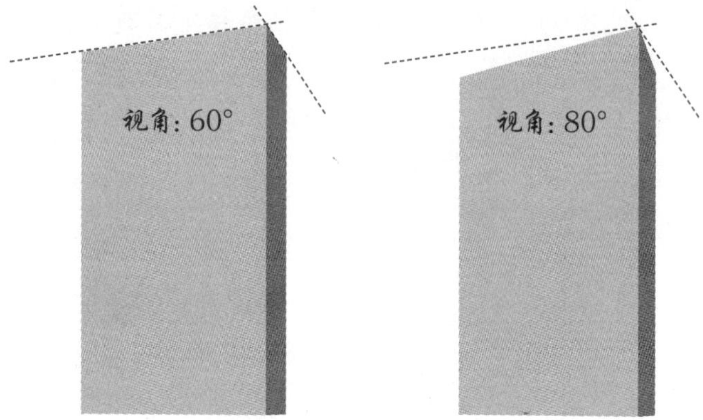

■ 视角对比 —— 相比 60° 视角，80° 视角的视觉冲击力更强。

（2）建筑的手求透视

由于设计师必须事先尽可能准确地判断出表达目标所需的透视各项要素，因此设计师对自己的专业分析能力依赖度极高，训练强度和效果也很明显，而不是像作电脑效果图那样下意识地依赖电脑软件和自己的所谓“感觉”。

由于手求透视可以直接控制视线为平视状态，上述电脑制作中无意识出现三点透视的情况就不容易出现了，这种训练可以使得设计师产生对三点透视的敏锐感觉，即使用电脑制作透视图也能敏感地发现不恰当的竖线倾斜的问题。我们往往一看图就能知道制作这张图的设计师是不是成熟的设计师：那些企图以电脑透视图当底图、用透明纸描画为手绘透视图的人，实际上大都会因为不具备透视感觉而出现竖线倾斜的错误问题，从而轻松暴露出透视训练不足的马脚。因此，建议设计师加强手求透视的研究、训练、试验、归纳、提炼，只有这样，才能促使设计师真正建立起专业的透视感觉，而不是仅仅停留在普通人的“感觉”层面。

我们需要的是创造感觉的能力，即设计师的透视感觉。

3.2.5.2 室内设计表达中的视角

(1)室内的电脑求透视

很多设计师由于不懂得视点放在室外的道理，为了尽可能大范围地显示出室内空间，就会采用广角镜头制作透视图，于是经常会听到甲方抱怨设计图上的空间画大了，实际空间根本没有图上表达的那么宽阔深远。这种与真实空间感觉反差很大的情况，甚至会导致甲方怀疑设计师作的透视图是在用另一个项目的图纸来搪塞了事，太不划算。

应该尽可能用标准镜头或者小广角的视角，这样才能增强真实感。如果觉得范围不够大，则应该把视点放到室外来求透视。

视角过大会导致透视变形严重，近大远小的透视效果就会被夸张，近处的物体过大、远处的物体过小，从而破坏尺度感，甚至会有明显的别扭感觉，这就是视角过大导致的失真现象。很多时候，设计师不能进行换位思考、以常识观察，而被依赖电脑的心理迷住了心窍，竟然看不出来连外行都只需看一眼就能指出来的这种大问题。

只需我们先用肉眼去观察真实的空间和物体，再用照相机在不同的镜头焦距(视角)参数下拍摄照片，再与自己的电脑透视图进行对比分析，就会发现差异有多大。我们经常使用傻瓜相机的取景框让学员进行比较：同样的建筑或者室内，用眼睛看，再通过取景框看，几乎每个人都露出惊诧的表情，因为谁都没想到差异会这么大。

(2)室内的手求透视

以营造真实感觉的透视为主要目标和标准。翻阅一下手边的室内手绘书籍，就会发现夸大透视与空间尺度的现象目前很普遍，其结果往往会使得设计师自欺欺人。虽然甲方由于看图而误以为自己的项目空间尺度很大气，进而顺利通过方案，但是与此同时，设计师的空间尺度感却被自己欺骗了，久而久之，设计师的真实尺度感就会被这种假想的大尺度、大角度、大透视所代替，最终丧失真实的尺度感。这样的例子很多，看上去很精美的效果图一旦建成，却发现根本不是那么回事。设计表达、设计表现变成了婚纱照，一旦洗掉铅华，再去拍身份证照片，就会判若两人。

这就是为什么很多方案在效果图、设计草图中看起来很美，一旦建成却会惨不忍睹的原因所在：设计师的真实预测、控制能力已经被自己消耗掉了。这就像为了显得自己很卖力气而使劲敲键盘的钢琴学习者，虽然可以在短时间内获得外行人群的赞扬，但是演奏者自己却会丧失微妙控制键盘表现力的能力；这也像书法学习者为了显示自己“力透纸背”的愿望而大力运笔，表面上看很潇洒，实际上书写者却会丧失微妙运笔的能力；这还像绘画者为了炫耀自己控制色彩的能力而大肆使用鲜艳的色彩，其结果却是使自己丧失了微妙控制色彩的能力。还是回到常识吧。

从以上分析可知，室内设计表达更需要重视视角与真实感营造两者之间的密切关系。在手求透视的时候，最好使用标准镜头的视角（60°），以免造成空间尺度感的丧失。如果为了视觉冲击力的需要而必须适当夸张透视效果，那么建议视角不要超过70°。

3.2.5.3 鸟瞰图的视角选择

（1）电脑鸟瞰图制作

很多人都依赖于电脑，喜欢炫耀电脑的透视能力，甚至以为夸大透视变形的效果才能体现自己的个性，往往忘记了设计表达的目标是让观图者感觉更加真实可信，进而使得方案被信任、被确认。

设计师往往因为缺乏透视感觉的训练，会在无意识中把建筑鸟瞰图作成很明显的倒三点透视，于是鸟瞰图中的建筑就会上大下小、垂直线倾斜。对设计师而言，这样做似乎能够显示自己的"透视修养"，而对甲方和买房者而言，他们却更愿意看到自己的房子是直的而不是倾斜的。同时，一旦形成了明显的三点透视效果，设计师往往需要费力地跟甲方解释透视的基本原理，甚至往往会不小心说出来"你不懂透视"这类伤人的话，这就会使得甲方产生不耐烦、不服气的心理：明明就是看着不垂直的墙，却偏要说什么透视原理。

由于人眼与照相机的本质不同，即使真的从高层建筑上向下俯视，也的确很难看到像求出来的三点透视那么明显的墙体倾斜，因此我们要意识到，以透视原理为借口作出令人感觉不舒服的三点透视并不是专业行为。如果设计师实在忍不住作出陡峭的三点透视以满足自己的个性需要，那么建议当作辅助鸟瞰图赠送给甲方，而不要作为主打鸟瞰图。

景观设计、小区规划和城市设计中的大面积鸟瞰图比较常见，对这种大面积的鸟瞰图而言，人们更想看到的是想象中的真实，即垂直线给人的感觉是垂直的，平行线给人的感觉是平行的。注意：这里强调的是感觉，而不是几何学上的绝对。**鸟瞰图所需要的并不是过于明显的透视效果，反而需要减弱透视效果，以免造成不必要的误解。**

实际上，轴测图是符合垂直线垂直、平行线平行的要求的，但是人们却会因为轴测图完全没有了透视效果而困惑、觉得不真实，因此，我们需要的是介于轴测图与明显透视效果的透视图之间的一种透视图，即长焦镜头的透视图。

长焦镜头透视图由于视角很小而形成弱透视效果，这样就可以使得人们心目中对垂直线和平行线的期望获得基本满足，同时还能够使得人们因为有透视效果而感觉真实。

由此可见，鸟瞰图三点透视的感觉应该适量削弱，要设法营建一种在远处的高层建筑中用望远镜头向下观察建筑的感觉，因为望远镜头可以削弱透视图中竖线倾斜的效果；也可以将视线设置为平视，将视点放置到足够远，这时的建筑会位于画面下半部，然后做局部放大渲染，这样做则可以保证竖线的垂直。实际上，只需认真针对诸如水晶石等著名效果图公司制作的小区鸟瞰图进行提炼临摹，就会发现其对**垂直线的控制**是非常严谨的。这些著名制作公司的经典、优秀的作品，我们应该极其认真地临摹、分析、提炼、总结，因为里面包含了太多的才华、能力以及经验。

如果认真对经典电影大片的画面进行提炼临摹，那么不仅能发现鸟瞰图的感觉控制，还能发现各种情况下对摄影镜头的控制。这些著名影片的经典镜头，都是最优秀摄影师的作品。

（2）手求鸟瞰图透视

要做大量的体块透视试验，以确保预想的表达目标的实现，而这种大量徒手“求透视”，其令人进步的效率远远高于单纯用电脑“看透视”。体块透视完成后，其他细节就有参照物了，透视效果就比较容易实现。

很多人总是主动放弃能力训练，而是以科技进步为借口依赖电脑，其后果往往是荒废时日、一直困惑。

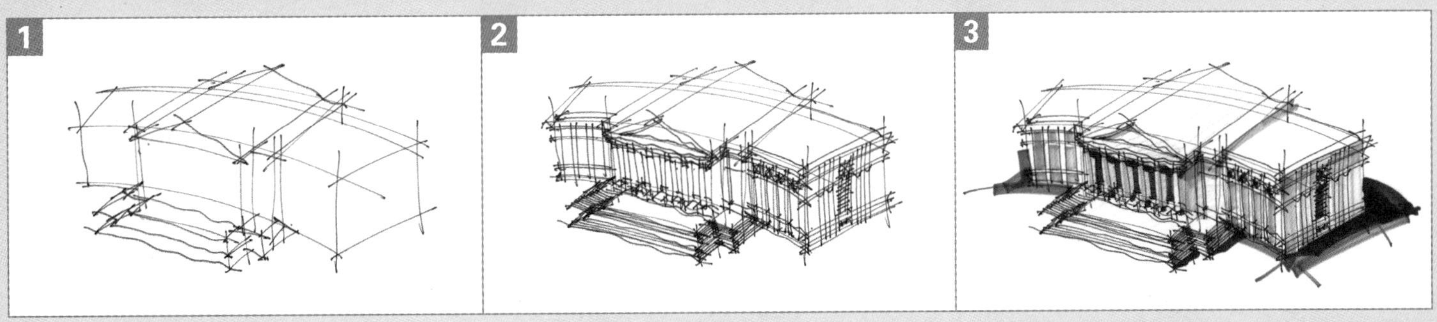

■ 手求鸟瞰图透视 —— 体块透视完成后，其他细节就有参照物了，透视效果就比较容易实现。

3.3 模拟透视

模拟透视不是真正意义上的求透视，而是为了在训练和实战中能快速地完成透视框架采取的模拟方法。由于在此阶段我们还没有详细讲解透视的求法，因此训练的时候可以先不求甚解，只要先保证视平线、灭点没错即可。当然，真正的透视感觉的训练，还得靠大量的求解透视的训练才可以达到。

3.3.1 分割透视法

所谓分割透视法，指的是将立面上等分的开间、进深移植到透视图中，根据近大远小的透视原理进行透视分割。

首先，画一条辅助线，确定其为真高线，进行等分。

其次，根据主面和侧面的开间画辅助线，辅助线的划分要充分考虑到透视变形。确定了主面和侧面最远处的轮廓线之后，也做同样数目的等分。

最后，把真高线上的等分点与主面上最远处轮廓线的等分点一一对应地连接起来，形成主面透视线；再把真高线上的等分点与侧面上的等分点连接起来，形成侧面透视线。我们把这些透视线称作透视等分参考线，它们看起来都是向着远处灭点汇合的。

有了这些参考线，在求细节透视的时候，就能基本确定透视线的倾斜方向了。

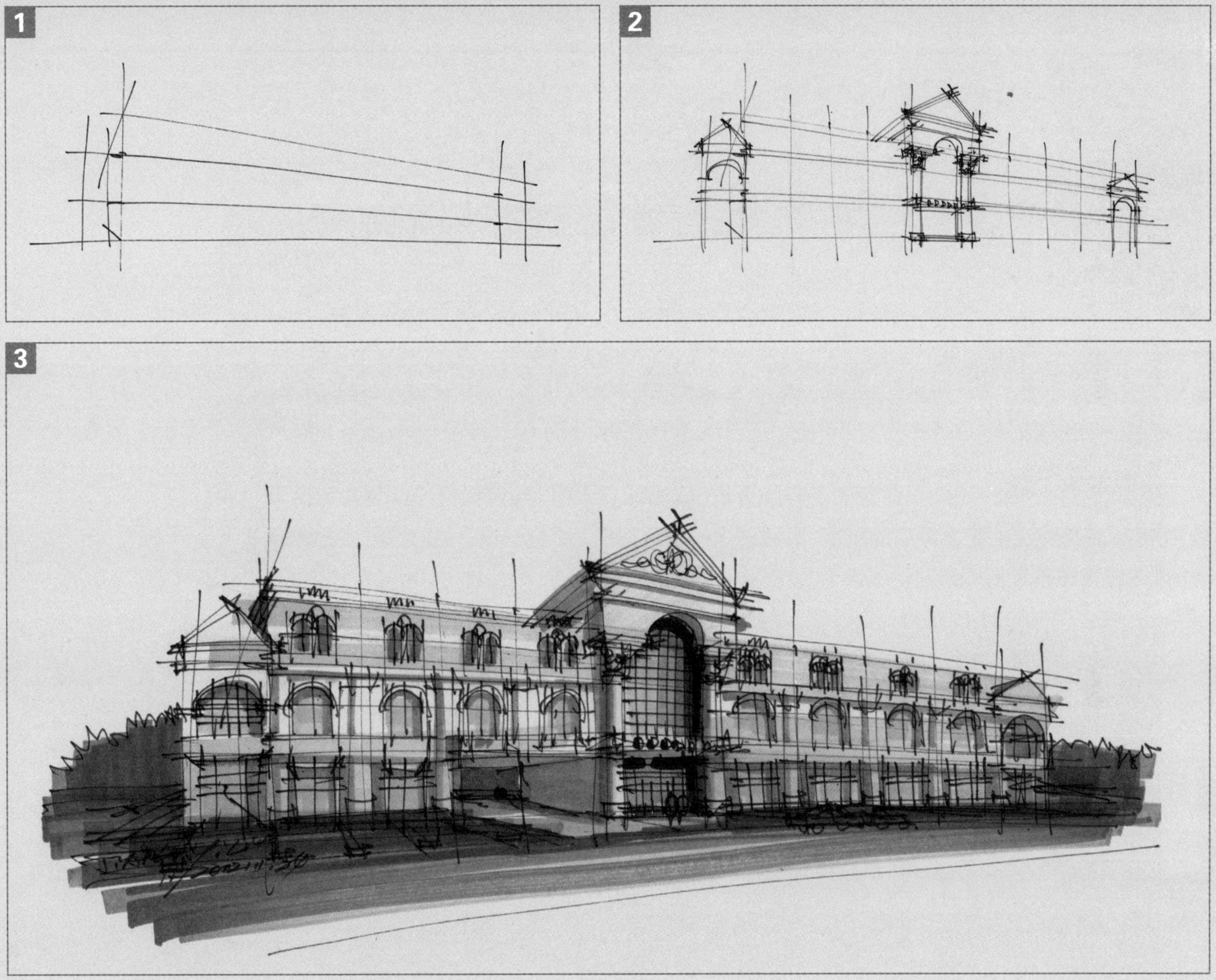

■ 分割透视法作图步骤示意

3.3.2 模式透视法

所谓模式透视法，指的是借助透视网格垫板绘制透视图。《设计速写 —— 方案创作手脑思维训练教程》一书中介绍过透视网格垫板，可用墨线笔或中性笔结合直尺手工绘制，也可以用软件画好打印到普通绘图纸或卡纸上使用。如果是用电脑软件绘制，建议分为深色和浅色两种。深色的透视网格垫板，还是当做垫板使用，用硫酸纸、拷贝纸或复印纸蒙在上面画；浅色的透视网格垫板，可以直接在上面画，画过几遍以后，就可以逐步找到透视感觉，进而摆脱透视网格垫板了。

无论是手工绘制是借助电脑软件绘制，视点、视高、视角均要符合一般要求，即视点与主体的主面成 60° 或 70°，切记不要出现 45° 的等角透视；视高保持在站视，视角尽可能用标准镜头或者小广角的视角。

使用透视网格垫板时，要注意先定好视平线、真高线（即可以按照比例尺度测量的竖直线），然后在真高线上定出每层的层高，再根据上一节讲到的“透视分割”的方法确定出主要开间，这样基本的透视框架就做出来了，接着可以逐步深入细化了。

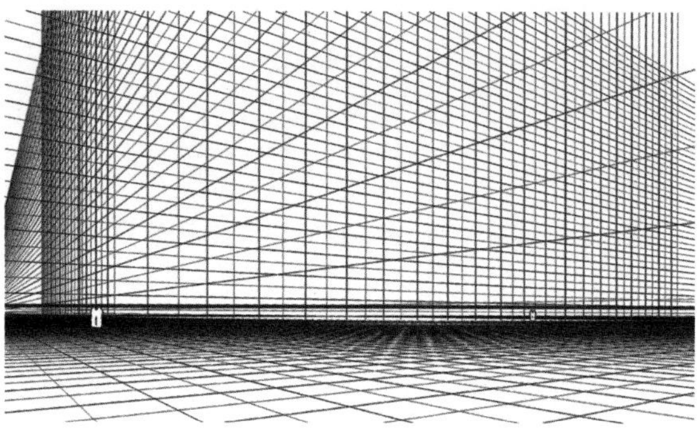

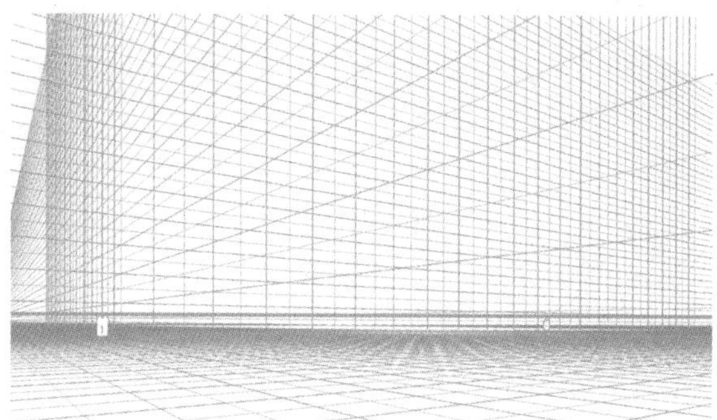

■ 透视网格垫板 —— 深色与浅色

■ 透视网格垫板的应用

3.3.3 移植透视法

关于移植的问题，我们已经强调了多次，"他山之石可以攻玉"" 的道理大家都耳熟能详了。在训练初期，不必过分强调所谓的原创，移植透视法的多赢训练方法非常必要。

所谓移植透视法，指的是直接套用别人的草图、效果图、摄影等成熟的、成功的透视角度，以此达到学习经典、借鉴经典、熟练运用、感悟精髓直至扬弃发展、成就原创的目的。

在下面的插图中示意了如何进行透视移植，尤其是确定视平线、灭点及造型改造等要素，请大家认真训练并可直接用于实战，相信会对读者的进步有莫大帮助。

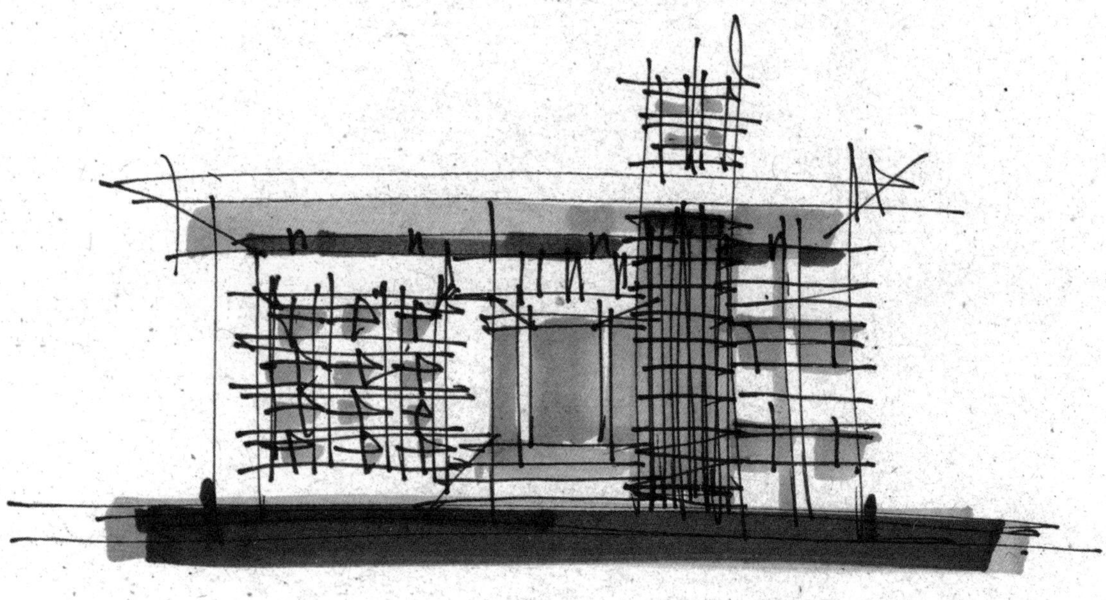

■ 套用的立面设计

透视移植的参考图片

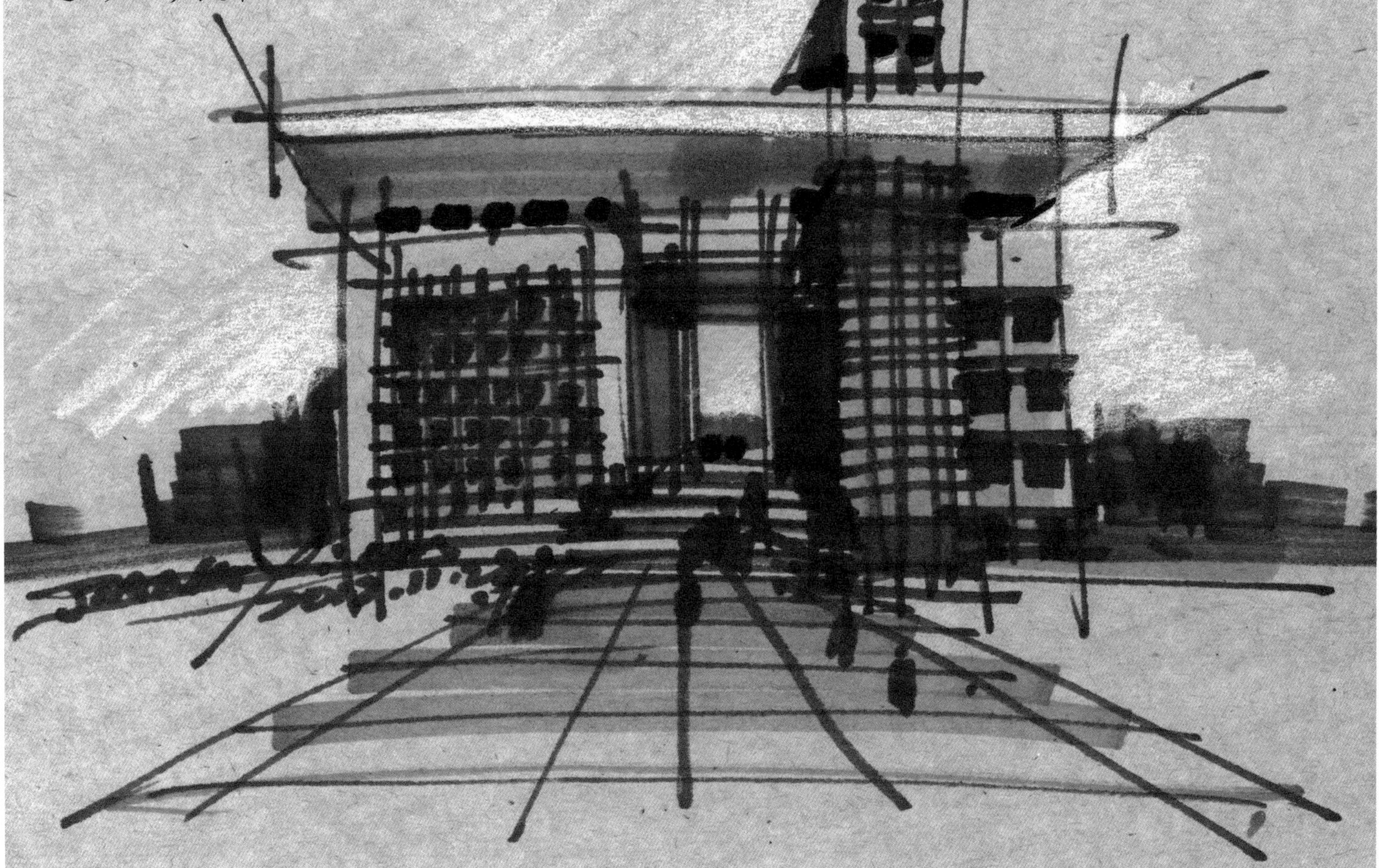

■ 透视移植的应用

3.4 建筑师法

建筑师法也叫视线法，在设计院校通用的阴影透视方面的专业教材中，通常只占两页、三页的容量，由于其所占页面太少，很容易被忽视，导致大多数人不重视透视感觉的专业训练。这也是设计院校的通病：明明是和专业联系非常紧密的课程却推给了外专业来教授，结果是非常重要的章节被一笔带过；明明是非专业训练的参考课程，比如高等数学之类却搞成考试课，逼得学子们如临大敌、毕业后却发现很少应用……

建筑师法（视线法）因其原理直观、生成明确深受设计师的喜爱，而量点法、模拟法（快速求透视法）等方法则都是不那么直观的模式，建议先把建筑师法求透视熟练掌握以后再进行研究和试验。

下面，我们把建筑师法求透视的步骤进行详细讲解，供大家训练时参考。

3.4.1 准备工作

3.4.1.1 大头针或平头图钉

很多人都是因为讨厌每画一根线都要找灭点才不乐意手求透视的。一张透视图如果全部手求到细节，有时会有成千上万根线，太多人就在这里望而却步。把大头针钉在灭点上，这样就不必画每根线条都去寻找灭点，而是把尺子顶在大头针上，于是就能大幅度提高工作效率，从而使得手求透视成为乐趣。

如果不想使用图板，那么大头针就用不上了。这时可以考虑用平头图钉之类的工具，把平头图钉反过来用，即把平头部分粘上双面胶，再粘到灭点上，这样就可以用尺子顶住向上凸起的图钉，把图钉当成灭点。也可以考虑切一小块木块或者硬橡皮之类的东西，然后用双面胶粘在灭点处，以提高作图效率。关键是训练自己动脑筋的能力，而不是到处找人问捷径。

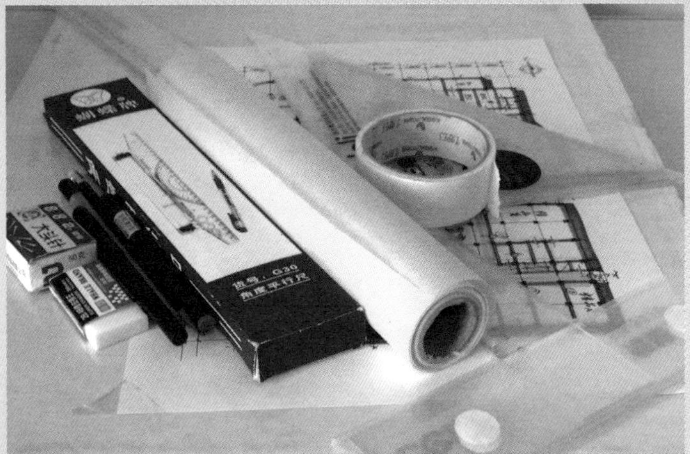

■ 工具准备

3.4.1.2 图板

大头针和下面提到的一字尺都需要使用图板才能使用，因此配备一个或几个图板是很有必要的。如果想画成水彩画，可能需要裱纸，那就更需要图板了。

3.4.1.3 一字尺或丁字尺

视平线是水平的，建筑和空间的竖线是垂直的，一字尺和丁字尺非常有效。

3.4.1.4 三角板

在三角板下面用双面胶粘上呈三角形分布的三块厚纸板，就可以有效避免尺子的底面不断与纸张摩擦而造成的污染，也便于用手抓取或移动三角板。

3.4.1.5 界尺

即带有沟槽的直尺或者三角板。用界尺可以有效避免马克笔、毛笔等工具对尺子造成的污染，也便于跨过容易被尺子污染的图面作图。界尺可以自制，只需两把尺子用双面胶粘成平行错位的形式即可马上使用了。

3.4.1.6 铅笔

尽量使用软铅笔结合小力气，也可以用自动铅笔结合小力气，这样可以有效训练手的放松及控制能力。

绘制的时候先轻后重，即起稿的时候用力很轻，等到需要强调明确线条的时候则用重一些的力气，这样就会出现层次了，而且不必用橡皮擦除底稿和画错的部分。高手制图，不仅不用橡皮，甚至连铅笔头都不必削尖，全靠手的控制，这样可以大幅度提高效率和保持自信。

不建议用硬铅笔，因为硬铅笔虽然画出来的线条很轻，但是画的时候却必须用力，不仅造成手的紧张，还会使得笔痕很重，影响上颜色和修改。

3.4.1.7 墨线笔

指的是针管笔、签字笔、中性笔等，要求是可以顶在尺子上制图，并且墨水不溶于水和马克笔颜料。要事先做好试验，以免墨线画过后，上颜色的时候被颜料溶解，造成画面污染。

3.4.1.8 平面图

要把平面图复印、打印成副本，这样就不怕损坏了。

3.4.1.9 透明纸

硫酸纸、草图纸都是透明的或者半透明的，这样会便于求透视。等到熟练以后，就可以直接用绘图纸了。

3.4.2 名词约定

3.4.2.1 图纸

这里所说的图纸，指的是我们求透视时所用的图纸平面。以下所述各个名词均在这里所说的图纸中体现。

3.4.2.2 平面图

把过于详尽的平面图进行处理，只留下与求透视有关的平面图线条，以便于求透视。这种经过简化处理的平面图本该称为平面简图，但是为了简化起见，仍然称为平面图。**约定平面图总是放在图纸的上方。**

3.4.2.3 站点

把观察物体的视点在图纸上的投影点称为站点。**约定站点在图纸下方，即从平面图的下方向上看平面图。**

3.4.2.4 视线

把从站点向平面图看过去的方向线称为视线。**约定视线总是在图纸上垂直指向上方。**

3.4.2.5 视角

可以根据需要设定视角，如果一时难以确定，就先用 60° 视角求出体块透视试验效果。由于视角的需要，站点的位置自然就可以大致确定了。

3.4.2.6 主次立面

由于约定了视线总是垂直向上，因此平面图需要在图纸上旋转一定角度，以使得视线可以看到成角度的平面图。平面图倾斜的角度与所需达成的效果直接相关，即确定主次立面。

所谓的主立面，至少有两个标准，一是细节设计丰富的立面，二是想重点表达的立面。

很多人往往无意识地把很空的侧立面和丰富的主立面作成等角透视，即平面图旋转 45°，主立面和侧立面被均等展现，导致空荡荡的侧立面被过分显示，反而自暴其丑。由于这种忘记常识的做法过于常见，在这里不得不提醒一下。而且，在等角透视的情况下，即使侧立面也经过了精心设计，也会因为和主立面分庭抗礼而导致画面诉求中心分散、主次不清。为了避免无意识地造成等角透视，必须先确定透视图的主要表达立面、次要表达立面，这样才能主次清晰、抓大放小。一定要记住，那种企图在一张图中表现出所有细节的做法是错误的，因为面面俱到等于什么都没做。

在刚开始训练透视的时候，不容易判断出来平面图旋转多少角度才是合适的，建议先直接旋转 30°，因为这种角度基本上可以满足大多数情况下主次立面清晰表达的需要。

每张图都要有明确的诉求中心，而且诉求中心最好只有一个、最多两个，而且这两个中心还要分出等级，不能平均对待。一旦有更多需要诉求的中心，那就宁可多画几张透视图。

3.4.2.7 画面线和视平线

需要确定在平面图的哪个垂直切面上求出透视图，这个切面表现在图纸平面上的投影线，就是画面线。我们旋转了平面图，使之符合我们的视线，因此画面线是水平的，而且画面线与视线垂直。如果把画面线直接当成视平线，那么我们求透视就比较方便了。

把画面线直接当成视平线的缺点是会导致求出来的透视图与平面图产生部分叠合，我们会在后面介绍的“引出画法”中解决这种问题。目前，我们先把画面线直接当成视平线求透视，等到熟练了以后再训练“引出画法”，甚至“比例放大法”。

3.4.2.8 真高点

画面与平面图相交，这个（或这些）相交的点因为是附着在平面图上，其透视高度与平面图比例是相同的，所以叫做真高点。

画面的选择与真高点的选择直接相关。一般来说，选取建筑中有典型意义的点作为真高点比较有效，比如转角点。

3.4.2.9 真高线

从真高点求出的在图纸中的垂直线，即为真高线。

可以直接在真高线上按照平面图的比例求出所需的透视高度。不在真高线上的平面图上的点，只能求出其透视点，而不能直接按照比例测量出来。

3.4.2.10 灭点

灭点是很有意思的一种现象，即使是在作图上也非常有趣。为什么呢？因为我们的眼睛虽然习惯了看到透视的图像才感觉是真实的，但是我们的眼睛却不能真的明确意识到灭点的存在。大多数人都能感觉到轴测与透视的明显差异，但是几乎都不能意识到现实生活中灭点的顽强真实。

以求透视而言，平面图上每根线条，只要从视点开始画这根原始线条的平行线，其平行线与画面的交点就是

灭点，即平面图上所有与这根原始线条平行的线条，在透视图上都必然汇聚在这个灭点上，就这么简单。

任何在空间中与地面平行而且互相平行的线条，就必然共有一个灭点，而且，这个灭点必然汇聚在视平线上。那么，怎么证明这一点呢？读者可以参照专门讲解透视原理的专业书籍去深究。

3.4.3 两点透视

通过对体块轮廓的两点透视求解，理解建筑师法求透视的基本原理。

3.4.3.1 旋转放置平面图

确定哪个面是重点表达的面，然后将平面图向上旋转 30°，让这个面成为主面。

3.4.3.2 测试站点范围

先以 60° 角的标准镜头视角求透视，可直接借用 60° 的三角板。把三角板 60° 那个角朝向图纸下方使用，让三角板两个边套住平面图，然后转动三角板，查看 60° 角顶点的位置，寻找合适的站点范围。

3.4.3.3 选择真高点确定画面线、视平线

在合适的站点范围内，向上引垂直线，看看平面图中哪个点适合作为真高点，**建议选取转角点作为真高点**，因为在透视图中转角点一般是最高的点，便于预测透视图大小。在真高点处画出水平线，这就是画面线、视平线。

3.4.3.4 测试真高线高度确定站点

在选好的真高点上画垂直线，就是真高线。

首先，在真高线上按照平面图的比例，以真高点（也就是画面线、视平线与平面图的交点）为起始点，向下测量出视高（比如视高为 1500mm）并做上记号，这个点就是真高点在透视图中地面上的位置。

其次，以真高点在地面上的点为起始点，向上测量出建筑的整体高度（别忘了室内外高差、女儿墙的高度）并做记号，这个点就是真高点在透视图上的空间位置。

最后，从真高点向下画垂直线，反过来用三角板，把直角顶点对准这条垂直线，用 60° 角的两个边去套住平面图（即 60° 的视角范围），三角板直角端在真高线上的那个点就是站点位置。

3.4.3.5 预测透视图大小

以站点为起始点，画平面图上真高点所在的主面轮廓线的平行线，这条平行线与画面线的交点，就是主面轮廓线的灭点，平面图上与该轮廓线平行的所有线条在透视图上都会汇聚到这个灭点上。把真高线上已经做过记号的上下两个点与这个灭点相连，形成的连线就是这条主面轮廓线的透视线。

以站点为中心，连接站点与上述主面轮廓线最外侧的点，这条连线与画面线的交点，就是该主面轮廓线最外侧的那个点在透视图中的画面位置。画出经过这个点的画面位置的垂直线，这就是这个点在透视图中的垂直线。垂直线与透视线的上下两个交点，就是这个点在透视图中的空间和地面位置。这两个交点的连线就是这个点的空间线。

真高线、上下两条透视线以及空间线组成了一个空间的面，这个面就是这条主面轮廓线的透视面。同理，可以作出真高点所在的侧面轮廓线的透视面。通过主面、侧面两个透视面，就能基本预测出整个透视图的大小。

3.4.3.6 不断调整平面图位置、视角、站点完成体块透视

通过上一步，我们知道了透视图的大致大小。如果发现透视图在图纸上的位置不是那么合适，比如不够居中、太靠上等等，或者发现主面的透视太平缓之类的问题，需要调整平面图的角度、位置，然后再求外轮廓的透视图，以通过试验找出合适的平面图摆放方式。

如果无论怎样都觉得透视图的表现力仍嫌平缓、冲击力不足，那么就可以试着调整视角的大小、站点的位置。比如可以试试更大的视角，以形成更加陡峭的透视，而视角变大，势必引起站点会更加靠近平面图。应多做试验，以找出合适的表达视角、站点等要素。

上述过程要反复训练，直至可以靠眼睛和手比划着就能大致得出透视图大小的尺度感觉。熟练以后，就能靠眼睛直接判断出来平面图的摆放位置和角度了。

■ **第一步：确定站点、视角、真高点**

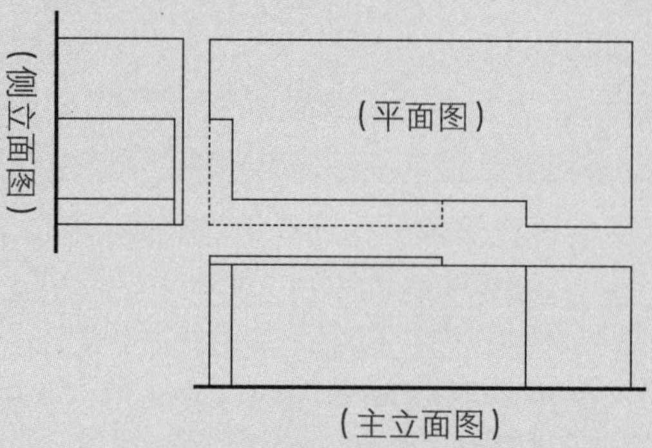

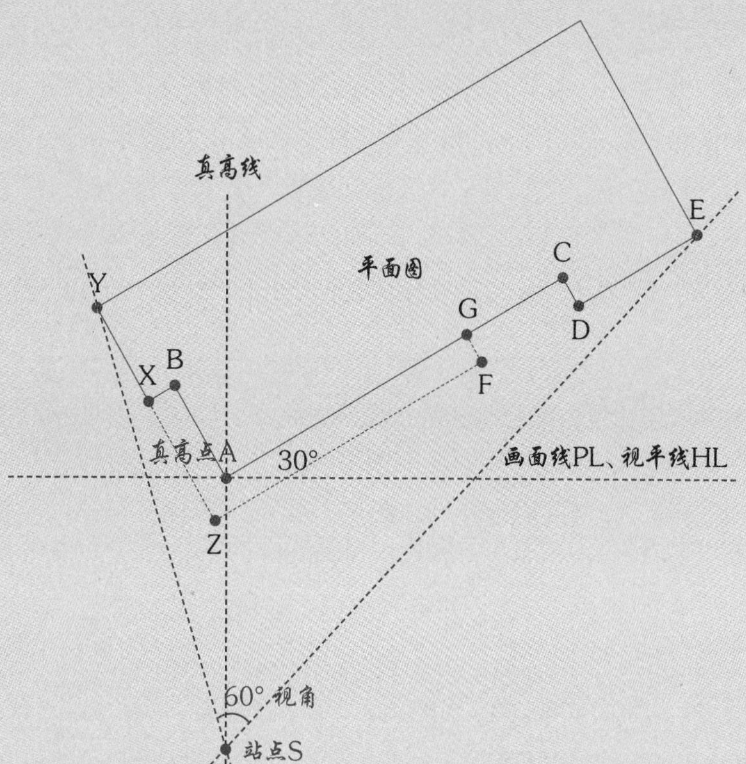

■ **第二步：求灭点**

从站点分别绘制主面及侧面轮廓线的平行线，与视平线相交的点即为灭点VP_1点和VP_2点。

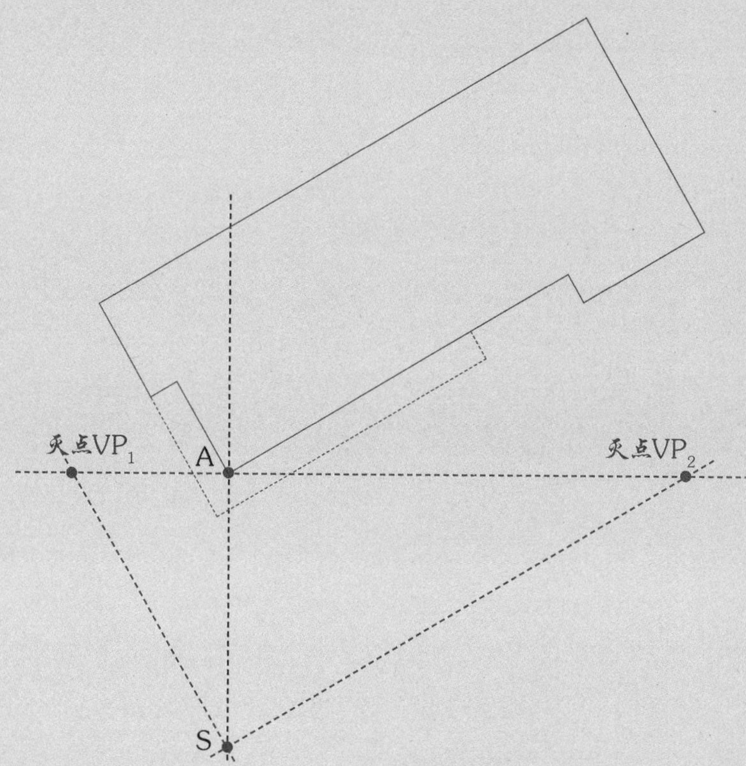

■ 第三步：求真高

从视平线向下1500，即A与A_2连线为视高，A_2点为建筑的零标高点，根据立面的标高，在真高线上测量出A_1点为主体建筑的标高，A_3点为挑檐处的标高。

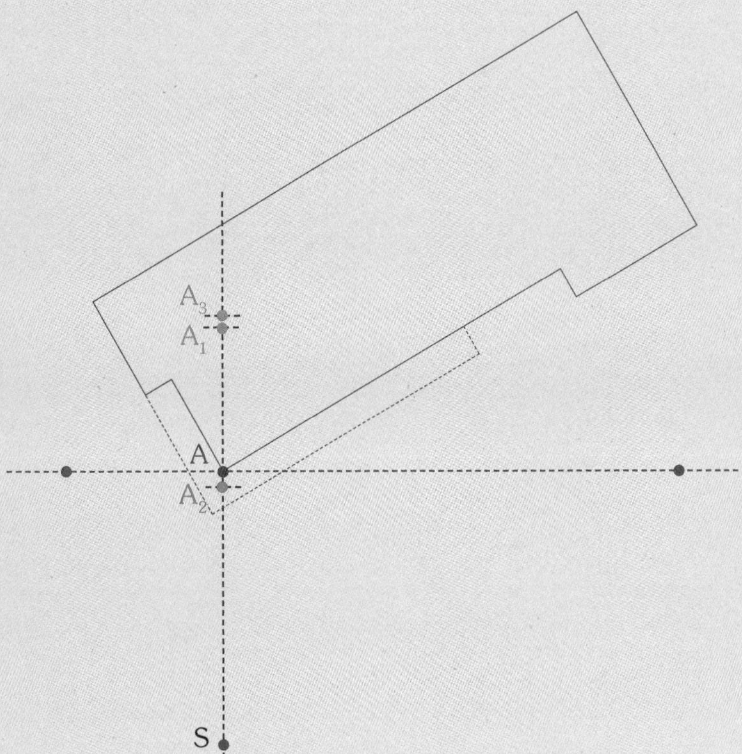

■ 第四步：求主面的透视面

① 真高线上的A_1与灭点VP_2相连、A_2与灭点VP_2相连，求得主面的透视线；

② 从站点S向主面轮廓线外侧点C引视线，与画面线产生交点C'；

③ 画出经过C'点的垂线，与上下透视线产生C_1、C_2交点；

④ 连接A_1、C_1、C_2、A_2获得主面的透视面。

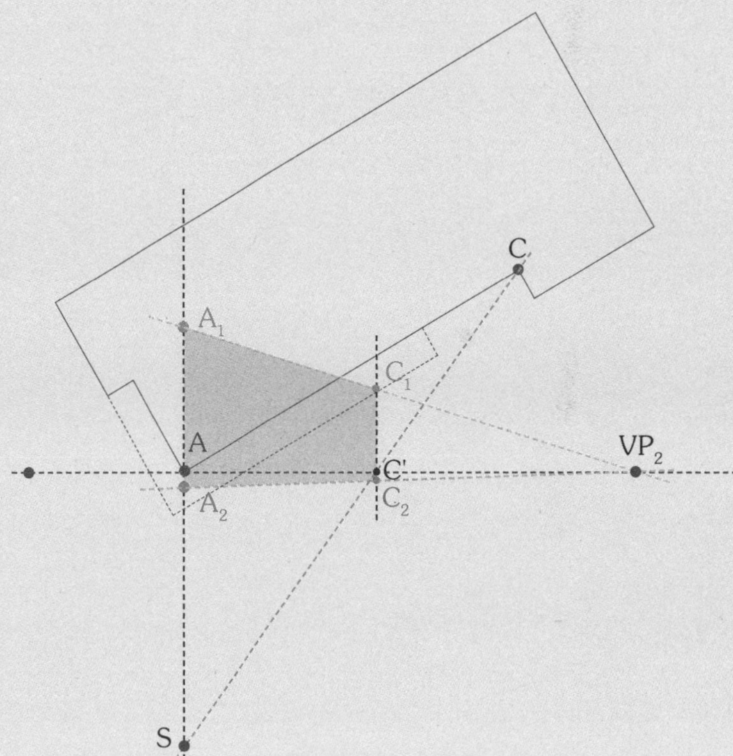

■ 第五步：求侧面的透视面

① 真高线上的A_1与灭点VP_1相连、A_2与灭点VP_1相连，求得侧面的透视线；

② 从站点S向侧面轮廓线外侧点B引视线，与画面线产生交点B'；

③ 画出经过B'点的垂线，与上下透视线产生B_1、B_2交点；

④ 连接A_1、B_1、B_2、A_2获得侧面的透视面。

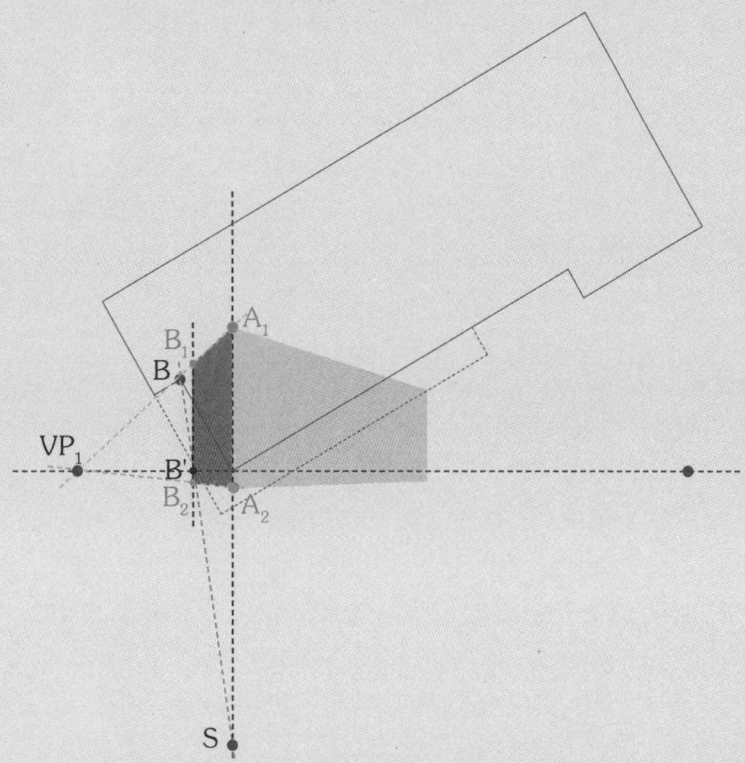

■ 第六步：求平面图中主面凸起部分D点在透视空间的位置

① 与侧面轮廓线平行的CD线段，其透视线汇聚于灭点VP_1，即连接C_1点与VP_1点、C_2点与VP_1点，求得该面的透视线；

② 从站点S向主面轮廓线的D点引视线，与画面线产生交点D'；

③ 画出经过D'点的垂线，与上下透视线产生D_1、D_2交点；

④ 连接C_1、D_1、D_2、C_2获得主面凸起部分的侧面透视面。

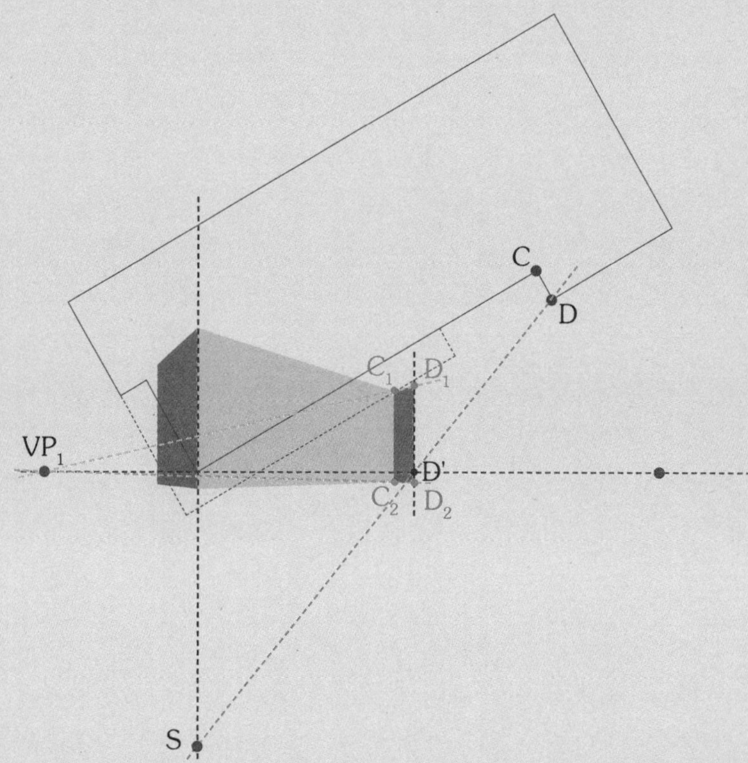

■ 第七步：求平面图中主面凸起部分E点在透视空间的位置

① 与主面轮廓线平行的DE线段,其透视线汇聚于灭点VP_2，即连接D_1点与VP_2点、D_2点与VP_2点，求得该面的透视线；

② 从站点S向主面轮廓线外侧点E引视线，与画面线产生交点E'；

③ 画出经过E'点的垂线，与上下透视线产生E_1、E_2交点；

④ 连接D_1、E_1、E_2、D_2获得主面的透视面。

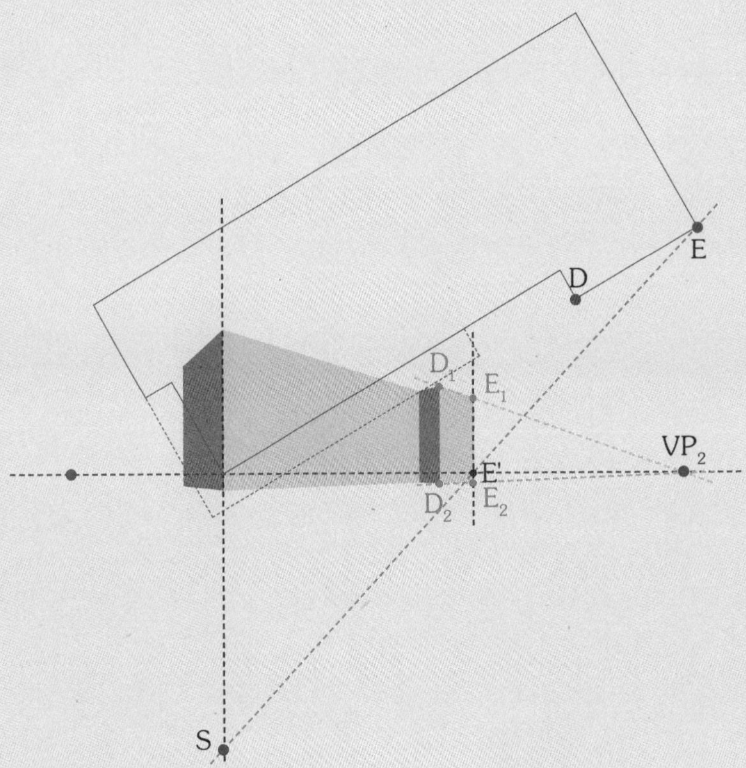

■ 第八步：求平面图中侧面凹进部分X点在透视空间的位置

① 与主面轮廓线平行的XB线段，其透视线汇聚于灭点VP_2，即连接B_1点与VP_2点、B_2点与VP_2点，求得该面的透视线；

② 从站点S向侧面凹进轮廓线的X点引视线，与画面线产生交点X'；

③ 画出经过X'点的垂线，与上下透视线产生X_1、X_2交点；

④ 连接X_1、B_1、B_2、X_2获得侧面凹进部分的主面透视面。

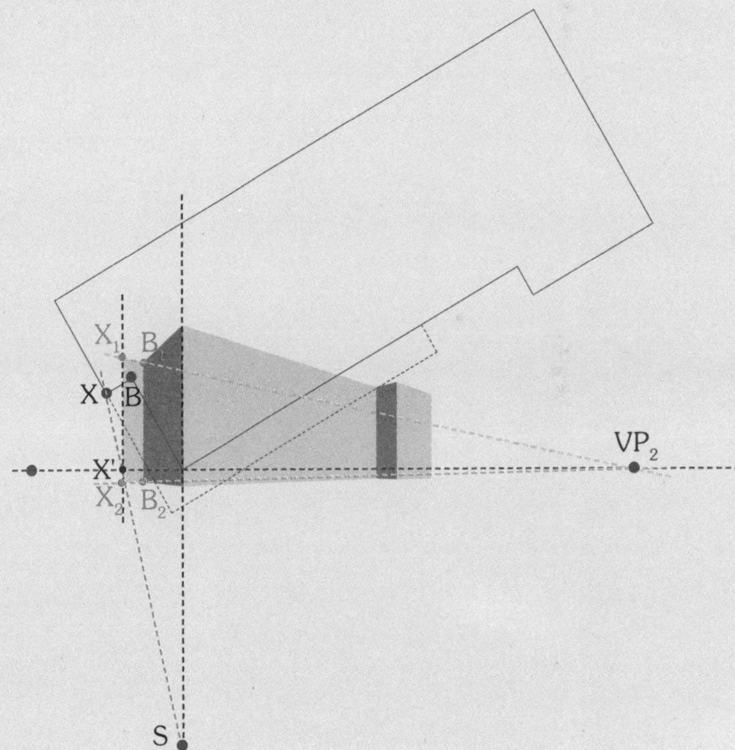

第九步：求平面图中侧面挑檐Z点在透视空间的位置

① 找到挑檐在平面图中的真高点O'，挑檐高度为A_1A_3线段，经过A_3点画出画面线的平行线以及经过O'点的垂线，得出交点O_1；

② 与侧面轮廓线平行的XZ线段，其透视线汇聚于灭点VP_1，连接O_1与VP_1点、X_1与VP_1点，求得透视线；

③ 从站点S向Z点引视线，与画面线产生交点Z'，画出经过Z'点的垂线，与上下透视线产生Z_1、Z_2交点，连接Z_1与Z_2点，求得Z点透视空间的位置。

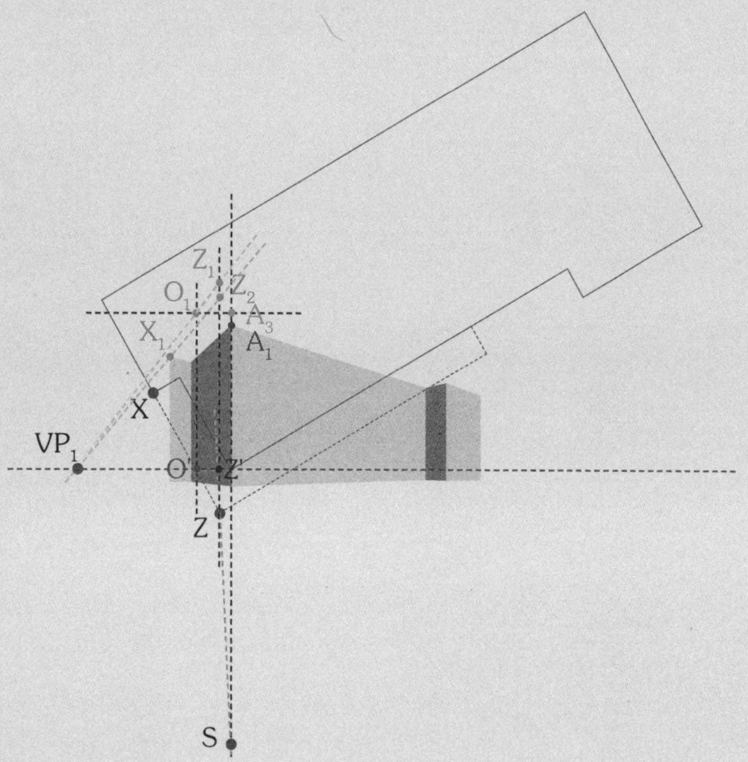

第十步：求平面图中侧面Y点在透视空间的位置

① 与侧面轮廓线平行的YZ线段，其透视线汇聚于灭点VP_1，Z_1与VP_1点、X_2与VP_1点的连接即为透视线；

② 从站点S向Y点引视线，与画面线产生交点Y'；

③ 画出经过Y'点的垂线，与上下透视线产生Y_1、Y_2交点；

④ 连接Y_1与Y_2点，求得Y点透视空间位置。

⑤ 连接X_1、Z_2、Z_1、Y_1、Y_2、X_2获得透视面。

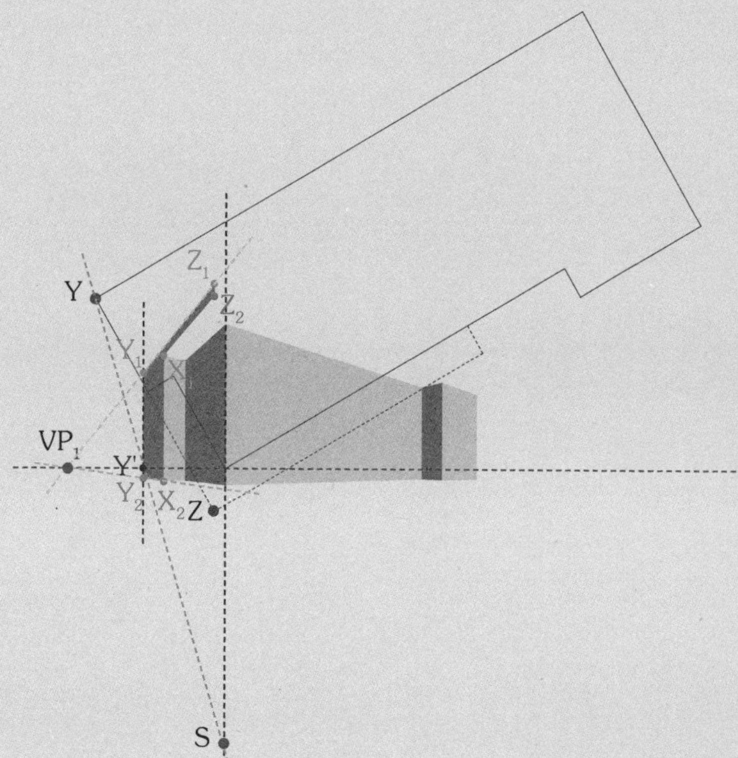

■ 第十一步：求平面图中主面挑檐F点在透视空间的位置

① 与主面轮廓线平行的ZF线段，其透视线汇聚于灭点VP_2，连接Z_1与VP_2点、Z_2与VP_2点，求得透视线；

② 从站点S向F点引视线，与画面线产生交点F'；

③ 画出经过F'点的垂线，与上下透视线产生F_1、F_2交点；

④ 连接F_1与F_2点，求得F点透视空间位置。

⑤ 连接Z_1、Z_2、F_2、F_1获得透视面。

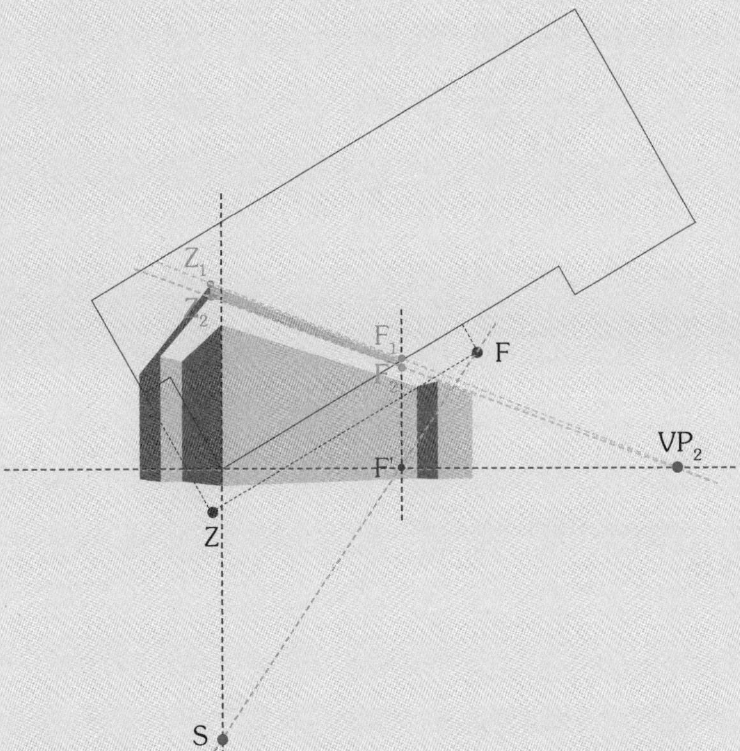

■ 第十二步：求平面图中主面挑檐G点在透视空间的位置

① 与侧面轮廓线平行的GF线段，其透视线汇聚于灭点VP_1，连接F_2与VP_1点，求得透视线；

② 该透视线与A_1C_1线段产生交点G_2，该点为G点在透视空间中的可见点位置；

③ 连接F_2与G_2点，与A_1、B_1、X_1、Z_2形成挑檐的底面透视面。

至此，完成体块透视图的求解过程。

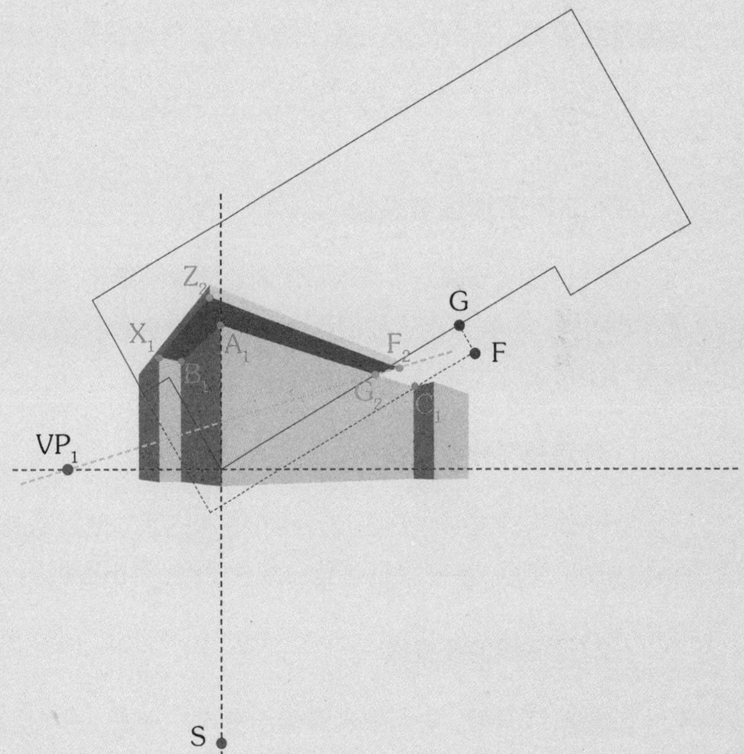

3.4.3.7 求解多角度体块透视以优选优化

根据上述步骤，我们可以作出多角度的体块透视图，以整体的方式来观察和体会自己的设计，并以此为底稿，进行细节层次的草图构思。

直接面向目标进行方案构思是非常重要的一种方法，无论我们的立面多么精彩，仍然是二维的表达，甲方最终审视的和重视的仍然是直观的透视图。因此，我们建议设计师不断训练自己养成在拟定最终表达图面上进行构思的习惯，假设出图内容包括立面图、轴测图、透视图，那么就要直接在这些拟定最终表达的图面上构思，即直接面向目标。

强烈建议自己大量手求体块透视，并在多个角度的体块透视中进行优选优化，以达成最佳的设计表达。将求出来的各个角度的体块透视图作为底图，复印或者扫描打印出来若干副本，然后用铅笔、彩铅及马克笔不断做明暗、阴影训练，使得简单的体块透视图变成富有实体感觉的设计表达。

3.4.3.8 深求细节透视

通过优选优化确定了我们认为的最佳透视要素，包括平面图旋转角度、站点、视线、视角、真高点等等，也就求出了我们认为的最佳体块透视图。下面是在体块透视图的基础上继续绘制细节透视图的步骤，供大家参考。

（1）透视等分参考线

在平面图的主面和侧面按开间和进深的尺寸分别绘制等分点，从站点向各等分点引线，与画面线产生交点，绘制经过这些交点的垂线，得出透视等分参考线。

（2）层高线的透视线

从地面点开始，向上依次测量出室内外高差、一层层高、二层层高……设备层层高（如果有设备层)……标准层层高……顶层层高、女儿墙高度，并做上记号，这些记号点就是层高点。将层高点与灭点相连，得出层高透视线。

(3)门窗线的透视线

以层高点为依据，在真高线上再测量出各层外墙的门、窗高度点并做上记号，这些记号就是门窗点。将门窗点与灭点相连，得出门窗透视线。如果做门窗在透视图上的精准定位，请参照下面的提示：

选取平面图上任意一个门窗点，把这个点与站点相连，其连线与画面线的交点就是平面图上的这个点在透视图中的画面点，再把画面点求出垂线，垂线与该点所在的透视线的若干个交点，就是该点的若干个透视点。以此类推，把平面图上所有的门窗点都求出透视点，那么所有门窗的透视就求出来了。看起来复杂，其实很简单，只需耐心、严谨以及专业自尊心。

3.4.3.9 其他造型的透视

比如挑檐、台阶、空调板、窗台、窗套、层间装饰线、局部凸起等，这些造型的透视可以按照门窗定位的方法精确求出，也可参照已有的透视线大致求得。

对于那些不与主面、侧面共面的凸起或者凹陷的造型，首先是根据真高线求出该造型与主面、侧面的交点，然后以这些交点为基点，连接相应的灭点求出其透视线；连接这些造型的平面点与站点，再画出其连线与画面线的交点的垂线；垂线与透视线的交点就是该造型的空间透视点……如此反复，就求出来了该造型所有点的透视点，这些透视点的连线就自然勾勒出来了该造型的透视图。关于异型透视求解步骤，请参照后面的讲解。

根据上述步骤，不断训练，直至非常熟练，逐步就会发现自己的透视感觉在不断提高，再看周围环境中的透视景物就会深有体会，也会更乐于比较自己求出来的透视图与照相机拍出来的实物照片、电脑作出来的透视图有何差别了。

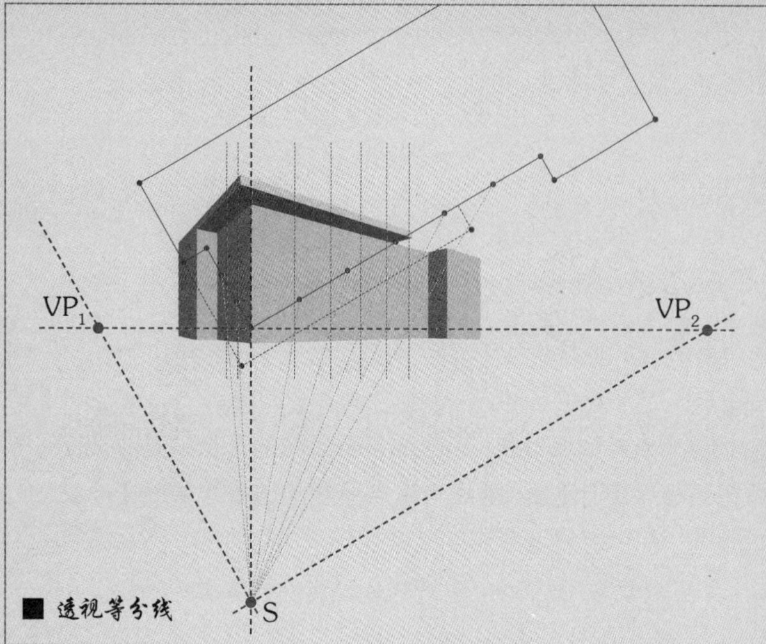

■ 透视等分线

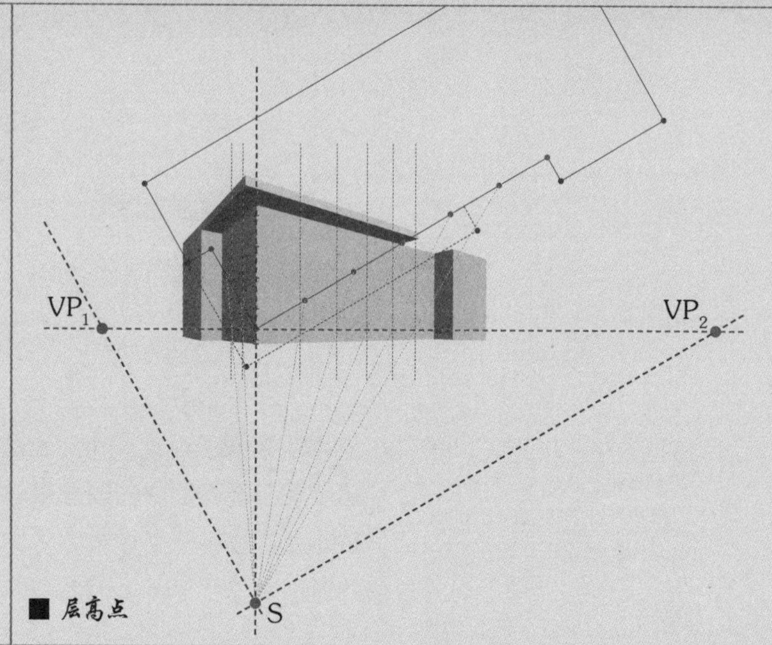

■ 层高点

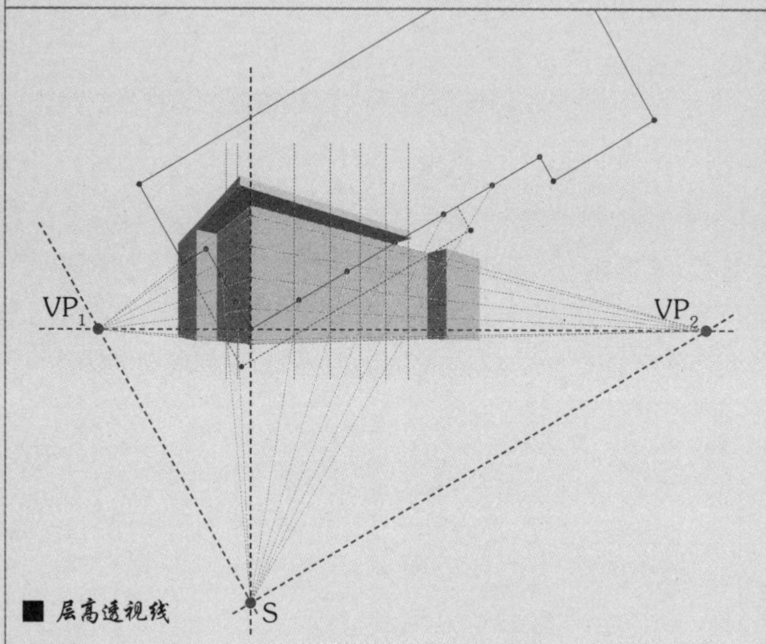

■ 层高透视线

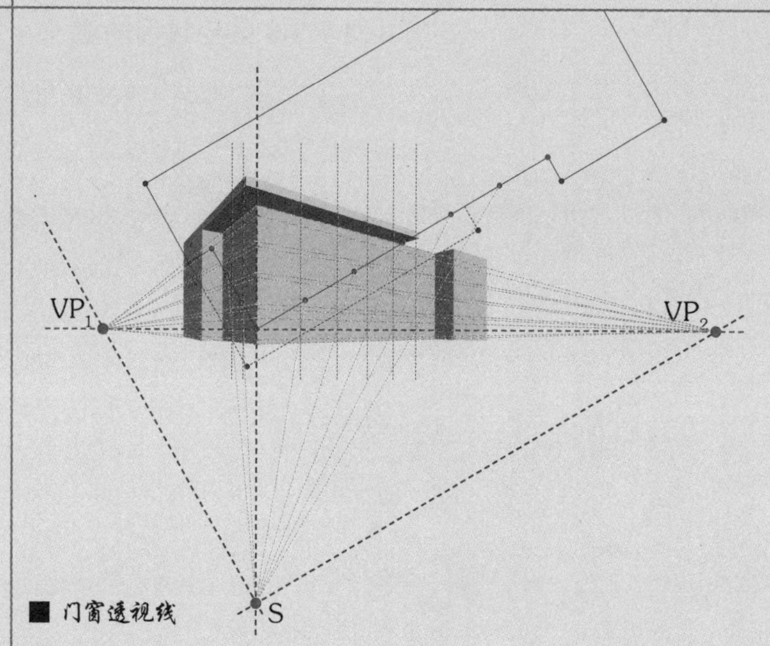

■ 门窗透视线

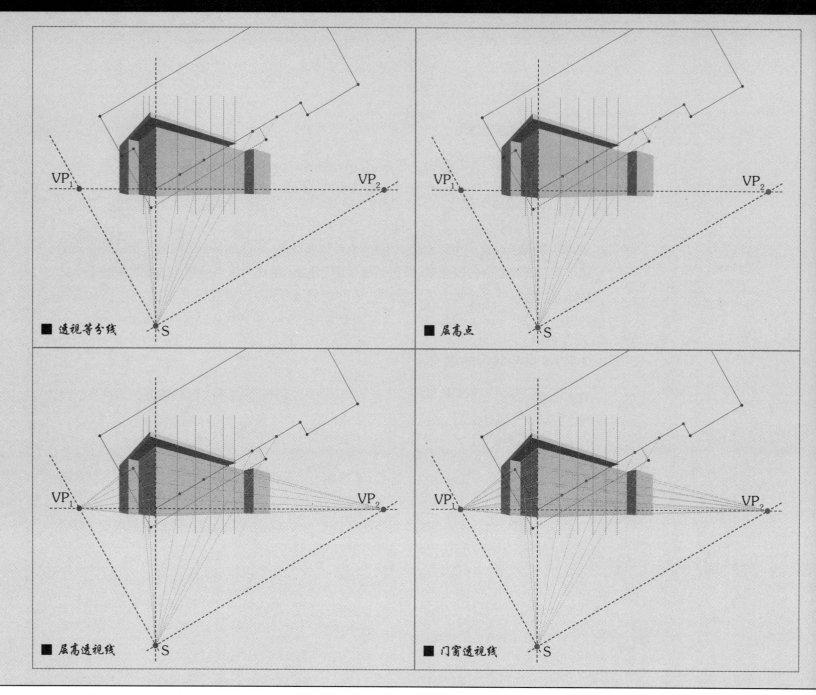

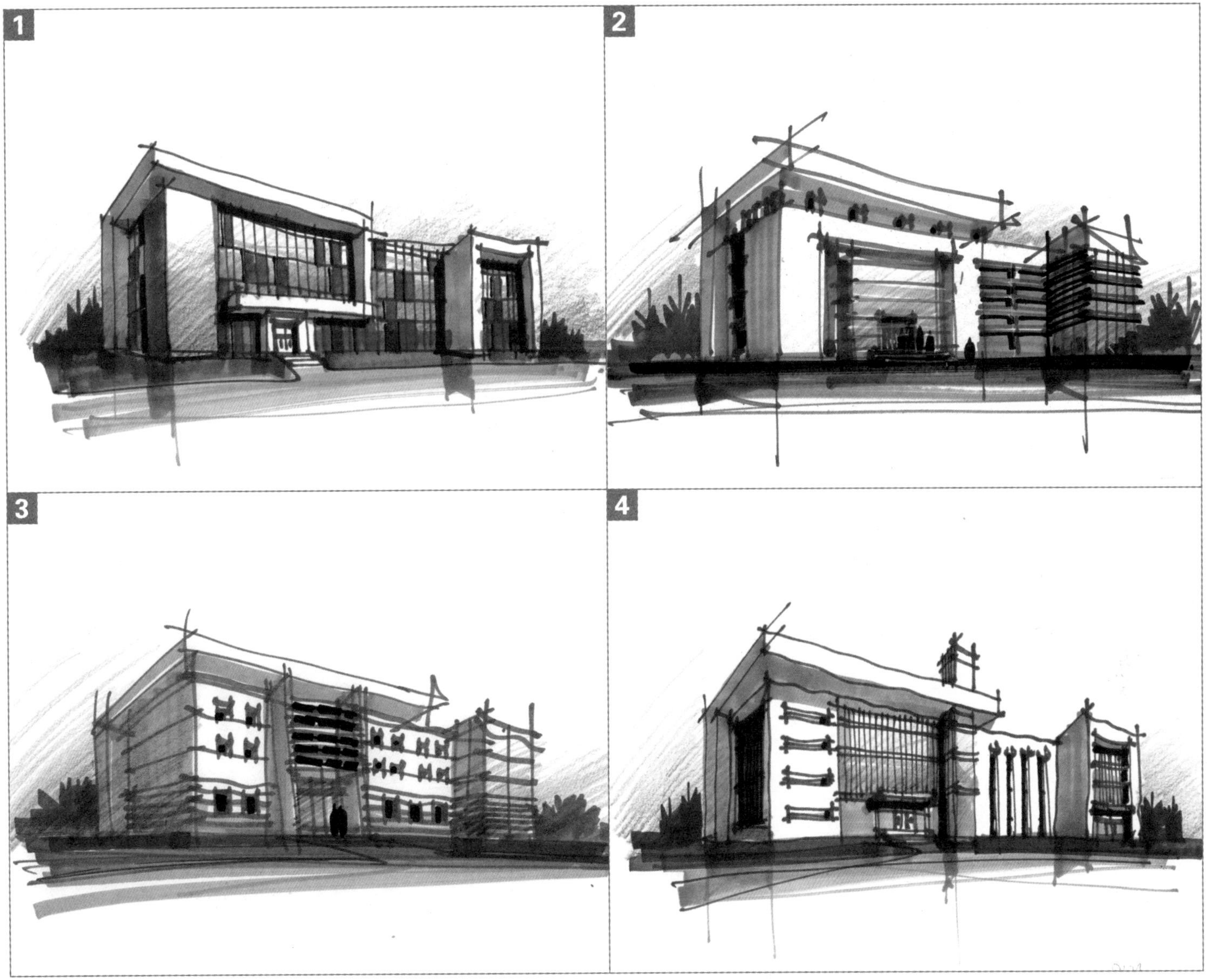

■ 深求细节透视与多方案表达

3.4.4 引出画法

前面介绍的求透视的步骤，是在真高点上直接画出了画面线，并把画面线直接当成了视平线，这种方式最大的问题是求出来的透视图与平面图是重叠的，即使是用透明纸、半透明纸覆盖在平面图上面求透视，在过程中也会饱受透视图与平面图重叠的困扰。下面介绍引出画法，即将视平线下移到可以让透视图与平面图完全不重叠的位置，然后求透视。

首先，画面线还是保持在真高点的位置，但是在画面线的下方找一个合适的位置画一条水平线作为视平线。

接着，连接站点与平面图上各点的连线，这些连线与画面线的交点就是那些平面图上的点的画面点。

最后，画出这些画面点的垂线，该垂线与视平线的交点就是我们需要的在视平线上的定位点了。

灭点也是如此办理，只需把画面线上的灭点画出垂线，求出其与视平线的交点即可。这样，就相当于把画面平移下来，求出来的透视图不再与平面图重叠了。

引出画法的好处是不重叠，缺点也很明显，为了平移而多画了很多垂线，增加了工作量。这就看我们的选择了：如果可以把平面图制作得颜色很浅，那么即使与透视图重叠也就没有太大影响了。

■ 引出画法示意

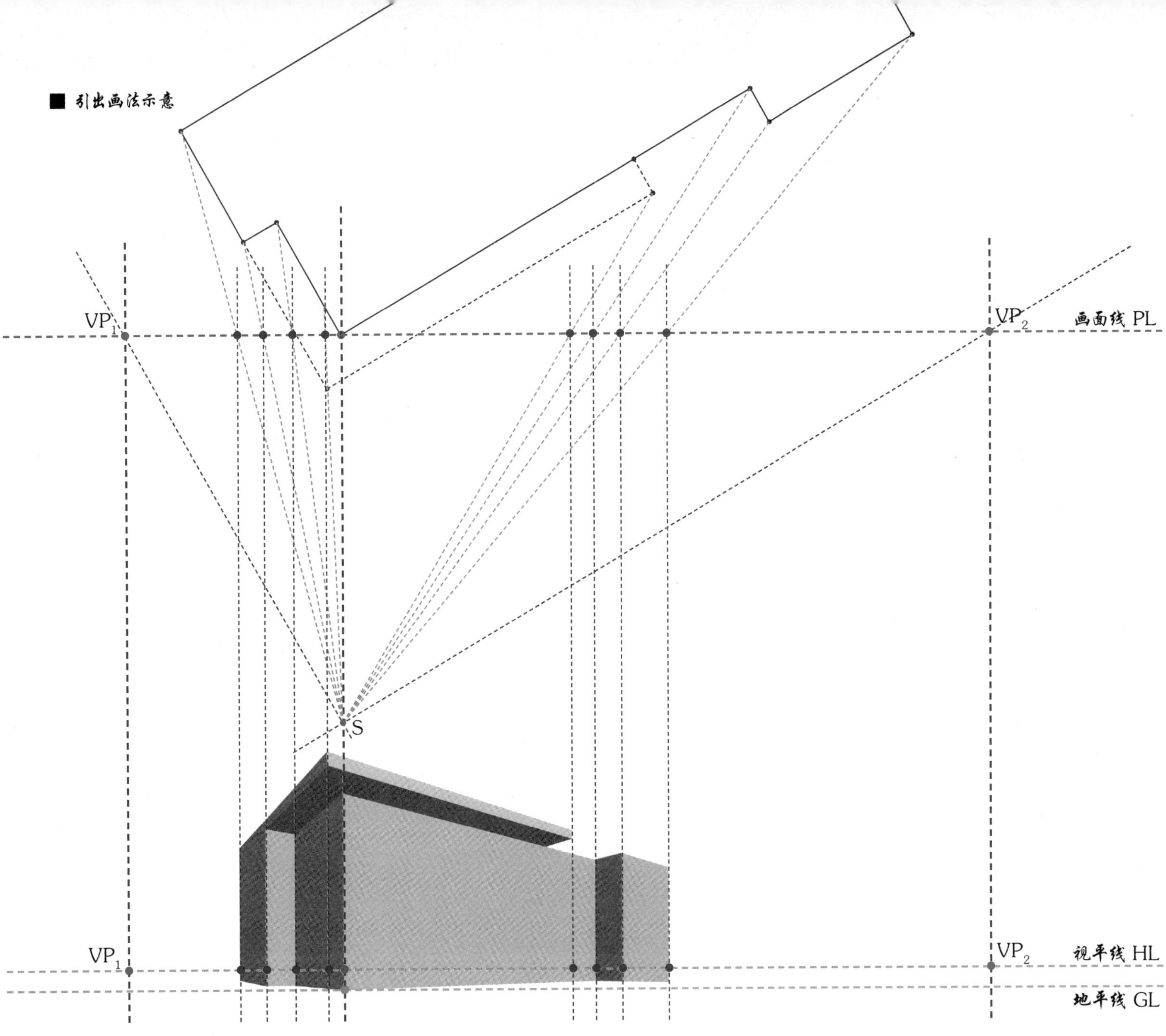

3.4.5 比例放大

经过上述训练，我们已经熟练掌握了建筑师法求透视的方法，并初步建立起来了透视感觉，但是仍然有一个问题：那就是用上述方法求出来的透视图太小了。我们往往需要把求出来的透视图复印放大，或者扫描放大再打印，才能获得实际需要的透视图大小。那么，如何才能一次性求出实际需要尺寸的透视图呢？遗憾的是，有关这方面需求的解决方法，即使是在大学的透视教材中也没有提及。笔者在大学刚毕业的时候，因为经常在夜里画透视图，所以总是没有机会通过复印机进行透视稿的放大，被迫自行研究出来了一个方法：比例放大法。

传统的求透视的方法是把画面线放在真高点处，这样求出来的透视图的真高线比例与平面图比例相同。但是，如果把画面线向上移动一段距离，比如移动一倍距离，那么只要把从站点连接平面图上的点的连线继续延长到新的画面线，则所有画面线上的点的间距就自然被放大了一倍。这时，如果以新的画面线为基准，在新的真高线上，以两倍的比例去测量真高，那么新的透视图就是两倍大小的透视图了。

同理，我们就能做出 1.5 倍、2.5 倍、3 倍之类的放大透视图了，这就是比例放大法。一边求透视，一边直接放大。原理就是这么简单，只是做了个简单的几何题而已，关键就是肯动脑筋，相信自己、不依赖书本。

■ 透视图的比例放大法求解提示

① 原比例大小的透视图作图此处不再详述，只讲述如何直接放大两倍；

② HL_1为原图视平线，PL_1为原图画面线，VP_1与VP_2为原图灭点，S点为站点；

③ HL_2为放大后视平线，PL_2为放大后画面线，VP'_1与VP'_2为放大后灭点；

④ 画面线向上移动一倍，即S点与A_A点的连线等于S点与A点连线长度的2倍；

⑤ 分别延长S与VP_1线段、S与VP_2线段，与放大后的画面线产生两个交点；

⑥ 画出过交点的垂线，与放大后的视平线产生的交点VP'_1、VP'_2即为新灭点；

⑦ 接下来找透视空间的点与前面的求解方法是一致的，通过站点与平面中可视点引视线，与新画面找交点即可直接求出放大一倍的透视图。

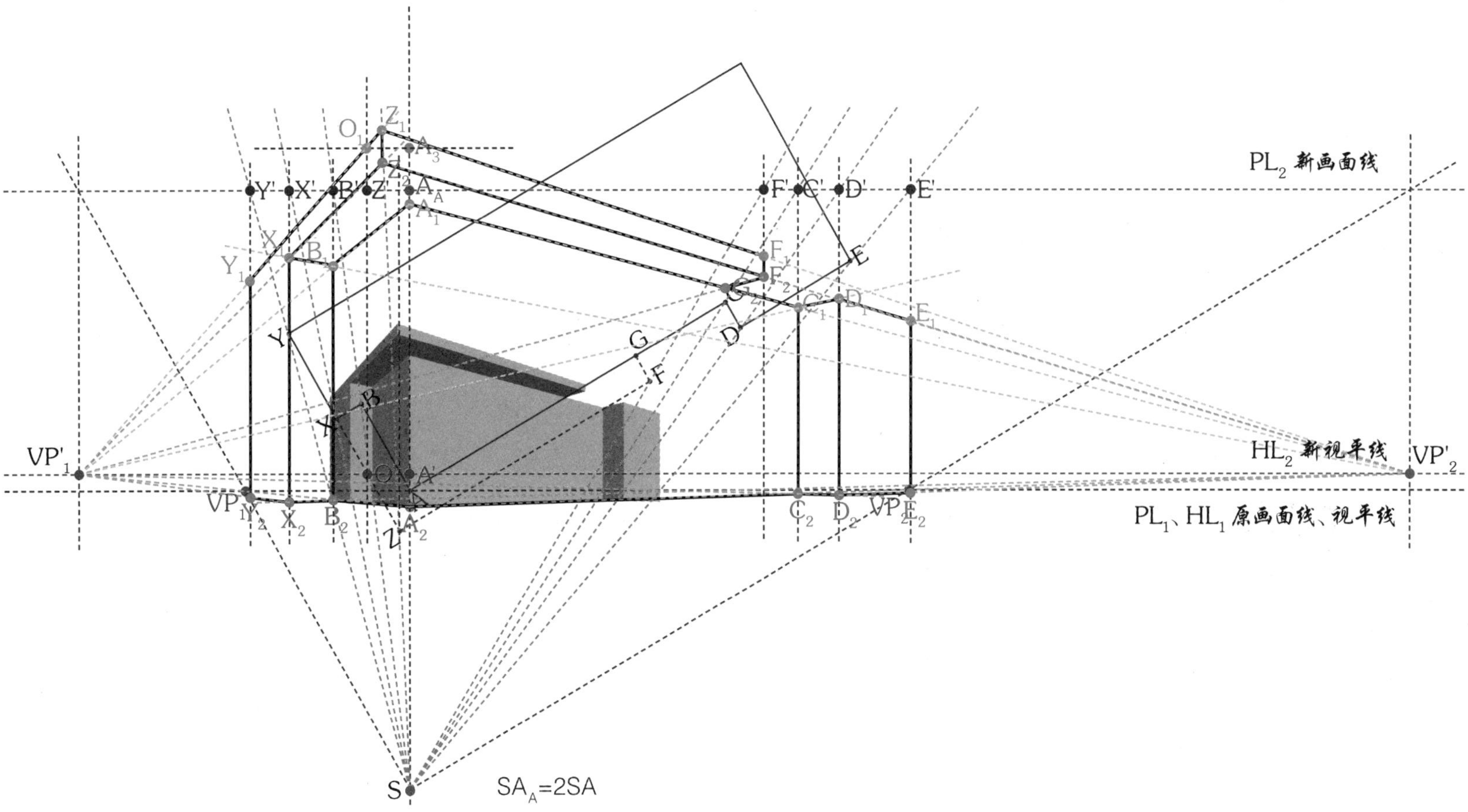

■ 比例放大法

3.4.6 常见透视

前面介绍了两点透视图的求法，常见的透视还有一点透视和三点透视，方法与两点透视类似，只是灭点个数不同。

3.4.6.1 一点透视图

当视线平视正对物体时，物体与视线垂直的所有水平线就会失去灭点，而与视线平行的线条则汇聚到与视点正对面的一个灭点，这种只有一个灭点的透视图就是一点透视图。

一点透视图的求解仍然沿用建筑师法，只是平面图不再旋转，而是水平放置。灭点的位置在哪里呢？视线与画面的交点就是灭点。

3.4.6.2 三点透视图

由于设计表达注重给甲方真实可信的感觉，因此在平时的工作中很少用到三点透视图，这里只是简述一下原理。

当视线不是水平而是俯视或者仰视的时候，物体的垂线也会产生灭点，即出现第三个灭点。这第三个灭点可以在真高线上直接测量出来并做出记号，所有画面线上的点在求垂线的时候就需要引向灭点，于是透视图就变成了三点透视。

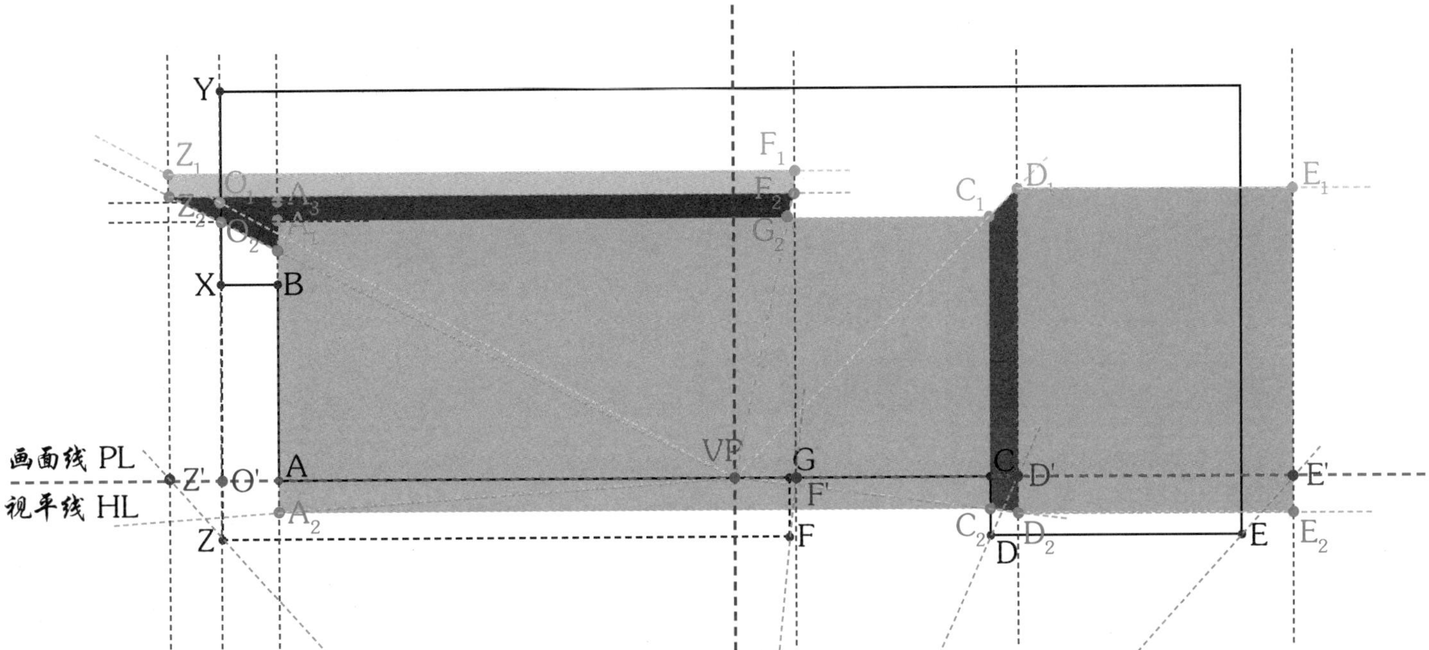

■ **一点透视求解要点提示**

① 平面图水平放置，自定义画面线，建议画面线与平面图相交，假定视平线与画面线重合；

② 自定义一个站点，可以是60° 视角，画出经过站点S的垂线，与视平线相交的VP点即为灭点；

③ 定义视高为1500，从视平线往下测量1500即为零标高点A_2，以此点向上测量出建筑的高位标高点A_1；

④ A点与C点均为真高点，经过这两个点画出真高高度的矩形面即为主面的透视面；

⑤ C_1点与VP点相连、C_2点与VP点相连，求得透视线；

⑥ 从站点S向D点引视线，与画面产生交点D'；

⑦ 画出经过D'点的垂线，与透视线产生D_1与D_2交点，即为D点在透视空间中的位置；

⑧ 其他点在透视空间中的位置确定方法与D点一致。

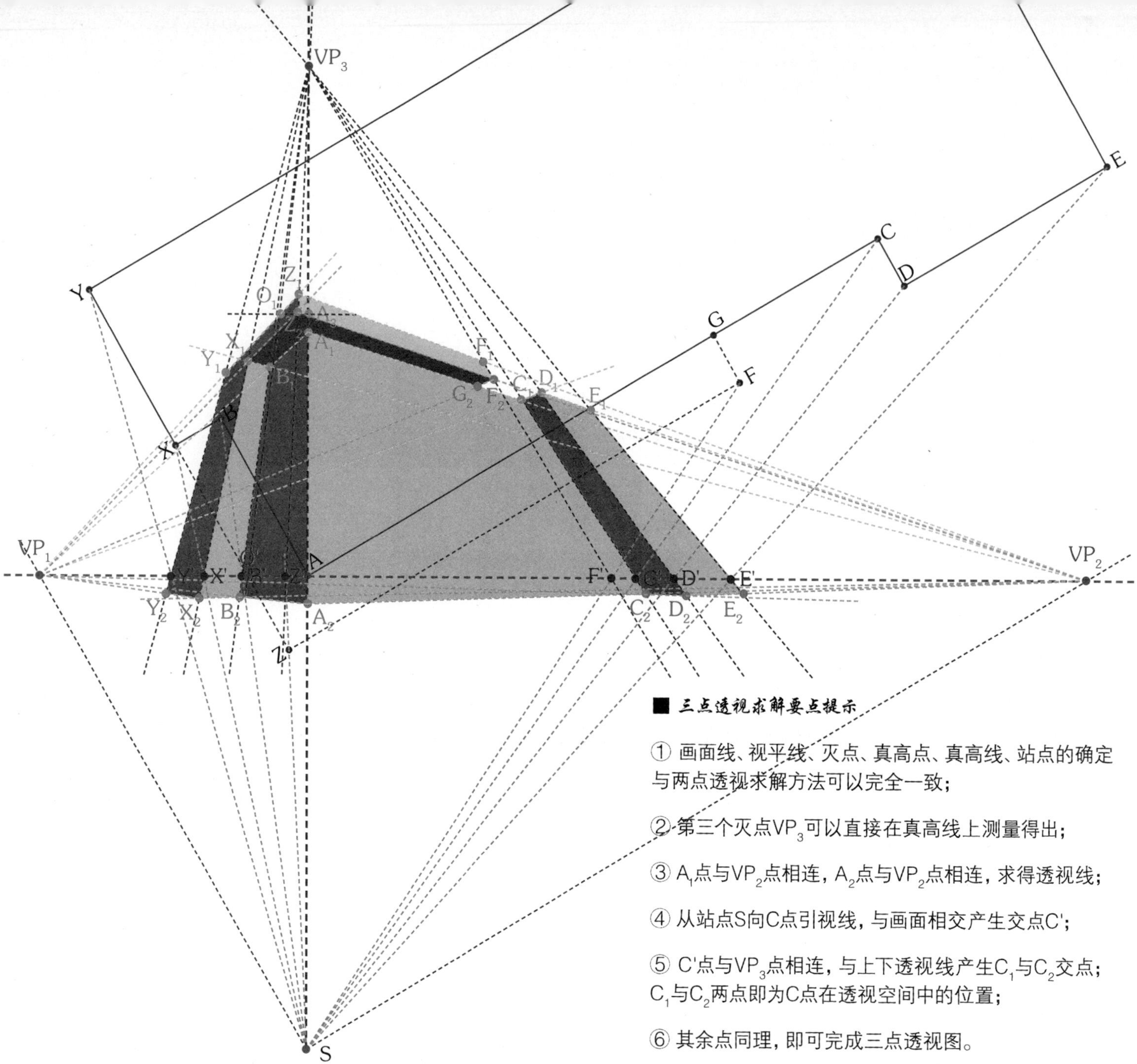

■ 三点透视求解要点提示

① 画面线、视平线、灭点、真高点、真高线、站点的确定与两点透视求解方法可以完全一致；

② 第三个灭点VP_3可以直接在真高线上测量得出；

③ A_1点与VP_2点相连，A_2点与VP_2点相连，求得透视线；

④ 从站点S向C点引视线，与画面相交产生交点C'；

⑤ C'点与VP_3点相连，与上下透视线产生C_1与C_2交点；C_1与C_2两点即为C点在透视空间中的位置；

⑥ 其余点同理，即可完成三点透视图。

3.4.7 异型透视

异型造型归根到底是从规则的形体变化而来的，只要我们能够理清二者之间的逻辑关系，给异型画出可以求解的辅助线，那么就会迎刃而解。

3.4.7.1 异型平面透视

很多人只会求矩形平面的透视图，一旦平面图中出现斜线，就不知所措了。实际上，无论是怎样的斜线，都会与真高线有几何关系，因此只需在真高线上测量出该斜线所在的高度，然后根据灭点原理，自然就能从真高线出发找到该斜线的起点位置。

至于斜线的灭点，只需从站点出发绘制该斜线的平行线，这条平行线与画面线的交点就是该斜线的灭点。只要知道了灭点在哪里，那么其他事情就好办了：每个平面图上的点，都仍然是连接站点与该点的连线，而连线与画面线的交点就是该点的画面点，在该画面点画垂线，然后根据灭点原理，自然就能找到其在透视空间的位置了。

3.4.7.2 异型立面透视

如果造型在立面上是倾斜的，该怎么办呢？仍然是做几何题：倾斜造型总是在主面或者侧面上开始倾斜的，因此只要先求出倾斜体与主面或者侧面的交点，再逐步求出倾斜体突出的关键点的透视点即可连成体块了。

3.4.7.3 弧形平面透视

先求出弧形体的外接立方体的透视，再逐步深入到弧形体本身的透视。很多人懒得求弧形透视，更倾向于“靠感觉”去画，其结果是几乎所有这些凭感觉画透视的人都会夸张弧形的效果，导致设计师心中的期望与实际情况相差甚大，自然就强烈影响到设计师本该训练出来的预见能力。

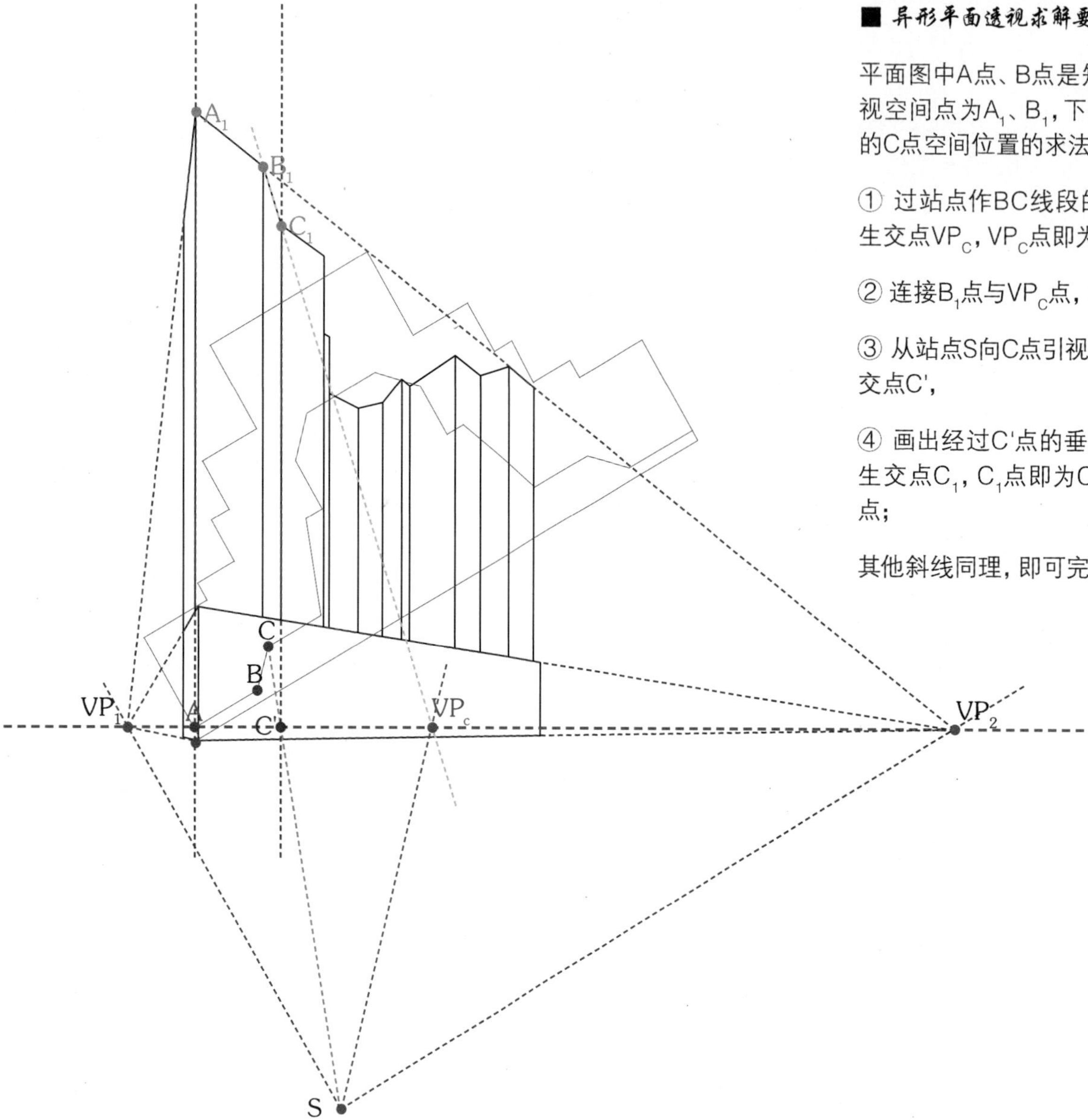

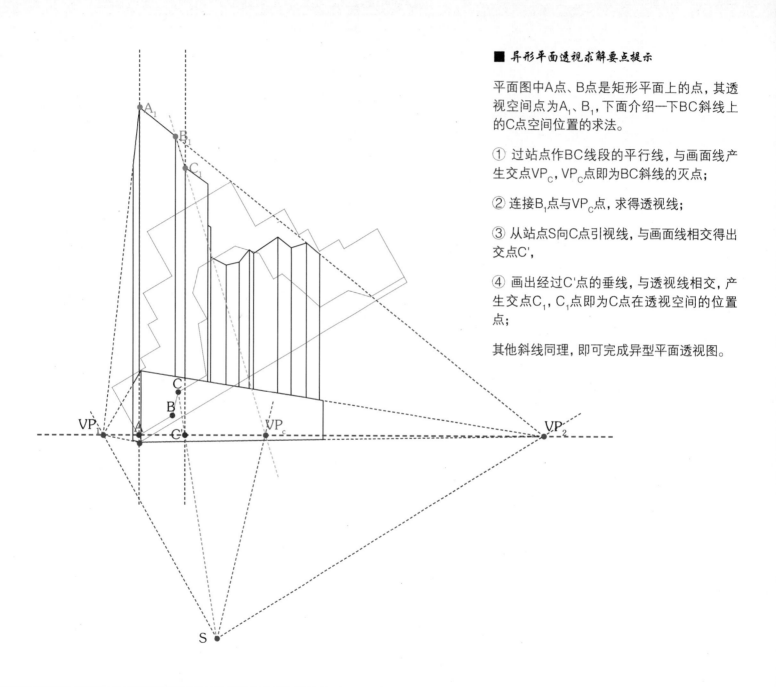

■ 异形平面透视求解要点提示

平面图中A点、B点是矩形平面上的点，其透视空间点为A_1、B_1，下面介绍一下BC斜线上的C点空间位置的求法。

① 过站点作BC线段的平行线，与画面线产生交点VP_C，VP_C点即为BC斜线的灭点；

② 连接B_1点与VP_C点，求得透视线；

③ 从站点S向C点引视线，与画面线相交得出交点C'，

④ 画出经过C'点的垂线，与透视线相交，产生交点C_1，C_1点即为C点在透视空间的位置点；

其他斜线同理，即可完成异型平面透视图。

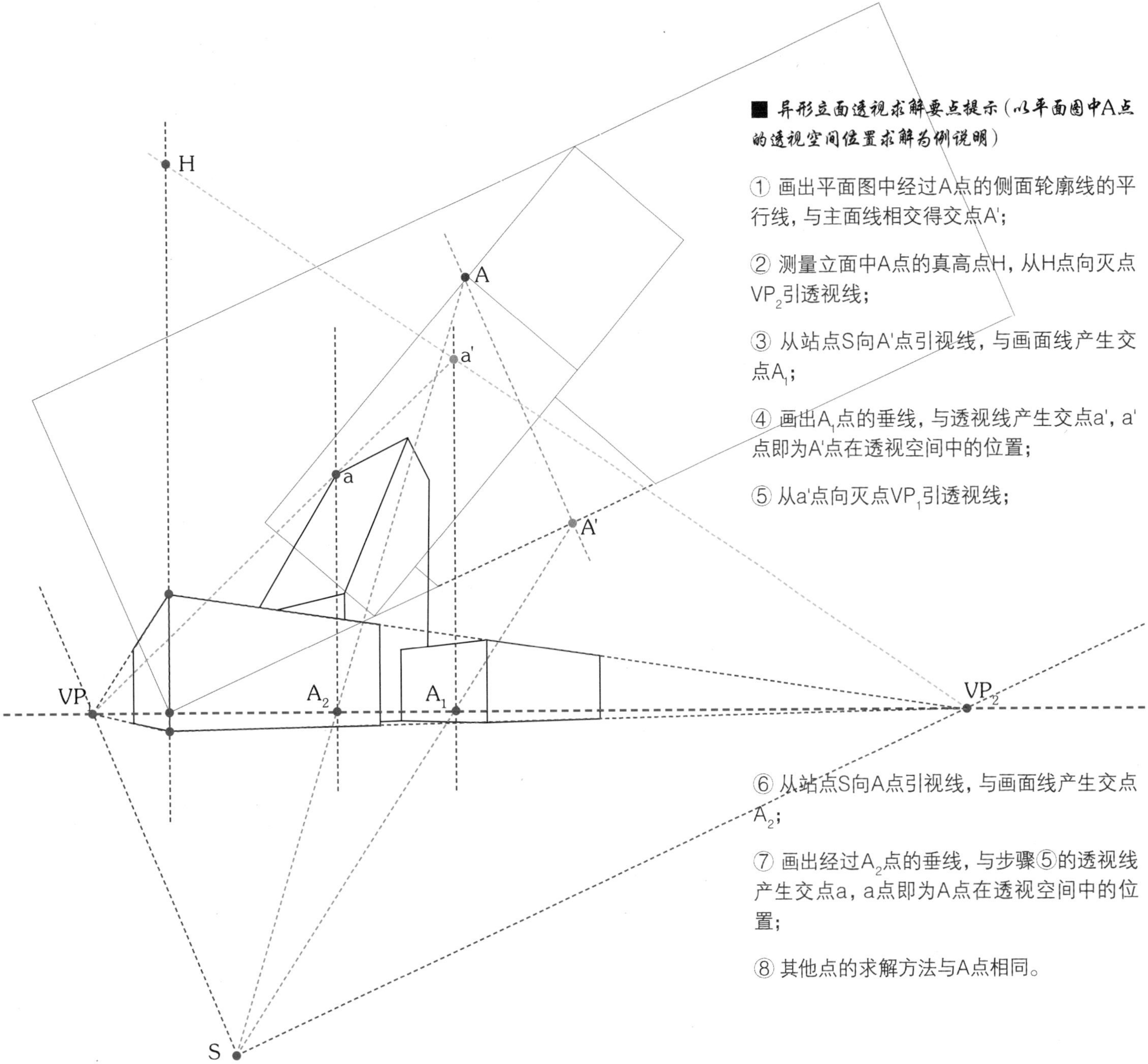

■ 异形立面透视求解要点提示（以平面图中A点的透视空间位置求解为例说明）

① 画出平面图中经过A点的侧面轮廓线的平行线，与主面线相交得交点A'；

② 测量立面中A点的真高点H，从H点向灭点VP_2引透视线；

③ 从站点S向A'点引视线，与画面线产生交点A_1；

④ 画出A_1点的垂线，与透视线产生交点a'，a'点即为A'点在透视空间中的位置；

⑤ 从a'点向灭点VP_1引透视线；

⑥ 从站点S向A点引视线，与画面线产生交点A_2；

⑦ 画出经过A_2点的垂线，与步骤⑤的透视线产生交点a，a点即为A点在透视空间中的位置；

⑧ 其他点的求解方法与A点相同。

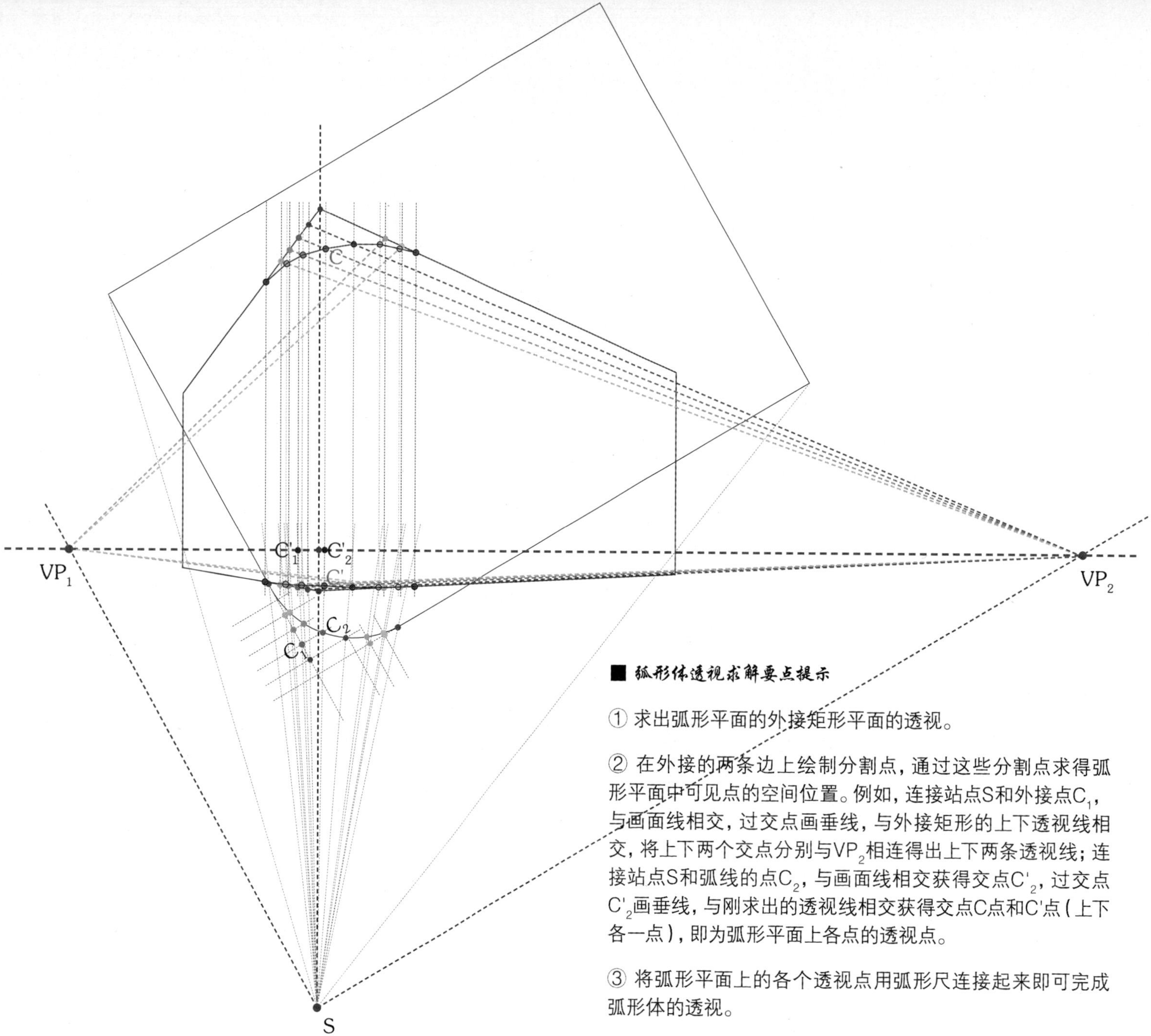

■ 弧形体透视求解要点提示

① 求出弧形平面的外接矩形平面的透视。

② 在外接的两条边上绘制分割点，通过这些分割点求得弧形平面中可见点的空间位置。例如，连接站点S和外接点C_1，与画面线相交，过交点画垂线，与外接矩形的上下透视线相交，将上下两个交点分别与VP_2相连得出上下两条透视线；连接站点S和弧线的点C_2，与画面线相交获得交点C'_2，过交点C'_2画垂线，与刚求出的透视线相交获得交点C点和C'点（上下各一点），即为弧形平面上各点的透视点。

③ 将弧形平面上的各个透视点用弧形尺连接起来即可完成弧形体的透视。

3.4.8 环境透视

3.4.8.1 基地透视

在建筑透视图中，最容易被忽视的就是基地透视。很多人只关注建筑主体的透视图，却完全忘记同时求出基地的透视，尤其是连最基本的道路透视都被忽视的情形非常严重。

大多数人都只是作出孤零零的建筑，至于基地则往往凭着感觉去画，因此而导致的透视出错、功亏一篑的现象比比皆是。大多数人只是在口号层面上强调设计与环境的关系，但是在求透视甚至电脑建模的时候，却会非常懒惰于基地与周围环境的营建。这种做法的后果极其严重：使得设计师不断丧失对建筑与环境关系的预见能力、策划能力、解决能力；还会使得设计师由于忽视了基地透视固有的大量工作量而导致不断延期交图，甚至丧失对完成制图任务的时间预见能力。

基地透视必须作为专项训练予以重视并付诸行动，尤其是马路、人行道、景观、周围建筑等，都要作为设计的一部分一并求出透视，而不能留到最后再说。

3.4.8.2 配景透视

在绘制人、车、树配景的时候，很多人忘记了自己的目标是通过画配景来衬托建筑，往往把人、车、树与建筑割裂出来单独训练。比如，我们经常会看到很多人在单纯地练画车，结果是每辆车都会画得非常详细、每辆车的绘制时间都会超过十分钟甚至更久。即使把车画得很好，却仍然不能在真实的透视图中熟练运用，为什么呢？因为几乎从来没有在真实的透视图中训练过，甚至从来没有考虑过在真实的透视图中汽车实际上所占的尺度很小，完全没有必要画得那么详尽。因此，不仅要进行人、车、树的透视专项训练，而且一定要把这些配景放到真实的透视图环境中训练，哪怕是放到体块透视图中训练。

置于环境中的人、车、树配景，切记视平线和灭点与全图保持一致。

■ 基地主要路面的透视求解要点提示

① 画面中的X、U两点为道路的边缘点，XZ、UW线段为建筑两侧的道路宽度，Y、V两点为道路的中心线点；

② 从站点S向X点引视线，与画面线产生交点X'；画出经过交点X'的垂线，与主面底边线的透视延长线相交，求得交点X_2，将交点X_2与灭点VP_2相连并延长，获得X点的透视线；

③ 同理，求得Y、Z、U、V、W点的透视线，即可获得基地主要的透视线，并以此为辅助，绘制其他细节。

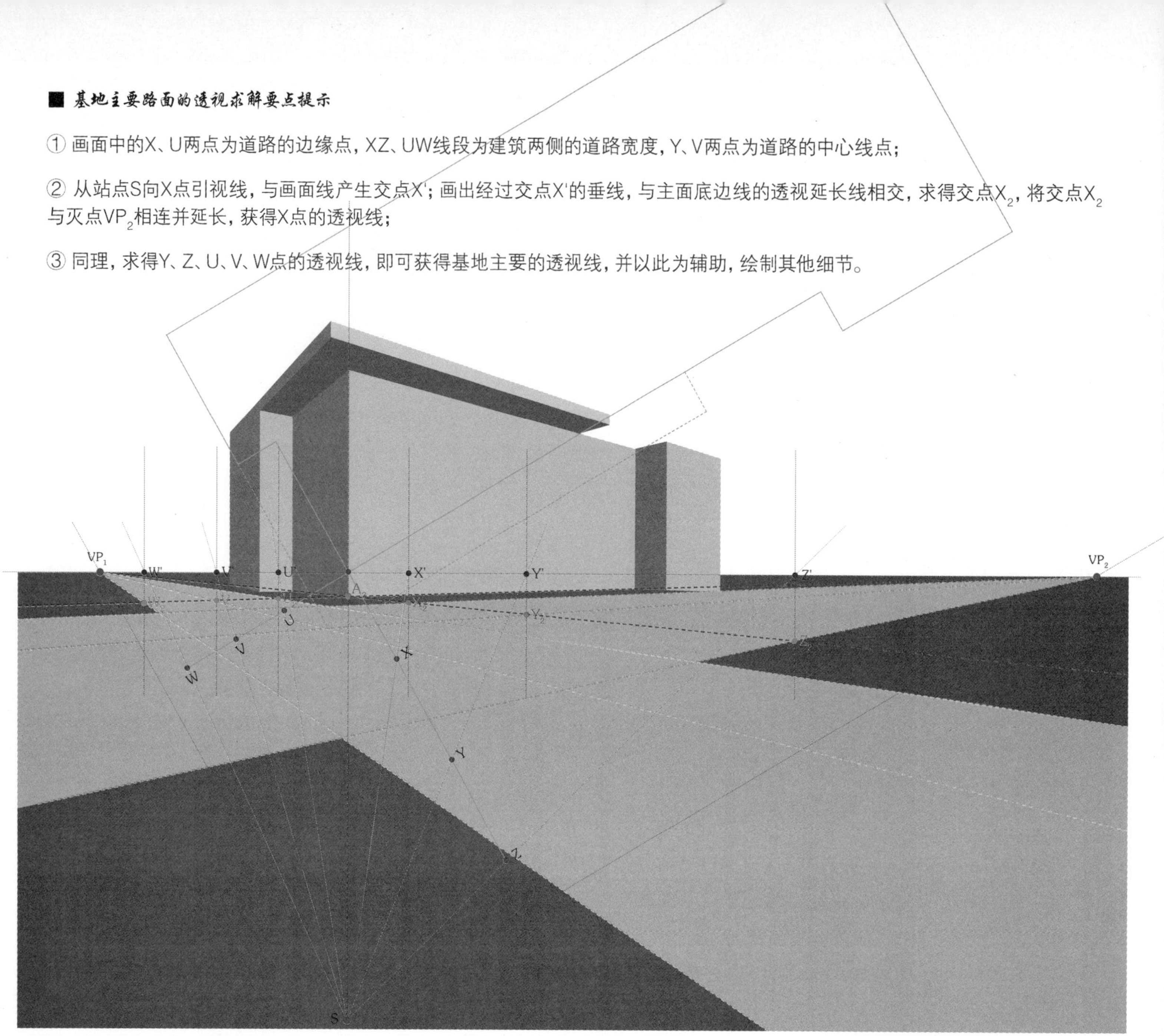

3.4.9 其他应用

3.4.9.1 鸟瞰图

鸟瞰图可以是一点透视、两点透视或三点透视。

在求解鸟瞰图透视的时候，只需注意视平线必须在建筑最大标高之上，用建筑师法一样可以轻松完成。大家可以多做试验，一旦发现实际上所有的透视原理是一致的时候，真正的统一的透视感觉就自然建立起来了。

3.4.9.2 室内透视图

室内透视图同样可以根据目标需要选择用一点透视、两点透视或三点透视来表达。

当我们通过大量训练，熟练掌握了求透视的步骤之后，就会发现建筑师法同样适用于作室内透视图。很多室内设计师画出来的设计草图，往往会不自觉地夸大室内空间的尺度。如果能够真实地按照建筑师法多做一些手求透视的训练，并多做各种视点、视角的试验，相信更多的室内设计师会建立起更好的透视感觉，从而使得自己的设计构思、设计表达都能够更加面向真实目标。

3.4.9.3 剖面透视图

剖面透视图，也叫“剖透”，指的是将平面图剖开，只求剖面一侧的透视图。这种透视图可以直观地看到剖面里面的透视，非常有利于表达空间高度和深度的变化。另外，还有一种顶剖透视图，也叫“顶剖透”，指的是将平面图从楼板下面剖开，以看到透视状态的平面空间与家具布置。

剖面透视图同样可以选择是一点透视、两点透视或三点透视。

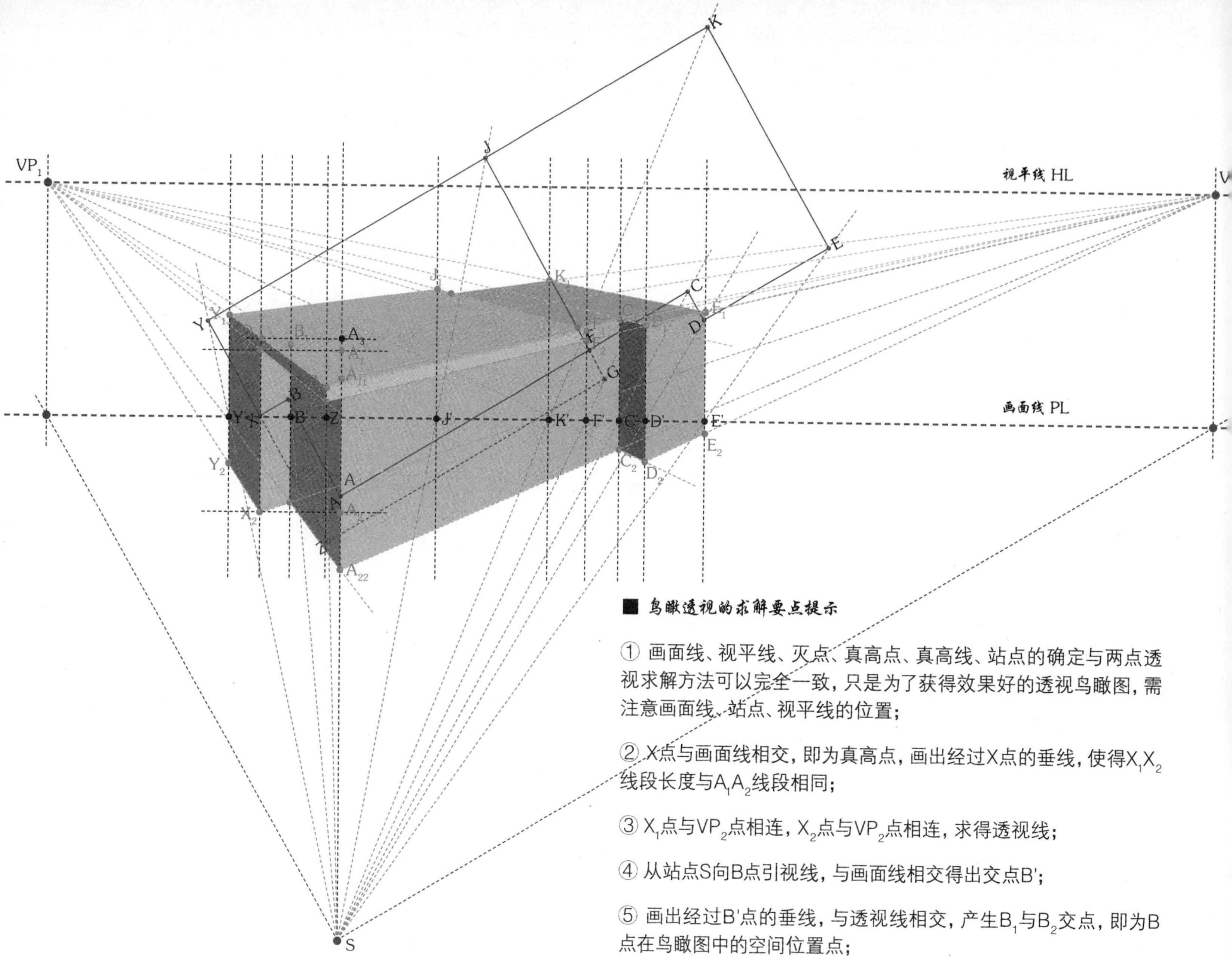

■ 鸟瞰透视的求解要点提示

① 画面线、视平线、灭点、真高点、真高线、站点的确定与两点透视求解方法可以完全一致，只是为了获得效果好的透视鸟瞰图，需注意画面线、站点、视平线的位置；

② X点与画面线相交，即为真高点，画出经过X点的垂线，使得X_1X_2线段长度与A_1A_2线段相同；

③ X_1点与VP_2点相连，X_2点与VP_2点相连，求得透视线；

④ 从站点S向B点引视线，与画面线相交得出交点B'；

⑤ 画出经过B'点的垂线，与透视线相交，产生B_1与B_2交点，即为B点在鸟瞰图中的空间位置点；

⑥其余点同理，即可完成鸟瞰图。

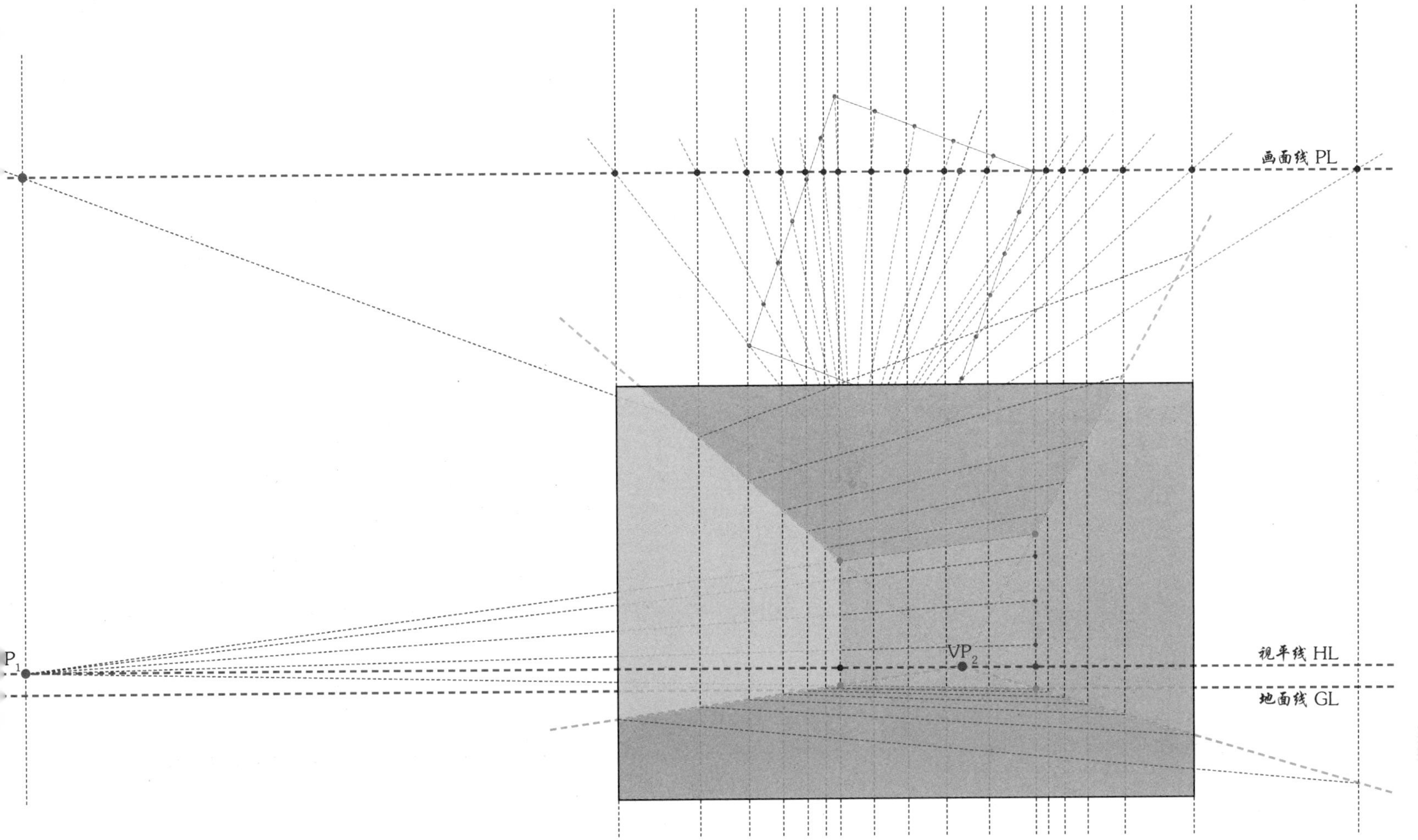

■ 室内透视求解要点提示

① 室内的一点透视较为常用，而室内的两点透视，平面图的旋转角度不宜太大，否则室内空间会因产生变形而显得不真实；

② 站点对面的墙面，其透视变化非常小，而一般这个灭点距离画面很远或者不在画面内，绘制细部的时候可以通过透视等分参考线的方法来确定透视线；

③ 室内透视的站点一般设在室外；

④ 求解透视空间点的方法与室外透视相同，请参照前面的讲解完成室内透视图。

■ 剖面透视常见为一点透视（可参照前面讲解过的一点透视求解过程）

① 为了获得较好的透视效果，一般会将视平线定位半鸟瞰视高；

② 根据视平线确定零标高点，从剖面图测量真高点。

3.4.10 底稿备份

我们推荐同一张图反复画，并不是每次都一模一样地重画，而是每次都动脑筋做不同的试验，从而做到优选优化。因此，透视底稿最好是做好备份，比如复印多张，或者扫描、打印多张底稿。这样做不仅可以减轻心理压力，不必担心画坏，便于心无旁骛，而且可以画出不同风格，达到训练能力和速度的目的。

“苦肉计”（数量和精细程度）加“美人计”（令人赏心悦目的表达），二者缺一不可。苦肉计不仅可以感动人，而且由于自己训练数量的增加，自然会导致能力和速度的提高，而能力和速度的提高，又会使得设计表达更加潇洒、大气，良性循环形成，一举多得。

一般来说，透视底稿不必做到精细入微的程度，只需控制住大的要素即可。这样，在每一次重画的时候，都可以适当地对构架、细节进行修改，于是就会出现系列化的方案表达。这种系列化的设计草图，如果都装裱起来展示给领导或客户，往往总会获得令人感动的良性效果。

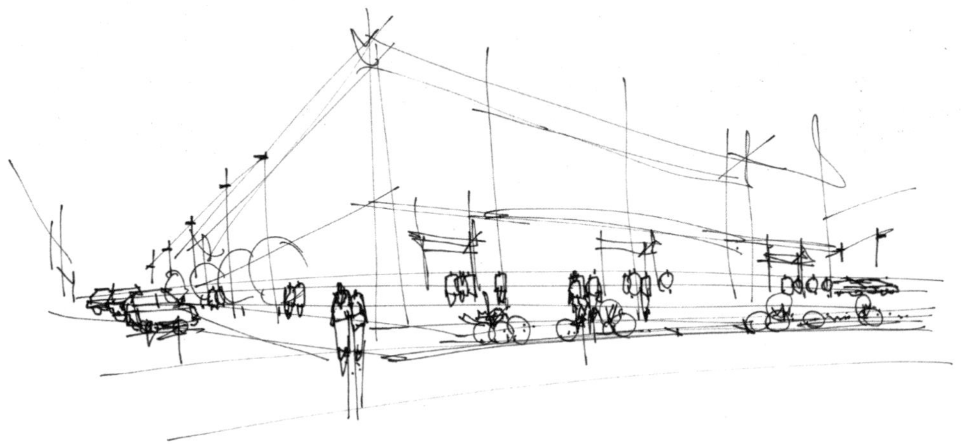

■ 透视底稿备份与多方案表达（一）

■ 透视底稿备份与多方案表达（二）

■ 透视底稿备份与多方案表达（三）

综上所述，大家会发现手求透视对设计师真实地理解透视的形成，以及效果的预测有着至关重要的意义，而只有手求透视才能使得设计师真正训练出专业的透视感觉，除非设计师完全以真实模型推敲设计。手求透视既不像有些人说的可以“靠感觉代替”，也不像有些人认为的“不过是一个几何流程而已”那么简单，更不像有些人误以为的那么“复杂而困难”，归根到底，这是设计师不能忽视的专业能力和训练。实践证明，只需认真求出 20 个左右的透视图，透视感觉就能建立起来。相信大家会开始意识到为什么大多数人画出的设计图是一回事，上了电脑建模后发现成了另一回事，甚至在建成后才发现又是一回事了，这是因为我们一直在“看”透视，而不是“求”透视。

3.5 视差校正

3.5.1 透视角度校正

初学者往往有“一张图表达所有内容”的欲望，会采用两种多数情况下是错误的透视角度：45° 透视、半高鸟瞰。同时，初学者又有追求个性的欲望，会出现乱用三点透视的情形。

3.5.1.1 慎用等角透视

设计表达中非常重要的就是诉求重点明确，而不是面面俱到。

等角透视也叫 45° 透视，其最大的问题就是形体的正面和侧面被均匀表达，很容易造成看图的人在潜意识层面无所适从，结果因为视线不断左右移动而造成心理烦躁，后果是下意识地觉得似乎哪里不妥，于是就会要求设计师修改方案，却说不出明确的原因。另一个问题是很多人即使侧面没什么造型也下意识地采用 45° 透视，结果是把侧面没有设计造型的缺陷暴露无遗。这种不懂扬长避短的情况极其普遍，令人哭笑不得。后果很严重：客户会一眼看出来设计没有做完，可想而知设计师的下场。

正确的做法是每一张透视图都至少以视点与主面成60°来表达，并且有明确的诉求中心，如果两个侧面都有诉求中心，那么就画两张。多画几张透视图，目的就是为了保证每张图尽可能只有一个诉求中心。人脑的特点是一次只能关注一个刺激点，另一个特点是人脑可以把多张图在脑海中形成一张全息图像，因此不必担心多张透视图会给人带来困惑。相反，由于每张透视图的诉求中心明确而单一，人脑会更乐于接受多张透视图，这就是我们更乐于看相册，而不是仅靠一张全景图就可以满足的原因。我们看多个镜头组成的电影并不会造成大脑混乱而是很容易受到感动，反而是所有画面都粘连在一起的长卷却会导致注意力分散，也是这个原因。比如《清明上河图》，相信几乎每个人都不会一眼把所有细节都看到并马上受到感动，而一页一页的连环画却会让小孩子都能聚精会神。

3.5.1.2 慎用半高鸟瞰

使用半高鸟瞰的人大都有两个理由：一个是很多高层的摄影图片就是这样的，另一个是半高鸟瞰可以同时照顾到裙房细节和高层部分的立面造型。

很多高层建筑的摄影图片之所以是半高鸟瞰，是因为没有租用直升飞机摄影的条件，所以只好到对面的楼顶上拍摄。如果租用直升飞机价格不昂贵，相信多数摄影师都会选择空中鸟瞰而非尴尬的半高鸟瞰。人类对飞翔有着与生俱来的欲望，人们更乐于看到真正的鸟瞰图而不是半高鸟瞰，这也就是为什么各个城市的电视塔总会游人如织。因此，既然我们可以人为地确定视点高度，就不该违背人的期望，做不高不低的半高鸟瞰了。

半高鸟瞰的确可以同时照顾到裙房细节和高层立面造型，但是又犯了诉求中心过多的错误。于是看图的人就会觉得到处都是中心，心理上就会烦躁，进而怀疑是方案出了问题。

3.5.1.3 慎用三点透视

很多人没学设计的时候看到三点透视会产生眩晕，误以为墙体是倾斜的感觉，但是这些人一旦学了设计，就会被“与众不同”的欲望所控制，于是非常喜欢选用三点透视的设计表达。

三点透视由于其特有的倾斜性，往往会被人误以为房子的墙体就是斜的，于是产生误会，而设计师却只好跟人家说“你不懂，这叫三点透视”。结果是一张嘴就得罪人，自然不会让人感到舒服，后果可想而知。实际上，三点透视是透视法活生生造出来的效果，而人眼看到的实景三点透视并没有求出来的透视那么严重倾斜，这种人眼平时的真实感受与三点透视图的巨大差异往往会使人感到画面不令人信服。

做个试验就会明白：请带着一个照相机到高层建筑对面的人行道上向上拍摄（或通过取景框观察），然后在原地再用肉眼直接观察，就会发现照相机看到的画面三点透视十分明显，而肉眼看到的墙体则几乎不倾斜。同理，用照相机向上拍摄（或取景框观察）室内墙体（最好是商场、酒店的多层中庭），也会发现跟肉眼看到的墙体倾斜程度大相径庭。这是为什么呢？因为照相机是按照透视法则设计的，而人眼除了透视法则还有大脑的修正作用。大脑会把那些因为仰视而倾斜的墙体“修正”为竖直的，然后才会形成最终影像传达给我们，所以我们一般不会因为仰视物体而眩晕。

很多人不知道，专业的建筑摄影、室内摄影，往往使用“移轴照相机”而不是普通照相机。普通镜头的光轴和焦平面是垂直的，正对焦平面中心；移轴镜头则可以改变光轴位置或与焦平面夹角，也就是在照相机机身和焦平面位置保持不变的前提下，使整个摄影镜头的主光轴平移、倾斜或旋转，所以移轴镜头可以平行移动，使得被摄物体与焦平面平行，于是在拍摄建筑物之类时就能消除建筑物下大上小的透视畸变。由于目前很多设计院校、设计公司大都不重视建筑摄影，因此大多没有配备移轴照相机，导致很多人并不知道那些国外的设计杂志中站点在离建筑很近的地方而效果却是标准两点透视的照片是这种专业照相机拍出的杰作。

无论是设计草图，还是电脑效果图，都要慎用容易造成“墙体倾斜”误解的三点透视，尤其是不应该用三点透视图作为主透视图。即使是鸟瞰图，也要尽量修正为两点透视，而不应该做出明显的墙体倾斜的感觉。大家看看水晶石公司制作的鸟瞰图，就会发现专业公司早就知道做这种修正了，而不是随性而为。

3.5.2 尺度感觉校正

3.5.2.1 视平线、灭点与抓形

视平线和灭点意识一定要训练成本能。很多人抱怨自己抓形不准，除了不能安心于做好几何抓形以外，漠视视平线和灭点也是一个重要原因。

有些人会说“抓形全靠感觉”，有的人甚至会说“透视全靠感觉”，尤其是一些画画比较好的人，往往会把自己画得好的原因都神秘地归结到“感觉”上，于是很多人就会误以为这里面真的没有技术成分了。实际上，只需了解透视的求法，自然就会建立灭点意识，于是那些“全靠感觉”的说法自然就不攻自破了。试想，如果绘画全靠感觉，那么为什么每一本绘画教材中都在认真讲解透视原理呢？我们拿到一张照片做临摹写生，第一反应就是要找到视平线和灭点，然后再进行绘制，这样才能保证画面不会在根本上就走了形。视平线和灭点相当于一张透视画面的骨架，决不是可有可无、可以忽视的。

3.5.2.2 视平线与配景

在视高相当于站高的透视图中，视平线的作用十分重要，因为所有站着的人的眼睛高度基本上都在视平线上，人的远近实际上是靠脚的位置高低决定的。

很多人因为没有求过透视，所以不了解这一点，于是就会出现靠人的头部位置高低表达远近的错误，这些人误以为远处的人头部就会低一些，结果是透视图看着总是别扭，而一旦遇到内行，则一眼就能看出设计师基本功薄弱，从而失去信任。

3.5.2.3 人与车的尺度

实际上只需自己在街上观察，就会发现轿车的最高点大都在人的肩部位置。很多人每天在大街上看着汽车，但是一旦自己画配景，就会把车画高或者画矮，这种视而不见的现象十分严重。

轿车的高度一般在 1450~1550mm 之间。也就是说，轿车实际上比人矮一头，但是很多人会把轿车画得过高，甚至超过了人的高度；还有很多人画配景的时候却会无意识地把轿车画得很矮小，甚至会把轿车的高度画到人的腰部位置。姑且不说尺寸，单从人与轿车的尺度对比就能看出来，画中的人根本坐进不去画中离他很近的那辆轿车。这种情况的出现都与设计师不能安心于手求透视有关，其实只需在建筑透视图中顺便求几次汽车的透视（只需按照比例求出汽车的体块）即可形成正确的尺度透视感觉。

3.5.2.4 人与门的尺度

很多人对门的尺度不重视，于是在画人的时候会把人与门的关系割裂开来，结果就会造成要么人太小、门太大，要么人太大、门太小，这种明显地忽视常识的问题也十分严重。出现这种问题的主要原因，是对视平线意识的训练不足而导致。由于很多人没有手求过透视，因此视平线对他们而言只是概念上的清晰，却不是行动上的本能。即使知道有视平线这个概念，也会视而不见，“凭感觉”画人物配景，其结果却往往是让人感觉别扭。另一个原因，则是忘记了把设计表达常识化，以为设计很神秘，于是就会忽视常识化的尺度对比。看起来这是小问题，似乎完全可以用“没注意”、“马虎了”之类的借口去掩饰，实际上，这是设计师基本功薄弱并且学了设计忘了常识的表现。

■ 人与门的尺度

3.5.2.5 垂直与真实

无论是建筑设计表达还是室内设计表达，人们对垂直线的期望值都是在图面上看着是真的垂直。

如果认真分析一下专业的建筑、室内摄影作品，就会发现都是刻意地在保证垂直线的垂直，而如果观察普通人拍摄的建筑、室内照片，则会发现几乎都不在意这一点。同理，如果我们认真分析经典的建筑、室内设计效果图，再看看初学者作的透视图，就会发现后者几乎毫不在意对垂直线的重视。对电脑制作而言，由于保证垂直线的垂直会使得画面的下半部分变成空白，于是很多人为了填满画面，就作三点透视，结果自然是垂直线上部向内倾斜，画面看起来上小下大。

对徒手设计表达而言，很多人由于“边缘恐惧症”，导致画面左侧、右侧的垂直线下部向内倾斜，画面看起来上大下小，观者会觉得很不舒服。

3.5.2.6 道路透视

很多人误以为道路透视是后期制作的任务，于是在求透视的时候就会因为懒惰而忽略这些本该包含在前期中的工作。后果很简单，做后期的人往往因为缺乏透视感觉而单纯地“凭感觉”，于是道路往往忽略了灭点、尺度，画图的人没知觉，看的人却会觉得别扭。常见的效果就是道路向上翘起，就像是坡道一样。

实际上，无论是道路还是基地的现状建筑，都应该直接纳入求透视的范畴，即直接当成整体工作的有机组成，而不能割裂开来。很多人强调“以环境为本”、“与环境对话”，但是却忍不住自己的懒惰、取巧，于是不得不言不符实：求透视的时候根本不求环境透视。这种情形实际上非常“赔本”：费了那么大的精力把建筑做好了，却因为道路透视让人看起来别扭而导致方案本身受到怀疑。

3.5.2.7 鸟瞰图的配景透视

由于鸟瞰图的视平线不是人眼的高度，因此加配景就会显得比较难。很多人在鸟瞰图的配景尺度和配景透视方面出错，使得图面让人看起来很别扭。无论是人、车、树，都不能单纯靠“感觉”，如果感觉是正确的，就不需要透视法了。可笑的是，旁观者的感觉却是正确的，因为他们只负责观看而不是创造。因此，鸟瞰图的配景建议以高度为单纯要素进行求解，而不是“凭感觉”。

1

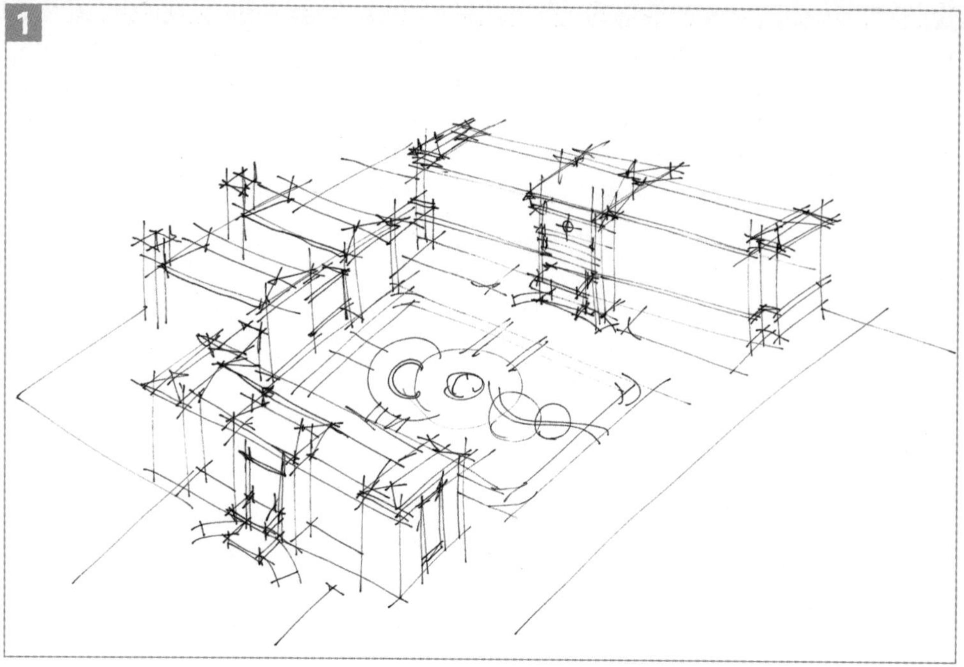

2

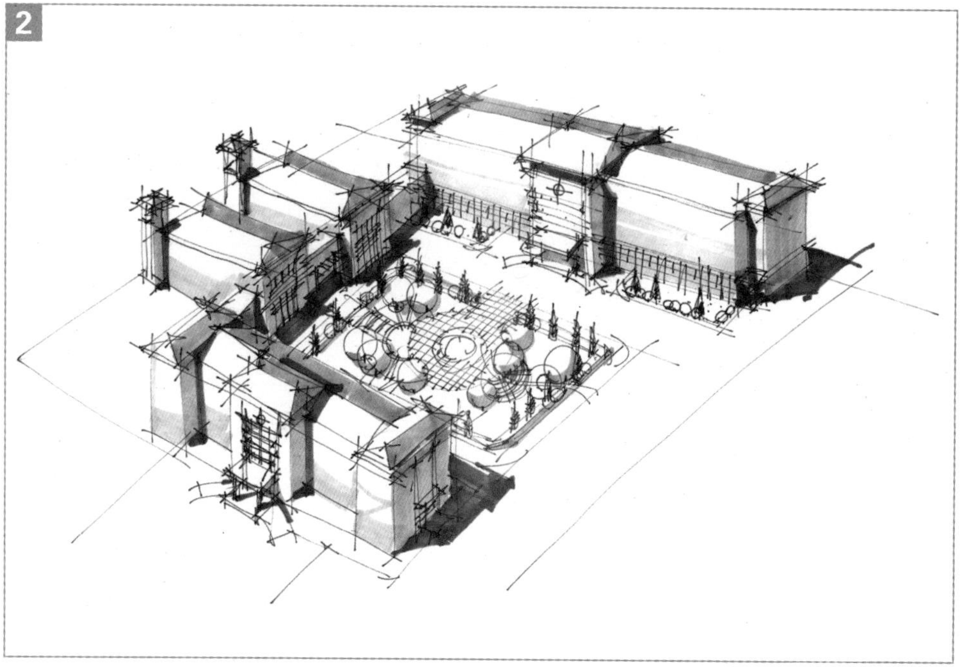

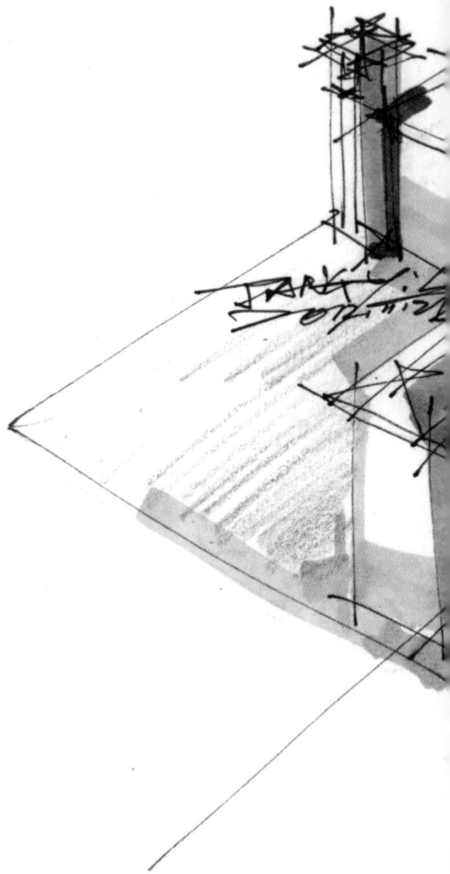

■ 鸟瞰图的配景透视

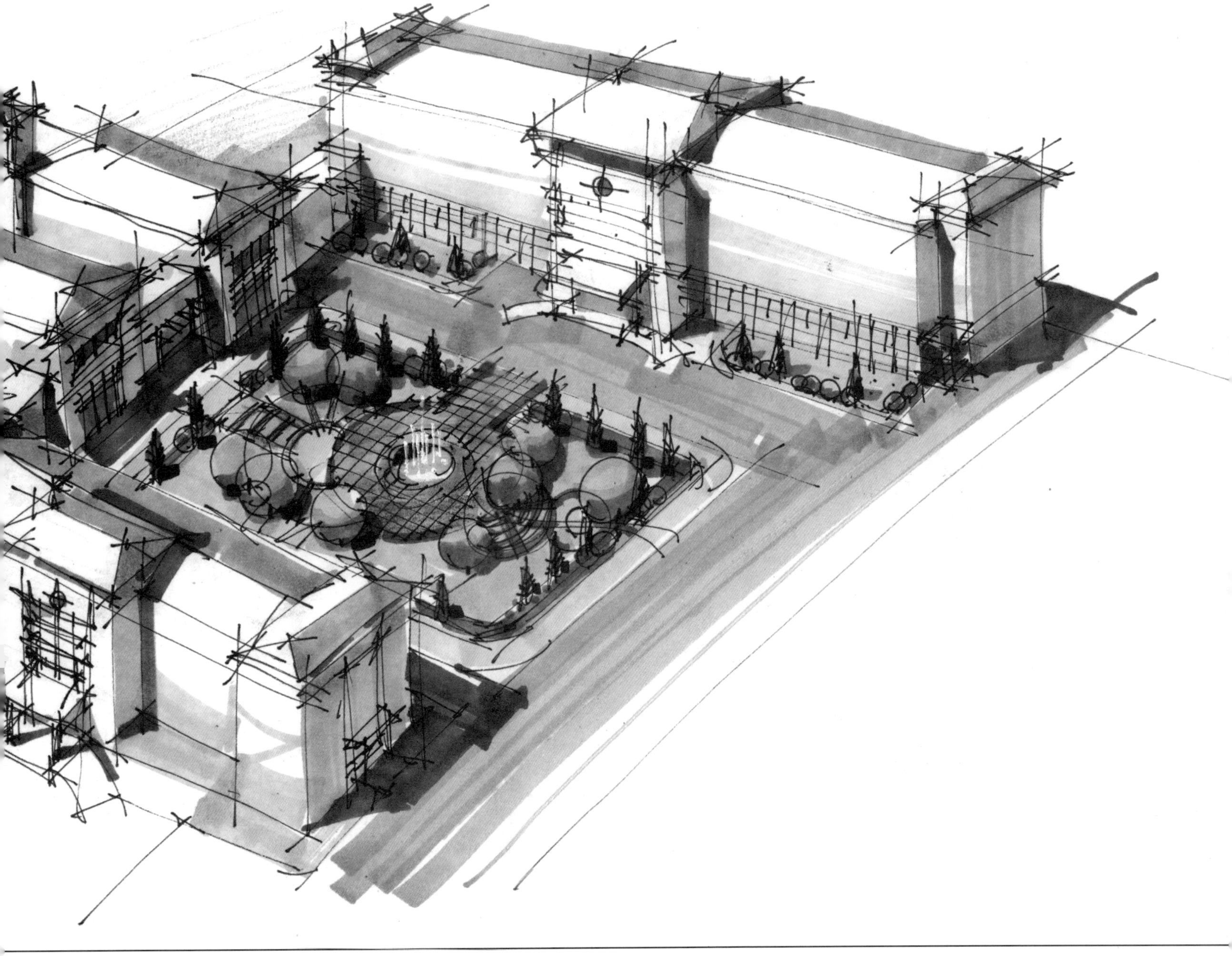

3.5.2.8 室内的家具透视

在室内透视图中，很多人往往会习惯性地把空间里面的家具、植物等要素与透视空间割裂开来单独训练，这似乎都成了常规。后果实际上非常严重：很多人可以把沙发、床、植物画得非常好，但是一旦开始作室内设计透视图，就会出现主次不清、透视混乱等问题，结果反而使得空间设计被忽视，甚至是透视不符、过于细致的配景成了表达主体。

建议在训练室内家具等配景透视的时候，要先画出室内空间的透视，然后把这个透视底稿进行复制，再在这个空间透视的副本中训练配景透视。

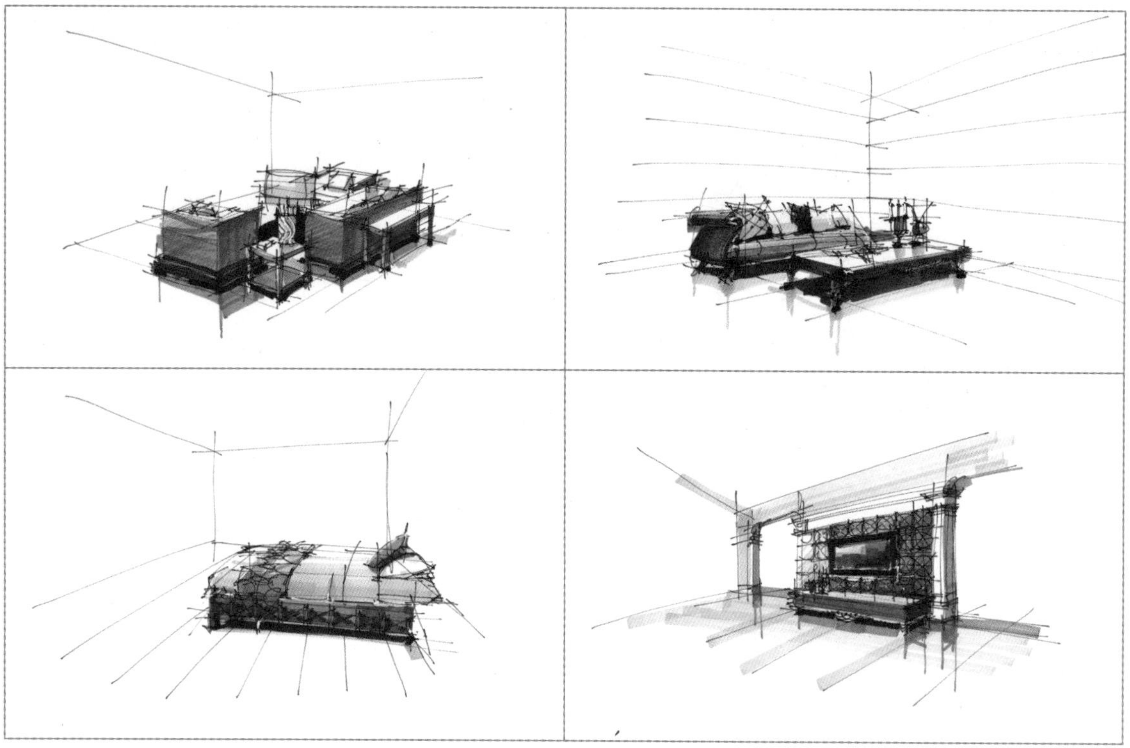

■ 室内的家具透视训练

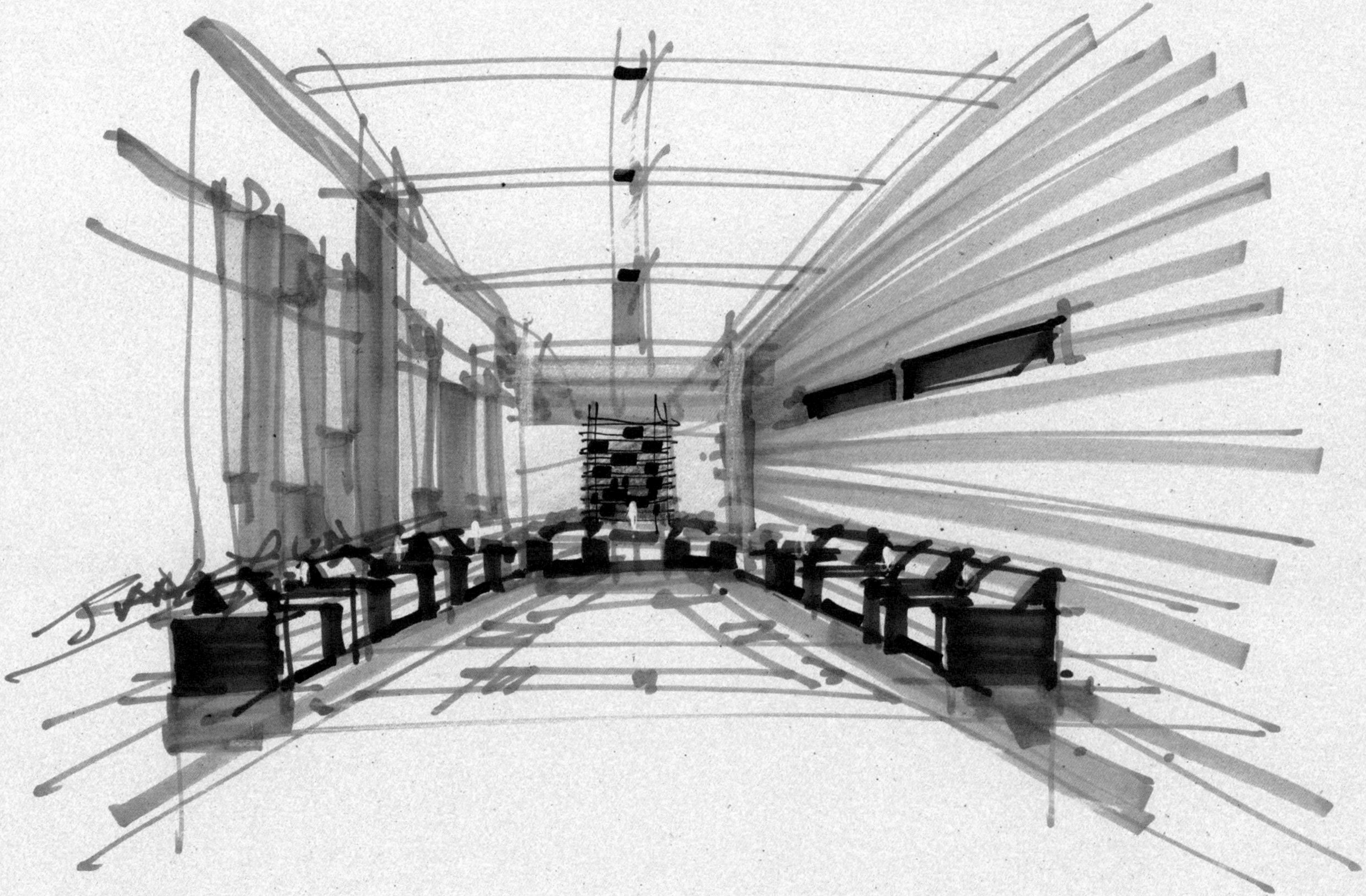

■ 室内透视图

ENTOURAGE GUIDE

第 4 章

【主要内容】

4

很多著名建筑师的设计草图都是没有或者很少画配景的，而那些绘制详尽、配景精美的手绘效果图则大都是助理设计师、设计公司的效果图绘画师或者外雇的专业插画师的手笔。国外的专业插画师甚至会按小时收费，可见其专业性和商业性。国内一般称之为效果图制作公司、效果图制作师、效果图设计师，有的设计公司则要求助理设计师先做好效果图制作师，然后才能逐步过渡到方案创作师。

由于很多人弄不清徒手设计草图与手绘设计效果图的区别，加上人们对精细逼真画法的本能推崇，很多人就误以为手绘设计效果图等于徒手设计草图，自然就容易逼着设计师朝着逼真精细的画法努力了，殊不知自己轻松落入了抓小放大的陷阱。**除非设计师一身兼两职，即方案创作师和效果图制作师，以节省方案创作与表现的成本，否则方案创作师与效果图制作师实际上是两个专业，前者注重的是创造性思维能力的研究与实施、项目调查与分析、概念生成与优选优化、概念表达与设计交流等等，后者注重的则是富有真实感、艺术感地优美表现设计意图。**可以简单理解为方案创作师绘制的概念设计草图相当于言简意赅的“漫画”，而效果图制作师或插画师绘制的效果图、表现图则相当于源自真实、超出真实的“明星照”。

对于方案创作师而言，配景画得好，是锦上添花的事情，如果“锦”本身都没做好，那么“花”越好，反而会造成观图者产生气愤的心理，即心思没用在方案创作和解决问题上，想靠画一张美图糊弄人？这就像写了一手好字，而文章本身却出了问题。说到底，配景只是陪衬，如果主体没画好，方案本身没有被采纳，方案创作师也没能获得专业上的尊重，那么这些美妙的配景不仅无效，而且还占用了很多本该用在方案上的时间和精力，是不是得不偿失呢？在主体画好的情况下，适当加上配景，可以将视线引导到视觉中心，也可以通过色彩搭配烘托出某种气氛，但是，归根结底，配景的目标仍然是辅助主体而不是配景表达。

我们提倡“尽可能少画配景”，或者“配景抽象化”，只需能够起到配景的作用即可。配景，就是配景，不要为了配景而忘记目标，因小失大或者画蛇添足。配景是为主体服务的，不仅在画面上不能喧宾夺主，而且在训练心态上更不能主次不清。

本节以配景的绘制目标为核心，讲解如何快速、高效、简便地画出配景，而不是陷入配景之中忘了常识、目标和自身定位。希望本书强调的简捷、有效的配景原理和画法能够促使大家从手绘效果图和钢笔表现画的诱惑中清醒过来，回归方案创作及表达的真正目标。

4.1 明确目标

本书把色彩中心、视觉中心、构图中心统称为诉求中心，多数情况下是一个点状中心区域或者一条线状中心区域。配景的目标其实很简单，就是为了图面的诉求中心服务。换句话说，就是通过配景衬托、引导、突出诉求中心，从而达成设计表达图面给人留下值得信任的深刻印象这一大目标。

那些忘记配景目标、只重视喧宾夺主的配景绘制模式肯定是抓小放大的错误模式，这一点不言而喻，但是一旦实战，很多人就会以追求尽善尽美为借口，难以抑制抓小放大的欲望。一些没能中标的图面并不是因为粗制滥造，而是由于配景不恰当地精细和过于强调，甚至到了树叶、头发都明确可见的程度，但却连设计主体都没有画好：除了最基本的明暗、阴影等方面被漠视外，要么画面没有诉求中心，要么诉求中心处于被忽视、根本不予用心处理的境地。

总会有很多人提出有关配景绘制的问题，甚至纠结、深陷于配景应该丰富还是简练、应该具象还是概括之类的细节循环推理的矛盾中，这时只要认清配景目标是为诉求中心服务的道理，就会幡然醒悟，重新回归目标思维、常识推理。事实上，配景应该具象还是抽象、应该细致还是概括、应该丰富还是简练，甚至连是否应该画配景都不是重要的课题，真正需要我们关心的其实是如何多快好省地有效衬托、引导和突出设计表达的诉求中心。如果不画配景就能达成目标，那么配景本身甚至都不必讨论了。

4.1.1 烘托主体

通过配景的色彩搭配来烘托主体。

在第二章关于统一色调的讲解中，本书提到“大统一、小对比”这个重要原则，其中的“小对比”指的就是通过配景来做局部的色彩搭配，达到烘托主体建筑的作用，这与本书一直提倡的目标原理是一致的。无论多么精细的、绚丽的配景，如果不能起到烘托主体的作用，都将失去存在的意义。

4.1.2 尺度提示

通过配景来提示主体的尺度。

在第三章关于透视要素的讲解中，本书提到“视平线一般定在人眼的高度”，即 1500mm 或 1600mm，以此作为依据，可以通过台阶、墙裙、入口门等要素和配景人物的关系，推算出主体建筑的大致高度，便于观图者形成对建筑的尺度感受。这就是为什么在众多高手的设计表达中，只有一个或几个人物配景用来点缀画面。

在经常使用的人、车、树配景中，能明显感受其尺度的有人物配景和汽车配景，因此，在图面上画上人物配景或者汽车配景，不仅可以平衡画面，还会起到非常重要的尺度提示作用，是其他配景不能替代的。

4.1.3 体现距离感

通过配景近大远小的透视表达，体现出距离感和层次感。

一般来讲，距离灭点越近的配景，细节的描绘越少、越概括，而且我们往往会人为地加强这种效果，就好像人为地加上了雾效一样。只有这样，才能更加突出前景和中景，才能使得画面的变化更加令人感动，产生强烈的层次感，从而使画面有中心、有层级、有主次、有远近。

距离感和层次感的营造，也可以称为“大气感觉”，即随着距离的加大、大气的影响，远处的物体会逐渐变得模糊不清。如果我们绘制的画面，远近的细节都详细描绘而没有取舍，就会造成“真空”的感觉，那么画面也就失去了生命力和活力。为了体现距离感，有时也会在主体的细节描绘上有笔触粗细的递进表达，起到突出和强调视觉中心的作用，这也是非常重要的表达手法。

4.1.4 突出视觉中心

通过配景的方向性来突出视觉中心和引导读图视线。

在第二章关于引导读图流程的讲解中，我们提到如何控制配景的重心、前景的视线引导等问题，其目标都是为了控制视觉中心。比如，人、车、树等配景要偏重于视觉中心，并且是向心于所要突出的视觉中心，尽量避免向画面外行动的人和车，树的枝叶最好不要过于向外伸展，否则都会影响视觉中心的表达，而且容易使画面显得松散无序。再比如，前景的树、树影、人、车以及城市小品的绘制，都不是率性而为的，而是为了把观图者的视线引导至视觉中心而有意为之的，同时也增强了画面的距离感和层次感。

4.1.5 掩饰缺点

通过添加配景来掩饰没思考到位的部分和没画好的部分。

有些部分还没想好，怎么办？画上配景挡上；有些地方画坏了，怎么办？画上配景盖上……这并不是投机取巧，而是时刻铭记配景表达的目标。

在明晰了以上五个画配景的目标之后，就会发现方案创作师需要绘制的配景的难度并不大，而且，只要安心研究针对配景的提炼与简化模式的画法并多加练习，也会发现即使是高手画的配景实际上也并不是毫无规律可循的，这里的关键是摒弃那些具象而精细的配景画法，专门研究那些画起来简单而且有效的画法。

对于初级阶段的配景训练来说，即使画得不逼真，只要能够达成上述目标即可。我们只需先学会一两种简单的画配景人的方法，至于配景树完全可以大致表示，而配景车、天空则可以暂时不画，也一样不会影响对主体的表达，反而会给人主次清晰、中心明确的感觉。记住：配景，只是配角，而非主角。

配景画不好，从而产生自卑心理的现象值得反思，只需我们跳出来想想，就会发现至少反映了三个问题：

一是目标思维薄弱，于是产生了把配景画得精细、真实、丰富、准确的想法，甚至会把大量时间和精力用在被复杂化的配景绘制上，然后一旦画得不好，马上就会陷入沮丧之中。

二是研究能力薄弱，于是难以做到将见到的配景案例进行分类，难以从中筛选出适合自己以及项目需要的合理配景以作为训练范例。

三是训练能力薄弱，不能够自行研究适合自己的训练方法，而是一门心思地认为必须有人教，甚至有人留作业，有人督促才能训练，因此也就根本谈不上合理运用空闲时间化整为零地训练，更谈不上自行观察与归纳、提炼了。

4.2 训练模式

很多人都是在单纯地训练配景，结果在训练过程中不由自主地把配景画得很细、很像，这是因为画面中只有单一配景，就会下意识地使得画面构图以配景为中心，彻底偏离了训练目标。因此，强烈否定单纯地、孤立地进行配景训练的训练模式，建议直接进行配景组合训练，在整体画面中训练配景，以达成平时训练与实战的有效结合。

从现在开始，要潜心分析、研究四个字：抓大放小。一定要注意的是，再也不要陷入细节了，而是要随时跳出来看整体。只有这样，才会惊奇地意识到：为了照顾好眼睛的中心地位，鼻子是多么克制、耳朵只做了造型却不做色彩、嘴唇则只做了色彩几乎没做造型。只有跳出来看问题，我们才会真正意识到诸如悉尼歌剧院之类大手笔建筑是多么抓大放小：为了突出造型母题的统一与整体，基座几乎没有造型、更没有异型窗，甚至连宽达 90 米的广场台阶都克制到了没有中间栏杆扶手。只有从抓大放小的高端克制能力出发去看问题，我们才会理解为什么处于高端价位的苹果产品却往往色彩单调、造型简朴、功能单纯。

4.2.1 按需提炼

配景训练的初期，以临摹训练为主。做临摹训练的时候，就不要每次都做事无巨细模式的“精确”临摹了，要知道我们并没有复制赝品的目标和任务，而是通过不断临摹、提炼、归纳经典优秀作品，来整合自己的思路才是重中之重。所谓“上帝存在于细节之中”，指的是在大方向、大体系正确的前提下，细节才是上帝。不要把临摹得“像不像”、“准不准”、“细不细”当成单极的最重要的评判标准，而要开始引入分析、提炼、归纳、移植、拿来我用等目标思维，即只有能够导入自己的实战，一切才有意义。因此，本书强调反复临摹、多方向试验、多可能移植，直至感觉到对原作的分析、归纳、提炼有助于自己眼前的实战。

逐步从漫无目标地临摹转变为按需临摹。有些人已经习惯为了临摹而临摹的训练模式，结果是临摹了不少，实战能力却仍然鲜有提高，其原因很简单：与眼前的实战目标没有直接关联的临摹，除了以“陶冶修养”、“熏陶品性”、“潜移默化”为借口自圆其说以外，实在是很难产生急需的立竿见影的实战价值。潜移默化是水磨功夫，并不能作为唯一重要的训练方法。对我们来说，每次的按需临摹表面看起来很急功近利，实际上长期的按需临摹积累起来，一样是潜移默化。反之，过于注重潜移默化与修养熏陶，会由于没有立竿见影的效果而令人产生焦虑心态，这种表面强调的潜移默化又何尝不是急功近利呢？因此，一定要根据眼前的实际进步需要和实际项目需求进行临摹范本选择、载体移植策划以及大量的临摹、分析、归纳、提炼、移植、转化等实验与训练，只有这样，才能通过不断学习形成解决问题的初步能力，并逐步转化为自己独立研究、分析、判断、解决问题的专业能力。

4.2.2 配景组合

设计草图中的配景并不是孤立的个体，而是相互组合、共同达成设计表达目标。有趣的是，有太多的配景书或手绘书的配景章节还真就是这样孤立地画着一个个配景，更有初学者不假思索地对着时装图片、名车照片、植物图谱练习画配景。就这样习惯性地忘记目标，自然就会使得训练效率低下，然后就陷入自我怀疑、自怨自艾的恶性循环中，或者干脆用百般借口掩饰自己训练能力低下的实质。

■ 配景组合拳训练

有趣的是，目标配景尺度是大多数人都忽视的常识：在实际的设计草图中配景所占的尺度其实很小。以常见的 A2 幅面的建筑设计草图为例，配景人物往往只有 2cm 高甚至更小，配景车也是如此，配景树为了衬托建筑的高度，也大不到哪去。即使是 A1 大幅面设计草图，配景人物的尺度也不过是 4cm 左右，而 A3 幅面设计草图中的配景尺度就更小了，要知道这才是实际的目标尺度。配景训练时忘记目标配景的尺度，结果在配景训练时画得很大、很细，到实战时才发现自己根本不会提炼取舍，也就顾不上配景之间的相互组合、有机配置、衬托主体、平衡构图、完善色彩、引导视线、突出中心了。

单纯训练某个配景产生的问题其严重性不仅如此，更大的问题在于因为尺度感与提炼取舍能力被忽视，进而导致训练者养成过于关注细节的不良习惯，甚至直接影响到设计师的方案中标率。由于习惯了细节思维，导致大量设计师只会算小账、只会计较一城一地的得失、习惯性寻找大量借口掩饰自己追逐眼前利益的实质、不懂如何安心积累以达成远期利益，导致工作状态和学习心态一直处于焦虑、抱怨层面。就像拳击中的组合拳一样，如果拳击手只是孤立地训练直拳、勾拳等动作，而不是进行组合拳的训练，那么即使单个动作再熟练，照样难以获胜。**因此，在筛选配景范图时，一定要尽量去找那些疏密有致、起到衬托主体作用的组合配景照片或手绘作品，而不要单纯地找那些孤立的个体配景范例。**

无论是人、车、树还是其他配景，都要记住整体的表达目标以及相互间的配合，并训练出自己的“配景组合拳”。另外，只练配景组合拳是不够的，因为即使如此，仍然是远离实战，所以“配景组合拳”只适合日常“见缝插针”式的训练模式。

4.2.3 体块底图

如果是专门的配景训练，建议采用体块底图的方式进行训练。所谓体块底图，指的是为了省去绘制建筑主体的时间，把建筑主体代之以体块表达，然后以此为底图进行配景训练。无论是透视图、轴测图还是总平面图、平面图、立面图、剖面图、分析图，都可以如此训练。

如果眼前尚无实际项目，建议预想最近可能承接的项目类型，比如住宅、学校、办公楼等，以此为目标筛选范例图片，然后绘制体块底图，再复制多张，反复进行配景训练，直至十分熟练。如果是实际项目，而方案暂时未定，就建议找相似的项目效果图，将其体块画出来，然后复制多张当作底图进行配景训练。如果已经有了初步方案，则同样先求出体块底图进行训练，并反复进行体块底图的透视角度、构图等要素的测试、比较与修改。

需要注意的是，即使是体块底图，也应该是明暗、阴影、色彩和构图俱全，绝不能掉以轻心，否则就会在实战中出现令人恼火的诸如明暗方向矛盾、阴影方向错误、色彩搭配不协调、构图喧宾夺主等问题，又会因小失大。

■ 体块底图配景组合训练

也可以筛选别人已经做好的优秀效果图以及专业摄影师的优秀设计摄影作品，在图像处理软件中处理成浅淡图片，然后打印多张进行配景训练。这样做的好处是方便、快捷，既能学习优秀作品的配景组合，又能训练自己的提炼取舍能力，但不如自己画体块底图的方法好，因为画体块底图还可以顺便训练透视、明暗、色彩、构图等方面。当然也可以将两者结合起来训练，即先进行体块层级的临摹，形成自己的体块底图，再复制多张进行配景训练。用这种方法训练，不仅能够学习优秀作品的体块构成，训练提炼体块逻辑的能力，还能把自己的配景与原作品进行比较，从中找到差距，不断分析、不断训练，自然就能高效率进步了。

4.2.4 实战模拟

配景组合、体块底图这两种训练方法熟练之后，就可以进入实战模拟配景训练模式了。所谓实战模拟，指的是两步走的模式：先将真实项目的设计方案做体块底图模式的加配景训练和实验，其要点在于保证足够多的数量和动脑筋做各种不同配景组合实验；然后将已画好的设计主体扫描打印多张，模拟实战加配景，直至感觉满意并熟练了，再在实际的草图上真正动手实战。

这样做的好处极大：体块底图这一步可以在方案初步形成时就开始做，这个阶段一般不是很忙，有很多可以使用的空余时间去做预演训练，把方案初期以思考为名玩游戏的时间用到训练中。等到方案定案时，配景构图已经在平时通过大量的不同组合实验确定了，绘制设计主体的正式草图时就可以做到心中有数，连何处需要给配景留出空白都已经有明确的预先计划了。在实战模拟阶段应该做好熟练化训练，从而使得正式图几乎不会出现低级错误，避免拿正式图做试验从而导致常识错误。

■ 实战模拟时的不同配景组合表达训练

4.2.5 构图模式

通过大量的实战模拟训练之后，就会逐步整合归纳出适合自己的若干种配景构图模式（也称定式或套路），这样就可以轻松应对日常工作需要了。在此基础上，才会有余力去发展和创新构图模式以及开展更重要的设计创作。换句话说，首先要保证熟练地进行实战，然后再因为有了余力而顺势创新、创造。因此，不要由于对原创、革新的过分热爱，导致难以训练出改良、转化的能力，又由于这些基础能力的薄弱，导致原创能力几乎难以形成。希望读者不仅能够意识到这一点，还要在实战中不断实验，逐步整合归纳训练出适合自己的、实用于实战的若干种配景构图模式。

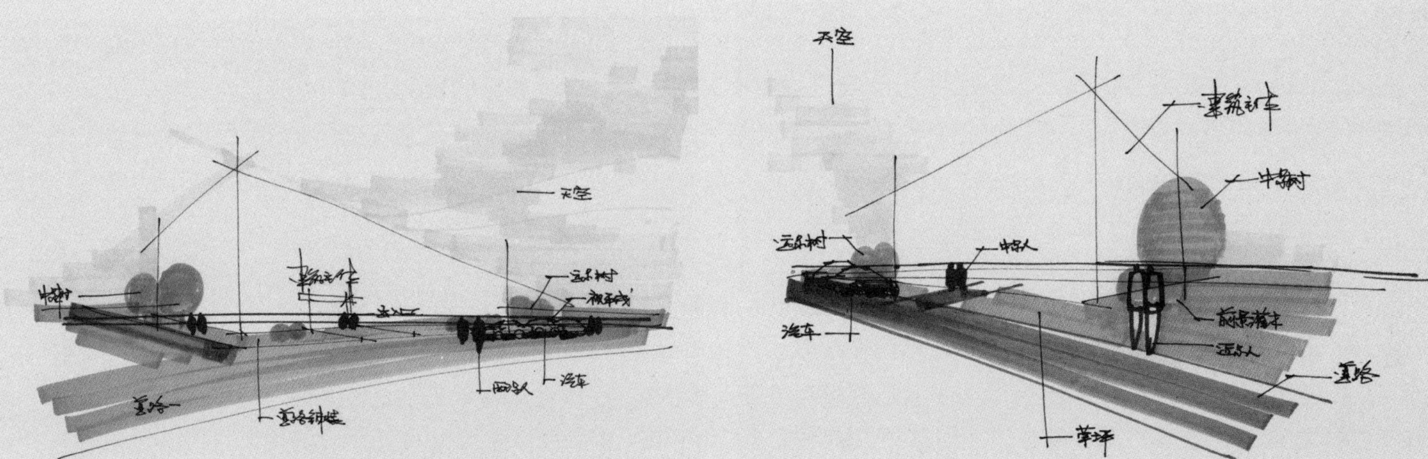

■ 配景构图模式化

有人可能会问：有必要如此大动干戈训练配景么？画配景不过是雕虫小技而已，设计师重要的是设计创作。其实，配景本身未见得如何重要，但是以配景为载体训练出提炼取舍、抓大放小、目标思维的能力却是重中之重，而通过这个过程体会反复做多种组合训练的重要性，则有助于对方案、透视、色彩、构图等专业能力和专业感觉的全面提升，这就是由局部入手获得全局能力的明确例证。想想看，通过训练配景，却获得了这么多专业能力的有效进步，哪里是雕虫小技那么简单呢？何况，作为方案创作师，连如此雕虫小技都做不好，又何谈设计创作。

4.3 色彩依据

太多人认为自己色彩感觉不好，甚至因此而陷入自卑的状态。我们的色彩感觉真的是如此不堪、不经过专业训练就不能掌控了么？其实，只需观察一下你周围人群的衣着的色彩搭配，就会发现很多人虽然没有受到色彩方面的专业训练，但穿衣打扮依然得体，很少出现花哨、幼稚和可笑的情况；同理，只需观察大多数人对经典摄影作品或者绘画作品的反应，就会发现几乎没有人丧失过与生俱来的色彩感觉。那么，是谁在强调自己丧失了色彩感觉呢？很有趣，是我们这些受过一定的色彩训练的设计师们，即“学了设计忘了本能”。

由于我们天然地误以为自己是专业人士，于是往往会不自觉地越过经典色彩的研究阶段，而去直接关注那些“个性”、“革命”的作品，比如凡高、塞尚、毕加索、高迪等“反传统”的色彩模式。由于我们对经典的色彩模式缺乏训练甚至视而不见，结果自然就是低不成、高不就，甚至产生心理纠结，最终就出现了失去色彩感觉的假象，进而自欺欺人、恶性循环。

所谓的色彩感觉，是我们本能的能力，并不需要经过专业训练即可分辨美丽与丑陋、优雅与花哨、主次与混乱、统一与嘈杂。色彩感觉存在于我们身边的经典作品，无论是电影、摄影、杂志、广告、产品、绘画，还是书法、文物；色彩感觉存在于人类的自身、人类的高等级活动、人类乐于生存的自然环境、人类喜爱的动植物、人类喜爱的人造物中。我们目前需要做的其实是发现、学习和归纳、移植、整合，而不是急于创新。

4.3.1 大统一与小色彩

在第二章关于高效色彩的讲解中，本书提到两种方法，一是底色提白，二是统一色调。在这两种方法中，为了使画面不出现单调、发腻的感觉，其关键要素就是控制配景的色彩。配景色彩的选择，取决于画面中已经存在的色彩配置，要么就是在单色调中提色，要么就是在同一色调中补色，其定位都是服务主体。

4.3.1.1 在单色调图中提色

人体本身是几乎单色配置的造型体，只有嘴唇和某些人种的眼睛、头发等是有色彩的，即整体单色、局部色彩。人体美的规律通过每天照镜子就能知道，但是太多人却视而不见或漠然视之，原因是我们误以为所谓的色彩感觉就是控制复杂而鲜艳色彩的能力，忘记了控制色彩的目标是令观图者愉悦并产生合适的等级感，而要素是否复杂只是可选项而已。当然，控制复杂而鲜艳的色彩确实是一种高级的能力，但决不是唯一目标。

一般情况下，高等级的作品往往以单色系为主，以局部对比作为突出视觉中心的手法，而局部对比往往可能是配景。

■ 用于提色的配景

4.3.1.2 在统一色调中补色

人类高等级活动均以整齐、统一、秩序为主，例如古代的祭天、现代的阅兵等等，一般都遵循色彩统一与秩序明确的规则。我们只需稍加研究，就会发现诸如高等级建筑、高等级产品、高等级绘画等人类高等级作品大多以大统一、小对比为主。最典型的案例就是达芬奇著名画作《蒙娜丽莎》，其整体色调完全是统一色调中趋近于单色和富于微妙变化，根本不是多种鲜艳色彩的争奇斗艳。以此类推，我们会发现大量的经典西方油画、大量令人感动的经典摄影作品、大量价高质优的高端产品都是采用这种统一色调甚至基本单色的模式，这些“虚伪的真实”色彩并没有引起人们的不适，反倒是那些色彩鲜艳的卡通影片和产品却给人强烈的不真实感，那些色彩鲜明而真实的娱乐影片则给人等级不高的感觉。

■ 用于补色的配景

在统一色调的趋近于单色模式中，由于过于统一，会使画面产生单调、发腻的感觉。要使画面产生微妙变化的方法是添加补色，往往通过添加配景来完成。

明白了用配景给画面提色、补色的道理之后，让我们认真观察著名的水晶石公司的电脑建筑效果图，就会发现一个规律：建筑本身几乎都是单色或双色，画面的色彩主要来自配景。而且，只要画面中的配景具备了红、黄、蓝、绿四种颜色中的至少三种，即使建筑几乎是完全单色，画面也仍然会给人色彩充分的感觉。

同理，我们再依此观察经典的手绘效果图，也会发现类似的规律，大统一、小色彩的情形则更加明确。再进一步，让我们去观察真实的街景，就会恍然大悟地发现大多数建筑实际上都是单色的，街景中的色彩和活力实际上主要来自于人、车、树、牌、旗等配景。其实，当我们在节假日或下班后走过空空荡荡的办公楼前时，那种缺少色彩的感觉非常明显，原因就是少了配景的色彩。这就跟一个人嘴唇缺少血色给人的感觉是一个道理：色彩感觉来自于局部处理，而不是整体的大红大绿。

建筑主体颜色的大统一与配景颜色的小色彩是快速有效解决色彩方案的最佳配置模式，具有实战意义。

4.3.2 色彩配置多样性

大统一、小色彩只是色彩配置模式之一，由于其主要来自对人体美的分析，因此比较适合建筑等高等级的人造物。而如果按照虎、豹等高等级动物得出高对比度色彩配置模式，则由于其等级低于从人体得出的以统一色调为主的模式，往往用于先锋、前卫的设计或者中、低等级的产品设计。其他色彩配置来源，比如各种植物、自然景象、宇宙星空等，则造就了色彩配置的多样性。

4.4 统一天空

如果能够清晰地表达方案的构思，并且能够产生让人值得信任的效果，那么不画天空也是可以的，不必为自己不会画白云、乌云、晚霞甚至彩虹而发愁，因为最好的天空是不画天空。反之，即使天空画得又好又真，甚至达到了写实画家的水平，如果方案本身没有被采纳，方案创作师也没能获得尊重，那么这些美妙的天空配景不仅无效，而且还占用了很多本该用在方案上的时间和精力，得不偿失。我们主张在主体画好了的情况下，适当加上天空，将视线引导到视觉中心，通过色彩搭配烘托出某种气氛，真正起到服务主体的作用。

4.4.1 画法的选择

由于背景天空在图面中所占的比例比较大，因此天空的颜色与形状对整个画面的影响非常大，同时天空又有助于突出建筑的轮廓、平衡构图，添加之前要慎重考虑，最好先打小稿做好试验。

比较快速的是用彩色铅笔绘制天空。彩色铅笔的退晕效果很容易表达，在绘制过程中也更加随意，往往只需几秒钟或者几十秒钟就可以完成。建议不要把彩色铅笔的笔头削尖，应在草稿纸上磨成扁平状，这样绘制出来的线条会粗一些，也容易控制浓淡效果。

比较能体现技法的是用马克笔绘制天空。马克笔的灵动性很好，能充分体现豪放、粗犷、潇洒、概况等效果，但对绘制者自身的要求较高，必须具备较强的构成能力。笔触表达方面也要多下功夫试验，不要有太多的停顿，以免呆板。

比较能烘托气氛的是用粉彩笔绘制天空。粉彩笔一般用于大面积的气氛渲染，可以直接用粉彩笔绘制，也可以用纸巾蘸着粉末涂抹。如果用作底色，最好在满铺的基础上用纸巾或橡皮擦擦拭出浓淡变化。

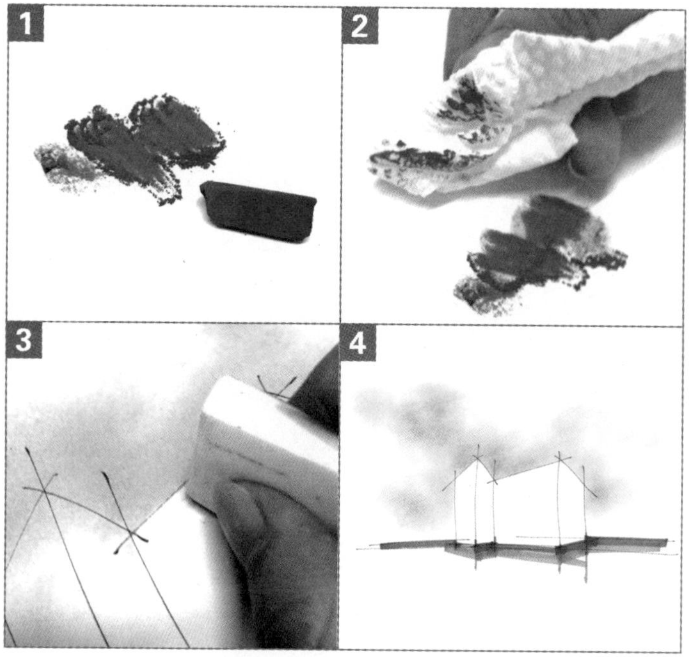

■ 天空 —— 粉彩笔、纸巾、橡皮结合画天空

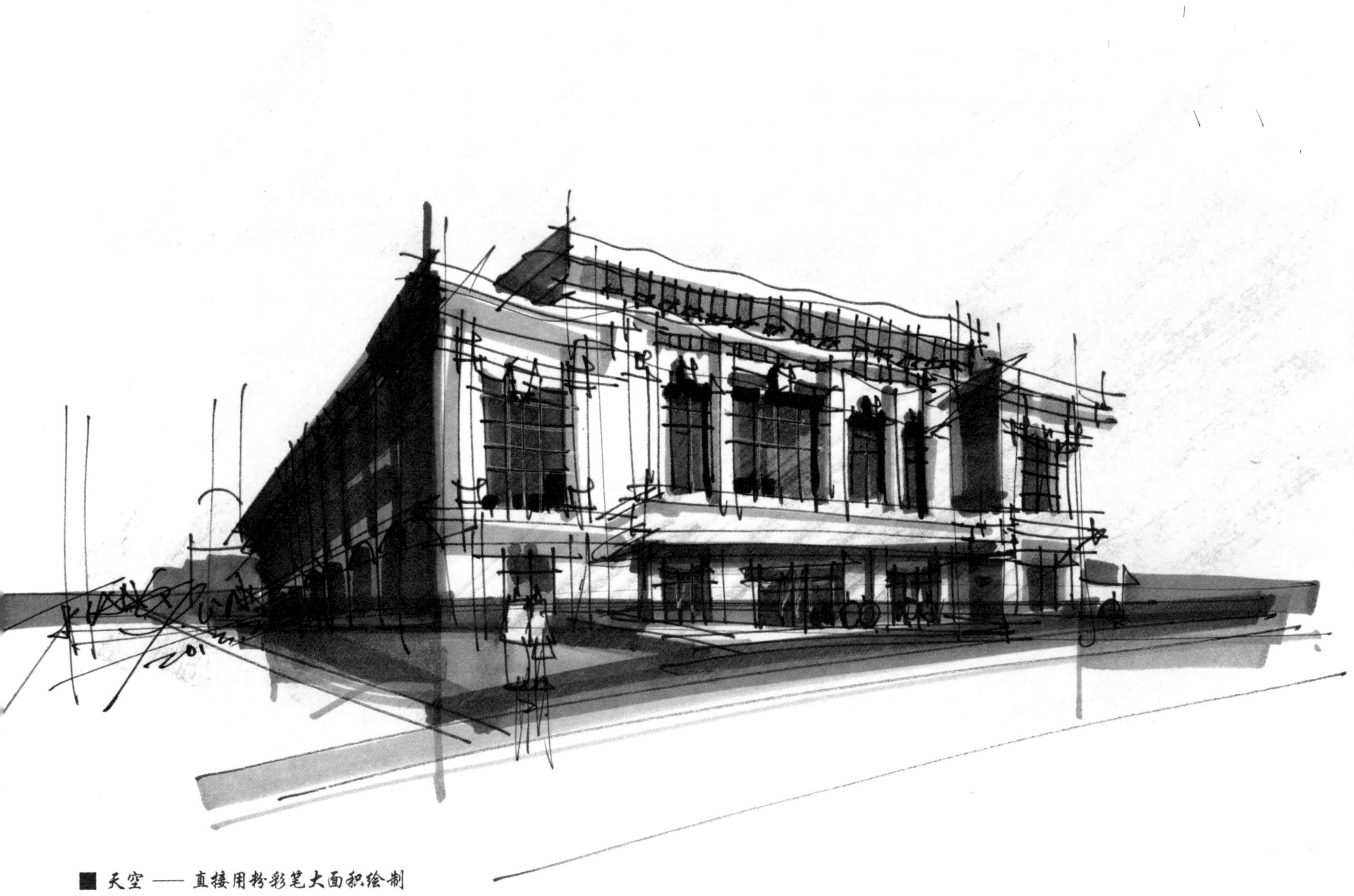

■ 天空 —— 直接用粉彩笔大面积绘制

■ 天空——彩铅的轻巧快速

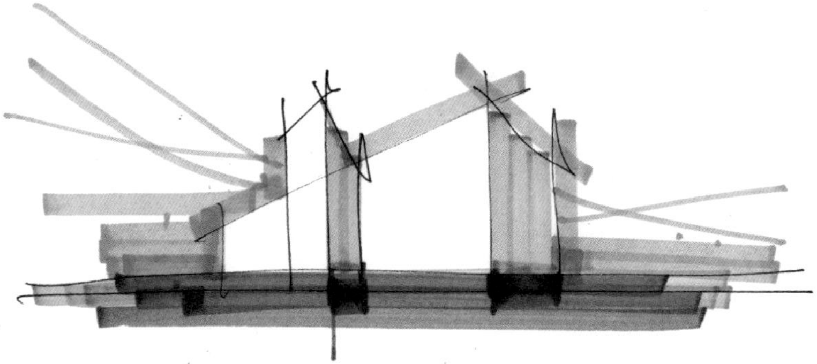

■ 天空 —— 马克笔的豪放粗犷

4.4.2 与主体融合

大多数人画天空的时候第一反应就是“让”着建筑画天空，即先画建筑、后画天空，二者之间泾渭分明，仿佛就是放在一起的两张画一般。实际上，这种似乎“天经地义”的画法问题很多，不仅影响整体的绘制速度，而且很容易被初学者忽视画面的整体感觉，甚至十分影响设计师的放松与自信。

想想看就知道了：天空让着建筑，笔触就会受到诸多限制，不仅笔甩不开，而且一不小心还会侵入建筑，使得画面不得不做修改；天空让着建筑，初学者很容易本能地把天空概念化，使之与建筑主体割裂，导致画面整体感失去控制。先画建筑，就相当于先把最难画的部分完成了，等到了画天空的时候，心里自然会担心，怕一笔画错而破坏全图，于是心情紧张，当然就容易出问题，甚至真的会出现一笔出错、满图皆输的因小失大的局面。

我们换一个思路：先画天空的渐变和笔触，而且是满铺着画，不做避让。采用这种方法绘制天空，先画上去的天空笔触完整、明确，自然就会成为后画上去的建筑墙面上的天然底色、渐变和笔触，从而使得建筑与背景浑然一体，绘制速度骤然提快，而且效果大气、整体。这种方法非常适合浅色天空模式，而且绘制建筑主体的时候要逐步加深，以使得建筑与背景形成统一中的对比。当然，对于那种颜色很重的天空模式，只需在满铺的天空之上，再强调一下画面焦点区域的颜色，并使之向外延伸，也能起到很好的效果。由于我们的目标是设计表达，而不是炫耀天空技法，因此，这种画法在大多数情况下已经足够实用，并且很容易抓大放小，使得建筑本身成为刻画主体。

如果我们有意识地观察并临摹产品设计、汽车造型等专业的草图作品，就会发现这种将背景与主体融合起来的画法在工业设计专业中早已成熟，根本不值得大惊小怪。实际上，只要我们继续开动脑筋、拓展思路、举一反三、多做试验，就会发现这种画法其实同样适用于总平面图、平面图、立面图、剖面图、分析图等各种图。正所谓“一招熟，画遍图”，最怕的是患得患失、追求全面，结果却连一招都不熟练，连眼前的图都不能高效率、高质量完成。

如果有心，平时可以在空白纸张上画好一些天空背景备用，我们称之为“背景纸”。这样，到了需要的时候就可以直接在已经画好的背景上画建筑，就更加提高效率、节约时间了。这个办法很有效，实际上是动脑筋并做试验获得的成果之一，由此可见多动脑筋、多做试验对提高专业训练和专业实战的效率是多么重要。

需要注意的是，无论怎样画天空，都要有意识地通过形状或笔触的方向把视线引导到构图中心，切记表达目标。

■ 背景天空与主体融合

4.5 人的逻辑

4.5.1 人物提炼

无论是配景人物画得丑陋还是精细，都会由于过于吸引视觉注意力而喧宾夺主，那么设计师应该如何提炼人物配景呢？这个问题当年也很令笔者困扰：真实的建筑照片里处于远景的人虽然小，但是仍然有着很多细节，而处于近景的人则细节更充分，到底怎样才能把他们变成设计草图中的人物配景去衬托设计主体的表达呢？

有趣的是，正是训练画家的做法反而给了我们直接而明确的指南：**先简化成体块再说**。都见过美术石膏几何体、简化为多面体的块面石膏像以及美术木人吧，这些都是为了训练画家由简入繁地学习绘画而提炼出的训练工具，既然如此，为什么一定要总是想着一步到位画出精确细节的具象人物配景呢？为什么不反过来，把人物配景由照片简化提炼为体块，然后再根据画面需要适当加入细节呢？这样做了举一反三和逆向思考之后，一切就豁然开朗了。

当把单个配景人物训练熟练了，下一步就该训练“人物配景组合拳”了。让人物成对或成组出现，既可以防止均匀一致，也给画面增加现实感。在训练之前和训练过程中都要随时做**“人物配景组合列表”**，比如情侣、夫妇、父子、母子、父女、母女、三口之家、同伴等等；针对不同的着装类型，要列出诸如西装、连衣裙、毛衣等列表；针对特殊场景，要列出诸如军人、警察、医生、护士、泳装等特殊着装列表；针对不同的活动，要列出静立、行走、交谈、玩耍、骑车等活动列表。人物配景组合列表需要经常做，因为每张草图由于设计项目和表达目标、感觉营造的不同，所需要训练的配景组合、人物着装、人物行为与绘制风格都是不同的。

换句话说，不要指望自己先把各种人物配景和组合都练好了才去实战，而是要学会“在战争中学习战争”，在画每一张草图之前列出需要训练的要素列表，这样久而久之就自然积累成熟而且全面了。对初学者而言，可以先至少练好一到两种人物配景，然后通过疏密、大小的组合即可直接用于实战，这样稳扎稳打，逐步扩展积累，自然就扎实，进步反而会比那些企图一次性面面俱到、短期内什么都要会的人迅速得多。

■ 人物配景组合拳

4.5.2 人物高度与视平线

人物配景之所以重要，其重中之重在于通过人物高度去体现设计主体的尺度，有“比例尺”的作用。至于人物的姿式、动势、构图、色彩以及是否具象都是排序在后的，因此经常会看到以直立静态、甚至是完全单色的人物剪影作为配景的设计草图和效果图。

设计师必须清晰熟练地掌握人物高度与视平线、透视灭点的关系，这也是我们极其强调练好建筑师法求透视的原因之一。尤其要记住的是，在人视高度的透视图中，人物配景无论远近，头部基本都处在视平线上，这一点被很多人所忽视，结果不仅会使看图的人觉得别扭，而且很容易被内行的甲方代表一眼看出问题，从而直接导致怀疑设计师的专业能力。更严重的是，违背透视法则的人物配景高度会直接影响看图的人对设计主体的尺度判断，从而使得配景毁了设计表达。

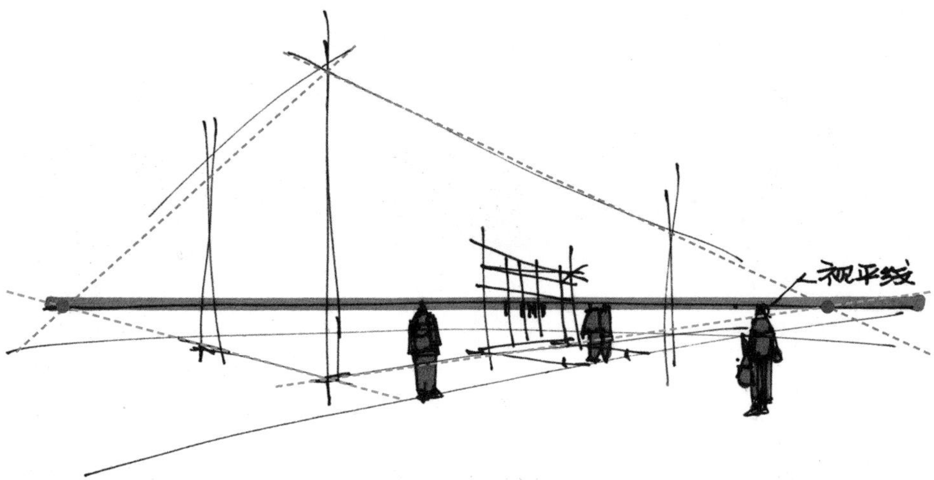

■ 人物配景的高度与视平线的关系

4.5.3 人物走向与诉求中心

画面中所有要素都是为了诉求中心(也就是色彩中心、视觉中心、构图中心)服务的，所有要素的任务就是把看图的人的视线迅速引导到诉求中心，等到看图的人被诉求中心的重点刻画感动后，才需要其他部分的细节处理锦上添花，让人进一步认可。

人物配景的走向并不是一件可以不必在意的小事。很多人忽视人物配景的方向性对诉求中心的重要作用，经常出现处在画面边缘、向画面外看的人或者向画面外走的人，这些人物配景似乎在说："这张图真差劲，我要离开这里"，于是就成功地分散了看图的人的视线，甚至引导看图视线出了画面。

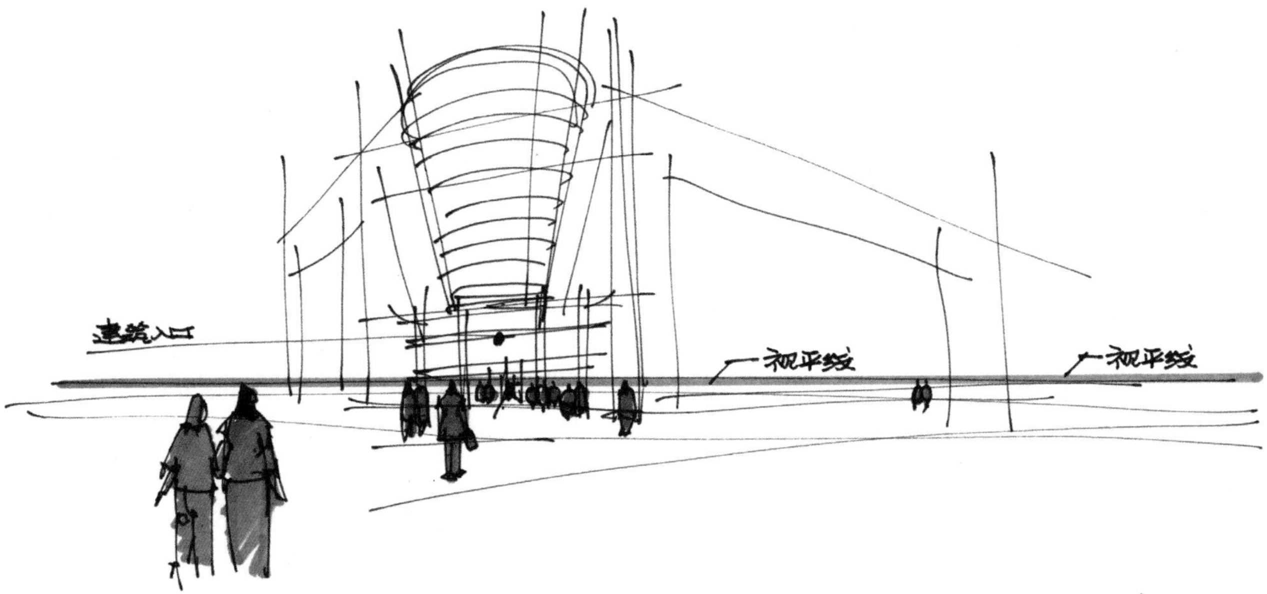

■ 人物配景的走向与诉求中心的关系

4.5.4 人物疏密与构图均衡

一些人意识到了人物配景与构图均衡直接相关，但却没有意识到人**物配景的疏密组合**同时也是为了突出诉求中心，因此经常会看到看起来不知所措地均匀分布的人物配景。实际上，一张优秀的设计草图中几乎所有要素都是经过策划的结果，而不是率性而为那么简单。一般来说，为了将引导视线到诉求中心，要么是通过在构图中心附近配置相对密集的人群；要么是空出诉求中心附近的区域，在其他区域布置人群，从而造成“此处无人胜有人”的突出诉求中心的效果；要么是在诉求中心附近只布置一到两个人，其他区域则干脆不画人，以达到重点突出的结果；要么是让离诉求中心近的人色彩鲜明一些；要么是通过人物的远近大小形成序列将视线引导到诉求中心。

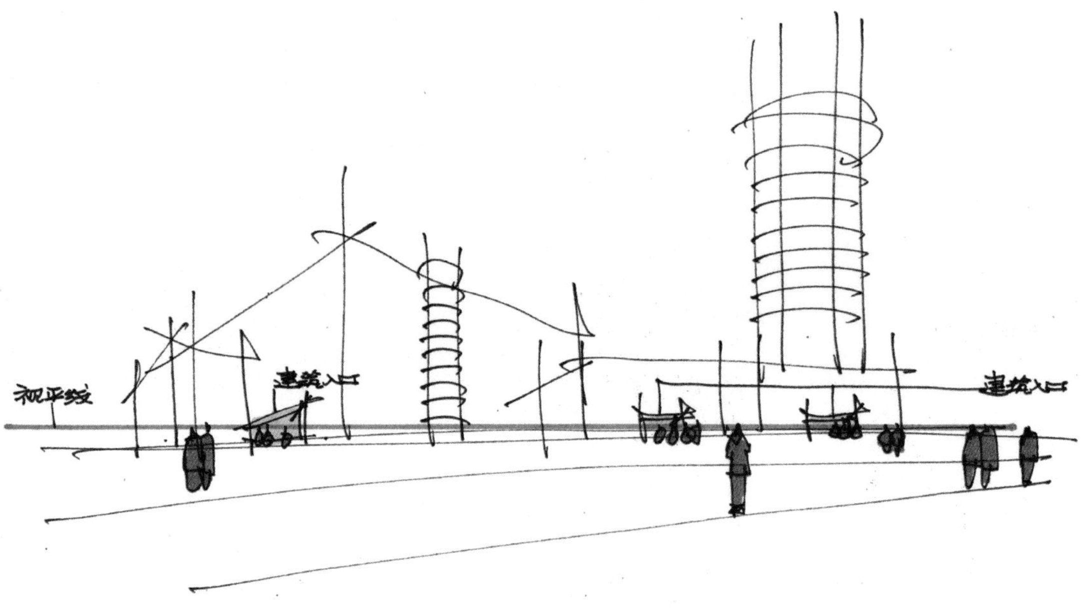

■ 人物配景的疏密与构图均衡的关系

4.5.5 近景人物与主次分明

近景人物由于可以充分表达细节，于是就成了设计师炫耀自己绘画才能的地方。举一个极端的例子，有人喜欢用美女作为前景，姑且不论是否与设计主体性格相符，单说视线吸引、分散注意力的问题，我们就知道这位设计师正在因小失大了。因此，虽然是近景人物，也要省略面部五官，以剪影或者背影的形式出现。

总之，人物配景的逻辑很简单：目标是做绿叶而不是红花，方法是简化为体块再加适当细节，要点是衬托引导而不是喧宾夺主。

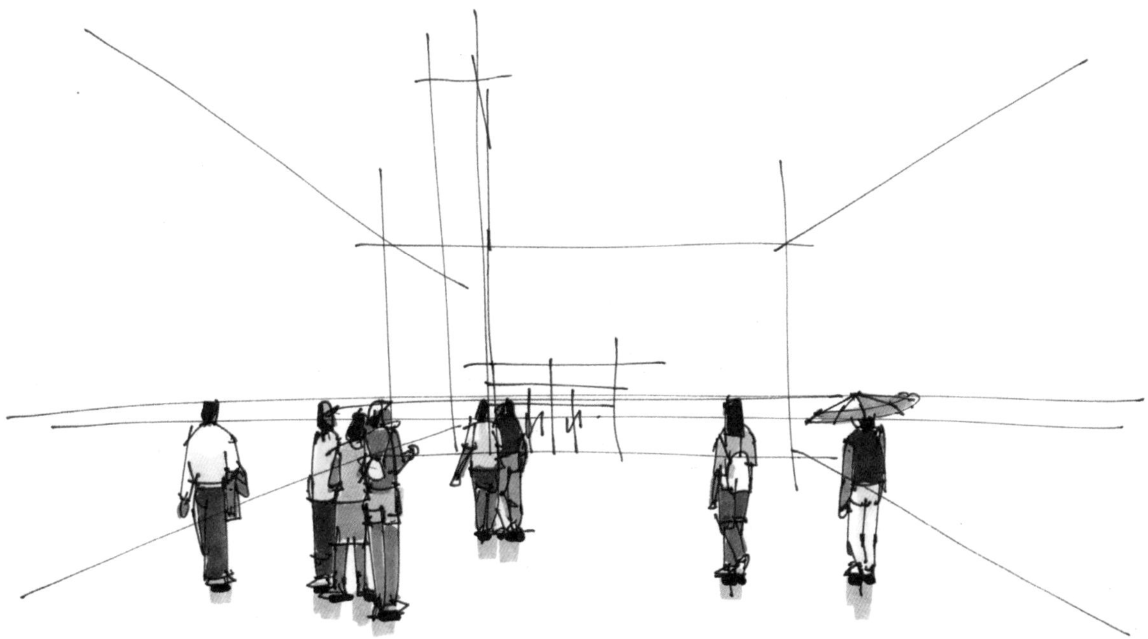

■ 人物 —— 近景人物也要以剪影或背影的形式出现

4.6 提炼的车

我们反复强调设计草图最重要的目标是设计表达而不是配景陈列，换句话说，如果不画配景就能达成设计表达的目标，那么不画配景也没什么不好。举例来说，著名的悉尼歌剧院，设计师伍重只画了概念示意草图，根本没画配景，因为他的方案的概念感觉与基地奔尼海峡所需意境相符、与澳大利亚政府所需地标性建筑期望相应、与评委会主席小沙里宁的薄壳风格志趣相投，所以依然可以一举中标，进而建成为世界级的标志性建筑。那么，我们为什么还要这么重视配景的训练呢？其中一个重要原因就是对设计主体尺度的正确表达。人、车都是人们在日常生活中常见的有着相对固定尺度的形体，因此这些配景的有机配置能够帮助观图者对设计主体形成必要的尺度判断。

4.6.1 配景车的作用

配景车的作用与其他配景的作用是一致的，只不过在绘制配景车的时候，透视关系要与主体建筑保持一致，抓形比例也要特别留意。

4.6.1.1 对尺度和环境的提示

对配景车而言，与人物配景相配合体现设计主体的尺度，是一个重要任务。由此可知，如果配景车达成了提示尺度的作用，那么就可以点到为止了。换句话说，多数情况下不必一定要画近景车，如果不是汽车造型设计师或者汽车绘画爱好者，就没有必要去训练那种充满整张画面的汽车绘画作品。至于汽车的尺度，建议大家通过亲自测量、拍照形成自己真实的尺度感，而不要仅仅相信自己所谓的日常经验。

需要注意的是人与车之间的尺度关系，不要出现人太大车太小的情况。人明摆着坐不进他旁边的车里，结果导致配景之间发生违背常识的尺度错误，于是还没等看图的人把注意力集中到设计主体上就已经产生了对设计师的怀疑，这种“阴沟里翻船”的现象在初学者中相当普遍。车太大、人太小的情形也不少见，很多人不知道其实轿车没有人高，这说明只靠所谓的日常感觉往往是靠不住的。

顺便说一下，还有一个容易犯的错误，就是**配景车型与设计主体身份不符**的问题。在设计草图中凭一己之好随意配置配景车，比如学校设计的草图中画警车、普通住宅设计的草图中画豪华车、集团总部办公楼设计的草图中画微型面包车、政府办公楼设计的草图中画货车、老年人托养中心设计的草图中画越野车等等，这就像在幼儿园设计的草图中画美女一样会令观图者莫名其妙，进而直接对设计师的设计能力和设计水平产生怀疑。

4.6.1.2 对不完善部位的遮挡

除了提示作用，配景车还有一个重要作用，那就是遮挡作用，即有意识遮挡设计不完善的部分。

在很多时候，设计师只是确定了一个或者一系列设计概念，对一些细节问题的构思尚未成形，这时的设计草图主要目的是为了验证和交流设计概念，而不是探究细节要素。由于大的设计概念一般集中在建筑的上部和中部，因此下部地面层往往会有很多细部甚至次要入口等方面的设计都尚未考虑好，这时，配景车的遮挡作用就有了非常现实的实战意义。虽然人物和树木也能起到遮挡作用，但是人物的尺度太小，树木则不能随意摆放，因此配景车最适合做这种抓大放小的遮挡工作。

4.6.1.3 对诉求中心的引导

配景车的方向性也很重要，同时也容易被忽视。很多设计草图甚至设计效果图都会出现画面两侧有配景车向画面外行驶的情形，导致视线被分散甚至被引导到画面外。这些向画面外行驶的车就好像在说：“我不喜欢这个方案，我要离开这里”。想想看，连自己画面中的配景都不配合诉求中心的表达，都想喧宾夺主，岂不是未开战就先起了内讧？还有一个问题，就是交通规则：中国是右侧通行，可画面中违背交通规则的车、横穿马路的行人、在街道中间相互依偎的恋人等等情况比比皆是。这种明显忘记常识的图面最容易受到甲方的质疑，进而对设计师的设计能力产生怀疑而不断要求修改方案。

4.6.2 车的拍摄提炼法

如果画配景车感觉很困难，实际上跟我们不去亲自实际拍摄配景车有着直接关系。很多人会很不以为然，但是有趣的是，很多人的确真的没有亲自认真去拍摄过配景车：注意，去车展拍摄汽车不能算数，因为那是以汽车为主体，而不是我们需要的配景车。

4.6.2.1 拍摄配景车

亲自上街拍摄建筑旁边的汽车照片。拍摄时注意要以建筑为主，一定要使得汽车在画面中处于配景地位，真正起到衬托主体的作用，而不是喧宾夺主或者扰乱视线注意力。很多人也意识到了自己亲自拍摄有利于减轻对绘制对象的神秘感和恐惧感，但却只是因为这一点被忽视，结果仍然是难以抓大放小：把车拍成了画面主体，而不是只占画面很小比例的配景车，于是只好面对着照片中车的大量细节发愁。

4.6.2.2 黑白灰提炼

拍摄回来的车色彩丰富，也是造成提炼困难的原因之一，而实际的设计草图中配景车其实不需要有变化丰富的色彩。因为配景终究只是配景，所以只需把拍摄的照片进行黑白灰处理，并调整对比度，以尽可能减少不必要的细节，只保留能够体现车型和尺度的特征。想想就会明白，在这种经过提炼处理的基础上进行配景车训练就会容易得多了。

4.6.2.3 色彩配置实验

对着调整过对比度的黑白灰配景车图片进行训练，不等于就是说要画黑白灰的图，而是要做各种色彩的配置实验。如果觉得心里没底，可以把黑白灰图片用电脑处理成各种色彩倾向的彩色图再进行临摹训练，就会发现很容易就能画出有色彩的配景车了。记住：我们这是在画配景车。

1

2

3

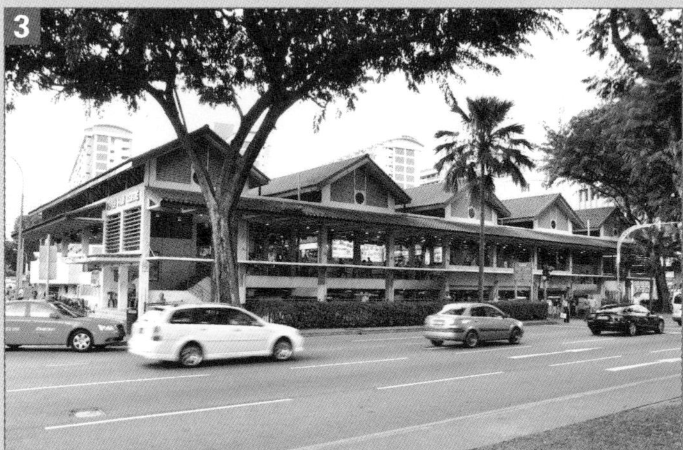

4

■ 车的拍摄提炼法

4.6.3 车的立面转换法

很多人对汽车的抓形方法感到很迷惑、很困难，其原因在于汽车的外形并不是方方正正，而是富有动感、张力和曲面的形体。有没有相对简单而合理的配景汽车抓形方法呢？我们总结了一种称为“立面转换法”的配景汽车抓形方法，供大家训练参考。

与画一张汽车的透视图相比，画一张经过提炼的汽车侧立面就会感觉简单得多，以此类推，先把汽车的侧立面画熟练，然后再把汽车侧立面转画成 10°、30°、60° 等角度的透视，则同样不会令人感到十分烦恼。下一步，把透视立面的轮廓线向左或向右平移复制，然后连接各个顶点并做适当修正，再加上一些正立面或背立面的细节，一辆车即轻松绘制完成。

4.6.3.1 提炼汽车侧立面

我们需要根据多种提炼层级，绘制不同细节程度的汽车侧立面，直至可以熟练默画。推荐“极简”模式的细节描绘，即尽可能简化汽车细节，因为说到底是在绘制配景，而不是汽车本身。一定要达到可以熟练默画的程度，这是最重要的。很多人总是浅尝辄止，导致画面中的很多要素都不能做到默画，结果当然是到处浮躁、毛草，然后再反过来影响自己的心情形成恶性循环。

4.6.3.2 侧立面透视训练

由于汽车的高度与人相仿，因此只需横向“压扁”，并适当注意近大远小，即可变成汽车的侧立面透视。如果自己对透视没有把握，可以借助计算机的求透视能力。比如可以把自己画的汽车侧立面输入 SketchUp 软件，然后做多角度的透视，再打印出来作为范本训练。

4.6.3.3 复制侧立面透视

侧立面的透视一旦熟练，只需把侧立面透视向左侧或向右侧平移复制，连接各个顶点，一辆车的透视图就直接出现了。然后就是添加汽车正立面或者背立面的特征细节，比如车灯等。

4.6.3.4 适当修正曲面体块

由于汽车大都不是正正方方的，而是曲面体块，因此有时需要做适当的体块修正。这里最重要的修正是汽车轿厢体块，因为轿厢部分是上小下大的体块，只需修正好这里，整体感觉就会马上趋于真实了。

4.6.3.5 完善明暗及色彩

首先是明确明暗，即根据整体画面的光线方向绘制出汽车配景的明暗面、地面阴影，使得配景车真正“活”在三维世界中。接下来是添加色彩，配景车的色彩不必太丰富，能够分出车身和车窗、车灯即可。车窗的反射、透明不必过分研究，因为汽车过于具象会吸引视线，影响到设计主体的表达。

以上就是配景车的立面转换法，只要多加练习，很容易掌握。

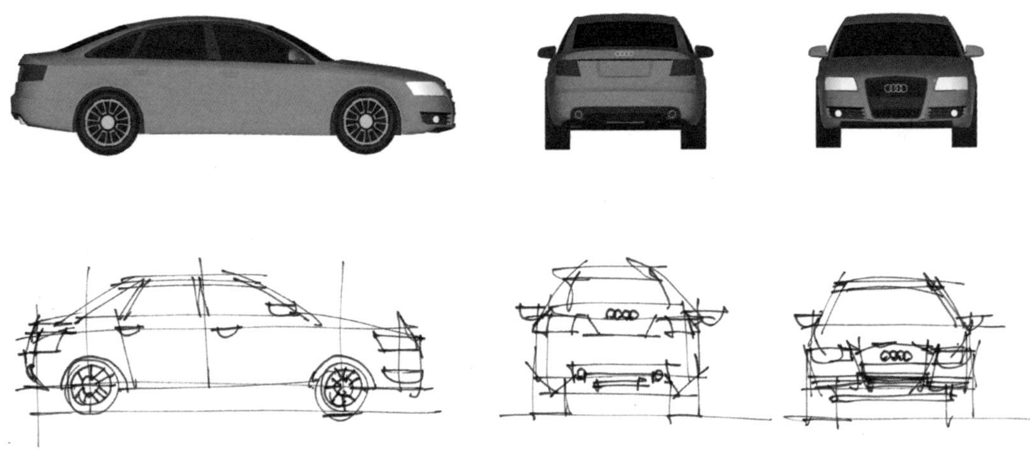

■ 提炼汽车的立面直至默画

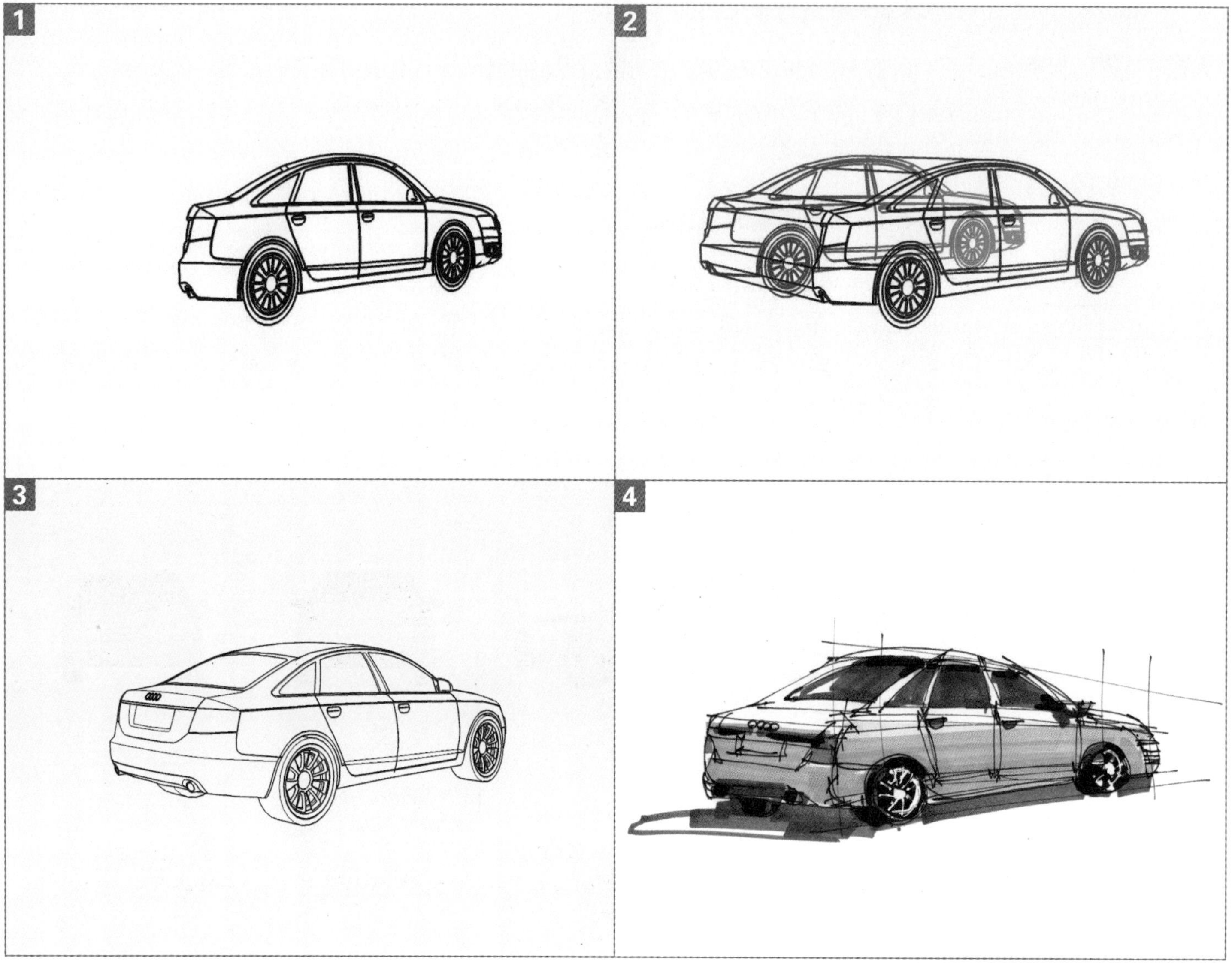

■ 车的立面转换法（一）

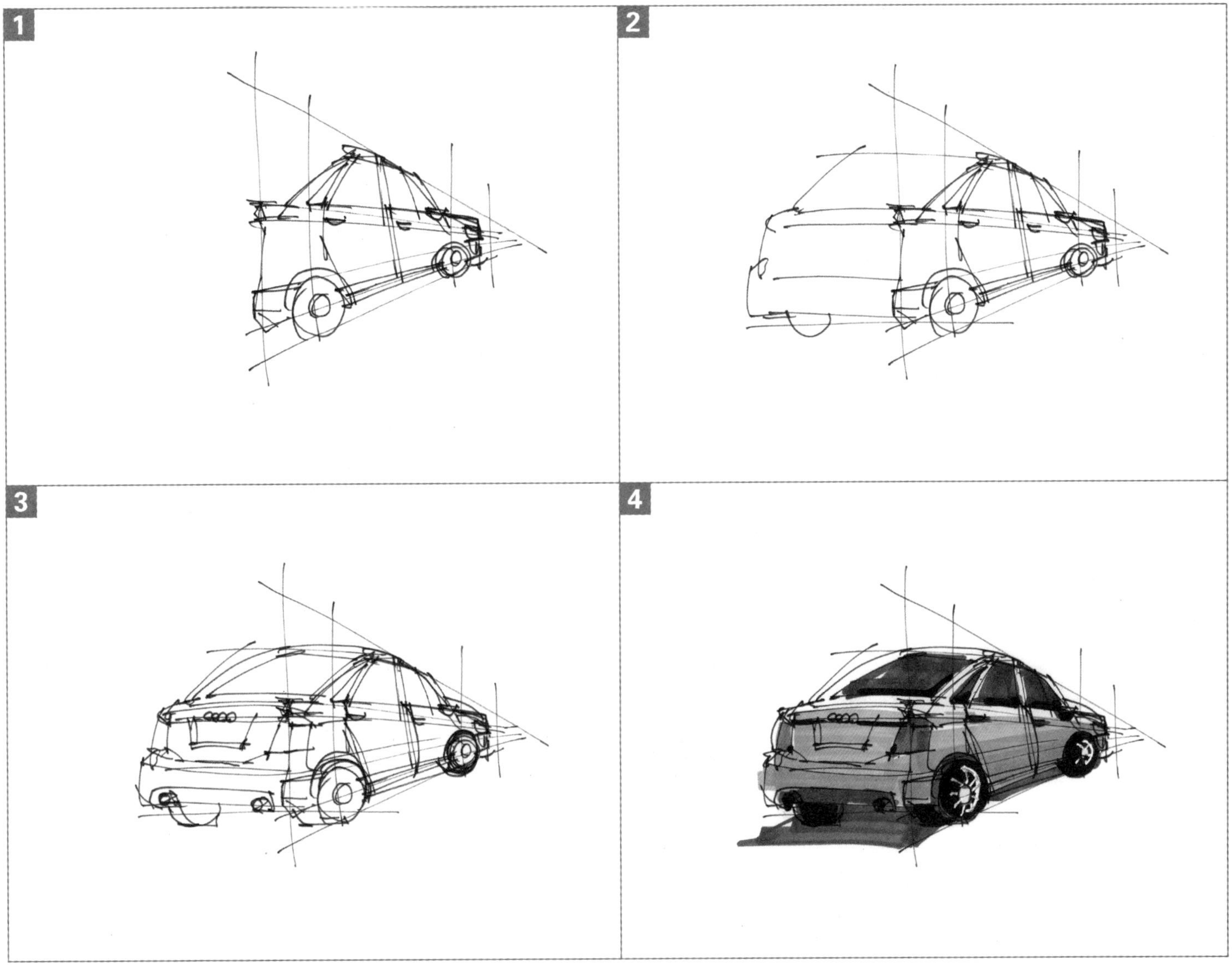

■ 车的立面转换法（二）

4.6.4 配景车组合拳

不要总是单纯练习画配景车，而是要放在环境中画。因此，要准备好若干张背景图，无论是用软件把拍摄的建筑照片变成浅灰背景，还是用轮廓线勾画建筑，总之，要在环境中练习配景车的组合、聚散、色彩、方向、车型等直接面向目标的关键要素。训练中一定要先假设出主体建筑的视觉中心，然后用配景车去做各种构图和视线引导试验，逐步训练出适合自己的“配景车组合拳”。

配景车的训练原理、训练方法，因为其他手绘书籍几乎都是一带而过，所以我们做了相对详尽的讲解，希望对大家的训练产生直接帮助。

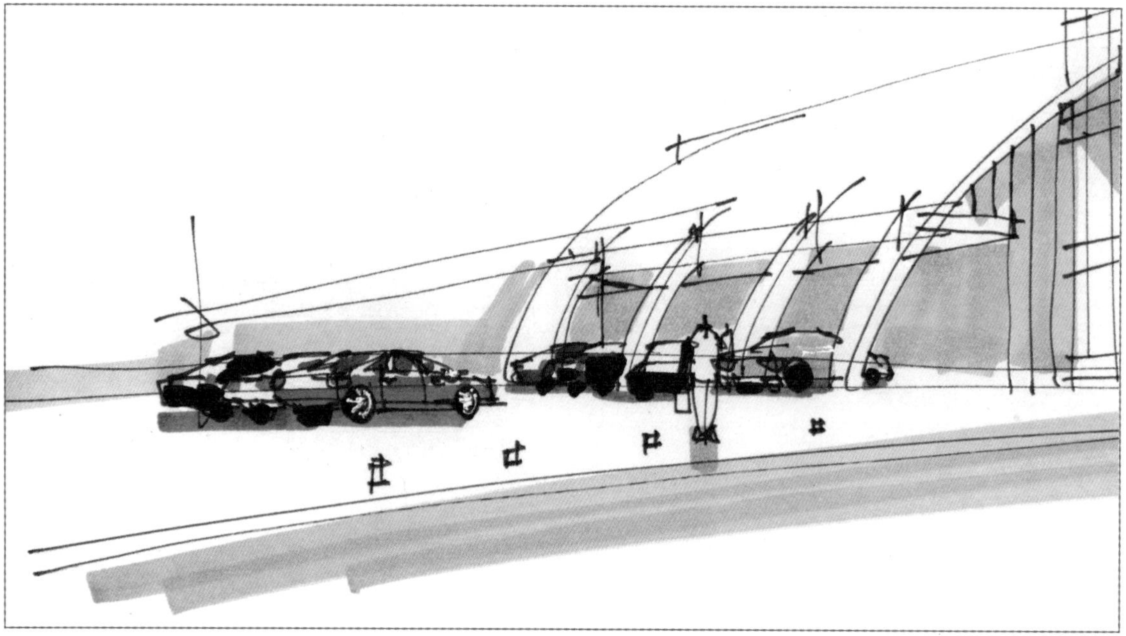

■ 配景车组合拳训练

■ 设计草图中的配景车

4.7 概括的树

除了背景天空，配景树木在设计草图的图面中所占的比例相对多一些，因此配景树画的是否得体，直接影响画面的整体质量。

4.7.1 画配景树的误区

配景树是很多人心中的痛，我们总是很羡慕那些配景树画得很好的设计草图，自己却觉得画树真的好难好难。为什么会这样呢?

4.7.1.1 追求具象的误区

在我们内心中有着强烈的写实绘画的欲望，加上多年受到的抓小放大、单纯注重细节的教育，很容易忘记设计草图的表达目标，从而陷入树种、树形等细节中，既费时间又消耗精力，得不偿失。因此，根据每张设计草图所要表达的主要目标来决定不同的画树方法及深度，才是我们需要的训练方法。

4.7.1.2 追求全面的误区

很多人感觉画树很难，还有一个原因，即总是想着画好所有类型的花草树木，于是患得患失，使得自己难以安心训练哪怕一种树的快速而实用的画法，这就导致表面上是在训练配景画法，实际上却一直处于浅尝辄止的状态。因此，正确的做法不是所有需要训练的要素都一步到位，而是画面需要的每个要素起码都练好至少一种高效实用的画法，即先练熟至少一种“组合拳”，以应付日常所需的设计表达，然后以此为基础再逐步进行深入和扩展，这才是真正的专业积累。打个比方，就像是登陆作战：总是集中优势兵力攻其一点，占领并巩固滩头阵地，然后再向纵深发展，最终占领全境。

4.7.1.3 追求树种的误区

太多人希望自己的设计草图能够清晰地区分出不同的树种，甚至成为植物专家才肯罢休。这种企图由一个人通晓所有专业知识和技能甚至每个专业都达到专家级别的“全才”欲望在设计师中严重泛滥，是由于我们一直严重缺乏团队设计、社会化合作训练所导致的直接后果。几乎所有设计院校都没有多专业协同的课程，加上设计史、建筑史都有意无意地忽略了那些著名的设计大师实际上是与众多专业公司、各个专业的设计师共同设计的真实过程，使得年轻设计师们都误以为这些设计大师都是孤军奋战、全能全知、一个人完成了整个设计过程。以树种而言，真实的设计过程中，都是方案创作师根据空间感觉及功能需要提出要求，再聘请植物专家根据这些要求配置出合适的树种，至于精确表达树种的真实感效果图，则是效果图公司和园林公司的任务，已经不是方案创作师设计草图范畴内的任务了。当然，经过多次与植物专家合作，方案创作师自然会掌握一些树种知识、组合技巧，并形成自己拿手的“**树种组合拳**”，甚至熟练绘制很多种类的花草树木，但这属于“锦上添花”的能力，而不是充分必要条件。

4.7.1.4 概念色彩的误区

很多手绘图尤其是景观的设计草图、效果图，都存在着严重的“概念色彩”的问题：过于鲜艳耀眼的纯绿色植被、过于鲜艳耀眼的纯蓝色天空和水体，令人难以相信这些设计师和绘图师观察过生活、研究过摄影作品、琢磨过风景画作。那些充斥着幼儿绘画级别色彩的图面，自然就会令观图者产生“不真实”、“不能信服”的狐疑心态，方案被反复要求修改甚至轻易否定也自然就成了家常便饭，设计师们却误以为是甲方在有意刁难。实际上，设计表达的目标是传达出设计的意图和设计师的修养，而不是死守着概念色彩而导致画面幼稚和眼花缭乱。如果观察一下经典名画中的植物色彩，就会发现**服从大局且有层次的植物色彩**才是成熟的色彩。

4.7.1.5 忘记取舍的误区

忽视“空气”导致距离感缺失，忘记了人眼对景物是有取舍能力的，这种企图面面俱到的错误现象非常普遍。很多设计草图中的植物无论远近都用同样的色彩，忽视远近不同的细节控制与提炼，导致画面纷乱不堪、处处争艳。远处的植物色彩应该比近处的灰一些、淡一些，远处的植物细节应该比近处的更概括、更简练。同理，距离视觉中心越远的植物，设色灰一些、淡一些，用笔也更概括、更简练。

4.7.1.6 盲目前景的误区

很多人故意忘记自己画不好具象景物的现实能力，硬是照搬别人的前景构图模式，结果自然是舍本逐末，画得不好的前景反而影响了设计主题的表达，于是因小失大、事倍功半。所以说，前景构图模式虽然有突出景深、增加层次的作用，但是终究是锦上添花，如果“花”画不好，那么不“添”也罢，也不会影响到“锦”本身的表现。当然，如果连“锦”本身都没画好，即使“花”画得再好，就不是锦上添花，而是画蛇添足了。

4.7.1.7 忽视中心的误区

很多人缺乏视觉中心意识，甚至会干脆忘记分析和策划自己图面的视觉中心在哪里、如何强调处理。植物配景有着把观图者视线向视觉中心引导的作用和责任，因此**无论是色彩、形状还是枝杈方向，都要做到为视觉中心服务、向视觉中心引导和递进**，而不是这些要素自说自话、处处争艳、失去大局。我们常常会见到配景丰富却对诉求中心缺乏刻画和强调的设计草图、效果图，这种配景喧宾夺主的图很普遍，由此可知忽视中心、因小失大的不良习惯是导致太多设计方案被否定的重要原因：甲方看不出在纷繁复杂的配景簇拥中简陋的中心主体到底有什么值得佩服的。

4.7.1.8 露丑遮彩的误区

明明是设计的精彩部分需要重点表达，却由于配景原因被遮住了；明明是设计失败、未完成设计的部分却没有用树木配景有意识地遮挡，于是精彩只存在于设计师心里，在甲方眼里却是问题多多。听起来很是匪夷所思吧？因为这些设计师大都有着自以为充分的理由：“我只想着树种配置了，我只想着应该把树画好了”。这种单极思维、过程思维之泛滥，是导致设计表达难以真正为表达设计服务的重要障碍。

4.7.1.9 忽视尺度的误区

把配景树画得过大，结果造成主体建筑看起来就像是模型一样不值得重视和尊重，或者是室内空间看起来拥挤不堪。只要指出来这种显而易见的尺度错误，人们就会像是惊醒一般恍然大悟，而他们往往持续这种错误很多年了，却一直不知道甲方正是因为感觉自己的项目看起来太渺小、觉得没有受到应有的尊重而否定方案。同理，如果无端地把植物画得过小，那么这些植物又成了微缩景观，甲方自然会由此怀疑设计师的尺度控制能力，进而由于不信任而投反对票。因此，**配景树的尺度需要反复推敲，以能够体现设计主体特质和设计意图为取舍标准**。比如，高层建筑的特质往往是高耸挺拔，因此配景树一般都会画得小一些，以免显得建筑像模型，失去尺度感；别墅建筑的特质是与环境融合，因此配景树一般会画得大一些。这些因地制宜的处理是符合常识的模式，并不需要什么高深的专业知识或者严格的尺度规则，重要的是回到目标思维、常识思维中。

总之，配景真的只是配景而已，只有设计主体画得好、视觉中心刻画到位，这时的配景才能真正起到锦上添花的作用。如果连设计主体都没有画好，就因为画不好配景树而苦恼，其实是在为了不能画蛇添足而焦虑，早就本末倒置了。**实际上，真正的高手大都不会拘泥于配景树的细节是否具象、树种是否真实这些非设计主题的要素，往往用抽象的形状、笔触、色块、图例即可达成目标，很多成功的设计草图甚至干脆不画配景也仍然轻松达成目标**。因此，设计草图的目标是表达设计意图，而不是炫耀配景绘制能力。上述那么多误区，实际上都是忘记目标的表现。

■ 概括表现的树

4.7.2 树的概形法

当设计表达的主体是建筑、空间而非植物配置时，我们实际上没有必要把太多宝贵精力和时间用在配景树上，以免画蛇添足甚至喧宾夺主。在这种情况下，概形法画的配景树不仅高速有效，而且易于控制。比起那些具象画法，概形法使得配景树真正处于配角地位，是设计师应用最普遍的一种画法，虽然最简单，但是却最实用。

所谓概形法，指的是根据设计的主体诉求需要，以平面构成、色彩构成的方式，画出类似植物感觉的形状作为背景、前景、点景，从而起到平衡构图、引导视觉、烘托气氛、压图提白等作用。由于概形法以形状和色彩为特征，因此最关键的要点是设计师要具备平面构成、色彩构成的能力。换句话说，概形法也是训练构成能力的一举多得的好模式。建议把画好了建筑主体的设计草图复印多张，试着用形状、笔触做概形法配景树的多种可能性试验，并随时远看画面以做好整体构图和诉求中心的控制。

实际上，人、车、树、天空等配景都可以用概形法处理，大家可以多做尝试，逐步实现又快、又好、又有效果。

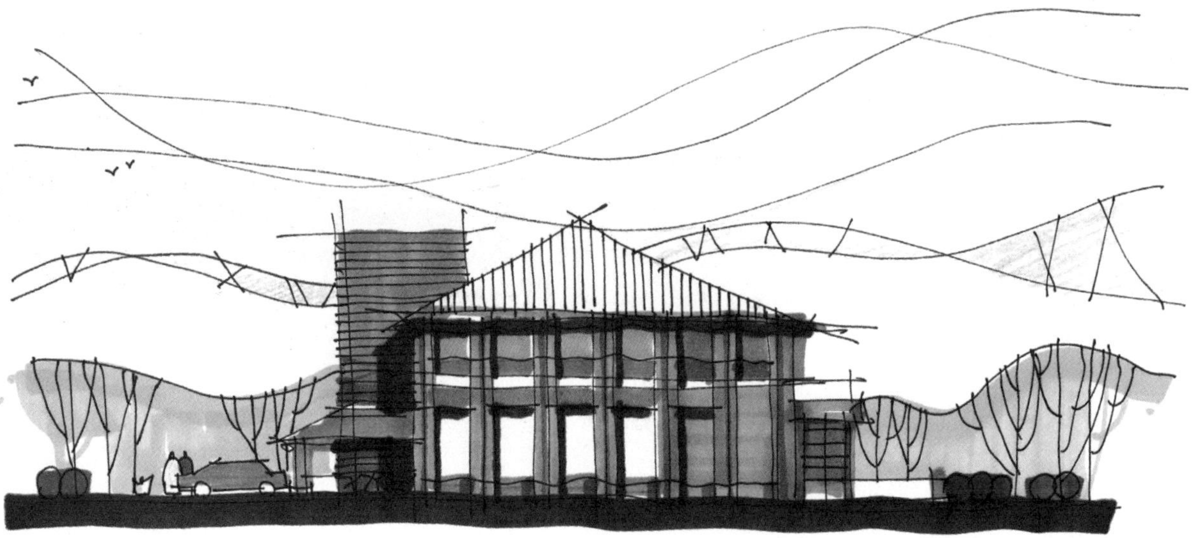

■ 树的概形法绘制效果

4.7.3 树的轮廓法

所谓轮廓法，指的是通过描绘树木外轮廓达成表示配景树的目的，这种方式有着简单高效的特点，而且还便于表达出概略的树种。轮廓法描绘树木外轮廓，有精细描绘与简练描绘之别，我们建议以简练描绘为主训练并加以应用，以使得配景的绘制深度不至于影响到设计主体的表达，同时便于控制速度。

针对轮廓法的配景树训练，建议收集或亲自拍摄一些实际建筑附近的树的照片以供描绘训练，我们称之为“照片配景树轮廓训练法”。用照片描绘轮廓的好处是体验直观、便于提炼，并有身临其境的乐趣。需要注意的是，要学会做大量试验，即精细描绘、粗略描绘与提炼描绘相混合训练，以免造成腻烦心态。同时，要试验“移动”树木到其他位置并变换尺度以观察不同情况下的效果，并逐步打破单纯临摹、复制原画的坏习惯。

尽量不要描绘植物图谱模式的单一孤立的植物，无论是收集的照片还是亲自拍摄的照片，都要选择那些有建筑主体的构图，并以简单描绘的建筑主体为背景训练配景树，以便于形成尺度感觉和组合构成感觉。**最好是选取那些经过设计的植物群落，以逐步建立起层次控制和序列控制的感觉**。

■ 树的轮廓法绘制效果

4.7.4 树的枝杈法

所谓枝杈法，指的是只画出树木的树干、树枝、枝杈，而不绘制出树叶等要素。这种画法的优点是兼顾了遮盖与通透的需求，便于灵活控制枝杈疏密，缺点是要求设计师耐心、踏实，比较适合心态沉静、把安心绘制当乐趣的设计师。如果目前处于浮躁状态，或者目前性子比较急躁，那么不建议以这种画法为主，以免适得其反。

枝杈法需要设计师研究树木的分杈规律。由于不同的树木分杈规则并不完全相同，因此平时要收集一些冬季落叶后的树木照片，以逐步掌握几种枝杈法配景树画法。

枝杈法有简练模式和精细模式。简练模式绘制迅速，但一旦线条潦草，就会导致画面整体给人浮躁的感觉，因此一定要保证线条和心态的稳定性。精细模式绘制较慢，但只要耐心绘制，画面会给人祥和安静的感觉，因此在时间和心情较为充裕的情况下很适合营造画面有深度、很用心的感觉，也能给设计师带来沉稳投入的乐趣。

枝杈法最重要的注意事项就是不要抓小放大。如果建筑主体本身的表达并不细致，尤其是诉求中心的刻画浮皮潦草，那么认真细致地绘制的枝杈法配景树就会带给观图者奇怪的感受：难道设计师的意图是卖树么?

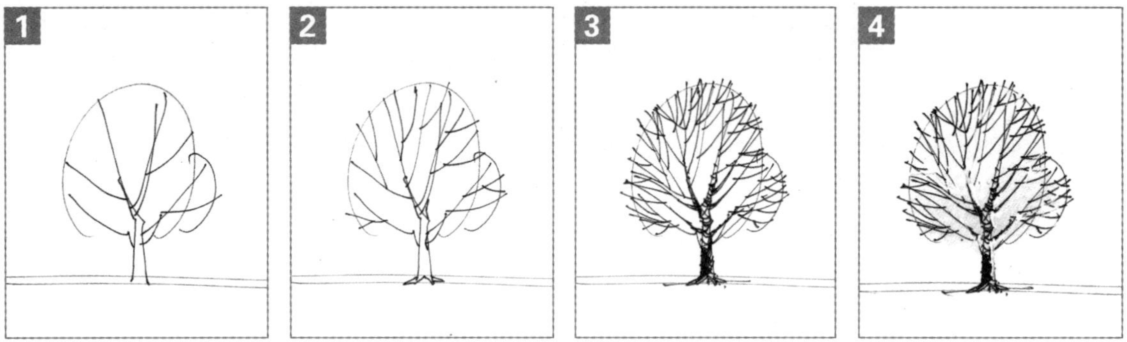

■ 树的枝杈法绘制步骤

■ 树的枝杈法绘制效果

4.7.5 树的明暗法

明暗法是上述几种画法的结合，即画出树木的轮廓、适当加入枝杈，再以点、线、面或笔触做出明暗变化，从而使得配景树木形成立体感，并体现光影、距离以及色彩变化。

明暗法画树的关键是可以通过强调树木的暗面使得画面沉稳，成为形成画面重量的有机组成，以免画面发“飘”、显“灰”。同时，明暗可以表现出阳光的方向，以配合设计主体的表达。

明暗法画树的明暗程度取决于设计主体的诉求表达，这一点非常重要。很多人会下意识地沉浸在配景树中不能自拔，结果忘记了设计主体和诉求中心。比如行道树这样分立模式的配景树，如果过分强调了每棵树的暗面，自然就会造成“暗面闪烁”，即大量点状重色形成视线分散甚至喧宾夺主。再比如设计主体采用了较为粗略的描绘，如果这时陷入了配景树的深入刻画中，自然会造成主次颠倒，甚至会令人误解为设计师不是专注于设计表达。总之，抓大放小至关重要，决不能因小失大。

明暗法的暗面重色会影响到画面重量，因此在设计主体由于时间原因不能加重色压图的时候，可以通过大面积的配景树的暗面处理使得图面显得沉稳，只是仍然要时时注意主次关系，千万不能让配景喧宾夺主。

明暗的表达有多种方式，比如点、线、形、笔触以及色彩等等。需要注意的是，无论哪一种方式，都要控制笔法的明确和稳定，切不可因为心急而潦草，造成得不偿失、事倍功半。一定要记住：慢才是快、稳才是快。

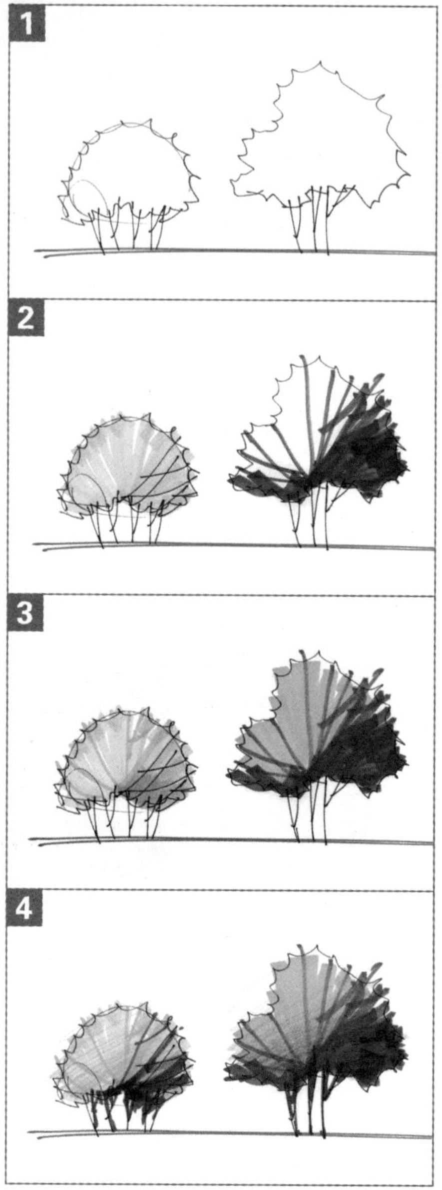

■ 树的明暗法绘制步骤

■ 树的明暗法绘制效果

4.8 基地环境

4.8.1 从基地环境开始创作

在各类设计草图中，无论是总平面图、立面图、透视图、轴测图甚至剖面图、分析图，都会涉及基地环境的画法，而基地环境的画法又涉及对基地环境的重视程度，因为当前忽视基地的做法非常普遍。

太多方案创作师骨子里唯我独尊，狂热地企图突出自己的设计，于是“尊重环境”往往只是沦为自欺欺人的口号，甚至有太多方案创作师已经习惯了纸上谈兵，在没做过基地调研的情况下自以为是地创作。还有很多方案创作则完全是出于懒惰和斤斤计较，给自己定义了各种借口以尽量减少在基地环境方面的绘制工作量，当然也就减少了对基地环境的调研、思考、创新方面的创作工作量。

我们要强调的是必须重新回归对基地环境的重视，并将针对基地环境的实地调研、需求列表、新旧互动、行为引导等设计要素重新纳入专业创作流程，从闭门造车的幼稚、不负责任的自恋状态中走出来，让以人为本、尊重环境、设计与基地对话等专业行为重归真正的创作，让我们重归职业良知。**只有当方案创作师是在真正关注基地环境，并以基地环境作为创作源头之一，设计草图的基地环境绘制才会产生真正意义。否则，如果只是为了美观或者烘托气氛而绘制基地环境，那么设计草图就又远离创作目标，沦为绘画层级。**

基地环境的绘制工作量实际上很大，这也使得多数人选择逃避或者省略绘制，同时，基地环境的分析与研究工作往往不受甲方重视也是原因之一，而当下越来越同质化的城市面貌也使得基地环境的分析与绘制被忽视。即使如此，如果我们能够将基地环境的绘制设法做到有效化，那么这种绘制本身也能够促使我们反复分析基地环境与项目方案之间的关系，并促成我们反复亲临现场验证自己的多种可能性设想，从而形成有实际意义的创作推理与创新互动。

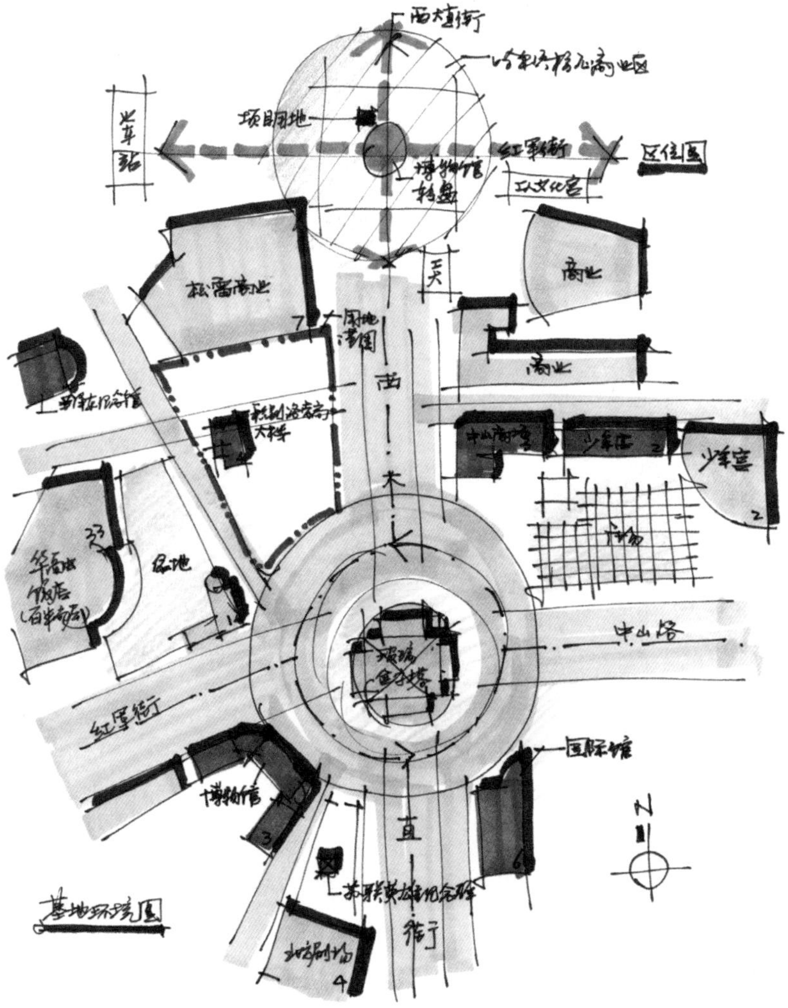

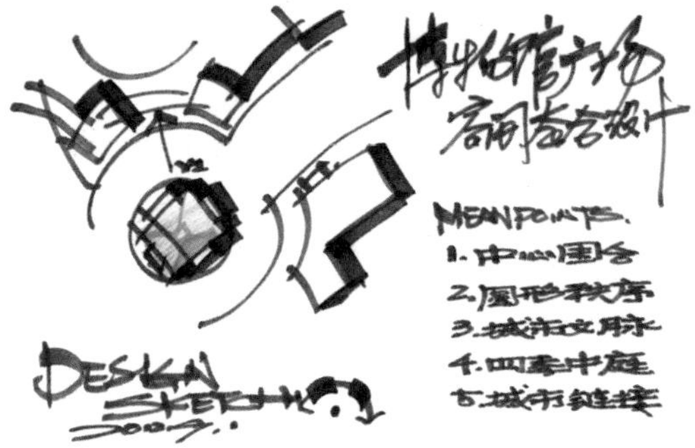

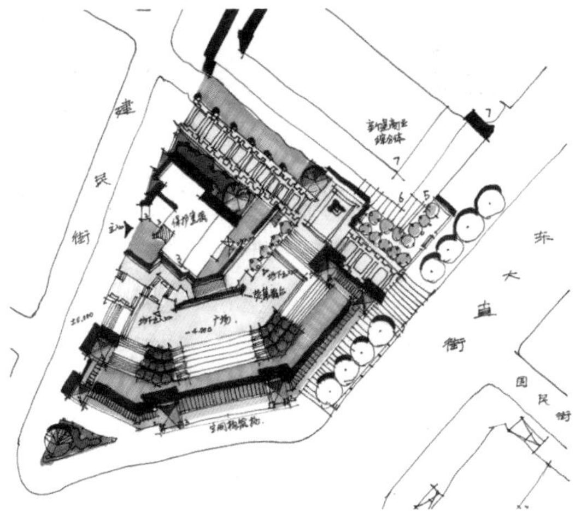

■ 从基地环境开始创作

4.8.2 提炼基地环境

如果我们没有机会去现场调研，建议方案创作师进行电脑时代的“剪贴式”基地环境绘制，即将卫星图片的基地总图和请甲方在实地拍摄的基地照片浅浅地打印到纸上，然后在上面进行概念分析、设计构思以及表达草图的绘制。如果是使用数位板，则连打印也不需要了，可直接在软件中进行，而且用数位板进行徒手绘制，仍然具备激活右脑创造性思维的作用。当然，如果使用 iPad 绘图软件，效果又会好很多，因为 iPad 没有数位板与显示器的维度差异导致的感觉不直观的问题。总之，这种照片叠底的绘制方式效率更高、误差更小，令人更有身临其境地构思创作的直观感觉，更容易避免凭印象造成的错误与疏漏。

多数情况下，构思阶段告一段落后，在绘制相对正式的设计草图时，为了画面整体统一，基地环境往往仍需提炼描绘。这个时候不仅提炼能力很重要，色彩控制能力也非常关键。

比如不由自主地采用鲜嫩的绿色植被、蓝得耀眼的水体等概念色彩，不得不让人怀疑绘制这种色彩的人根本就缺乏色彩观察与真实提炼能力，进而对方案产生否定心理。

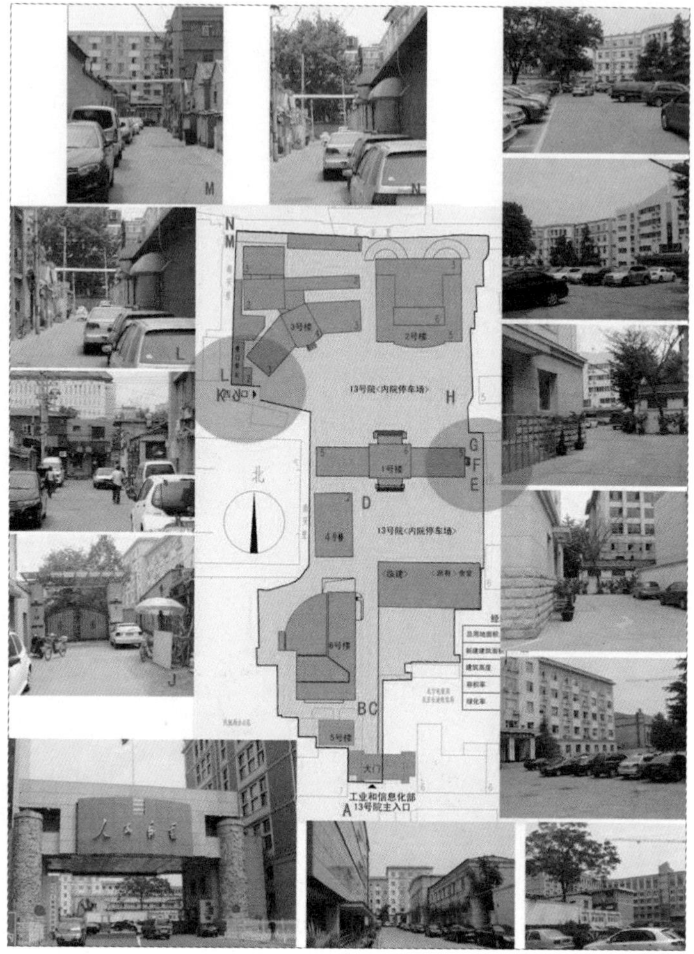

■ 基地调研

总之，基地环境的绘制对方案创作有着极大的良性互动作用，如果确定想做一个负责任的方案创作师，那就从现在开始养成从研究基地环境入手分析、构思以及绘制设计草图的专业习惯，很快就会发现益处多多。

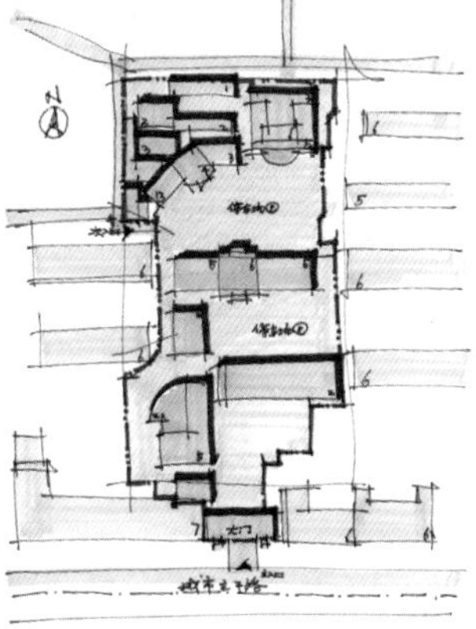

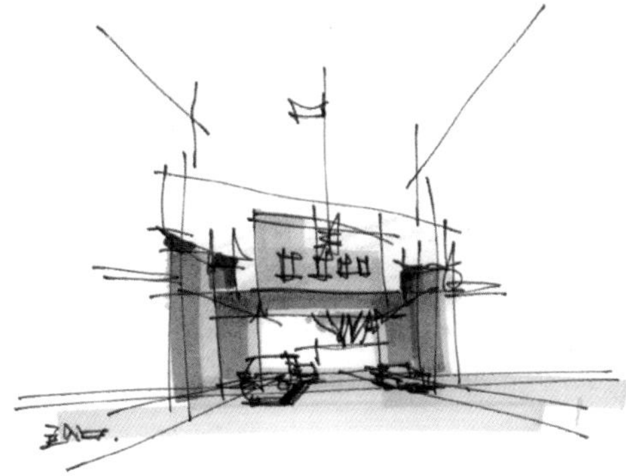

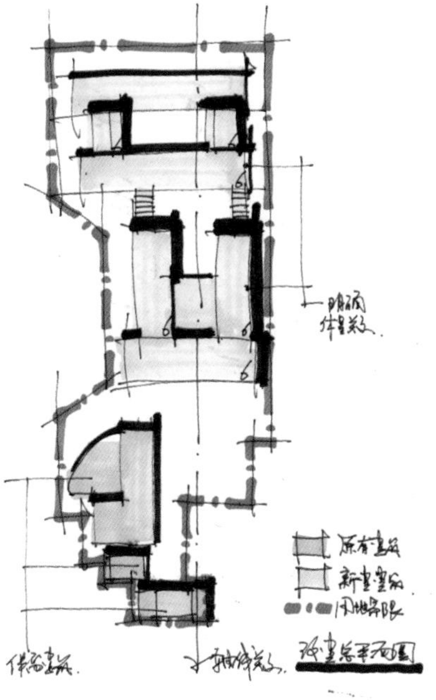

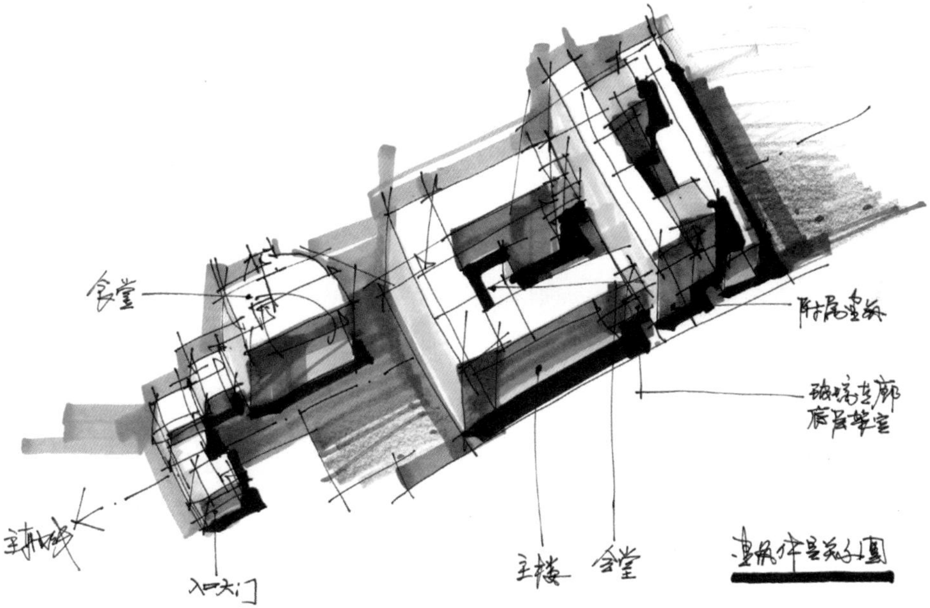

■ 提炼基地环境

综上所述，通过对配景训练方法的讲解，相信读者会逐步找回自己的观察、归纳、提炼能力，提高感觉控制能力，在色彩方面也能够做出大量的试验，从而逐步形成自己善用的配景色彩组合。至于“配景组合拳”的练习，则会有更多好处，因为多要素组合能力一旦提高，其作用可就不是仅仅限于配景了。

以配景训练为载体，心理压力明显会小于完整的设计草图训练，这是不言而喻的。这里的关键是不要为了练配景而练配景：太多人因小失大，结果练配景时不仅找的是那些复杂而逼真的配景范例，而且训练时竟然把配景画得又大又精致，全然忘记了在真实的设计草图中配景的尺度其实很小。这种情况普遍存在，甚至很多所谓的手绘书籍、设计配景书籍也会忘记配景的真实目标，其中配景章节的插图几乎就是精细的配景钢笔画。想想看，画一个配景比画主体都困难，这还是配景么？这不是本末倒置了么？因此，**配景训练时对目标思维能力的训练也会有良好的促进作用**，这一点可能是很多人没有想到的。同时，由于配景的色彩对画面全局有着明确的调节作用，配景训练还能促进我们从画面的整体着眼研究配景的设色，从而为视觉中心服务，并以局部的对比色微妙调节画面的统一色调。

更为重要的是，配景之所以称为配景，当然更需要提炼、概括和简化，因此配景训练可以帮助我们持续研究**提炼**、**抓大放小**等等对方案创作来说毋庸置疑的重要能力。由此可见，闲来无事琢磨配景画法，看似悠闲，实则潜移默化、益处多多。我们强烈建议方案创作师平时以毫无心理压力的状态反复训练提炼配景画法及色彩、构图、组合，不用多久，就会发现自己的提炼能力不仅仅体现在配景上。

小配景大世界，从无到有，从有到精炼，从精炼到本质，从而直达目标。

■ 配景的引导作用

RATIONAL AXONOMETRIC

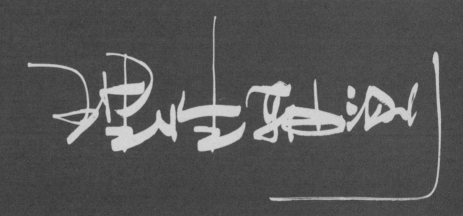

第 5 章 理性轴测

【主要内容】

5

电脑建模技术日趋便捷，使得我们很容易放弃徒手透视草图的专业应用，顺便也就放弃了徒手轴测图的专业研究，似乎所有涉及三维的草图分析一下子就变成了电脑的任务。

一些方案创作师由于不能自行熟练地运用电脑软件建模，自然就把这部分的工作量“委托”给了熟悉设计类软件的人或者干脆找效果图公司“制作”，目前的方案创作似乎成了毋须动手的专业流程。似乎主创只需单纯地思考、勾画极其简约的示意图，甚至很多所谓的方案创作师会把设计杂志或者效果图书中的案例插图当成“方案意象”拿给助理设计师或效果图公司，然后就是进行口头交代了。这样做的结果可想而知，手与脑的交互作用被完全忽略，所谓的“思考”实际上只是左脑在单纯地“想”而已，右脑处于完全的“闲置”状态。于是，在电脑时代的方案创作领域中现了的创作能力大幅度倒退的现象，其典型症状竟然是我们越来越难以见到具备意境之美的设计，也越来越难见到令人称奇的创造性地解决问题的方案了。近些年的一些著名建筑更多体现了高技术、高造价和极度异形，却难掩其创造力的匮乏。

意境的有心营造与创造性地解决问题的能力恰好是来自右脑，但是由于我们过分地依赖电脑，几乎丧失了用于推敲、优选优化、优雅地创造多赢的基本能力，而手是启动右脑创造力的开关之一，徒手的反复推敲则是创造灵感的重要方法。创造力是人类的重要特征，启动创造力的模式开关只能是来自人本身，而不会是来自工具，当然也就不会来自于电脑。换句话说，当我们依赖工具解决问题的时候，也就是我们失去创造力的时候。屡见不鲜的山寨、抄袭和完全依赖电脑计算出多种可能性的所谓参数化设计潮流，不都是在向我们证明创造力正在迅速消失么?

读到这里，请不要急于争辩，只是请扪心自问：有多久没有感受到因为亲自创造了优雅意境或者想出了极好的解决问题的方法而产生喜悦之情了呢？有多久总是用各种借口和观点去解释自己的无奈和哀怨呢？其实，真正重要的并非上述观点的正误，而是我们应该学会观察、分析自己。

徒手透视与轴测的海量绘制、分析、推敲、修订、重画对创作而言是极为重要的启动右脑创造力的工作方法，其重要性绝非电脑建模可以替代，更不能假手他人。如果觉得自己的创造力仍然处于虚弱状态，那么就请删除固有的误以为透视、轴测只是一种制图方式的观点，从现在起就开始尝试反复绘制、大量修订，不再吝啬于重画，你将惊奇地发现，很快就会思如泉涌。当大量的可能性和新的想法出现时，你的任务只是把这些思路尽可能地迅速画出来，不必先去判断对错或可行性，这样很快就能拥有大量的可供优选优化的原创方案素材，于是方案草图就会跃然笔下，成为真正的乐趣和成就感，而这才是创作。

轴测图比起透视图而言制图速度更快、尺度也更容易把握，三维感觉则更偏重于整体控制，因此非常有利于针对基地环境和体块关系的分析、研究和推敲。即使是室内设计，用轴测图方式进行功能布局和家具布置，也会因其整体性和三维特征而更容易做到抓大放小，而方案的整体方向、整体关系、整体解决对我们来说是至关重要的，毋须赘述。

5.1 画法分类

设计院校的画法几何教材中的轴测图画法大都相对复杂，并不利于在实战中徒手绘制和推敲，这一点当年也困扰了笔者很久。本节将讲解如何迅速地从平面图生成三维的轴测图，也就是以适合正常思维速度的效率绘制出轴测图，以便于验证思路，分析更多的可能性解决方案，进而将这些可能性也都迅速绘制出来。这是一种易于上手、立竿见影的轴测图画法，相信大家熟练之后会欣喜地发现，徒手绘制轴测图实际上远远比电脑建模来得快速、高效，而在反复绘制的过程中能够体会到思如泉涌的乐趣则是电脑建模根本无法企及的。在迅速绘制轴测图的过程中，在右脑的提示下会涌现出更多的可能性，直至其数量与质量足以进行优选优化，从而使得这个过程进一步启动右脑的创造性思维，在这样的多重反复之后，最终找到可以多赢的、优雅的解决方案。

需要说明的是，笔者介绍的这种应用轴测图的方法并非来自画法几何之类的教材，而是当年上大学四年级的时候，由张路峰老师和卜冲老师在业余时间给我演示的，那时才知道轴测图竟然有着如此高效的实战意义。在此，我必须对这两位可敬的恩师表示由衷而诚恳的感激之情：没有你们当年慷慨而细致地演示设计的构思过程，我可能至今也不会知道构思草图中的轴测图可以画得那样迅速而且从容潇洒，而思维则可以如此直接和实时地在三维层面展开。更为神奇的是，你们给我演示的这种绘制轴测图的方法简单易懂，真正应了那句话：高明的往往都是简单的。同时，这也给了我们启示：真正的高手都是充满了自主研究精神并且真正身体力行的人。

简单说来，只需斜置平面图，然后按照相应的比例向上按一定的高度距离“复制”该平面图，用竖线连接各对应交点，三维的轴测图马上就出现了。是的，就这么简单，简单到足以令我们为在此之前一直只是做二维平面的“思考”而羞愧不已。下面按照不同的实战应用的场景描述一下几种使用方法，以启发大家自行研究更适合自己的轴测图应用的工作模式。

5.1.1 方案初期的叠置法

在方案构思的初期阶段，即试做（亦称试错）阶段，我们最需要的是把若干种可能的平面功能组合迅速地画成轴测图以实时分析其可行性；或者是反过来，即直接从轴测图入手，画出若干体块构成，然后实时分析其平面功能组合的可行性与合理性。

由于对功能组合的研究处于很概括的阶段，平面图并不复杂，因此往往采用“直接生成模式”和“斜向生成模式”，即不用借助透明纸或者半透明纸的帮助，而直接在平面图上向斜向方向“拉伸”出轴测图。换句话说，这种画法是把平面图和轴测图二者透明叠画的，简称叠置法。之后再通过快速绘制明暗、阴影以及色彩来适当突出轴测图的三维感觉并以此适当遮盖住平面图。这种方式的好处是速度快、实时同步，并因为平面图与轴测图的互相叠置而显现出很强的过程美和技术美，非常有利于进行快速和大量的构思分析以及迅速创造成就感，使得我们可以实时沉浸到方案创作的乐趣之中，并在构思初期高效率地进行大量的可能性实验，为进一步创作积累思路、创造优选优化的良好开端。

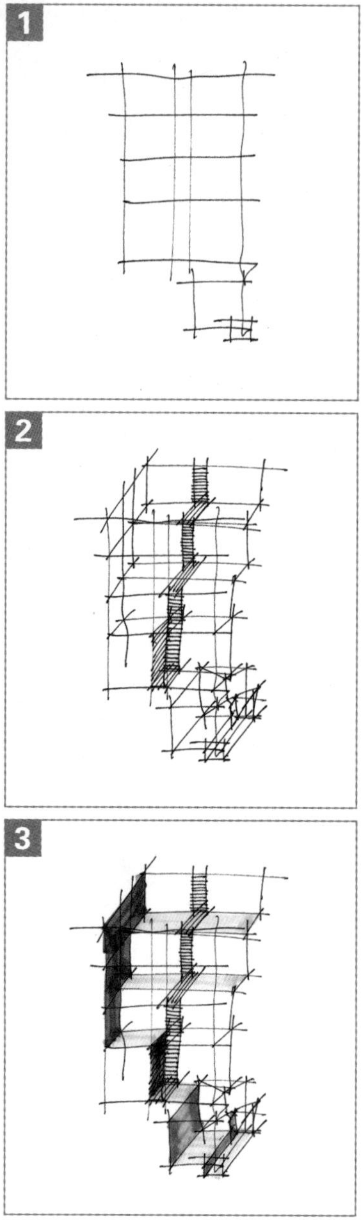

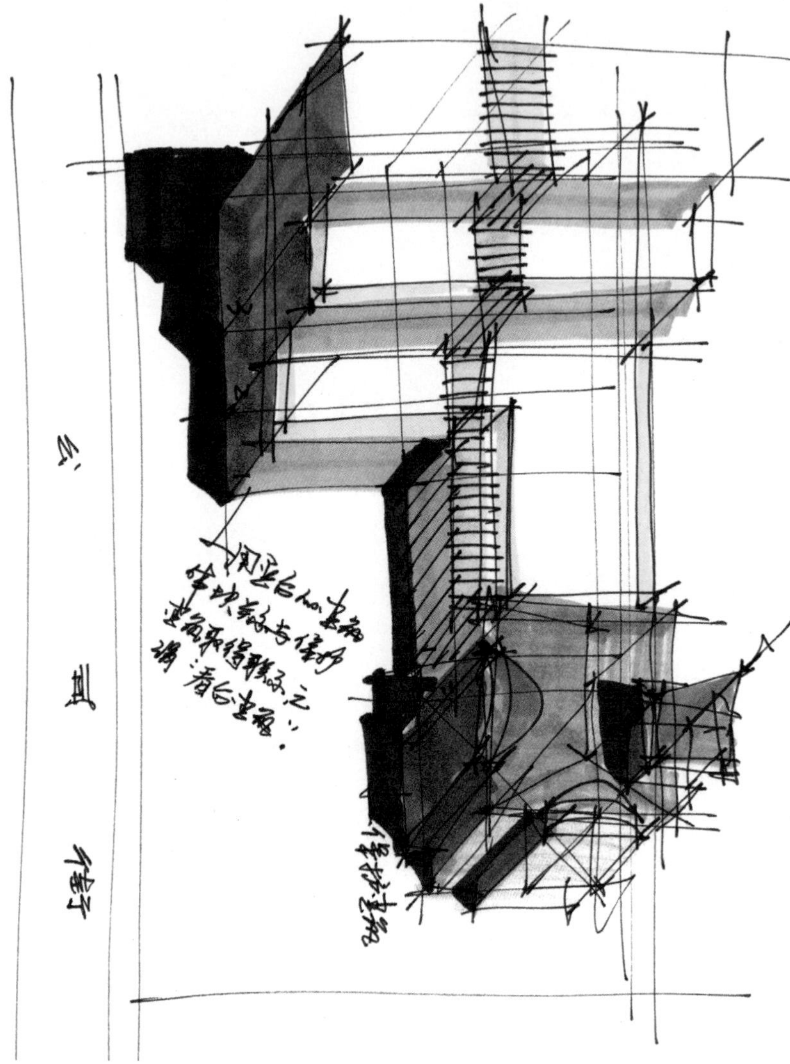

■ 方案构思初期的轴测图

5.1.2 方案中期的透描法

在方案构思的中期，平面功能组合已经相对明确和深化，平面图已经相对复杂，这时如果仍然使用上一节介绍的叠置法不仅会破坏平面图的完整性，而且还会使得生成的轴测图与平面图混淆，造成混乱的感觉，这时就需要透明纸或者半透明纸进行“透描”轴测图了，当然也可以使用“透图台”（即在日光灯管上面安置了平板玻璃的描图装置，亦可以自制）。一般采用拷贝纸或硫酸纸，如果感觉复印纸的透明性可以接受，那么使用复印纸更好。一般来讲，不建议使用过于透明的纸张，因为平面图中大量的细节在使用透明纸张“透描”的时候会影响轴测图的生成。

由于纸张具有透明性，可以斜置平面图，从而使得轴测图的高度方向垂直。透描生成轴测图的方法优点很明显：生成的轴测图没有平面图的干扰，而且在根据不同的造型思路重画轴测图的时候不必重画平面图。

叠置法与透描法需要根据不同的情况酌情使用，原因是叠置法由于需要每次都重新绘制平面图，而这种反复重画平面图的行为往往会让方案创作师产生新的平面组合思路，一举多得。换句话说，透描法更适合平面功能组合已经完全明确的情况。

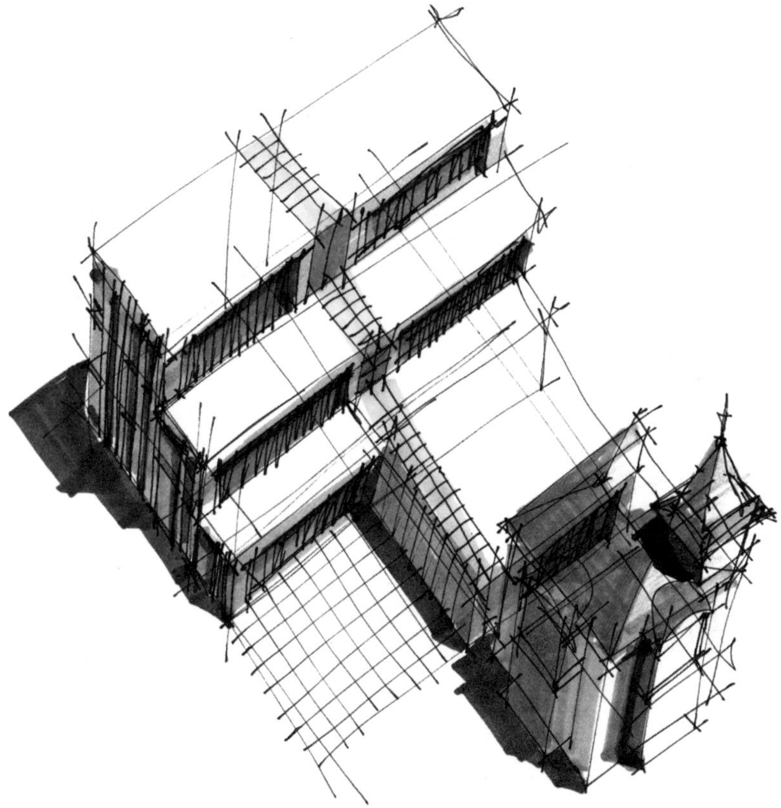

■ 方案构思中期的轴测图

5.1.3 深化阶段的尺规法

在方案构思的深化阶段，需要反复推敲体块的细部以及确定具体尺寸，因此往往需要用尺规对关键的尺度进行精细控制。在绘制过程中，只需用尺规画出重要的“尺度辅助线”即可，而不必每根线条都用尺规，以提高效率，因为目标终究是方案构思而非手绘效果图。换句话说，为了保证尺度的基本准确，即使是徒手设计草图，也不应该以单极思维去盲目拒绝尺规，关键是灵活应用以保证效率，使得绘制速度能够适应大脑的思维以启动右脑创造性思维的积极参与。

1

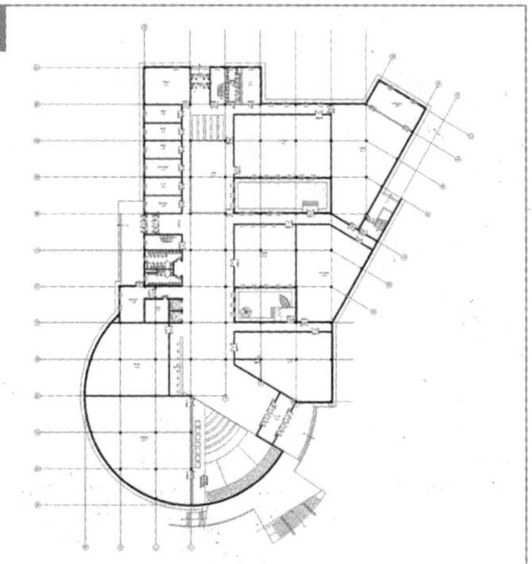

2

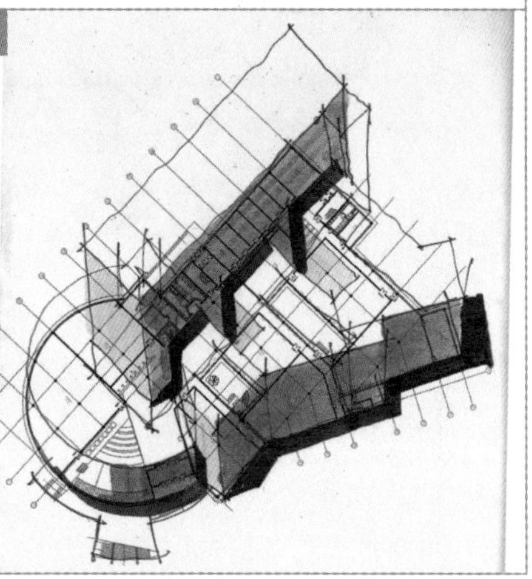

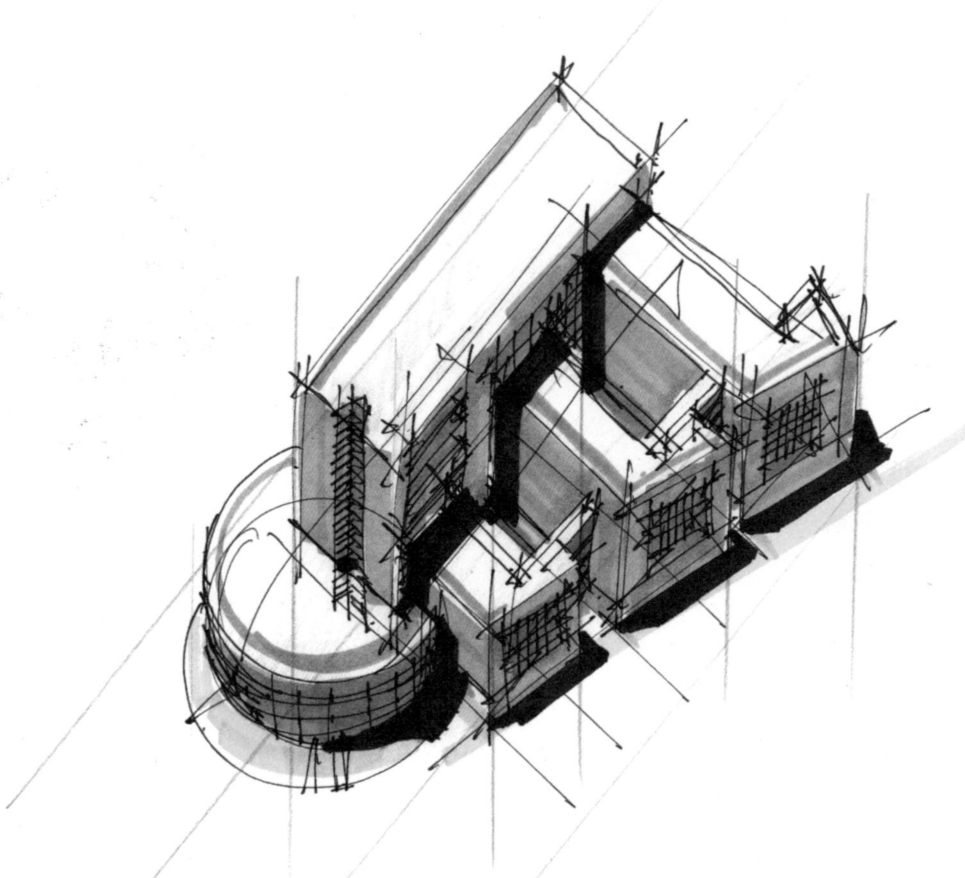

■ 方案构思深化阶段的轴测图

5.1.4 电脑软件的辅助法

我们要学会根据自己的情况通过大量实验研究适合自己的画法，比如借用电脑建模软件（建议使用 SketchUp 软件）的能力，把徒手绘制的平面草图在电脑中向轴测图的高度方向按照层高逐层复制，然后将色调变浅打印多份，再用徒手模式在打印稿上绘制轴测图并不断做变形实验，分析各种造型的可能性。**总之，目标是对方案构思进行发散思维模式的大量生成，以便于优选优化，而不是保证纯粹的徒手绘制。**

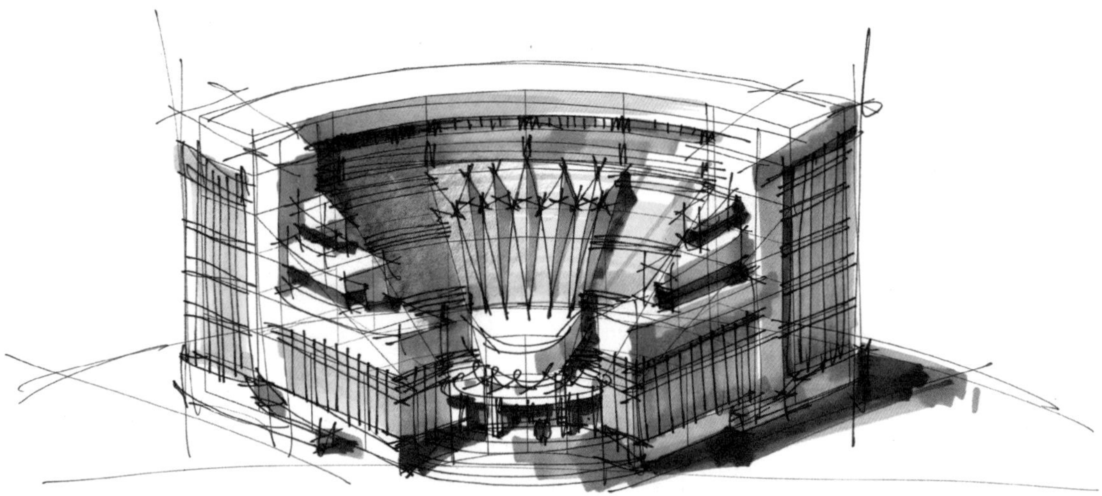

■ 与电脑软件结合完成轴测图

从上述讲解可知，二维与三维的同步思维、实时生成并非什么难事，而手脑实时互动以启动右脑的发散思维以及创造性灵感的发生，亦非神秘和不可知，关键在于真的去做、大量地做、迅速地做以及动脑筋试验适合自己的方法。大多数人对二维、三维的实时互动产生了不必要的误解，即对在徒手工作中能够源源不断接收到右脑提供的灵感的讲解半信半疑，甚至嗤之以鼻，其根源就在于懒惰。由于懒惰，才会过于强调单纯地思考、苦思冥想，再以各种借口“质疑”，于是自然是继续懒惰，常见的后果是过了若干年以后，才发现自己仍然几乎停留在原地。跳出自己的恶性循环，开始大量行动吧，让我们时时手画轴测图。

5.2 图面表达

5.2.1 轴测图的优势

按照上一节的讲解和提示，相信读者会发现，这种通过轴测图方式进行方案构思与验证的方法不仅原理简单、易于操作、方便交流，而且能够迅速地令人产生成就感。与此同时，很多人还会发现其缺点：一是其效果是鸟瞰图的感觉，并且画不出来正常视高的透视模式的画面；二是其效果相对抽象，不是很真实，甚至不是很令人信服。那么，又该怎么办呢？

轴测图的第一个缺点是画不出来正常视高的透视感觉的画面，这是轴测图的固有属性，我们实际上没有办法让鸟瞰模式的轴测图变成透视图，但是反而能够因此而看到轴测图的优点是透视图无法替代的，比如全局性强、能够快速生成，加上其尺寸的准确性和可测量。

反过来说，我们也会意识到透视图也难以被轴测图彻底替代，因为身临其境的感觉只能通过透视图去分析与表达。由此可见，对那些不想认真训练透视求法而只想靠绘制轴测图构思方案的人来说，还是建议在熟练地应用了轴测图以后再回过头认真训练透视感觉。实际上，在训练到熟练程度后，就会发现快速求透视也并非很困难，而直接在透视稿上构思方案的感觉也会更好。因此，轴测图的这些缺点实际上并非坏事，反而能够促使我们更深入地进行透视图徒手绘制的训练，从而让我们可以在不同的阶段和需求中灵活运用轴测图和透视图。在三维世界中用手反复研究和勾画，右脑的强大创造力才会源源不断地迸发。

轴测图的第二个缺点是其相对抽象、不真实甚至难以令人信服。

相对抽象、没有透视图那么有真实感，也可以看成是轴测图的优点，而不是通常被直观认定的缺点。轴测图因其整体表达以及尺度可以直接测量的特点，使得我们在灵感表达与比较中保持正确的理性，而不是整日陷于思路的“幻像”之中，直至制图时才发现画出来的与想法大相径庭。由此可知，我们虽然强调通过手脑互动启动右脑创造性思维，但是绝非像单极思维者认为的那样创造了灵感就创造了一切，我们强调的一直是整体思维，即优选优化、寻求多赢尤其是优雅的多赢，也就是创造地解决问题，这才是我们倡导的方案创作。

轴测图的缺点就剩下“不容易令人信服”这一条了，而这一条我们并不希望直接把责任推给透视图，因为轴测图本身的令人信服非常重要，而且并非做不到。为什么轴测图做到令人信服非常重要呢？原因就是轴测图对大多数方案创作师而言要比透视图容易掌握并且可以迅速绘制，也更便于现场实时绘制与交流，再加上轴测图可以直接测量尺寸的优势，就使得轴测图更容易成为方案创作师进行三维层面的构思利器。如果可以在轴测图的徒手绘制中直接做到令人佩服、信服，那么相对于透视图而言，不仅可以直观地交流、互动、讲解、修改、重画，而且轴测图与平面图可以直观互动的优势也会令甲乙双方都更容易接受，其结果自然是节约大量时间和精力成本。因此，在方案构思过程中大量应用轴测图，而在有了阶段性成果时再绘制透视图，那么这两种三维构思方式就能相得益彰了。

对方案构思而言，设计师每天绘制的平面图以及与之相应的轴测图可能会是几十张甚至更多，而同样的一天只能画二到三张接近真实感觉的透视草图来验证其阶段性成果。

由上述分析可知，轴测图在方案构思阶段是极为常用而且大量绘制的设计草图类型，无论是跟自己、跟团队、跟业主的互动与交流，这种草图类型如果能够被绘制得更加具有实体感和更加具备视觉吸引力，那么结果无疑是具有事半功倍的实战意义。因此，为轴测草图适当增加明暗、阴影、色彩，会更加容易形成目标效果。

方案创作师不应该只满足于熟练绘制徒手轴测图本身，而是应该进一步熟练绘制明暗、阴影和色彩直至达成本能，以使得线稿、明暗、阴影、色彩以及文字说明、尺度标注等要素一气呵成。只有这样，才能使得构思过程实时充满整体感，使得自己、团队以及业主都能够在三维层面的构思研究与分析中产生认可、认同以至于认定的良性循环。换句话说，只需稍微多付出一点，换来的却是自信的乐趣和他人对我们的专业尊重，这样的事半功倍，何乐而不为呢？

5.2.2 实时明暗表达

由于很多方案创作师对明暗表达的认识仍然处于“可有可无”的层面，因此很多方案都会明显地呈现出“平面思维”和“立面思维”的特征。体块构成无论是在整体层级还是局部层面都被忽视，后果就是我们很难看到体块构成很巧妙的作品，部分建筑和设计都是很明显的仅仅在立面上做文章的“平面构成”的“立面建筑”，那些仅仅是做了很简单的体块构成的设计很容易脱颖而出。

我们经常会看到，由于方案的实体感不明确而导致业主对方案产生“不令人信服”的错觉，进而否定方案。其实，明暗关系的表达并不困难，其任务只是通过**排线或者色块、笔触**表达出体块表面的转折而已，并非很多人误以为的很高难的绘画技能。

在训练中，最重要的是先尝试几种能够表达明暗关系的画法，比如排线、色块、笔触，每一种又可分为规则型、随意型。逐步试验，自然能够找到适合自己的模式，熟练之后，还能根据项目性格、业主状况的不同选择具体画法。

除了明暗面的明确表达，阴影表达也是非常重要的。实际上，几乎所有人都知道，明暗与阴影是共生共存的两个表达实体感觉的必需要素，但有趣的是，不重视阴影绘制的人却大有人在。需要注意的是，对轴测图而言，由于是很直观的三维表达方式，反而更容易在轴测图上理解和绘制阴影，甚至一旦想不清楚在立面图或者透视图上的阴影，往往可以试着在轴测图上画出阴影，然后再“移植”到立面图、透视图上。换句话说，轴测图是我们理解、求解阴影的良好载体，因此在轴测图上研究体块关系的时候，如果忽视了阴影的绘制，实际上是很可惜的。

阴影是方案构思中必不可少的研究要素，但是有多少方案创作师在创作阴影呢？我们的建议是，在徒手绘制轴测图、立面图、透视图、总平面图的时候顺手同时把阴影画上，只有这样，才能时时提醒我们项目是三维的，与阳光是互动的。当绘制阴影成了习惯，我们才会研究暗面与阴影之间的明暗处理，才会在日常生活中真正用自己的眼睛有意识地观察这个时间段的阴影及其微妙的变化，才会在人群以及自己的行为中真正体会到阴影的重要性，从而开始真正懂得**阴影设计**本应列入方案创作的任务清单之中。

5.2.3 多样色彩表达

如果我们在反复修订和重画轴测图以不断推敲体块构成的可能性时，同时试验各种不同的色彩可能性，那么这个过程就不仅能够不断训练色彩感觉，而且能够使得我们可以在构思进程中反复获得不同的项目配色的自我启发，从而使得自己越来越习惯于这种“多线程并行构思”的思维模式，其结果自然是效率的提升和成就感的不断充实。

在方案构思的初期，由于是更多地着重于设计概念的探索与试验，这时使用的色彩通常会相对卡通化、块面化，可以反复训练使用相对鲜艳的色彩组合的专业能力。随着构思的不断深入与明确，色彩也会逐步变得沉稳、现实甚至真实，可以反复训练使用更有成熟感觉的色彩配置的能力。同时，由于在这个反复进行的徒手绘制轴测图的过程中持续使用色彩并反复试验各种组合，自己自然就会开始有意识地去观察优秀作品以及真实世界的色彩情况，并逐步应用到自己的图面上，从而有意识地训练自己逐步形成个性的、成熟的多种配色体系。

以轴测图为载体有意识地训练自己的色彩应用能力是非常有效而全面的模式，原因正是由于轴测图的三维属性，能够轻易地把亮面、暗面、阴影以及地面、植被等色彩组合进行整合训练。构思阶段需要我们大量地绘制轴测图，如果我们能够在每次重画时都顺手上色，这就是一举多得模式的专业训练：创作就是训练，战争中学习战争。

通过本节的分析与讲解，希望读者能够意识到轴测图在方案创作与图面表达能力训练这两方面的重要性，并由此开始以徒手绘制轴测图为载体训练自己多方面的专业能力，从而不仅可以直接在三维层面进行方案构思，而且能够持续在三维层面进行专业训练。

■ 轴测图的图面表达（一）

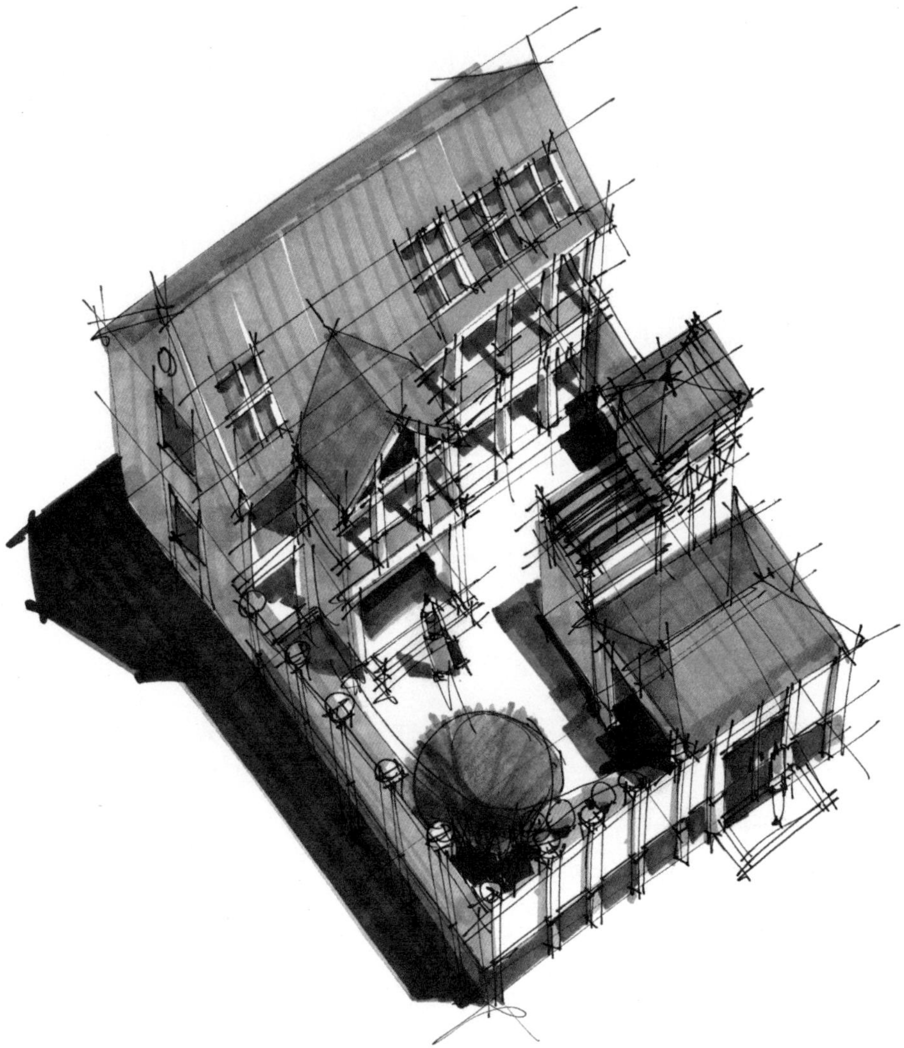

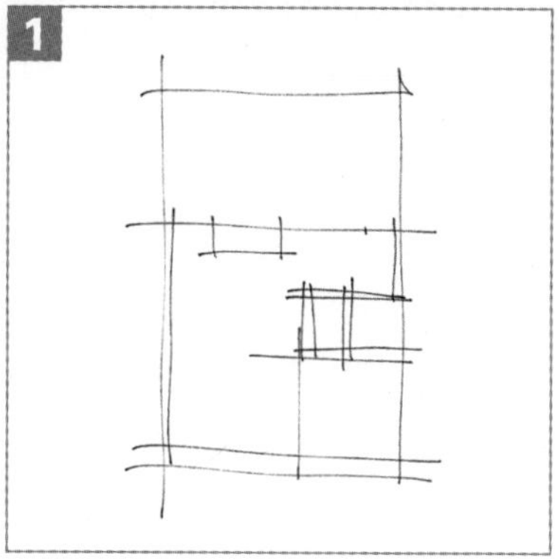

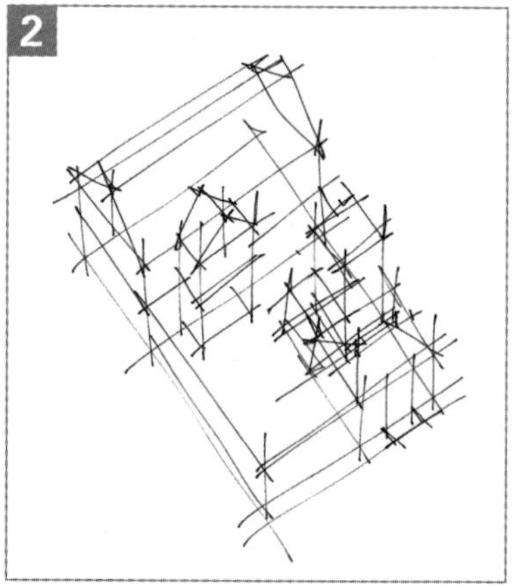

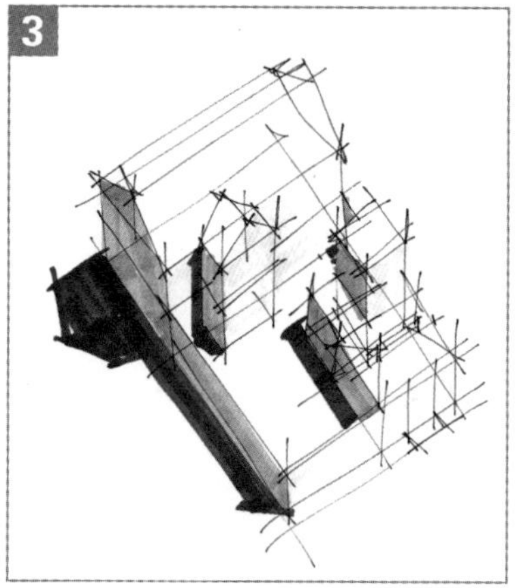

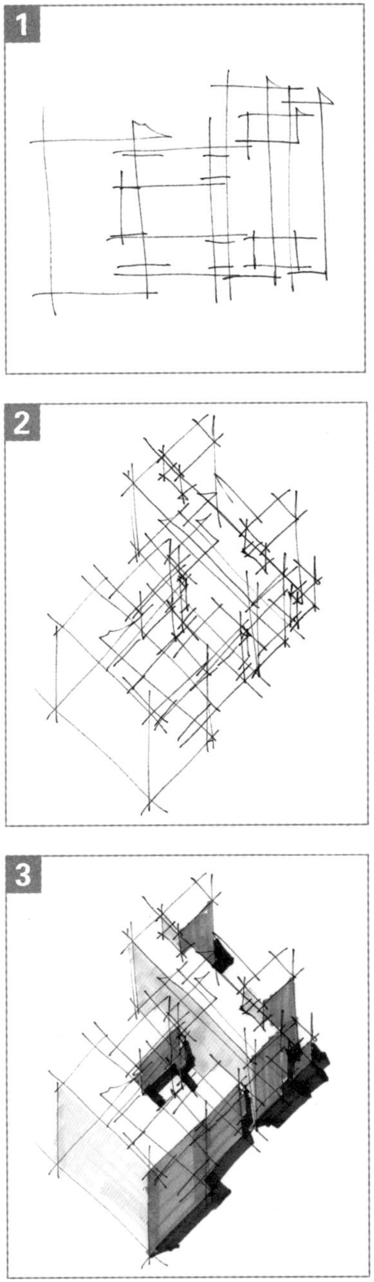

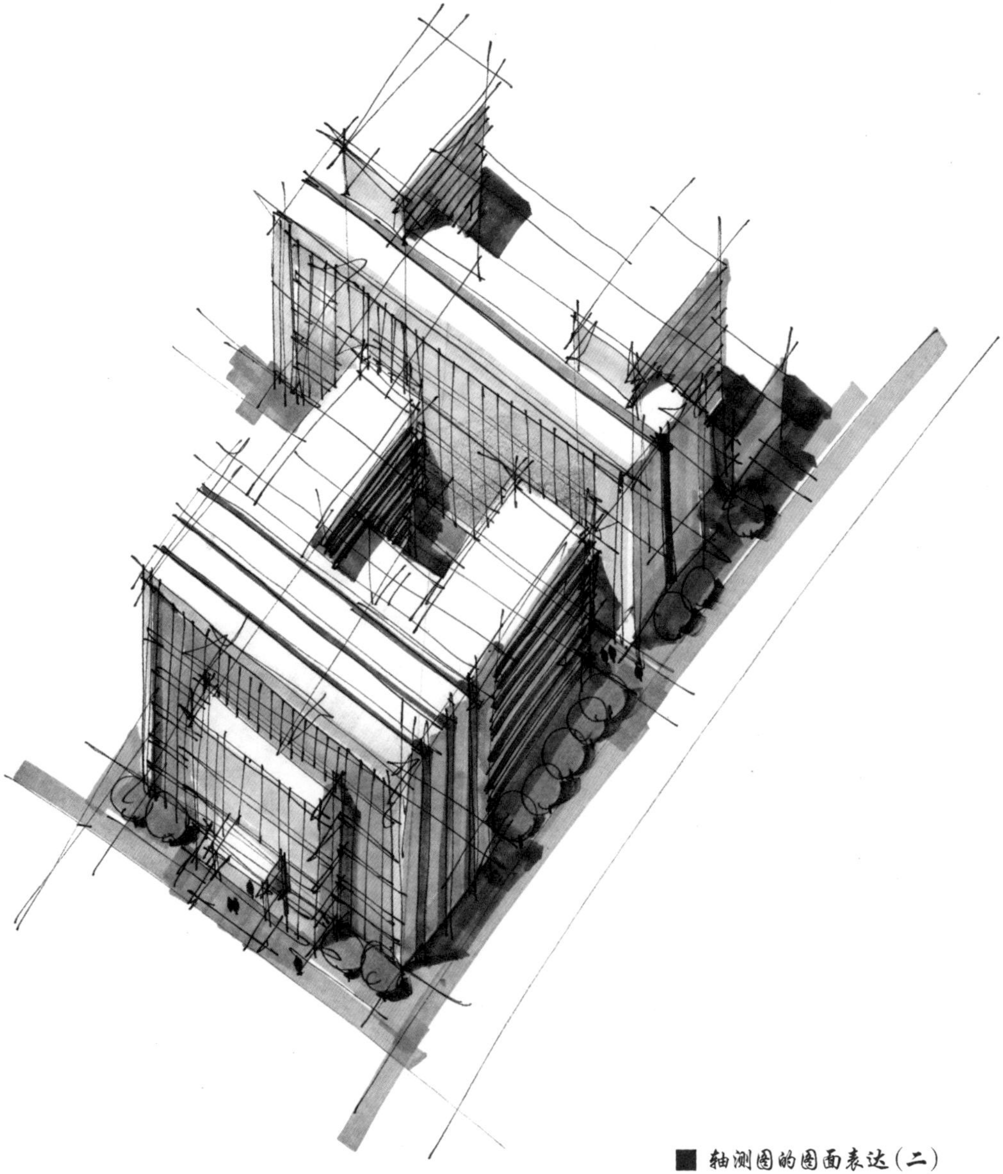

■ 轴测图的图面表达（二）

5.3 多方互动

使用轴测图进行方案构思阶段的交流，从而使得轴测图的应用跳出只用于最终的设计表达和分析图的模式，进而逐步开始真正习惯于在三维层面上进行方案创作，让三维和二维实时互动，回归常识逻辑，是方案创作师重要的专业能力之一。为什么如此强调在三维层面进行方案创作呢？当然，从常识而言，因为项目是三维的，所以本应该在三维图形上思考，但这只是问题的根源，我们需要从更细致的层级分析，以引起大家重视。

5.3.1 与思维互动

总图分析往往先行一步，因此大多数人习惯于在平面层级进行分析研究。这样做的害处实际上非常明显，很多时候都会导致在方案的平面功能基本成型以后才开始研究整体造型，其结果则往往是由于缺乏对体块构成的整体控制，从而造成要么根本就没有构成逻辑，要么体块构成很弱，于是只好依靠所谓"立面设计"或者"外加构件"来解决造型问题，自然就形成了"平面与造型分家"的尴尬局面，整体感自然就差了。只需观察一下那些靠"构件造型"的建筑，并设想如果去掉那些构件，就会发现那些附加的构件装饰反而成了造型的主体，一旦删除，真正的建筑主体就变得乏善可陈。建筑的体块构成是我们创作的结果，因此**缺乏体块构成逻辑和美感实际上是不可原谅的**。

事实上，难以控制好体块构成的逻辑和美感的方案创作师为数不少，而几乎不懂体块构成这门艺术的方案创作师的人数则更多，原因是设计院校的教学大纲将立体构成这门课程设置在了低年级的"设计基础"阶段，导致太多人误以为这只是基础，而非需要研究终生的极高级的能力。**建议在方案构思的初期阶段就用轴测模式结合平面互动思考，从而使得我们可以从总图分析开始就进行体块构成的逻辑分析并与平面功能、环境适配有机整合**。

随着方案创作师对项目的各种需求的理解越来越深入，平面功能的安排呈现出越来越明确化的趋势。这个过程往往会让方案创作师的思维越来越惯性化、保守化，认为目前做出来的平面布局已经越来越完善，不能随意进行较大的更改，自然也就会趋向于认为造型应该迁就已经“成熟”的平面，哪怕因此而导致体块构成逻辑不明确也在所不惜。于是，二维和三维的整体性就被割裂，不得不依靠意义不大的外部装饰构件来解决造型问题。

实际上，体块构成与功能构成本该是整体的，一旦二者不能一体化，就说明方案还没做完、没做好。从另一个角度看，如果这时敢于重新考虑更多更好的体块构成的可能性，可能使得平面布局产生革命性的创新，同时还能更好地满足需求、解决问题。换句话说，这时极有可能产生突破性方案。

在方案构思的中期，二维与三维的双向互动是极为重要的专业流程，而且这种双向互动是反复进行的、随时进行的、高效率进行的，也只有这种反复地以否定模式审视方案的整体性，才能够造就内外兼修的完整创作，也只有这样的反复互动与探索，才能够使得我们发散、整合出大量的可能性方案以逐步接近创造性答案，并且因为这些大量的过程成果而时时形成令自己感到充实和前进的成就感，同时又使得自己不必担心领导或甲方忽然来检查进度。

5.3.2 与甲方互动

方案构思已经基本明确，轴测图又有什么作用呢？在这个阶段，方案创作师更需要的已经不是与自己交流，而是向他人讲解和证明构思的合理性以令人信服，于是这时的轴测图就成为了直观分析与论证方案构思的利器，不仅成为了分析图的一种，而且是各种分析图中最具三维属性的类型之一。

轴测图的直观性不仅体现在其三维属性之中，而且由于可以在平面简图上直接拉伸绘制出轴测体块以说明构思，因此就能够很方便地给别人一边画一边讲解方案的生成过程以及构成逻辑，从而使得讲解更加生动、专业，并且更加令人敬佩，进而有效地降低被人轻易否定的机率。由此可见，对徒手绘制能力强的人来说，当场绘制轴测分析图是有效提升专业形象以及专业可信度的法宝之一。相对于其他法宝，即徒手快速绘制透视图以及出色的演讲口才，轴测图因其难度较低更具可行性。

应用轴测图在方案构思阶段发散出大量的可能性方案并与平面实时互动极为重要，因为说到底方案生成能力是最重要的，只有大量生成、有效生成，才能够优选优化，也才能够有机会向他人讲解和论证自己的方案构思，证明自己的专业能力的强大与可信。

在二维层面上，很多人都会在平面图上苦思冥想，却在内心担心着最终的造型结果，另一些人则会在立面图上勾勒概念造型，然后在心里恐惧着平面功能会不会有致命问题。在三维层面上，仍然会有这种情形：虽然也有一些设计师具备或者喜欢从三维透视图入手进行方案的概念构思，但是还是会有担忧，因为伴随着新的造型构思又会对平面功能造成不确定，原因是透视图与平面图很难实时同步互动。

在习惯于电脑建模的方案创作师群体中，这种患得患失的情况也并没有获得改善：由于电脑软件的操作效率至今难以做到“随心而动”以及“意外造成启发”的创作可能，尤其是二维平面功能与三维造型部分的实时互动验证功能，电脑至今也做不到紧紧跟随天性灵动的大脑构思速度。要么在繁冗而迅速地操作着软件却很害怕修改，要么就是面对着屏幕上已有的成果发呆并美其名曰“思考”，而手与大脑之间尤其是徒手实时勾画与右脑创造性思维之间实时互动则几乎被忽视、忽略，不得不令人产生“捡了芝麻丢了西瓜”的感慨。

由此可见，只有徒手绘制轴测图的工作模式才能够真正使得二维与三维、功能与造型、局部与整体、构思与效率、发散与整合、工作量与成就感真正地实时互动。换句话说，徒手轴测图是极为有效而专业的“桥梁式工具”。

通过上述分析，相信读者已经可以意识到无论在方案构思的任何阶段，轴测图都是可行性、易用性以及有效性非常强的专业工具。因此，针对轴测图的专业训练在创作生涯的任何时期都是极为重要、长期而且持续的专业行为，这也是那么多设计师都偏爱使用轴测图的原因。

5.4 发散思维

徒手绘制轴测图的方式可快速生成大量的可能性方案，而非精致地表现所有的细节，前者是后者的基础。因为只有方案构思相对合理和成熟，细节的讲究与精确的表达甚至表现才能够成为有源之水而有的放矢。这个道理大多数人都明白，但一些人在工作中却忘记了这一点。由于部分设计师过分追求准确而细致的绘制效果，自然就会被相对缓慢的绘制周期所困扰而难以有兴趣发散出大量的可能性方案。人成了准确、细致、效果的奴隶，把构思发散、优选优化这个源头彻底忘到脑后，创作也就被表现图、效果图甚至施工图偷换概念了。

实际上，使用轴测图进行方案构思的发散思维的工作流程并不复杂，道理也很简单明了：**让手与脑、二维与三维实时互动，并不断发散出各种可能性的构思成果**。下面的讲解只是对读者的提示与启发，并非一定之规，希望读者能够由此而获得启示，进而在创作中通过大量实验和实践逐步找到适合自己、适合项目实际情况的更好的工作流程。

5.4.1 试做与试错

在方案构思的初期阶段，大多数人都会误以为这时应该做的事情是“查资料”、“研究同类作品”、“学习相关设计规范”以及“苦思冥想”。实际上，这就像军队作战的前期，如果不派出大量小股侦察部队了解真实情况，也不用少量先头部队进行试探性交战以了解对方虚实，却把主要精力用于查找同类战斗的案例、背诵相关作战规范、闭门苦思如何作战一样可笑，不是么？虽然常识如此，但是这种闭门造车并企图直接找到答案的做法在当前的设计行业极为普遍，甚至有太多人是在“为了风格流派而设计”，并非“为了解决项目所需而创作”。这样做的后果是几乎无人研究方案构思前期所必需的试做和试错，而没有了这个阶段，现场调研以及资料检索与分析实际上就变成了无的放矢、自欺欺人的行为，当然会导致要么干脆忽略现场调研，要么就在“查资料”阶段心思涣散、无所适从，行动缓慢并且焦虑无比。

创作构思的初期，试做和试错是必不可少的专业流程，而既然是试验，那么大量的发散思维与实验行动当然是势所必为，于是手脑互动与二维、三维的实时互动就必然是专业所需。由于徒手绘制轴测图是解决这种需求的有效而多赢的工作方法，因此方案创作的构思初期阶段就必须直接引入应用轴测图这一专业的“桥梁式”工具了。

如何在构思初期试做和试错呢？很简单，只需根据项目任务书的需求试着先开始做第一个平面功能组合（不必费心分析其对错与好坏），然后就迅速地在平面基础上将其拉伸为体块轴测图，再针对体块轴测图直接在其上面修改造型，进而实时对平面功能组合进行修订。如此反复修改、尝试，其过程会促使方案创作师反复重新阅读项目任务书，并越来越了解项目任务需求，从而自然地开始自行整理任务书、提炼任务以及整合任务，又由于这些持续而反复进行的进程而不断出现新的思路，而徒手绘制的高速特性会使得马上绘制出思路成为可能。

按此模式持续进行，往往可以在极短周期内生成大量的可能性思路，同时也会因此而形成大量需要现场调研、业主访谈以及规范查询、资料检索、向同类作品借鉴学习等工作需求。一旦将这些工作需求进行列表、排序、取舍、分类，那么这份可以有的放矢的列表清单就成了下一阶段的调研、访谈、查阅资料的指南，从而避免了盲人摸象一般的无的放矢模式的前期工作流程，并且还积累了大量的“新颖而且原创”的前期构思。尤其是这些前期构思都是快速做出的原创的多方向的“幻想思路”，完全可以迅速去找业主访谈，让业主以这些“前期构思”为载体发现其中的不合理、不能接受之处，于是被很多人所忽视或者胆怯的业主访谈问题也就迎刃而解了。想想看，只须试做、试错，就能让整个前期流程自然顺畅。

经过试做与试错的洗礼，不仅使得方案前期的工作始终处于一环促进一环的充实而富有成效的专业行动之中，而且行动与思考实时同步，不再将二者割裂，从而创造出了让人不断感觉到成就感、推进感的专业乐趣。

5.4.2 优选与优化

在方案构思的中期阶段，由于前期的试做、试错的反复进行，这时已经相对充分地熟悉了项目各种需求以及与项目相关的人群、资料和技术规范，并且因为已经与业主反复讨论了各种方向的试做方案，所以也已经了解了对方案进行优选优化的特定原则。总之，这个阶段需要做的就是按照已知的正确方向，深入进行能够促进方案构思越来越明确、可以有效解决各种主要需求的优选优化。

在这个接近答案的阶段中，轴测图将呈现体块、细部、平面反复修订，以及跳出来尝试革命性新方向后再深入到体块、细部、平面的反复修订的专业循环之中，直至可以找到一个可以用来控制各个主要层级的统一逻辑关系，即形式美层级中成为“母题”。这个统一的逻辑体系可以用来解决并说明该项目的各方向需求，同时实现功能布局的合理和造型的优美，还符合国家的相关标准设计规范。一旦经过大量而反复的螺旋式上升的循环模式的优选优化尝试，逐步找到了上述情形的解决方案，也就达到了这个阶段的目标：方案明确定型。在方案中期阶段，最重要的是两件事。

其一，反复深入研究最可能的方向，并不断在平面、总图、造型、细节等各个层面通过大量的徒手绘制（包括用半透明纸透描）以及手写文字自我启发（即将单纯的思考转为用手写文字进行逻辑推理，甚至是与自己对话）来持续寻找可以控制全局与各个层级的统一逻辑以及形式母题。

其二，一旦走入死胡同，就试着干脆跳出来另辟蹊径，快速尝试全新的可能性，以达到换脑筋的目的，并产生把新思路与原思路进行比对的头脑风暴的作用，从而找到“柳暗花明又一村”、“峰回路转”的可能性。在这个过程中，只要能够保证让自己持续处于只要工作就动笔、只要动笔就让二维和三维实时互动的创作状态，那么就能够发现新的思路在各个层级上都会层出不穷。这期间轴测图与平面图的实时互动是主要的工作模式，否则就又会陷入“苦思冥想”的恶性循环。

在这个过程中，通过大量实验，反复动脑筋研究各种令二维平面与三维轴测有效互动的方式方法极为重要。无论是在平面图上直接徒手拉伸轴测，使二者在同一张纸上叠置；还是用半透明纸放在平面图上徒手拉伸轴测，使得轴测图与平面图各在一张纸上；还是将画好的平面图通过复印多份当做底图的方式促使造型研究更迅速；还是把平面扫描或翻拍输入电脑，并在电脑中旋转平面然后按照层高比例进行纵向排列，再以浅色打印多份，从而可以更方便地勾画轴测图，并使得因为造型而改变的平面部分一目了然；还是根据已经熟悉的功能需求的面积组合，进行不同的体块构成实验，从而反向推理出平面细节，并实时与体块轴测、细节轴测、透视图互动……总之，这个阶段的方法是多种多样的，关键是选择的方法适合特定的自己、特定的项目、特定的业主。**因此，最好的工作流程和方法总是源自于方案创作师反复试验和动脑筋行动，而不是教条照搬**。

方案的初期、中期阶段，都是需要通过大量而且反复地运用发散思维的阶段，而通过徒手绘制对任何一种想到的可能性进行二维、三维的实时绘制与互动则是启动发散思维的最直接的方法。关键的窍门就是不断地画而不是想，因为只要反复画、持续画，右脑就会随时迸发出新的想法并出现在脑海中，我们的任务就是迅速地把这些思路画出来，而新的构思又会在画的过程中持续迸发，这时再进行高速绘制，直至脑海中出现暂停的提示，这个阶段的发散思维的工作就可以告一小段落了，放心去休息。然后脑海中又会出现继续工作的信号，这时就可以顺其自然地继续发散思维，直至感觉不能或者不必再做下去了，就可以开始对已有的思路进行理性分析。

至于方案已确定的构思末期，轴测图的任务主要集中在反复推敲细节创作的方方面面。由于细节创作实际上是整体构思的“缩小版”、“变化版”，因此上面所说的整体构思的初期、中期的做法其实会在细节层级上“重演”，原理基本相同，就不再赘述了。

由于本书并非讲解方案创作的专著，而是讲解设计草图的专业训练，因此本节中有关方案构思的方法和流程部分只能提纲挈领地简明提示。即便如此，相信大家也能够意识到徒手轴测图与方案创作的直接关系，相信大家会按照讲解和提示反复训练、探索、试验、实践。

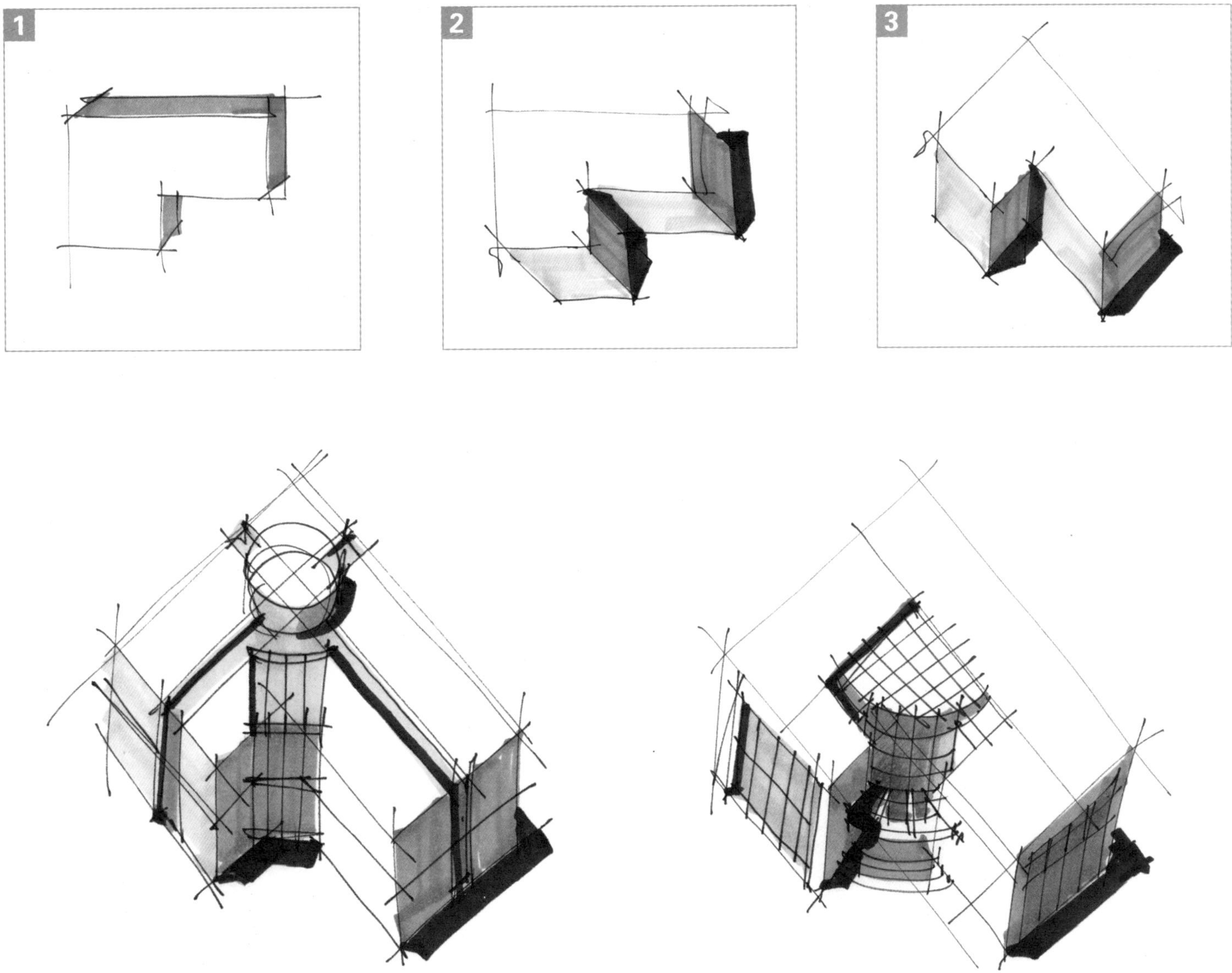

■ 由轴测图发散出大量方案（一）

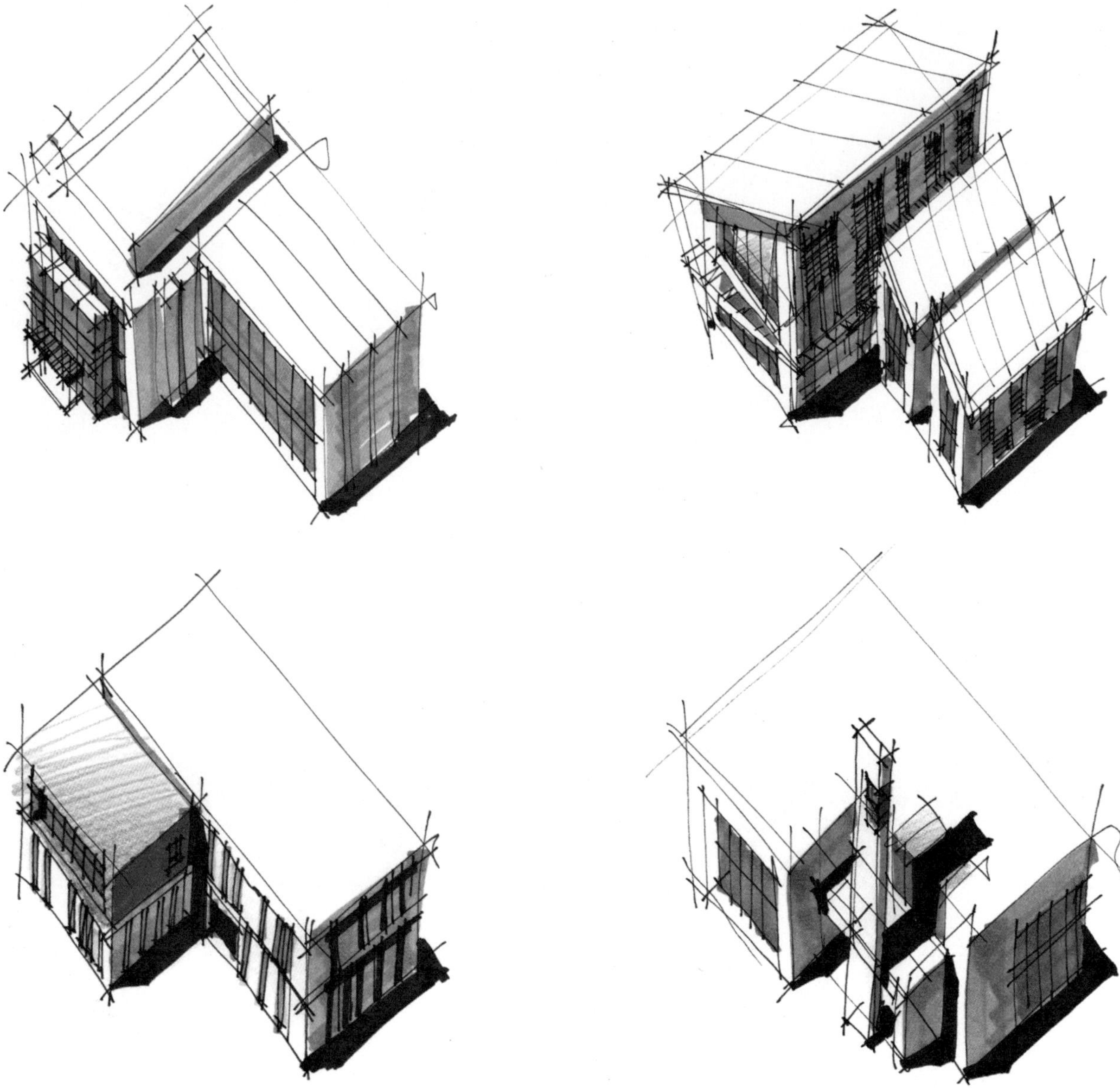

■ 由轴测图发散出大量方案（二）

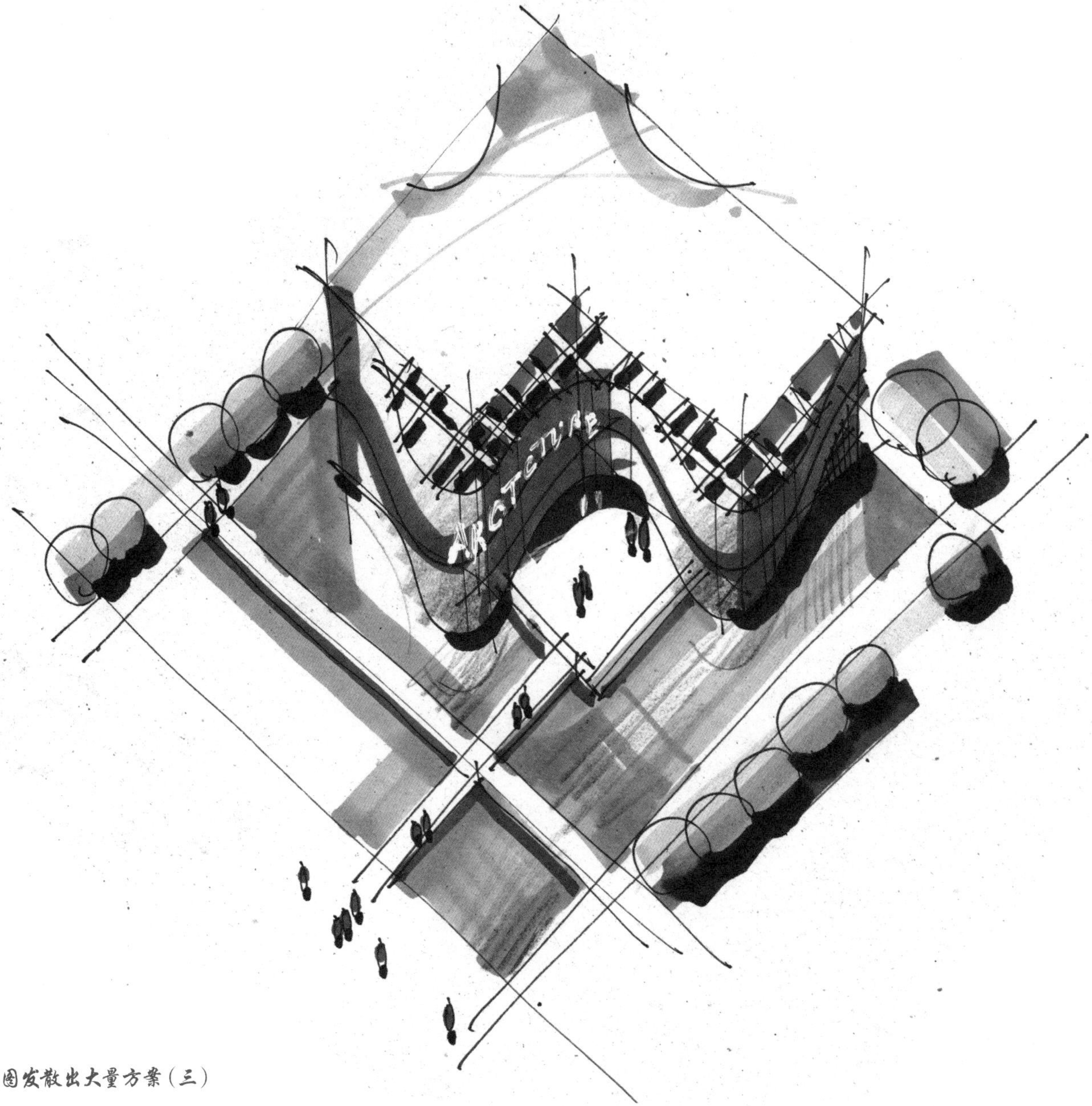

■ 由轴测图发散出大量方案（三）

INFERENCE ANALYSIS

第 6 章

推理分析

【主要内容】

6

分析图有很多种类，其目标是把对项目所做的分析、推理绘制成草图，以便于跟自己、同事、甲方进行交流、讨论、决策。

很多人不重视分析图的重要性，以为只需自己在大脑中思考就够了，等到跟别人交流和讲解的时候只靠嘴皮子也就行了。更多的时候则因为自己画不好方案的分析图而找各种借口去忽视分析图，比如方案周期太短、领导不重视、甲方只看效果图等等，甚至很多人由于看到了太多投标文案中那些流于形式的模式化的分析图，就认为分析图只是充数而已，没有什么专业价值。实际上这种为了掩饰自己懒惰而找借口的行为是非常错误的，后果是害自己。

对自己而言，通过分析图的绘制与右脑交流，即向右脑形象化地输入各类信息和需求。只有不断地把思考的过程画成分析图，才有利于大脑进行更有条理的思考，而且只有把思考过程画出来，才会积累成就感，从而消除焦虑、不断深入思考。

对团队成员而言，单纯靠口头讨论往往会换来争论，甚至跑题，结果经常是互不服气，甚至会忘记讨论的初衷。如果把思考过程画成分析图再进行讨论，那么由于思路清晰、表达明确，大家的交流和讨论才会真正达成效果，也只有画分析图这种专业行为，才会使得团队成员和领导刮目相看。想想看，花了不少心思、费了不少脑力，甚至可能还熬夜了，结果仅仅因为没有画出分析图，换来的却是大家的怀疑、否定、争论，是不是很冤枉呢？因此，分析图是与团队其他成员交流与互动以达成有效协同的重要专业手段之一。

对甲方而言，分析图的作用则十分巨大。设计师通过分析图，一方面可以做到有效地讲解方案构思以达成认可与信任，另一方面又能尝试让甲方乐于参与到分析进程中以达成创造性的协同创作。一套优秀的分析图，可以使得口才不佳的方案创作师有效地表达出方案构思的生成逻辑，更可以使得具备演讲能力的方案创作师在讲解方案时有理、有据、有序，相得益彰，事半功倍。

出色地完成分析图的前提是训练好分析图中用到的各种图解符号，其次是选择好分析图的表达方式和应用类型。

6.1 图解符号

6.1.1 符号表达

设计师画法的箭头、指北针、风玫瑰，跟普通人的画法截然不同。

很多方案创作师绘制的图解符号仍然停留在“百姓”层面上，这不仅说明缺乏训练，更重要的是反映出缺乏观察能力。为什么这么说呢？因为画一个设计感很强的符号实在不是什么困难的事情，问题是我们几乎每天都能看到优秀的设计图纸中那些潇洒、俊逸的图解符号，却想不到进行复制、整理，形成自己的训练范本，想不到根据自己的图面需要事先进行按需训练，然后再用于当前的目标图纸上，即在前面章节中多次提到的“战争中学习战争”。

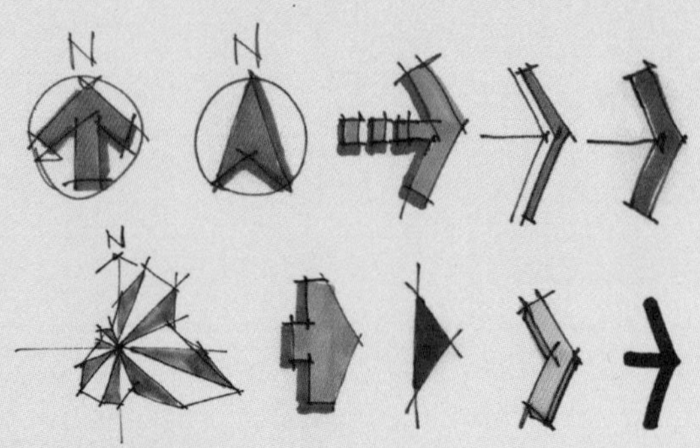

■ 设计师常用符号表达

实际上，图解符号的表达训练在画法层面上是很容易的，只需不断观察、提取、整理优秀的图解符号，逐渐形成自己的范本库，并根据项目类型的需要随时训练即可满足要求。大多数人只要能认真训练，只需通过几笔符号图解，就能很容易地初步形成自己的画法，并以此作为“登陆作战桥头堡”，随着项目的不断增多，不断扩展自己的画法类型，自然会成为图解画法的高手。

在一般的图解分析中，最常见的是用箭头、圆圈、圆点、线段等表示某种关系，可能是提示、强调、说明或者其他的互动关系。究竟选用哪一种符号，其实是一种很个人化的选择，并没有一定之规。大家可以看一下美国战争片《兄弟连》中的作战草图截图、《黑鹰坠落》中的作战简报截图、《谍中谍3》中特工在玻璃上画的草图截图，注意看箭头甚至线条的画法，会发现他们的草图表达能力比起我们很多不在意这些细节的设计师好得多。

■ 电影截图 —— 依次为电影《兄弟连》、《黑鹰坠落》、《谍中谍3》画面截图

除了图解符号的画法，我们还要认清楚图解的目标，即通过清晰美观的图解分析，向观图者讲解方案构思的推理、生成、解析以及论证过程。清晰、美观的表达会让图解更有信服力，而图解的逻辑能力和言之有物更是图解分析的关键。因此，符号图解决不能匆忙画到图上，而是应该首先对图解目标进行缜密的分析，做出详尽的列表并排序，确定出必须达成的图解目标，然后在草稿中反复做多种图解的可能性试验，最终再把经过优选优化的图解绘制到设计草图上，这样的图解才有分析、论证以及讲解的意义，即言之有物。好的图解分析胜过千言万语，因为观图者会敬佩方案创作师的逻辑能力、表达能力、分析能力、论证能力，从而对方案构思更加理解、信服，更乐于接受并实施。

由此可见，符号图解是方案创作师极其重要的基本能力之一，需要持续训练和改进、发展这种专业能力。

6.1.1.1 气泡图中的气泡与连线

最基本的一种关系图是气泡图，又叫泡泡图，这种命名是因为它主要是由气泡状物体用直线连接而成的图。气泡（圆圈）代表着所想要表达的主题；而连线（箭头）则代表各主题间的联系和相互作用。气泡和连线都可以根据具体的画法进行修饰，都可以用文字来辅助说明，以表达各种行为和相互关系。在方案创作的前期阶段，气泡图是很重要的一种分析手段。

气泡图相当于写文章时的提纲，用来概括和说明总体轮廓、展示建筑空间、交通模式和空间环境。气泡图建立以后，可以根据项目的特点进行分析，包括内部功能分析和外部环境分析。

绘制气泡图的要点：

（1）画不同尺寸的圆圈，用以表示空间的大小及重要性。整个图表最好采用之字形的设计版面，这样使得画面比较生动。给每个空间用马克笔或彩铅涂上不同的颜色，注意采用颜色对比和明暗渐变，使得画面清晰而富有吸引力。

（2）标出每个气泡的名称，并用箭头表示空间的相互关系，再用马克笔或彩铅等给箭头区域涂上条带或者用小圆点加以点缀。

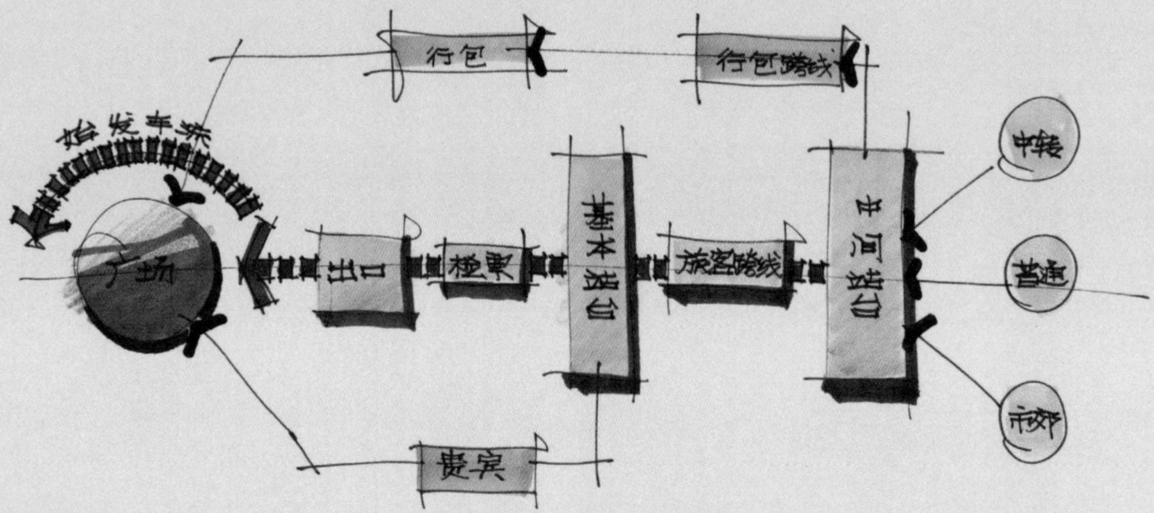

■ 气泡图中的气泡与连线

6.1.1.2 分析图中的流线

分析图的种类有很多，例如分区分析、人流分析、车流分析、交通分析、日照分析、阴影分析、景观分析、绿化分析、行为分析、视线分析、指标分析、体块分析、区位分析、轴线分析、目标分析、文脉分析、季节分析、营运分析等等，详见 6.2 节、6.3 节的讲解。此类分析图最突出的特点是用流线说明空间关系。

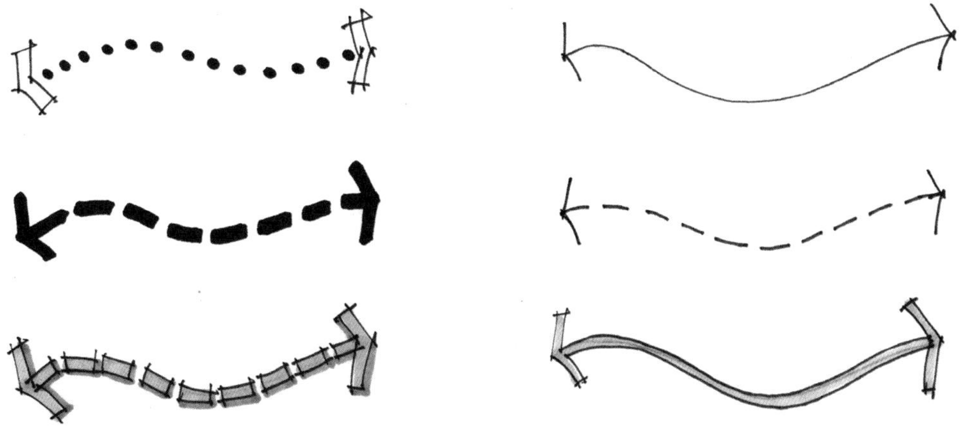

■ 流线图例

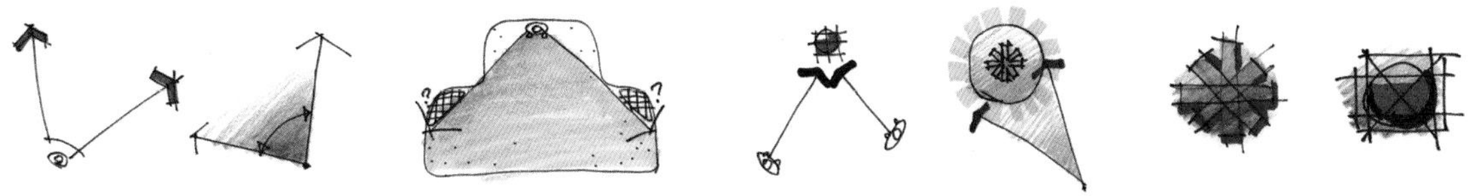

全景视线　屏蔽视线　焦点视线　聚焦点

■ 视线图例

6.1.2 文字注释

分析图中不可避免地会有文字用于对某些局部进行注解，以对方案构思进行更加清晰和更加贴心的说明、分析、论证，但这也是非常容易忽视的环节，原因往往是“没时间了”、“我的字不好看”、“不知道该写些什么”……于是“一切尽在不言中”，看图的人只能“看图意会”甚至不得不猜测方案创作师的意图，从而导致恶性循环。人们已经习惯了等待甲方提出疑问，再侃侃而谈自己的真实意图，然后暗示甲方没有看懂图。想想看，这时的甲方能不被这种“埋伏”模式的讲解和暗示惹得心里不痛快么？于是甲方自然会为了平衡自己内心的恼火而展开争论，甚至干脆陷于局部问题的辩论之中以赢得“胜利”，最终往往是方案创作师只好忍气吞声，平息争论。受了气的方案创作师在事后能舒服么？于是忍不住背后骂甲方，甚至认为天下甲方都是蛮不讲理的家伙，多么典型的恶性循环！这还不算完，甲方把图纸拿回董事会，会很自然地出现同样的疑问，那时，能指望这位刚受了气的甲方全力为方案进行讲解和辩护么？于是更大的恶性循环自然形成，而方案创作师这时还蒙在鼓里呢。

很多甲乙双方的矛盾和紧张状态都是方案创作师一手造成的，其原因就是那么一点懒惰和不敬业，缺乏目标思维，其后果自然是甲方无休止地要求改方案甚至要求重做方案。其实，方案创作师的很多想法和论证、分析是无法单纯靠图纸全部表达出来的，这一点，即使是照片级效果图、真实感极强的模型都做不到，何况是区区设计草图呢？即使是方案创作师本人，如果不在设计草图上添加文字注释，也不见得能够记住所有的想法和意图。至此，我们还敢说设计草图上的文字注释是可有可无的吗？还敢用那么多借口掩饰自己的懒惰和不负责任吗？

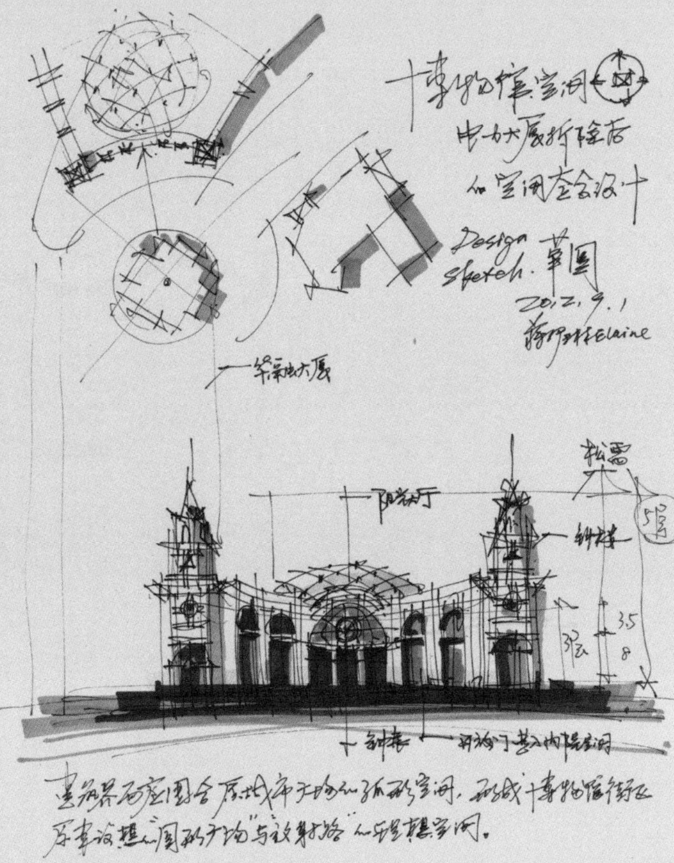

■ 分析图中的文字注释（手稿）

6.2 表达方式

在讲解分析图的表达方式之前，先简单厘清一下本节介绍的分析图的表达方式与下节介绍的分析图的应用类型之间的关系。

分析图的应用，指的是根据不同的方案讲解目标，选择不同的表达方式去实现分析图的绘制，当然也可以将不同的表达方式有机地组合在一张分析图中以达成目标。换句话说，分析图的表达方式是分析图的内容要素，而分析图的应用类型则是以讲解目标的不同进行的分类。很多人觉得分析图不容易掌握、不好画，很重要的原因就是混淆了这两个概念，将二者混为一谈的后果自然就是面对想分析和讲解的对象感觉无从下手、一筹莫展。实际上，分析图的表达方式并不多，只要逐一训练到很熟练并能够举一反三（用不同工具和画法以不同方法绘制同一种表达方式），那么根据分析图的讲解目标进行表达方式的控制与组合就不是困难的事情了。

分析图的表达方式是“源”，而分析图的应用类型则是“果”，训练好分析图的表达方式，那么不论是何种目标的分析图，就都不会无从下手了。

下面讲解分析图中常见的基本表达方式。

6.2.1 数据分析类

6.2.1.1 直方图

直方图一般用于参数分析、参数比较等，也可以用于目标排序。

6.2.1.2 折线图

折线图将取样点的直线相连形成图表，一般用于参数的分析、比较。

6.2.1.3 曲线图

曲线图的曲线拟合了折线图的折线，更具美观性。

6.2.1.4 饼状图

饼状图适合总体数量内不同要素占据的比例分析，绘制成三维形式则更具易读性和生动性。

6.2.1.5 权重图

权重图以横坐标的功能需求、纵坐标的功能列表之类的模式分析不同要素之间的权重关系，从而为重要性排序提供清晰指引。

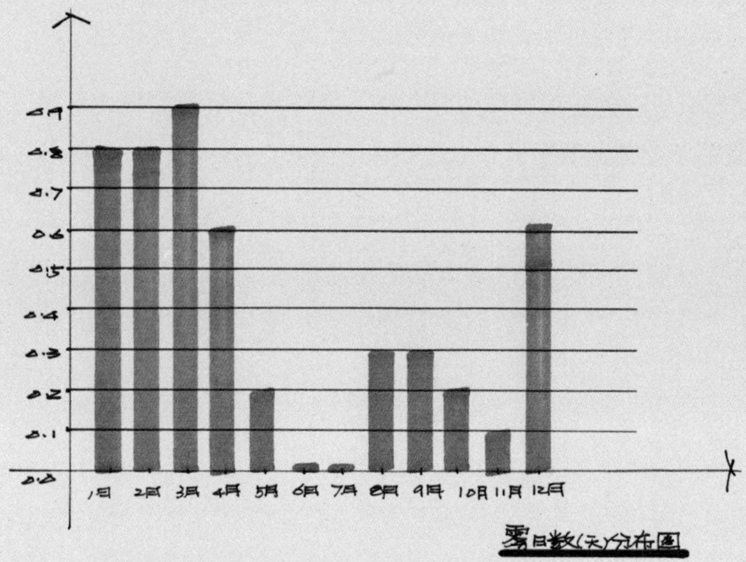

■ 数据分析类分析图 —— 直方图

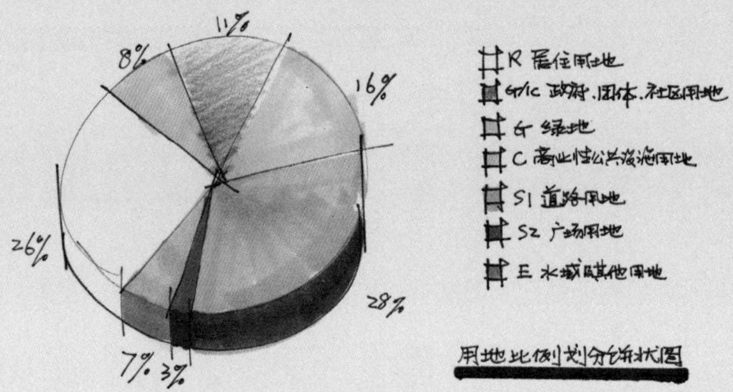

■ 数据分析类分析图 —— 饼状图

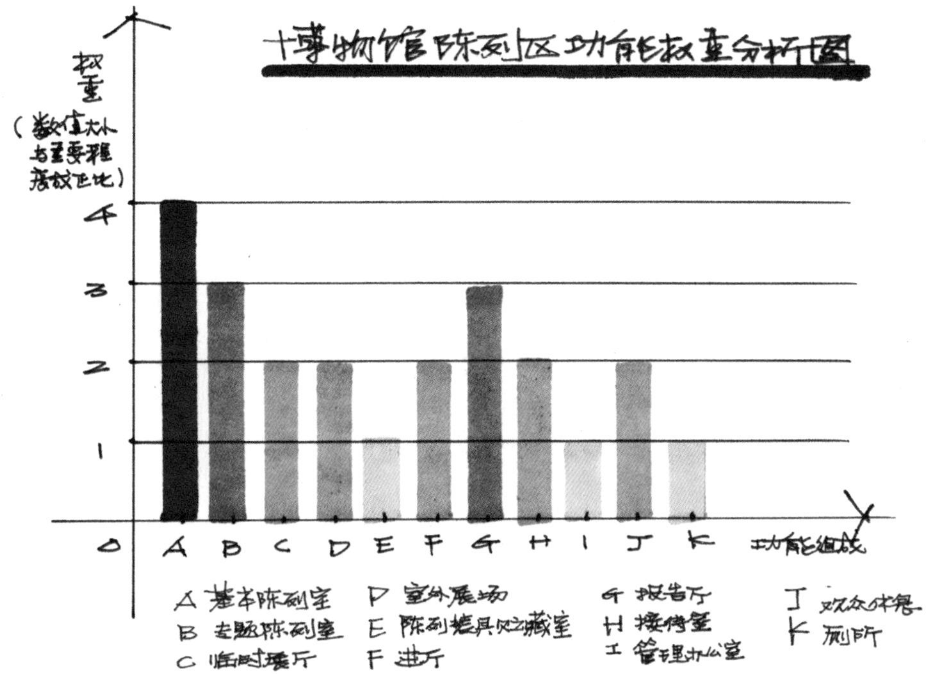

■ 数据分析类分析图——权重图

数据分析类的分析图表达方式看起来似乎让人觉得没什么了不起，实际上却是最常用也最值得下功夫举一反三、深入应用的表达方式，其难点并不是如何画得生动易懂，而是如何舍得投入精力准备客观的、真实的数据，这就需要方案创作师能够真正亲自去现场和相关机构调研、访谈，而不是仅仅依赖甲方描述、网上查找资料数据。

由于本书不是讲解设计调研的书，因此只是在这里提示一下亲自调研的重要性，比如专业的创作团队必须有专人负责诸如各方向人车流量、人流停留机率与相应因素排序、人流行为类型统计等与方案创作直接相关的数据检测、数据分析，而不是只停留在“基地浏览”和“现场感觉”。

至于如何把这些很常见的表达方式画得简明有趣，让人乐于阅读并留下深刻印象，则需我们进行大量的绘制实验并以此为专业乐趣，因为只有生动易懂的分析图才能有效支撑方案的构思与结论，并有效展示方案创作师及其团队的专业能力，从而形成多方面的感动力，避免单纯的“以方案定输赢”的非专业的赌博行为。例如，我们完全可以尝试根据项目的主要特征（比如绿化图标、太阳能图标，尊重人性的象征图标等等）或者项目的业主公司的企业标识（也可能是专门为该项目而创作的项目标识）作为数据分析类表达方式的要素母题，从而使得貌似枯燥无味的数据表达与项目性格紧密结合起来。**总之，只要我们能够充分重视并创造性表达支撑我们构思与才华的分析图，才能从同质化的人群中脱颖而出。**

6.2.2 生成逻辑类

生成逻辑是指什么呢？有这种疑问的原因在于，大多数人误以为方案创作主要是靠灵感，其结果的产生会有很大的偶然性和不确定性，很难进行逻辑分析，也就不会有什么生成逻辑了。真的是这样么？方案创作终究不是单纯的艺术创作，因为方案创作是有甲方、有项目以及有利润需求的创作模式，而非一厢情愿的单极思维。同时，方案创作是综合了很多信息之后的多赢研究，与艺术家的单极思维有着本质不同。虽然我们非常重视右脑创造力的启动与开发，但是我们同样重视左脑的逻辑推理以及对灵感的逆向推理，以便于通俗易懂地讲解设计思路。

由此可知，方案创作师的工作并非像艺术家那样，可以解释自己如何成为不可知论者或者一厢情愿者甚至愤世嫉俗者，亦或干脆只靠灵感过日子。换句话说，方案创作师的构思与方案必定是有道理的，必定是有逻辑的，而不是简单而单向的有感而发，更不是自说自话又拒绝修改与重做的孤芳自赏。

方案创作师的能力不仅体现在以人为本、为人民服务，更体现在如何将自己的创造性的解决方案有理有据和生动简明易懂地给人讲解、让人信服，进而产生共同实现的愿望和行动。这种通过讲解如何生成解决方案而达成目标的分析图，就是生成逻辑分析图。

6.2.2.1 参照生成分析图

参照生成，也可称为载体生成。很多时候，方案创作师是受到了某种载体的启发而产生思路的，这种因载体而受启发并参照生成初期思路的模式极为普通，甚至几乎所有设计大师都是用这种模式开始从零到有的进程，然后逐步演化直至可以创造性地解决问题。

由于最终答案在大部分情况下都会因为多次演化而呈现出与原始参照载体的造型产生很大差异的结果，因此大师们也往往不会避讳说明自己的思路起源，反而是这种坦诚会更加令人信服并且造成趣味感。尤其是当最终结果虽然在造型上并不雷同于原始参照载体，但二者却有着类似神韵的时候，反而更容易让人拍案叫绝。

部分方案创作师由于噤若寒蝉般敏感于“抄袭”与“借鉴”，要么根本不敢或不屑于从参照物开始自己的设计思路；要么是从参照同类项目开始自己的设计思路而导致真正的抄袭；要么是从参照开始却不做因地制宜的反复演变，造成难脱巢臼的尴尬局面，最终自然难以取其神韵、精华，从而陷入既不知如何开始，又不知如何演化的生硬的创作状态。

参照生成是很重要的构思模式，因此这类分析图也就变得十分重要。笔者将参照生成分析图放在生成逻辑分析图的第一位，以引起读者重视。

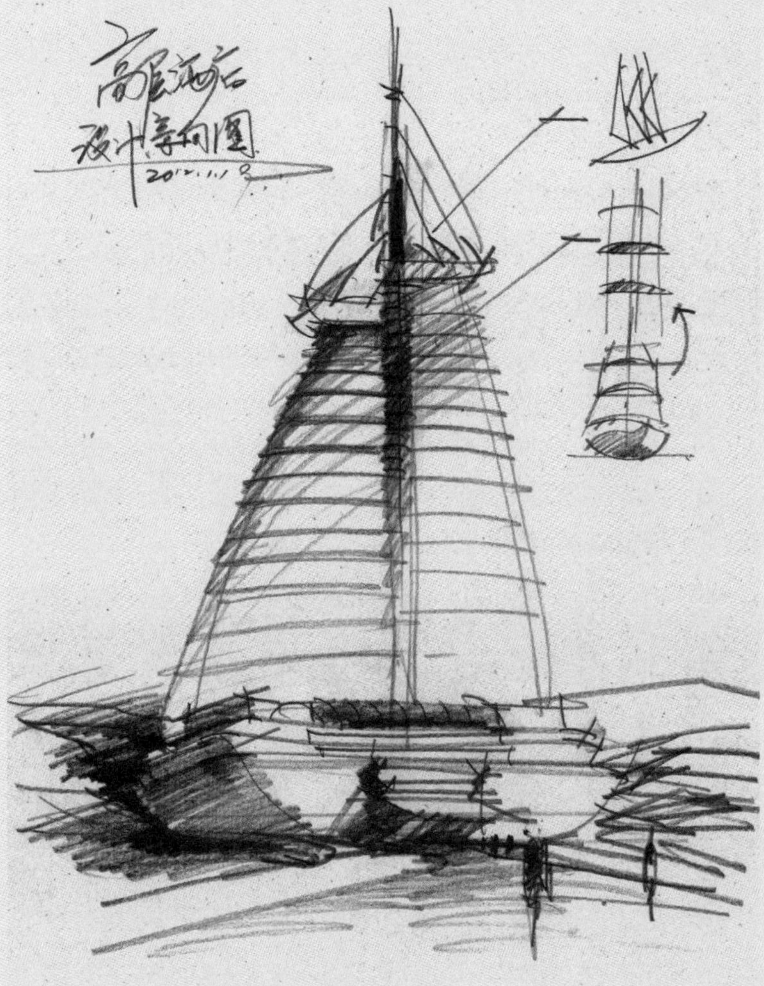

■ 生成逻辑类分析图 —— 参照生成分析图

6.2.2.2 灵感生成分析图

很多时候，方案构思的起源往往是忽然的灵机一动，很可能是触景生情，也可能是毫无来由。这时，如果将那时所在场景拍摄下来或者以漫画形式绘制出来，以说明自己的思路源头是多么不可思议、从天而降，那么这种分析图也会给人留下深刻印象，从而有利于甲方对方案创作师产生敬畏的心态。想想看，同样的环境或事件，我什么也没想出来，这个人却能够突发灵感，岂非神人?

6.2.2.3 需求生成分析图

首先做需求列表，然后进行排序，再以最重要的需求作为思路的出发点，以解决这个最重要的需求开始，逐步扩展到其他需求的解决，直至形成多赢解决方案。把这种从需求出发形成整个方案构思的过程画成分析图，可以让甲方清晰地感受到方案创作师的思路流程，从而心服口服。

6.2.2.4 流程生成分析图

流程生成，亦可称为行为生成。无论是使用者的行为需求，还是项目投资者的目标需求，都有其相应的流程需要，这种需求是真实的和朴素的，因此也就能够成为方案构思的源头。很多时候，甚至应该是所有时候，都应该从流程需求做方案，只是太少有人能够意识到而已。想想看，如果没有人类的行为需求及其流程需求，还需要方案创作么? 因此，从使用者、项目开发者、政府、银行、投资者、历史、文脉等方面入手研究需求及其流程，并将思路过程绘制成分析图，就会使得甲方能够真实地感受到方案创作师为了解决这些需求而付出的精力和努力，也就更愿意与方案创作师深入讨论项目的需求矛盾以及是否有更好的解决方案，从而将“对立”的双方回归合作的原本定位。

6.2.2.5 分区生成分析图

大多数方案的关键线索在于如何分区及控制，因此进行理性分区以及互动修改就成了非常重要的内容。换句话说，进行多种分区可能性的分析与比较，能够让最终达成的解决方案更加可信并且获得理解。由于功能分区的概念和做法在设计院校的设计教学中很受重视，在此不再赘述。

6.2.2.6 体块生成分析图

如果一个方案的整体体块没有明确的生成过程，而是拼凑起来的或是随意勾画的，那么就不容易让人产生信服的感觉，这是不言而喻的。人类大部分是逻辑型思维，人们对缺乏逻辑论证的人造物很难形成一见钟情般的无条件认可与认同。换句话说，如果能够通过分析图清晰地讲解体块的生成过程，那么构思成果将更容易被人接受和理解，从而使得甲方更愿意从整体入手与方案创作师研讨如何改进方案，而不是通常所见的直接陷入细节而纠缠不休。

体块生成的过程，往往类似于某种逻辑的立体化流程，无论是加法、减法、穿插法、连接体法，还是阵列法、公式法、程序法，都是在进行趋向目标的体块演变，而只有将演变过程清晰地画出来，才能让人更加理解创作构思的内在逻辑，也就更容易让人信服，也只有这样，才能避免由于直接给出最终答案而导致方案轻易被否定的风险。

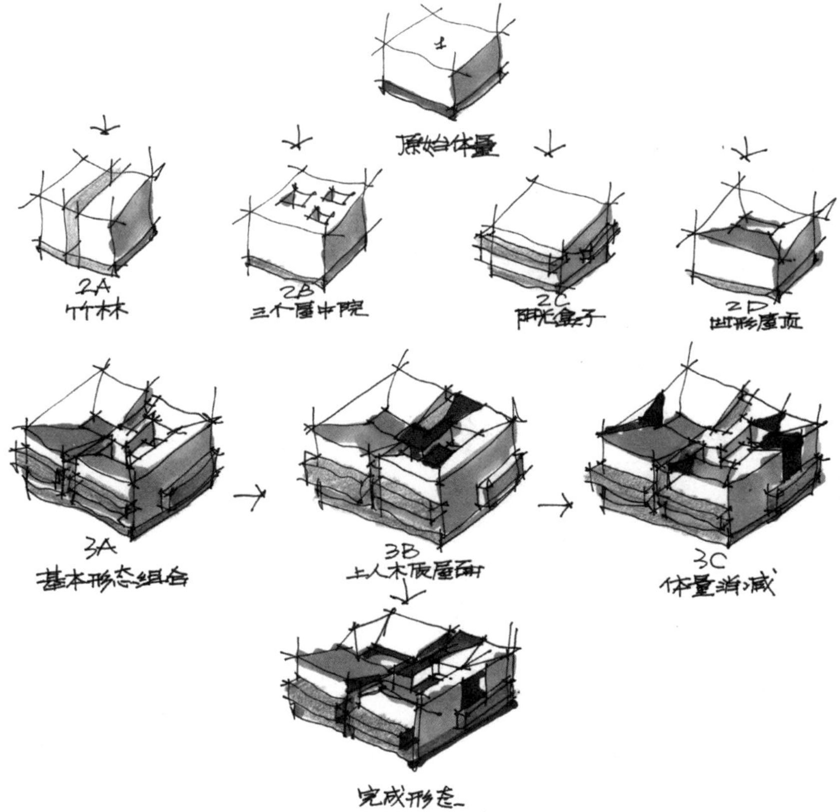

■ 生成逻辑类分析图 —— 体块生成分析图(冯大中艺术馆 设计师陶磊)

6.2.2.7 透视生成分析图

直接以透视图的方式反复绘制、深化方案构思的模式有很多好处，比如直观、有效、富有专业成就感。经过较大数量的建筑师法求透视的训练后，大都可以训练出透视感觉，从而在直接绘制透视草图的时候对该造型体块的平面情况心中有数，进而逐步习惯于从透视草图到平面草图以及总图、立面、剖面草图的构思流程，使得从直观造型入手开始构思成为可能。虽然这么做的方案创作师为数不少，但是很少有人能够想到把各个构思阶段的概念透视草图以及深化透视草图保存、整理、排版成为分析图，而只是习惯于仅仅将最终结果体现在成果图面上。这样做的后果很明显，类似在赌博：甲方只能看到最终的成果，一旦对这个成果不满意，就会误认为方案创作师水平有问题，或者认为方案创作师不够努力，或者工作量太小，而方案创作师自然就会觉得愤愤不平，因为他知道自己为了这个最终成果曾经做了多少方案，否掉了多少方案，于是恶性循环开始形成。

形成良性循环的方法很简单，只需将不同阶段的概念透视草图、深化透视草图按照思路顺序整理、排版，做成分析图，并注明被自己否定的构思之所以被否定的原因，那些被局部保留的方案其局部优点在哪里，那么这种透视生成分析图就会给人留下深刻印象。甲方不仅能够看到完整的工作量，感叹于创作构思的艰难与坚持，而且能够跟随方案创作师的前后思路顺序进入解决问题的状态，不再只限于“裁判”心理。换句话说，就是让方案创作师和甲方共同处于解决问题的立场而非对立面。想想看，甲方和方案创作师原本不就是都需要解决共同问题的双方么？为什么不采取创造良性循环的工作方法让双方回归原本立场和共同战线呢？

6.2.2.8 剖面生成分析图

很多类型的方案适合从剖面入手作为构思的起点，而并不拘泥于山地建筑、体育馆建筑、博物馆建筑等剖面显得很重要的建筑类型。正是由于方案创作师通常并不重视剖面的研究，就使得太多的空间缺乏立体使用的可能，反而往往是室内设计师才会意识到重新改造呆板空间的可能性，实际上这是建筑设计师因循守旧的思维在作怪。

如果方案创作师能够从人的行为需求出发，从剖面的多种可能性入手进行空间创造研究，那么我们就将有可能看到多层次、多模式应用的富有智慧、以人为本的空间模式。

6.2.2.9 立面生成分析图

很多时候，项目的平面类型是固定的、被限制的，尤其是在项目造价被要求控制在很低层级的情况下。在这种情形中，直接从立面入手进行方案构思往往能够更好地达成目标，同时也能训练我们在已有平面图上专门创作立面形式的构成能力。

从立面入手进行构思，可以在心理上认为就是在做“旧房改造”，即平面固定或者只能做少量变化，方案能力主要体现在立面创作之中。虽然表面上看只是在做立面，实际上仍然需要综合考虑项目性格、目标以及平面功能、立面构成之间的整体关系，使之相互配合而非割裂，因此，这种情况下的分析图往往更加必不可少。

6.2.2.10 平面生成分析图

有一些建筑类型，往往是平面功能优先，比如单元式住宅，功能要求非常细致的办公楼、学校等，这样的项目，往往是先敲定平面，然后再考虑立面和造型。由于过分注重平面功能而使得外观不尽人意，于是在修改造型的时候不得不反过来影响部分使用功能或者平面组合，进而导致修改平面与修改造型之间必须形成互动。这种互动则又会使得甲方感觉迷惑：既然平面功能和分区组合已经被认可，那就根据已经确认的平面做造型不就行了吗？何必折腾呢？有的时候甲方也会有另一种迷惑：在确定了平面的情况下，难道就做不出好的造型吗？是不是方案创作师的能力不行呢？

由此可见，某些需要从平面入手的方案，如果能够将平面与造型之间的互动绘制出来，并对生成的原因、过程、结果进行提纲携领的阐释，以证明其合理与多赢，那么就能引导甲方不再总是陷入不必要的迷惑之中，而是通过分析图更加理解方案创作的思路，甚至油然而生参与这种互动分析过程的愿望，结果自然就形成了双方共建的良性循环：**不仅是平面与造型的互动，而且是甲乙双方甚至多方的互动并使各方乐在其中**。

6.2.2.11 法规生成分析图

设计规范、强制条文、地方法规，表面上看似是一种束缚，实际上往往是创造力的来源、方案构思的源泉。如果把与项目直接相关的规范条文逐一找出来并做归类和排序，就会发现那些严重影响构思自由发挥的条文一旦能够转化为构思的起点，那么这些貌似“凶恶”的条文就会马上变成智慧逻辑的源头。很多项目因为各种原因都会受到规范和法规的严重控制，而越是如此，就越容易以规范和法规作为思路的出发点，一旦巧妙地解决了这方面的问题，那么方案往往也就出来了，而且令人佩服。因此，将这个思路流程以分析图的方式表达出来，方案的成果就会容易被接受和感动。

6.2.2.12 环境生成分析图

无论是项目所在的小环境，还是项目所在的区域、城市这样的大环境，都与方案能否切实解决问题有着直接而密切的关系，换句话说，几乎没有可以粗暴地或者幼稚地脱离环境的创作，这就像是与大海毗邻却不向海景开窗一样远离常识需求。然而现实生活中这样把构思割裂于真实环境、真实需求的建筑、室内、家具等设计却实在是太多了，不是么？设计师们几乎是集体沉浸在了设计风格、设计流派、设计手法以及所谓的个性创作之中，然后只是像装点门面一样将“环境分析”纳入图纸之中来自欺欺人。这种脱离环境而热衷于“设计本身”的不良风气甚至导致几乎所有甲方都已经习惯于直接对“风格”提出要求，方案创作师反过来因此而抱怨和苦恼，却忘记了始作俑者其实就是自己。

实际上，只需不再从众，回归常识逻辑，就会发现只要从环境入手进行分析，那么方案创作的几乎所有线索和要素就都能够被探索和推理出来，也只有这样的创作才是真正与环境互动而不是以天外来客自居并以为是创新。这种讲解方案的构思是如何从环境中挖掘与推理的分析图，即为环境生成分析图。

由于环境所包含的因素极为多样，企图把所有的环境要素都画成分析图几乎是不可能的，而事实上，更重要的是通过调查研究逐步确定这些要素的重要性排序，从而找出与方案目标之间的逻辑关系。排序的前提是尽可能罗列出所有可以想到和发现的环境因素，而现场的亲自调研则往往能够真正挖掘出环境给予创作构思的思路源泉。换句话说，环境分析图容易说却不容易做，如果这方面真正获得重视，那么建筑会呈现不一样的面貌。

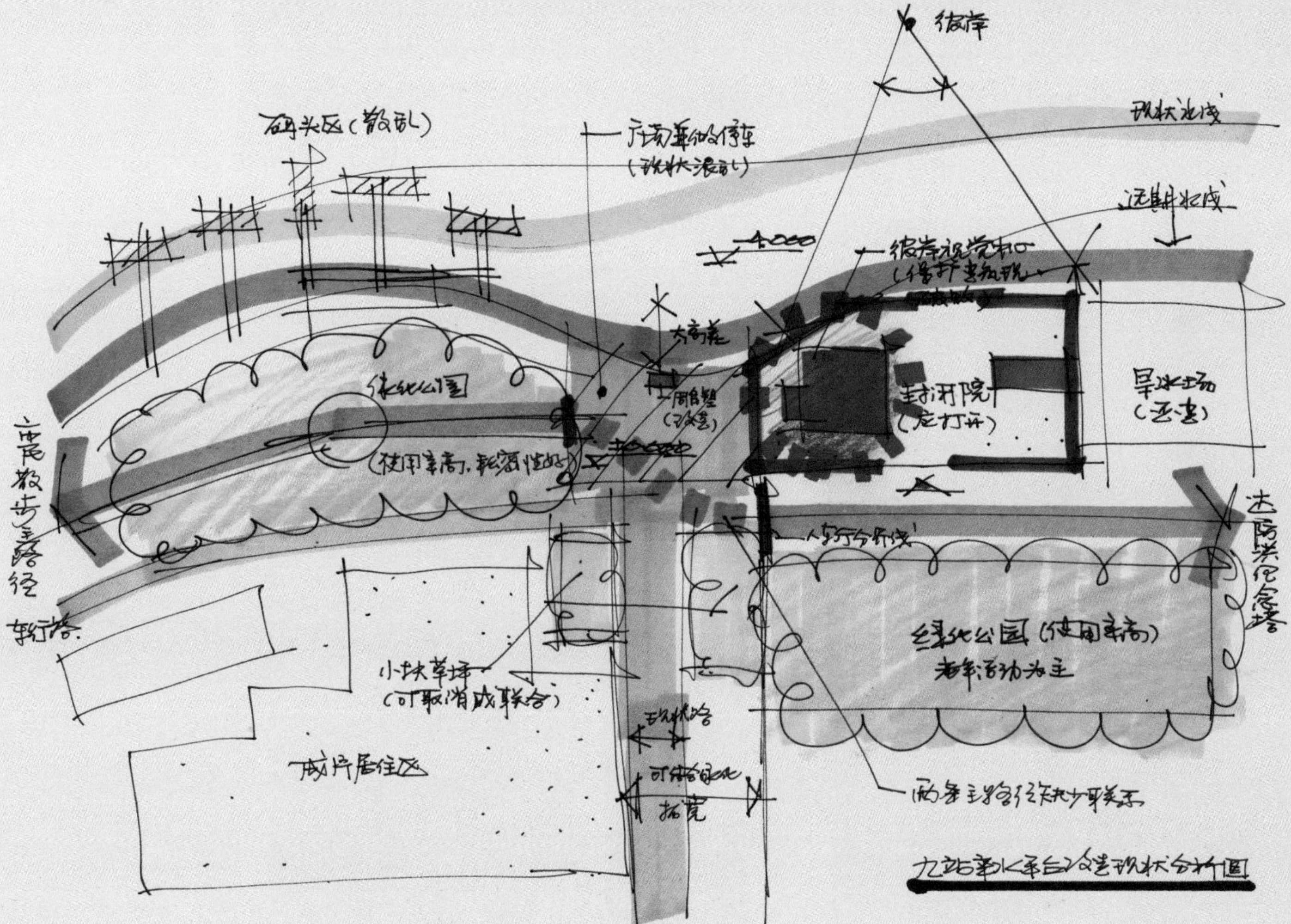

■ 生成逻辑类分析图 —— 环境生成分析图

6.2.2.13 实景合成分析图

将在项目现场拍摄的若干张照片输入电脑，然后在照片上用数位板进行构思试验，或者将照片导入类似 SketchUp 这样的支持模型与背景照片合成的快速建模软件，然后通过实验性的体块建模来分析方案构思的可能性以及解决问题的方向。如果可以结合虚拟现实技术，将环境进行建模并与体块模型结合分析，则会产生更直观的效果。与实景进行合成分析，是最重要的方案创作模式之一，希望能引起重视。

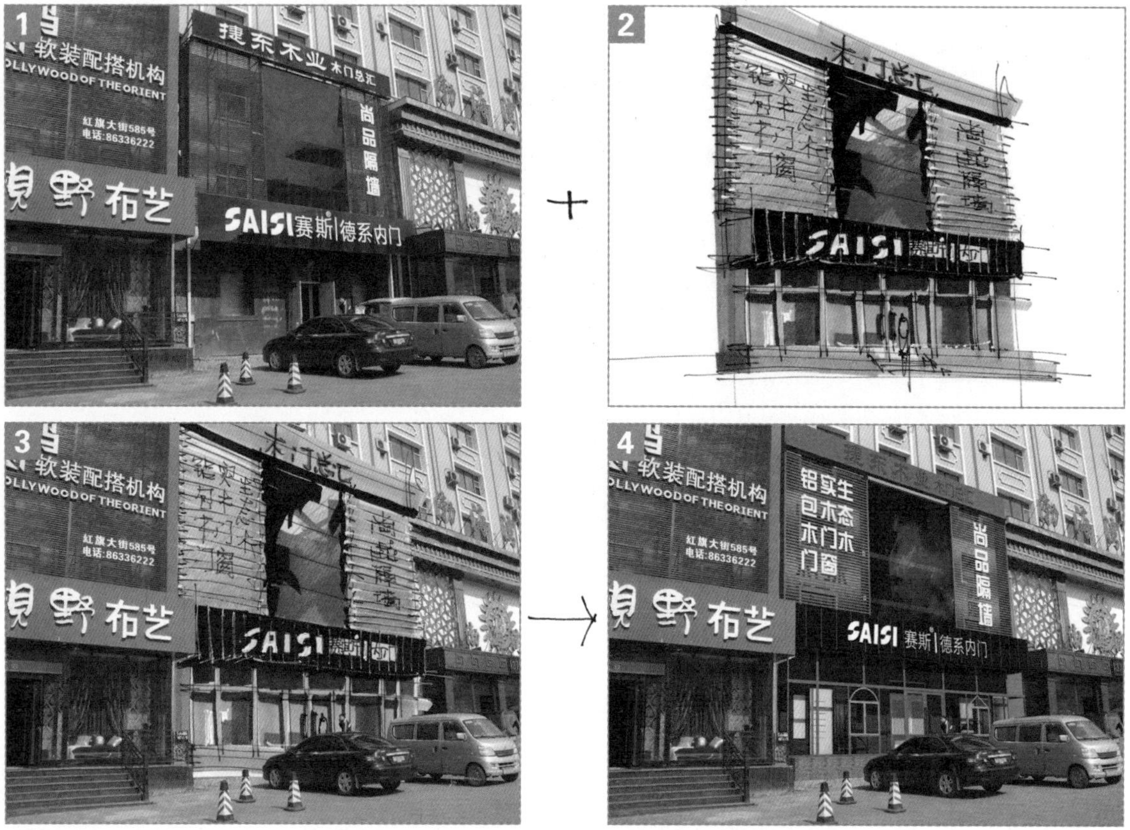

■ 生成逻辑类分析图 —— 实景合成分析图（原照片、构思草图、设计草图、建成后的照片）

可见，生成逻辑类分析图不仅仅是讲解构思的分析图，同时也是方案构思的源泉。无论是构思过程还是讲解方案，生成逻辑类分析图的选择、绘制与修订，都能够产生多方面的效应，是一种创造多赢的专业工具与方法。

6.2.3 符号图解类

6.2.3.1 方向符号

朝向、景观、视线等方向性的要素分析图，往往需要优美明快的箭头符号来表达。普通的箭头画法往往会显得绘制者的形式美素养不高，这种不良感觉会轻易损害人们对方案的信任度，因此需要方案创作师进行专门的训练，从而达到锦上添花、相得益彰的专业效果。

实际上，对大多数方案创作师而言，这些方向性的要素分析图一直都备受忽视，无论在构思阶段还是成果图阶段，无论是画法、色彩还是个性化方面，都很少有人下功夫研究，从而使得图解思考与图解表达都成了口号。

6.2.3.2 动线符号

人流、车流、物流、工作流线等动线，与上面所说的单一方向的箭头符号不同，往往是需要路径转折的动线型箭头符号，还会出现主要流线与次要分支的现象，而且不同流线的符号还会出现重叠的情形，因此，专门针对动线的分析表达也需要方案创作师们经常进行训练。当然，动线的分析绝不仅限于讲解方案的阶段，在方案的构思阶段也极为重要。怎样能够画得又快、又好、又分类明确，是方案创作师需要进长期试验和不断改进的重要内容。

6.2.3.3 分区符号

不同的功能分区往往需要通过分区符号进行区分，这种直观的分区表达不仅有别于以图解的方式分析和讲解方案构思的合理性，也有利于方案创作师在构思过程中反复校订体块与平面的逻辑性，从而整理思路，明确方案方向。分区符号的表达方式有很多种，如色彩填充、色彩退晕、图案填充、边框示意等，需要经常性的反复实验。

6.2.3.4 权重符号

不同的项目要求会使得不同的空间或节点有着不同的权重需求，如果将这种权重需求绘制出来，将十分有利于自己和甲方理解方案构思是如何解决了各种问题的梯级需求，从而形成对方案创作师的理性能力的认可，并因此而产生双方互动，进而不断调整权重排序，使得方案不断趋近于合理、高效。

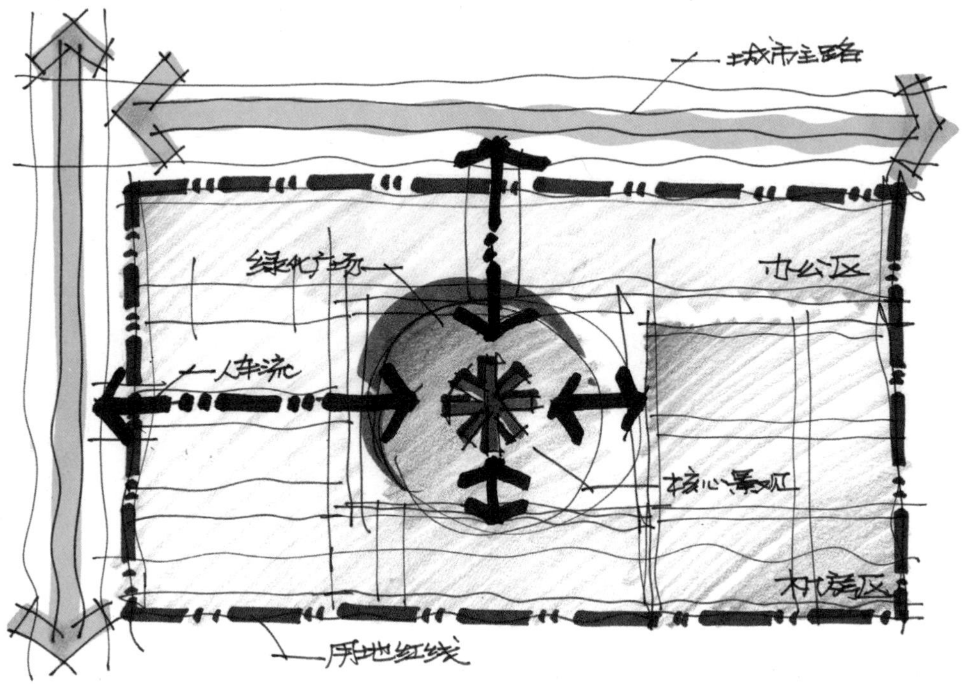

■ 符号图解类分析图

6.2.4 三维直观类

6.2.4.1 轴测图

如果使用轴测图进行诸如方向、动线、分区、权重等分析要素的绘制，其直观性往往会远胜于在平面图或总平面图上的标注与图解，因此，只要时间和能力允许，强烈建议使用诸如轴测图这样既能统观全局，又能以三维模式直观表达的分析图模式。虽然这样做需要更多的工作量和专业训练，但是非常值得。

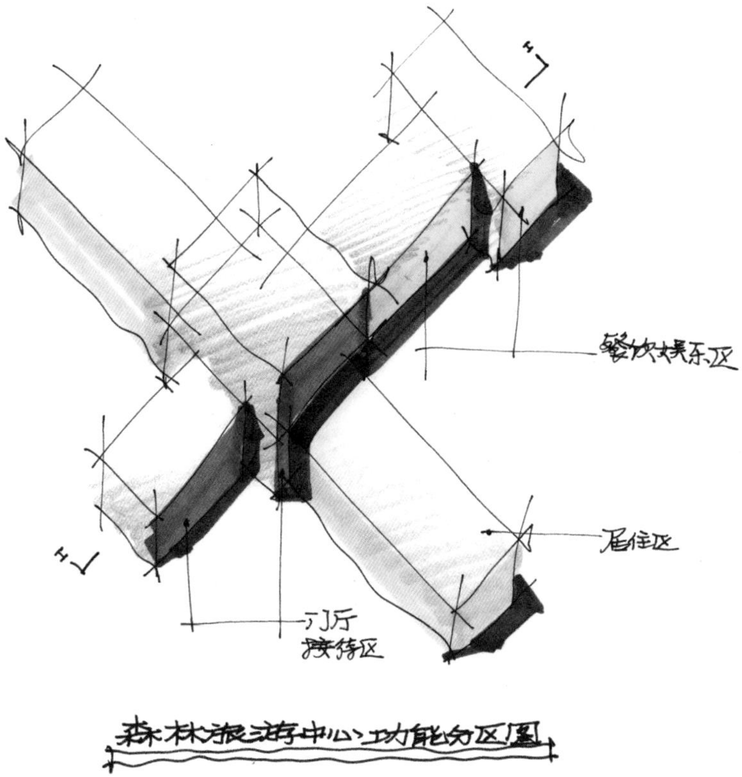

■ 三维直观类分析图 —— 轴测图

6.2.4.2 透视图

徒手绘制不同视点的体块透视图、细部透视图，实际上要比电脑建模的速度更快、产量也更大，而且在绘制过程中更容易出现更多的可能性方案，从而使得构思过程更加富有创造性。而这些纷至沓来的多种可能性小图一旦经过组合排版，加上注释文字进行优劣分析，则会给观图者带来极大感动：原来最后的方案经历了这么多的可能性研究，非常专业。

用透视图做分析图唯一的障碍就是如果缺乏足够数量的有效的专业训练，将会导致绘制徒手透视图非常困难而且费时费力。学院派的"钢笔画"模式和"正式图"模式的透视图训练以及太多培训班强调的"效果图"模式、"精细化"模式和"画家"模式都是不容忽视的误导，因为这些模式无一例外都是针对结果的，而不是针对优选优化这一方案创作原则的。原理上，经过有效的专业训练的方案创作师，每张小透视图所需要的时间往往不会超过十分钟，如果专心画一小时，能画出六到十种方案，这是用电脑不能替代的。抽出时间和精力把徒手透视图的专业能力训练好，要远比整日思考诸如"哪一个更重要"之类的问题重要的多。

6.2.4.3 剖透图

很多时候，单纯靠剖面图、平面标高和表现外观的立面图、透视图以及表达体块的轴测图，都不能清楚地表述方案的构思意图，而剖面透视图往往能够让人一目了然。对大多数方案创作师而言，绘制剖面和绘制透视图一样令人感到厌烦，因为前者往往被认为是不得不画的例行公事，而后者则是自己难以说出口的短板。是的，人们往往习惯于依习惯做事，而不是根据目标反推自己的专业训练与绘制模式。实际上，对剖透图可以大显身手的项目而言，用剖透图做大量的构思分析和图解表达是极为值得的方式，也就值得为之努力训练并通过大量实验找出好而快的画法。

无论是剖面透视图还是与之关联的剖面鸟瞰图、剖面轴测图，需要注意的是一定要加入作为尺度和行为参照的配景人物，只有这样，剖面设计才会有真正以人为本的意义。

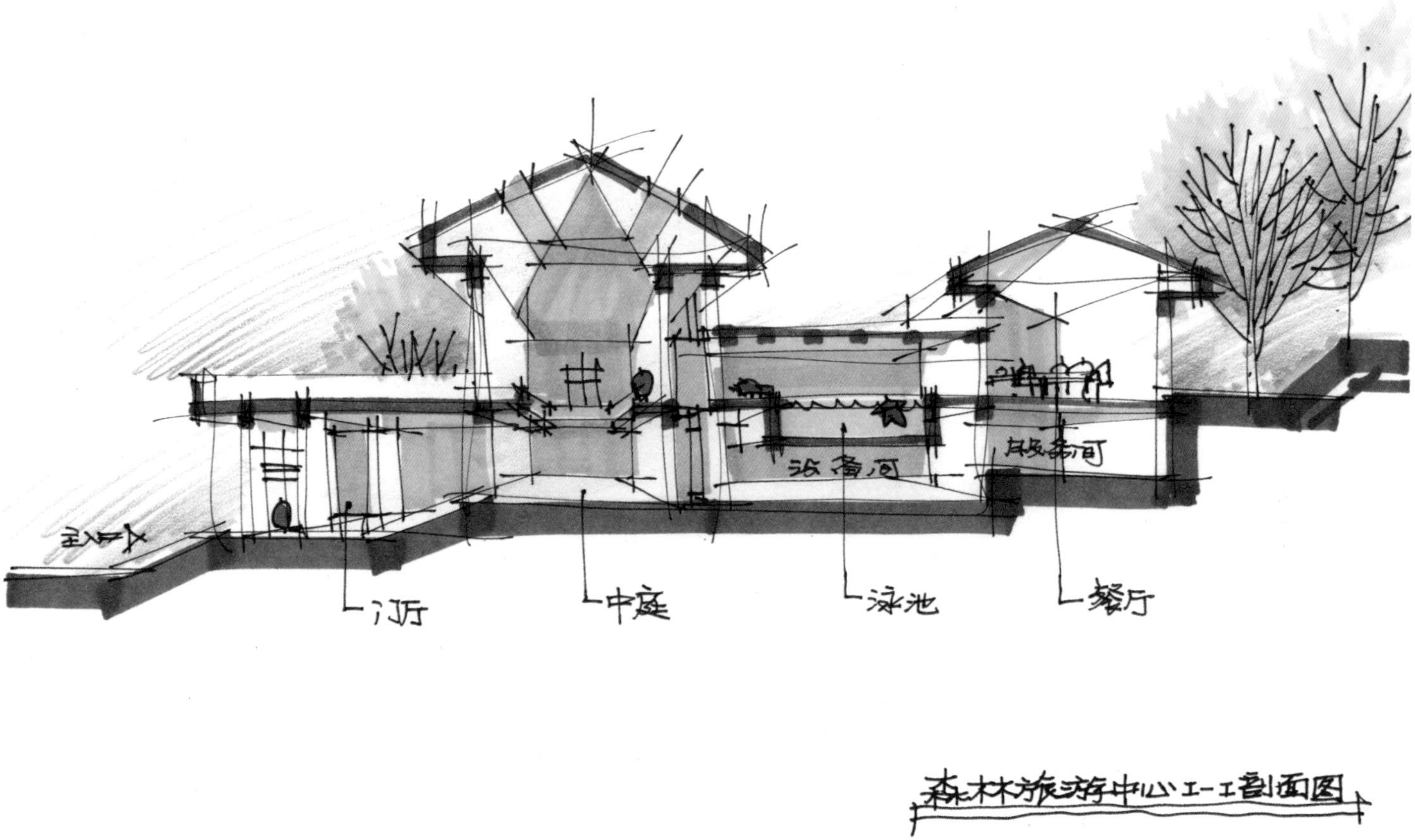

■ 三维直观类分析图 —— 剖透图

6.2.5 文字注释类

分析图往往不能纯粹依靠画图来达成目的，文字注释基本上是必须要做好的功课，因此必须研究文字注释的运用与训练。常见的文字注释方式是在图的下面写上解释文字，但更多的时候这种简单的整体说明模式并不足以说清楚图上各个要素的意图，我们往往需要通过一些诸如箭头之类的符号将文字注释引向其说明的要素和局部，也称为“引出注”，即用符号从图面某局部引导到文字注释那里。

由于文字注释与文字能力、构图能力都有直接关系，一旦漫不经心，很容易因小失大，导致甲方从这些文字和布局中迅速否定方案创作师的基本素质及专业能力，因此，文字注释的专业训练不容忽视。

6.2.5.1 箭头法

从需要引出文字注释的地方引出直线或者自由曲线到可以写文字注释的区域，引出点用圆点或其他形状表示，指向文字注释的一端则用箭头引向文字，即箭头法。

箭头法的要点，一是引出点要明显，二是箭头符号要体现出专业风格，三是引出线对构图影响很大，要处理得流畅雅致，而不能弄成一团乱麻。当然，注释文字的手写字体要勤加练习，以免因为字体幼稚难看而因小失大。如果当下的手写字体实在太难看，则只好将图片输入电脑后再打字输入了，虽然这样做影响效率，但是总比因为手写字体不美观而影响方案要好一些。

6.2.5.2 泡泡法

泡泡法是向漫画卡通学习而来的，即像漫画中的人物对话一样，用矩形或椭圆形框住文字注释，用引出的小三角形指向引出点。这种方式可以增加趣味感，减轻甲方读图理解方案时的心理焦虑。漫画卡通是一种将图与文字整合表达的优秀而成熟的模式，非常值得专门讲究，只是太多人视而不见，满足于看漫画的快乐心情，却忘记了移植到自己的方案分析图中了。

6.2.5.3 层叠法

上述两种方法都需要强大的构图能力，否则很容易造成画面混乱甚至因小失大。如果目前构图能力并不熟练，那么建议使用层叠法进行文字注释，这也是风险最小而且最成熟的做法。所谓层叠法，是将所有引出线都以水平、垂直的方向组织成有序的模式，使得文字注释最终形成水平层叠模式，从而避免了到处散落着文字注释导致构图失控的风险，并且使得图面看起来非常严谨，也使得读图变得有序可循。

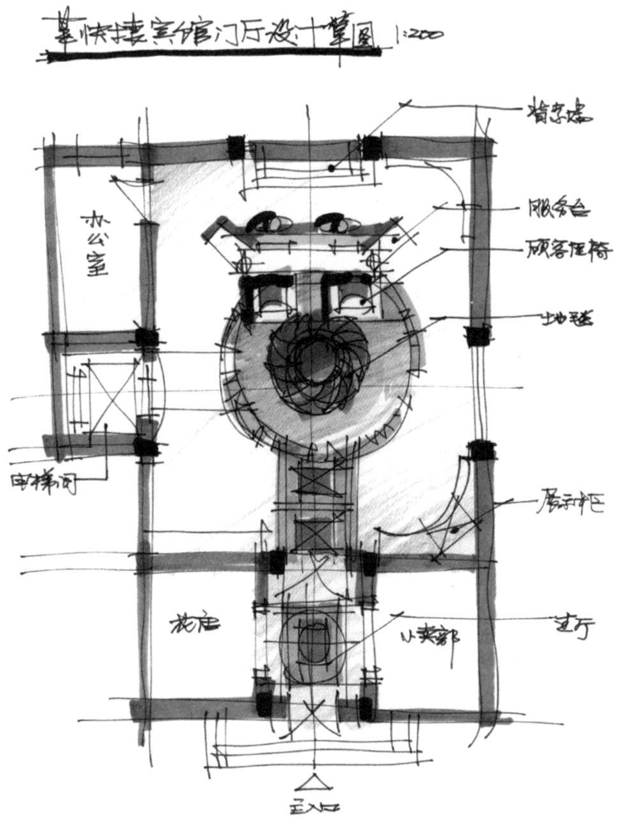

■ 文字注释类分析图 —— 层叠法

6.2.6 漫画卡通类

6.2.6.1 主题人物法

方案创作师需要创作出一个卡通人物形象来代替自己在图面上以文字方式讲解方案构思，这个卡通人物即为主题人物，而文字注释则转化为了这个主题人物的台词。这种方式，可以使得甲方在轻松愉快的心情下看着这个主题人物是如何深入浅出地讲解方案构思的生成以及优秀特征，只是对绘制者的要求更高：不仅要会画卡通人物，文字能力也需要非常强大，否则很容易弄巧成拙。

6.2.6.2 人群对话法

每个项目都有不同的需求人群，比如使用者、投资者、施工者、销售者、审批者以及旁观评论者，还有时间即历史评判者，当然还有方案创作者。尤其是使用者，他们是项目建成后真正的体验人群，因此使用者又可以分类为若干典型人群。如果能够创作出各种人群的漫画人物，然后以漫画的形式表达这些人群为了各自利益而引发的对话，并辅以数据、草图等插图，那么整个方案的讲解分析就会更加整体、全面而且生动有趣。如果能够制作成动画影片，效果更佳。

6.2.6.3 标志拟人法

创作出漫画人物往往并不容易，那么也可以用甲方、乙方以及相关各方的企业标识或该项目的标识作为卡通形象，再辅以泡泡模式的文字对白，则一切就会显得容易很多。提到这个方式，只是想说明“一切都有办法”，而不必整日固守着“我没办法了”之类的消极自我暗示模式。

综上所述，我们将分析图的常用表达方式分为了数据分析类、生成逻辑类、符号图解类、三维直观类、文字注释类、漫画卡通类等六种类型，需要指出和强调的是，这些表达方式总体来说类似于“组件”，通过方案创作师的大量训练直至纯熟后，就可以自行组合应用，即下一节所要简述的分析图的应用类型。根据分析、讲解目标的不同，分析图的应用类型可以说几乎是无穷数量的。本节的表达方式部分相对详细地进行了讲解，而下一节则相当于提纲挈领地分类简述，与其说是讲解，不如说是分析图类型备忘录会更加恰当。

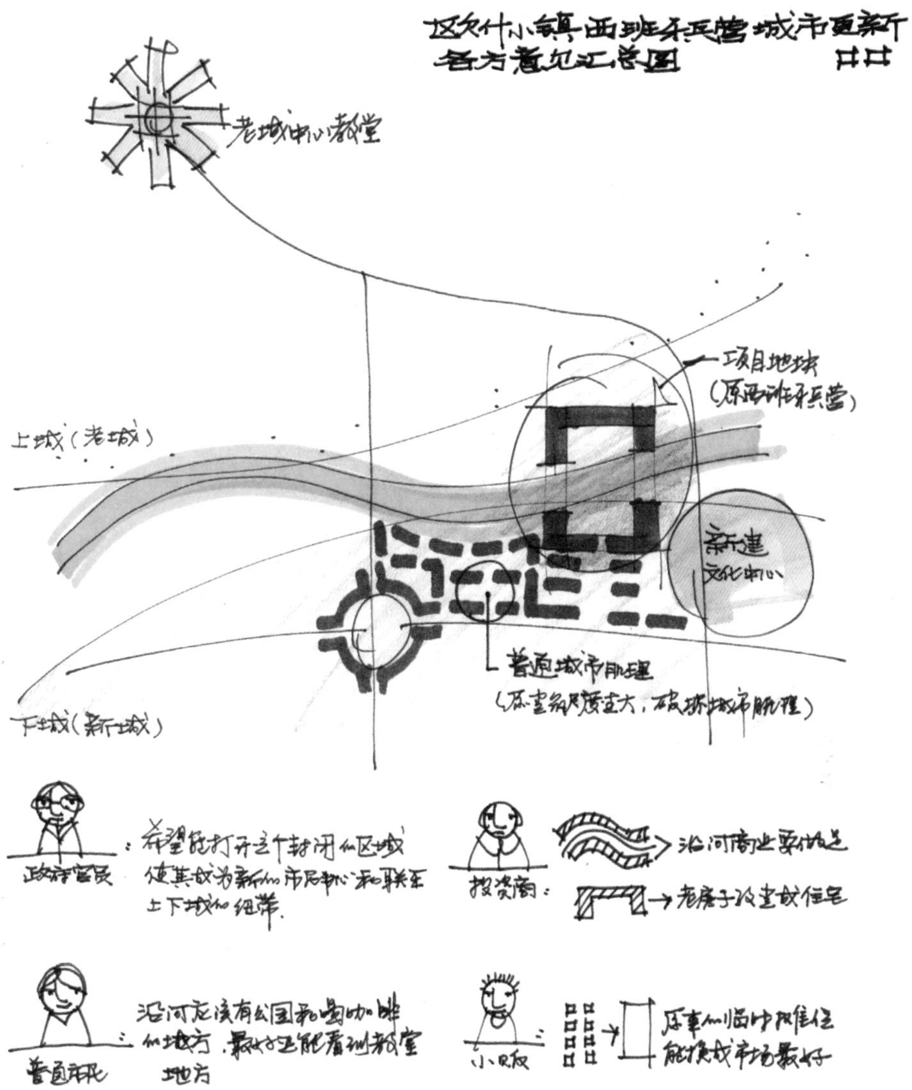
老城中心教堂
项目地块
上城（老城）
下城（新城）
新建文化中心
普通城市肌理
政府官员
投资商
沿河商业要做足
普通市民
小贩

■ 漫画卡通类分析图

6.3 应用类型

6.3.1 现状需求类

6.3.1.1 地质分析图

由于设计院校的课程设计通常不注重项目所在基地的特殊地质情况，因此科班出身的方案创作师在实际工作中接到方案任务后的第一反应往往是如何尽快“成功”地做出方案，而不是马上着手调查基地的地质状况，往往会发生方案做出来以后因为诸如地下水位、断裂带、岩土质量等水文地质情况而被否定的情形，结果是不仅恼火，还得重做方案。与此类似的还有很多现状情况，也都会导致方案因为闭门造车而被否定，比如高压线走廊、汛期水位、强季风、驻军某区、危险物品堆放区等。

在方案创作前期进行多方调研极为重要，而根据实地的地质以及其他现状分析开展方案创作，才是摆脱纸上谈兵导致方案频频被否的有效方法。

6.3.1.2 日照分析图

对当地和基地的日照情况做分析，尤其是阳光被山峰、树林以及其他建筑遮挡的情况，还有阳光与视线、景观的实地关系等，都需要亲自调研并绘制分析图，绝不能仅仅满足于资料数据而闭门造车。南方的日晒、西晒，北方冬季的阴影遮住室外活动区域等常识性需求，也要考虑进去。

6.3.1.3 风向分析图

不要仅仅依赖资料集中的风玫瑰图作为创作依据，而是要进行基地及周边的访谈调研，以了解当地具体情况和需求，只有这样的风向分析才有专业意义。

6.3.1.4 景观分析图

无论是当前已有景观，还是在可预见的未来可能会出现的景观，以及本项目建成后成为当地新景观的可能性，都要纳入分析之中，以从中找到方案构思的线索。至于项目本身基地范围内的景观建设的需求与定位，也需要进行整合分析。

6.3.1.5 污染分析图

空气污染、光污染、气味污染、汽车污染、噪音污染、视线污染等，都要进行理性分析，以此形成方案构思的线索之一。

6.3.1.6 交通分析图

不能只满足于官样文章模式的宏观分析，而是应该同时关注基地周边以及基地内部的微观交通现状与未来需求。方案团队应派出专人在项目基地及周边进行交通量统计，为时至少一星期，以了解不同时间段的真实交通状况。同时，应有专人进行居民访谈，以了解交通方面的真实情况及需求。还应对同城已建成的同类项目进行实地调研，以免重蹈覆辙。

6.3.1.7 人车分析图

每个项目都有其特殊性，找到这种特殊性，并依此进行因地制宜的人车分流设计，将使得方案能够大放异彩。这种特殊性的发掘，取决于方案创作师能否将现场调研与访谈作为至关重要的专业行为。

6.3.1.8 行为分析图

根据现状分析人们的行为并分类与归纳，从中找到不同的使用者对新建项目的真实需求。这种分析往往能够为方案构思提供坚实的依据和源泉，因为满足和引导使用者的行为需求、行为方式是方案创作的本质目标之一。

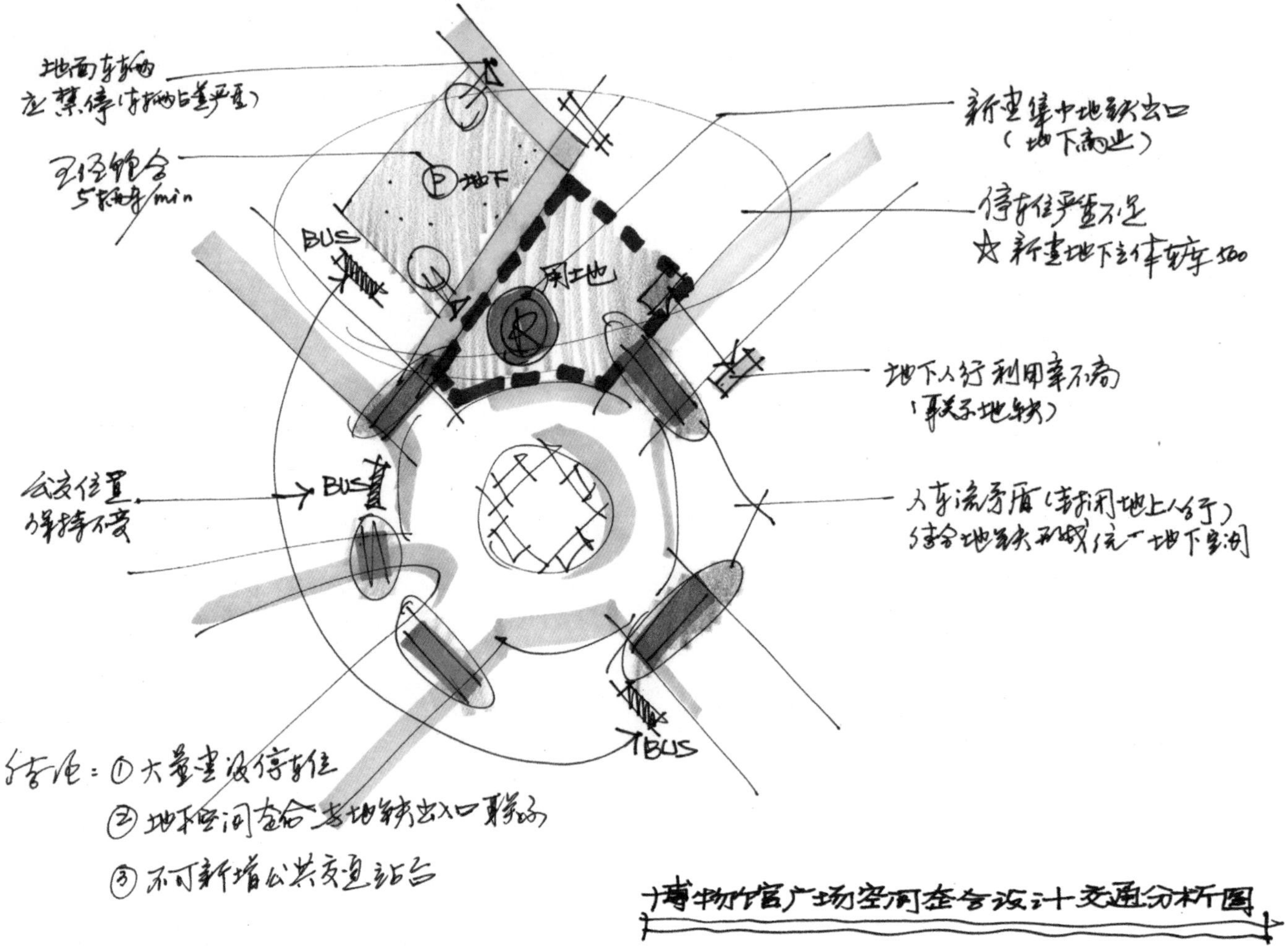
地面车辆
严禁停车(停车场占道严重)
新建集中地铁出口
(地下商业)
停车位严重不足
★新建地下立体车库
P 地下
BUS
用地
地下人行利用率不高
(联系地铁)
公交位置
保持不变
人车流矛盾(封闭地上人行)
结合地铁形成统一地下空间
BUS
BUS
结论：① 大量建设停车位
② 地下空间整合，与地铁出入口联系
③ 不可新增公共交通站台
博物馆广场空间整合设计交通分析图

■ 现状需求类分析图 —— 交通分析图

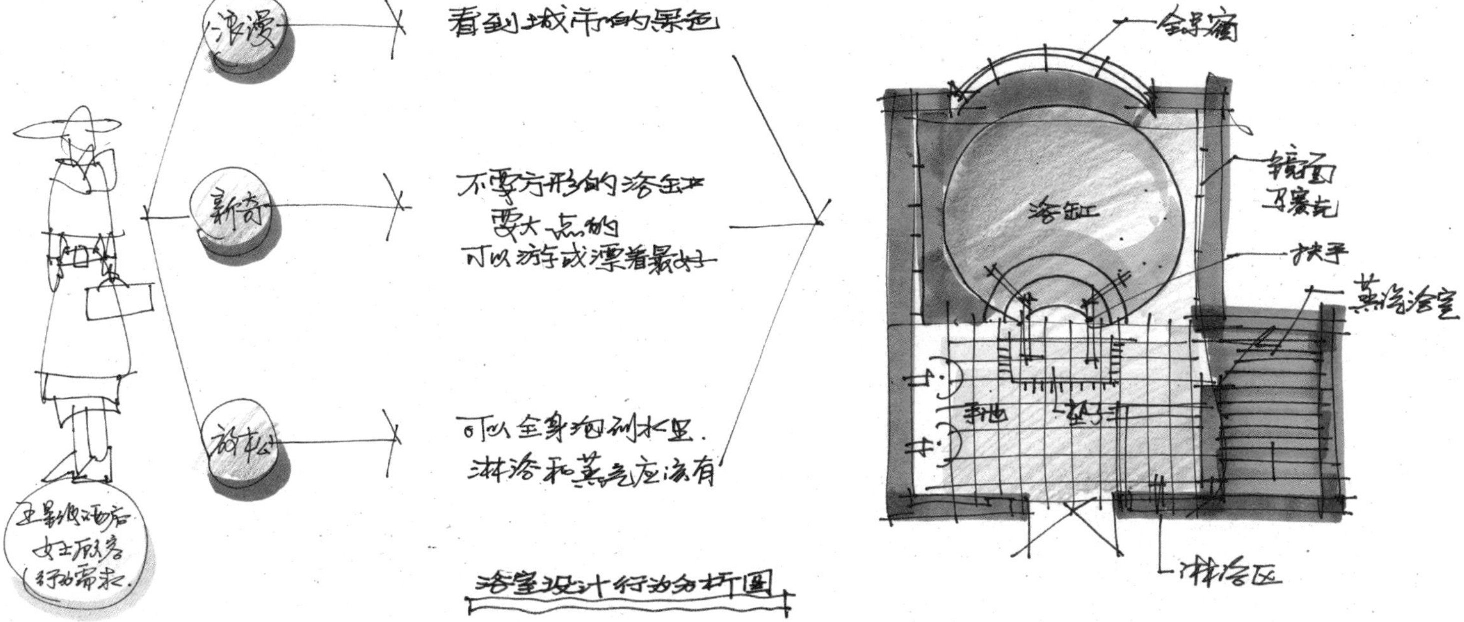

■ 现状需求类分析图 —— 行为分析图

6.3.1.9 法规分析图

根据现状进行初步的法规分析，以了解项目涉及的各方面法规对方案的限制与影响，从而展开创作前期的试做阶段，再通过发散思维反复进行的试做与交流，不断充实这个项目的法规分析图，直至相关法规的排序使得项目的创作思路形成多赢。

6.3.1.10 空间分析图

在对项目涉及的各种法规很熟悉之后，重新对项目所需要的各种功能进行分析，从而使得各个功能所需空间获得更加符合其需求的特质、排序与组合，进而使得这种分析令人感到更加信服并获得认可。

6.3.2 技术商业类

6.3.2.1 结构造价分析图

由于设计院校割裂模式的教学体系，使得几乎所有建筑设计师都是在参加工作后才能够与其他专业的设计师共同参与项目设计，这种分工合作远非协同合作，更谈不上协同创作。大多数方案创作师难以做到在方案创作初期就与其他工种的专家共同创作与评估，于是方案创作师就会持续处于“对造价心里没底”的状态，甚至会陷入难以深入创作的停滞状态。

如果能够在方案创作的初期就引入多专业共同创作模式，那么情况就会出现革命性的变化。单就结构造价分析而言，我们都知道这是甲乙双方都会十分关注的评估方案可能性的分析图，如果有意识地邀请结构专家从方案创作的初期就真正参与进来，那么结果将会十分明显。虽然参与初期大家都会不太适应这种协同工作模式，但是一旦通过大家的共同努力突破种种障碍，找到适合团队的工作方法，则针对不同的发散方案迅速作出结构造价分析图就会成为既简单又自然的事情，从而为甲方的评估与决策提供了有力而有效的专业建议，也让方案创作师可以安心于方案深化，不再患得患失。

6.3.2.2 数据比较分析图

这个题目很笼统，因为并没有表述清楚要做的是哪些数据的比较分析，但是我们都很清楚，作为方案的评估与决策而言，数据的分析与比较是极为重要的手段和标准。如果方案创作师能够在方案成果中直接涵括了重要的数据分析与比较，如果我们是决策者，怎么会不信服，怎么会不觉得对方的聪慧与严谨呢?

6.3.2.3 经济比较分析图

大多数项目最终仍会落实到经济运营层面上，因为即使是建筑本身的生存也是需要持续的经费支持才能维持的。所谓经济比较分析，实际上包含两个方面，一个是不同的方案对维持建筑的正常运营所需的维护费用比较，一方面是建筑空间及设施能够通过商业运营或者自循环系统所能产生的经济比较。

6.3.2.4 底层运营分析图

这里说的底层，指的是通常用于商业的地面层空间。即使某些项目在建设初期并没有用于商业的计划，但是考虑到在建筑的全寿命周期中可能的时世变迁，为底层空间事先策划其商业经营的可能性，仍是必要的。对于那些以底层商业空间的出售、出租或直接经营为主的项目而言，底层运营分析图尤其重要。

6.3.2.5 楼层运营分析图

楼层运营分析图包括楼层空间的划分、出售、出租等运营，以及中介收入、零散空间的临时租费、观景空间的收费服务等。实际上楼层空间的运营可能性很大，唯一限制只是创造性思维的匮乏而已。大部分方案创作师往往认为如何进行商业经营是业主的事情，与自己关系不大，从而忘记了自己是富有创造性思维的专业人群，容易造成甲乙方对立。

6.3.2.6 街区文脉分析图

无论是文化的文脉，还是形式的文脉，还是行为的文脉，都存在于项目基地及其周边的历史、环境和人群之中。对这些文脉的观察、体验、发掘、分析、归纳、提炼，将会使得新建项目融入现有环境或者引领其周边的未来，从而形成家族化的文脉共生与传承。

6.3.2.7 造型隐喻分析图

同样一个形式，不同的人会产生大相径庭的隐喻联想，而且人们常常趋向于进行不良联想以彰显自己的批判性。因此，对项目的造型可能引发的隐喻联想的各种可能进行发散分析，然后反复修改方案，以尽可能减少形成不良隐喻的可能，尽量增加形成良性隐喻的可能，从而达成对造型隐喻的有效控制，甚至能够与业主的项目事业形成互动多赢。

6.3.2.8 区域天际分析图

所谓区域天际，并非是那种在图纸上常见的街道立面图或者城市天际线立面图，原因是人们实际上是不可能在街道上或者城市边缘、沿岸街道上看到制图化的立面图的。对人们的体验而言，在高层建筑的房间或阳台中向外眺望而见到城市天际线的感觉不仅是有趣的，而且是动态的。

同理，人们行走在街道上，同样能够感受到沿街建筑形成的街道天际线给自己的不同感觉，甚至远处的高层建筑偶尔也会加入到街景天际线形成“合唱”、“合影”的感觉，从而形成多层次的动态交叠。因此，区域天际分析图应该是符合人群行为、动线和视线的动态分析和透视图模式的研究，从而能够为确定项目的形象与轮廓做出的贡献。

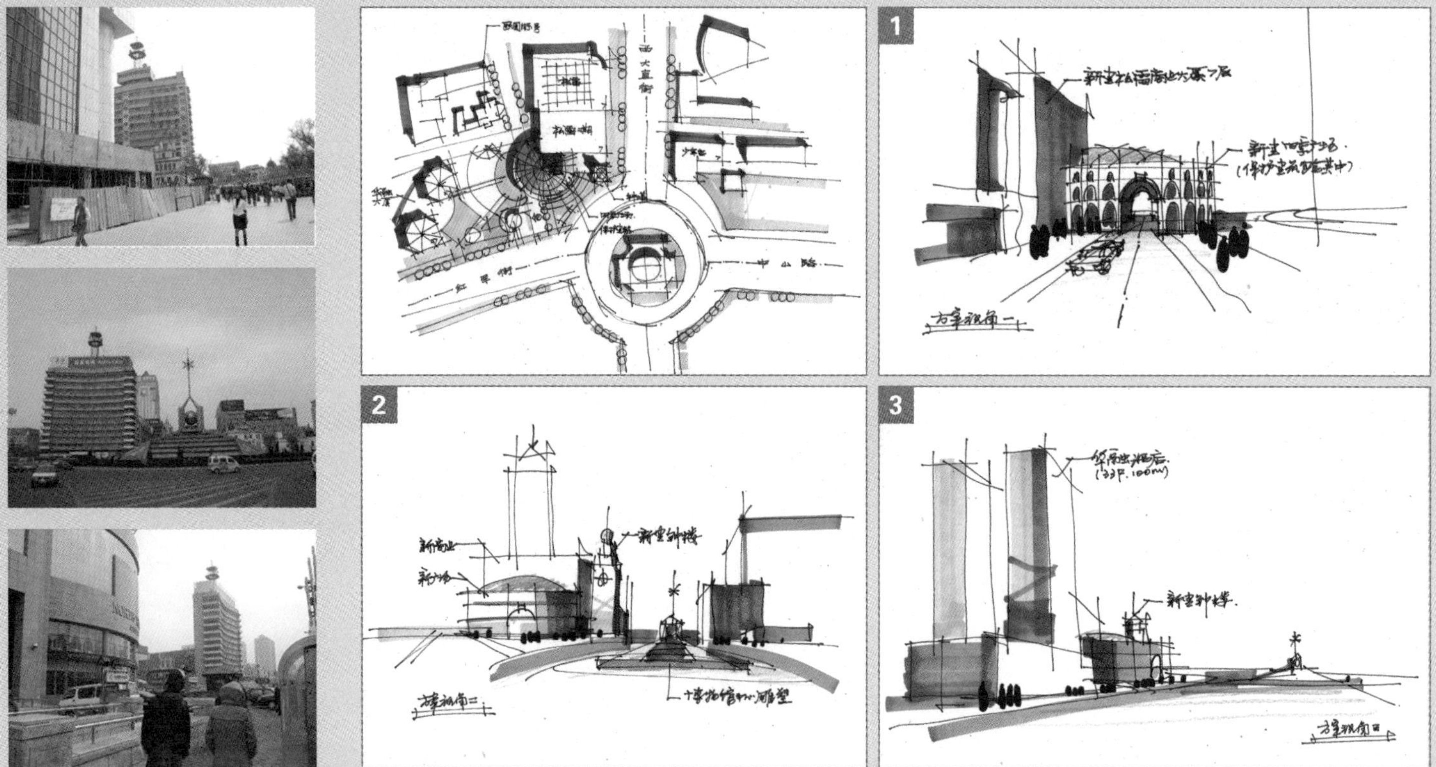

■ 技术商业类分析图 —— 区域天际分析图

6.3.2.9 人群停留分析图

对大多数项目而言，引导和促使人群在合适的室外及室内空间停留，可以为商业运营以及安全防卫提供更好的可控预期，而这种有意识地控制人群流动与停留的专业意识对大多数方案创作师来说，或者觉得荒唐可笑，或者自认为懂得这个道理，但却鲜有人真正重视并纳入创作流程，甚至会普遍忽视人群在长久行走后急需的对休息设施的需求。

6.3.2.10 人流吸引分析图

有意识地将人流吸引到合适的地点和空间，对商业运营、人流组织以及安保都有着重要的意义，然而太多方案创作师只是在表面上显得重视这个问题，实际上则几乎完全忽视。建议有意识地强迫自己绘制人流吸引分析图，这样才能发现自己在这方面是多么缺乏研究。

6.3.2.11 阴影运用分析图

对气候炎热的地区而言，阴影区域宛若天堂，如果建筑的阴影区被漫不经心地设计成了人流无法到达和停留的空间，这种设计很令人恼火。明明应该并且可以创作阴影的区域却被设计成暴晒的广场区，这种现象更是屡见不鲜。对气候寒冷的地区而言，情况正好相反，但对阴影的忽视情形则如出一辙。

6.3.2.12 风流控制分析图

小区的风环境、建筑内部的风型、风向控制，都是极为重要的要素内容，而且往往需要借助计算机软件以及模型进行分析。方案创作师的任务是：能够以富有目标和前瞻性的创造性思维，提出符合常识需求的风流控制要求，并与相关专家一道研究其可行性，进而以分析图的方式描述其过程和成果。

6.3.2.13 广告预留分析图

即使不是商业建筑，也需要预先设计必然会使用的单位名称牌、匾、板以及楼顶大型招牌设置的可能性。至于商业建筑，广告位的预留与形象可能性的设计则更是重中之重，因为一旦投入运营，方案图上单纯的建筑外观将会被各种广告牌匾变得面目全非。换句话说，方案创作阶段就要考虑到广告行为的可能性并给予充分重视，而不是假装这种商业行为不存在。

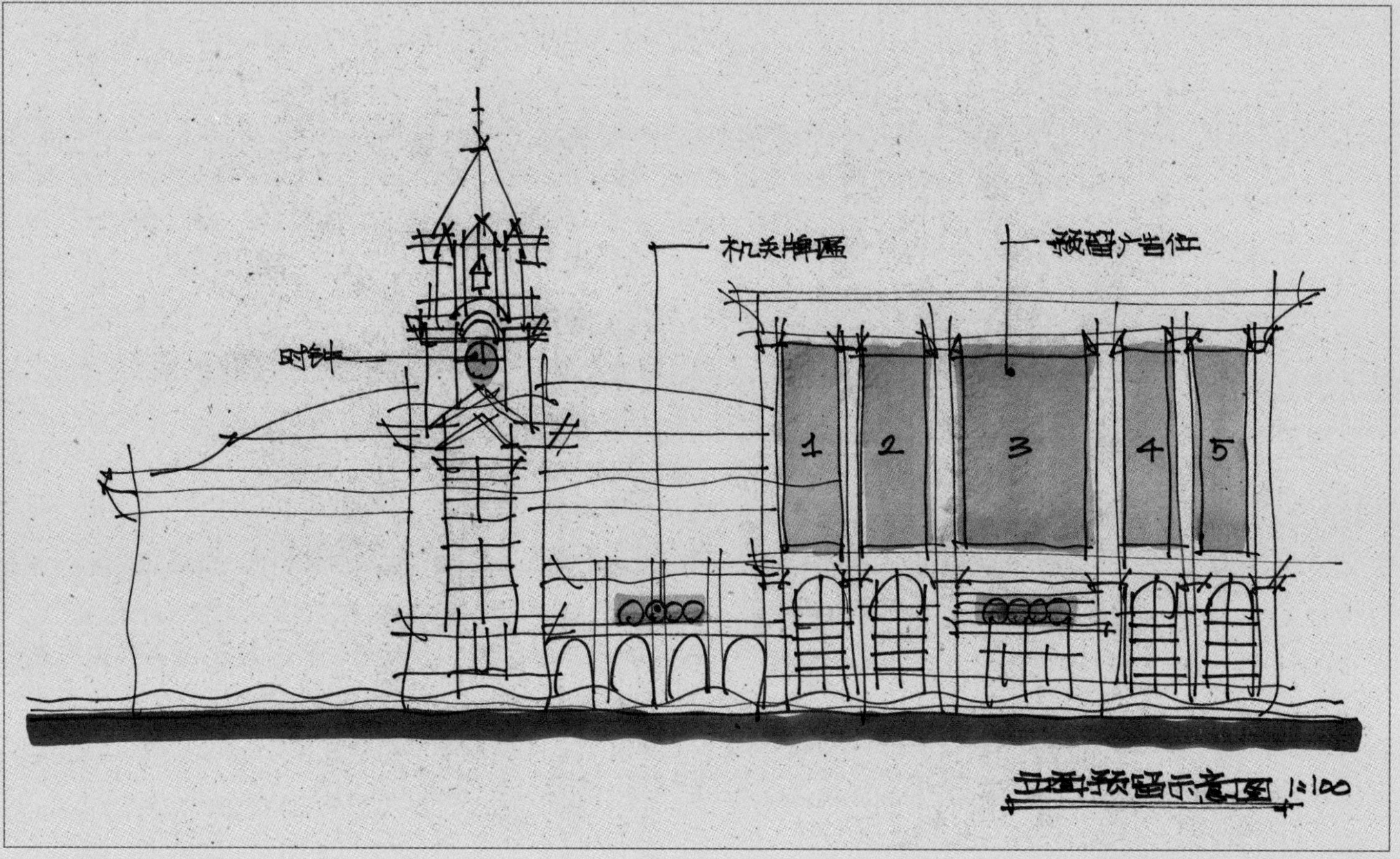

■ 技术商业类分析图 —— 广告预留分析图

6.3.2.14 夜景灯效分析图

项目并非只在白天“上班”，夜景灯效往往更重要。如果能够在方案创作时考虑到创造性的“夜间表演”，这样的创作才是整体思维模式的专业创作。至于是否与灯光照明公司合作，分析多种夜间灯效可能性，答案则是肯定的，因为这类公司是真正希望从创作初期就参与的专业机构。

6.3.2.15 未来改造分析图

无论是改建、扩建还是内部空间的重新划分、外部造型的重新改造，都是在建筑全寿命期间不可避免的事件，只有极少数保护建筑才不会被改造或尽量少改造。作为专业的方案创作而言，对建筑的全寿命生存进行多种可能性指导及设计，才是对职业和事业的真正负责。因此，无论甲方是否有此要求，都应该在方案提交的成果中包含这种考量，而甲方也会对这种专业负责的前瞻能力所感动，从而更加认可方案创作师的人格品质和专业责任心。

6.3.3 行为研究类

6.3.3.1 需求流程分析图

首先要学会分析项目相关的各类人群的需求，然后根据这些需求进行行为流程设计。这些行为流程所需要的空间、技术与材质等支持，就是我们必须完成的创造性解决的内容。通常情况下，人们只是极力地创造所谓的风格与个性，而这些行为需求及其流程的创造性解决往往只是“顺便关注”，这自然就造成了创作与使用者行为需求的脱节。

6.3.3.2 对景提示分析图

人们在一个方向直行的时候，希望能够看到尽头处或者相邻空间中有目标对景，否则就会觉得茫然无趣；人们也希望在转弯处提前看到转弯提示，比如材质或者灯光甚至造型的变化，

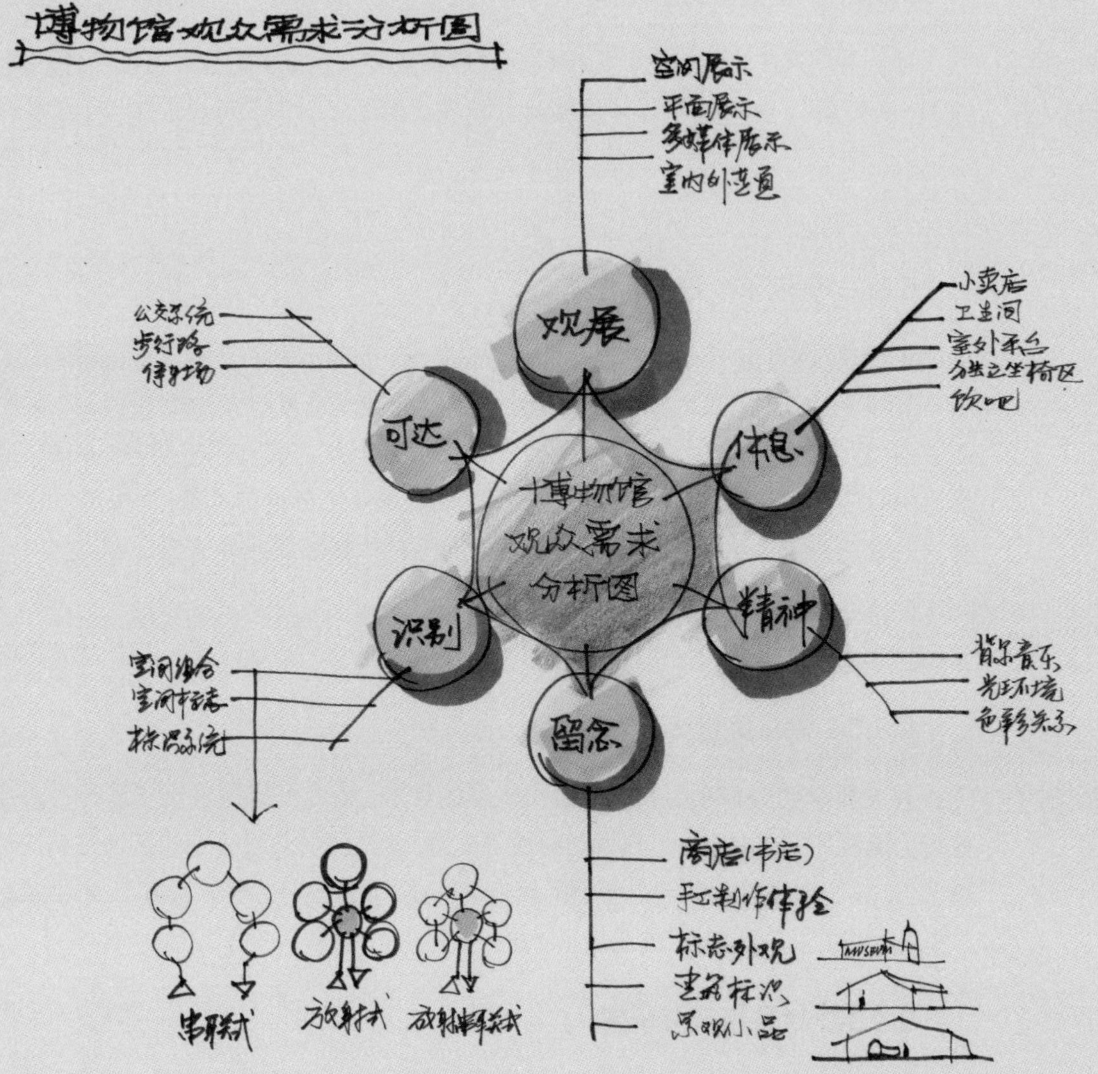

■ 行为研究类分析图 —— 需求流程分析图

否则就会因为不能提前预测转弯而恼火。因此，至少在对景和转弯处，人们需要用心创作，我们也就需要绘制这种分析图。

6.3.3.3 留影站位分析图

好的作品的特征之一就是人们喜欢在作品前留影或摄影，而这些照片又促成了作品的传播和知名度的提高，这是典型的良性循环。如果方案创作师在创作中忽视最佳留影站位和最佳拍摄站位，结果是电线杆、路灯、树木甚至垃圾箱、广告牌、报刊亭等附加设施往往被漫不经心地设置到了关键位置，更可笑的则是项目本身的诸如雕塑、喷泉、座椅等要素也在粗暴地阻碍着美好而快乐的留影与拍摄站位，实在是不应该。

6.3.3.4 行为引导分析图

这里所说的行为引导与前面说的行为需求中的行为有所不同，所谓行为引导，指的是通过创造性的设计创造出符合需要的行为模式，以使得人们“自动”避免不道德或不理智的行为，从而使得各个设计要素产生积极意义。

6.3.3.5 生活革新分析图

与行为引导类似，但是更进一步，即方案创作师企图用创作出来的作品引导人们创造生活甚至人生的革新，哪怕只是部分的或者很小的革新性变化。这是可以而且应该做到的，但如果方案创作师志不在此，就另当别论了。

6.3.4 权衡排序类

6.3.4.1 目标序列分析图

一个设计项目的方案创作目标有很多种方向，因此，有必要对这些目标进行分析，并分别纳入不同的序列之中，从而理清思绪。把针对不同人群和事物的不同目标序列进行理智归类，方案创作师就不至于总是不由自主地陷入纷乱复杂的患得患失之中。

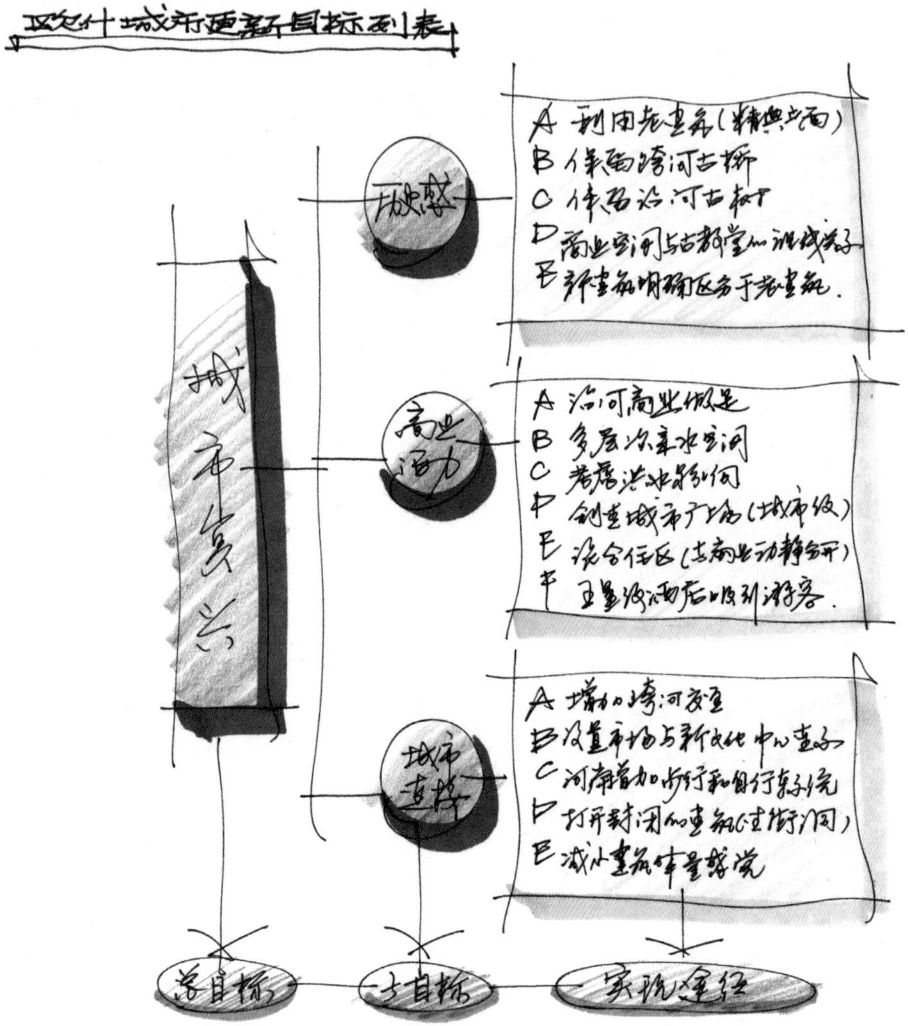

■ 权衡排序类分析图 —— 目标序列分析图

6.3.4.2 排序原则分析图

目标分成了不同序列之后，就需要抉择以何种原则对每个序列中的目标排序，以及以何种原则对各个序列排序，从而决定重点解决哪些问题，率先达成哪些目标，进而找到方案创作的切入点和思路主线。只要这一点能够达成基本共识，那么甲乙各方都将不再因为患得患失而失去原则和方向。

6.3.4.3 主次取舍分析图

排序原则确定后，就要进行反复而大量的取舍实验，并据此创作大量的比较方案，以优化出最合适的取舍点，然后就要对取舍点以下的目标进行无情舍弃，从而保证主要目标的达成，即“舍得原理”。

6.3.4.4 思路比较分析图

取舍做出后，就开始对主要目标的达成进行大量的比较方案创作，以找到最能够多赢地解决主要问题的思路方向与创意模式，从而形成正确的概念创作，进而开始优化和深入。

6.3.5 重构多赢类

6.3.5.1 概念多赢分析图

对概念设计而言，真正重要的并非个性化的流派、风格、哲学而是多赢，即与项目相关的各个立场的人群都能够获得其最主要需求的满足。因此，如何能够做到创造性的、化繁为简的多赢，并且做到成功讲解以获得各方心悦诚服的认可，才是方案创作师的才华所在。

6.3.5.2 概念逻辑分析图

越是能够做到多赢的方案，其内在逻辑往往越是简单而清晰，因为方案创作师能够找到一条逻辑主线将各种需求连接起来，使得方案仿佛是一个中心，向外发散着创造性解决各种主要需求的连接线。剖析如何找到这个内在逻辑的过程，以及向各个方面讲解如何以这个内在逻辑富有成效地解决了各类主要需求，这个分析图及其讲解将让甲方理解复杂的问题是如何被创造性地解决，从而使得设计概念获得尊重和认可，进而可以深入创作。

6.3.5.3 概念生成分析图

在概念逻辑的原则下，会通过各种实验方案尝试达成目标，随着量变的积累，会在某个时间出现豁然开朗、柳暗花明、峰回路转的思路质变，这时会发现最适合项目多赢模式的核心概念，同时也会发现实际上可以将这个概念倒推出生成步骤，以便于向别人讲解其可以理解的过程，于是形成了概念生成分析图。

6.3.5.4 概念导引分析图

概念设计生成之后，为防止在进一步深入到方案设计的过程中，由于过分陷入技术细节而忘记了概念设计中的某些要素是不可变动的，需要给出“概念运用说明书”，即概念导引列表，以明确哪些要素和原则是绝对不能迁就的主干概念，而哪些要素则是允许折中或代换的次要概念，从而为团队以及甲乙方相互协同、深化方案指明方向。

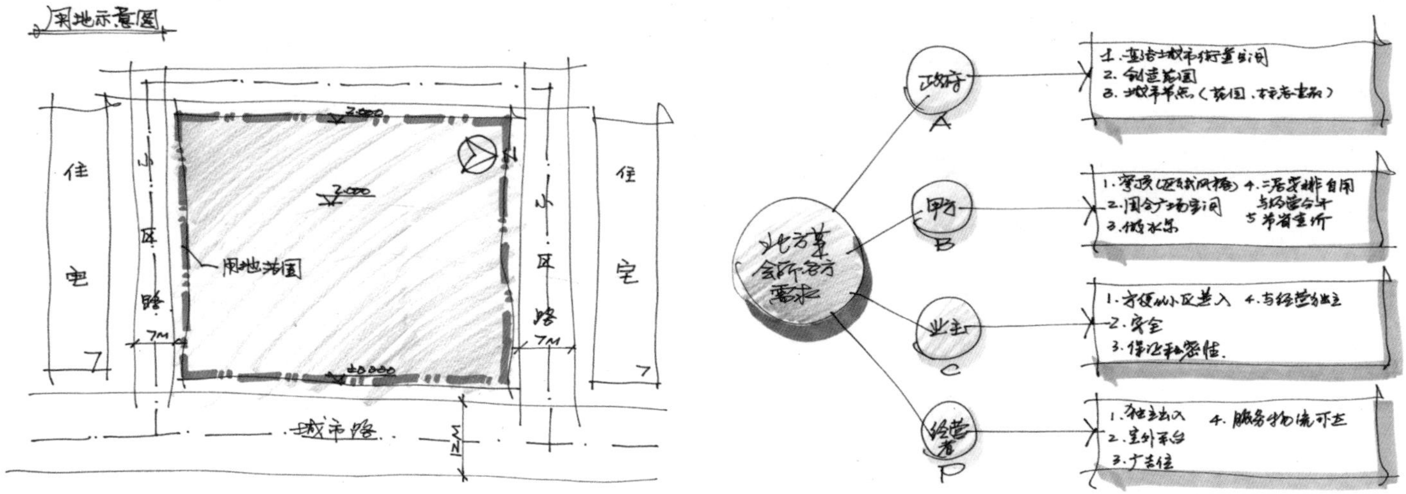

■ 重构多赢类分析图（一）

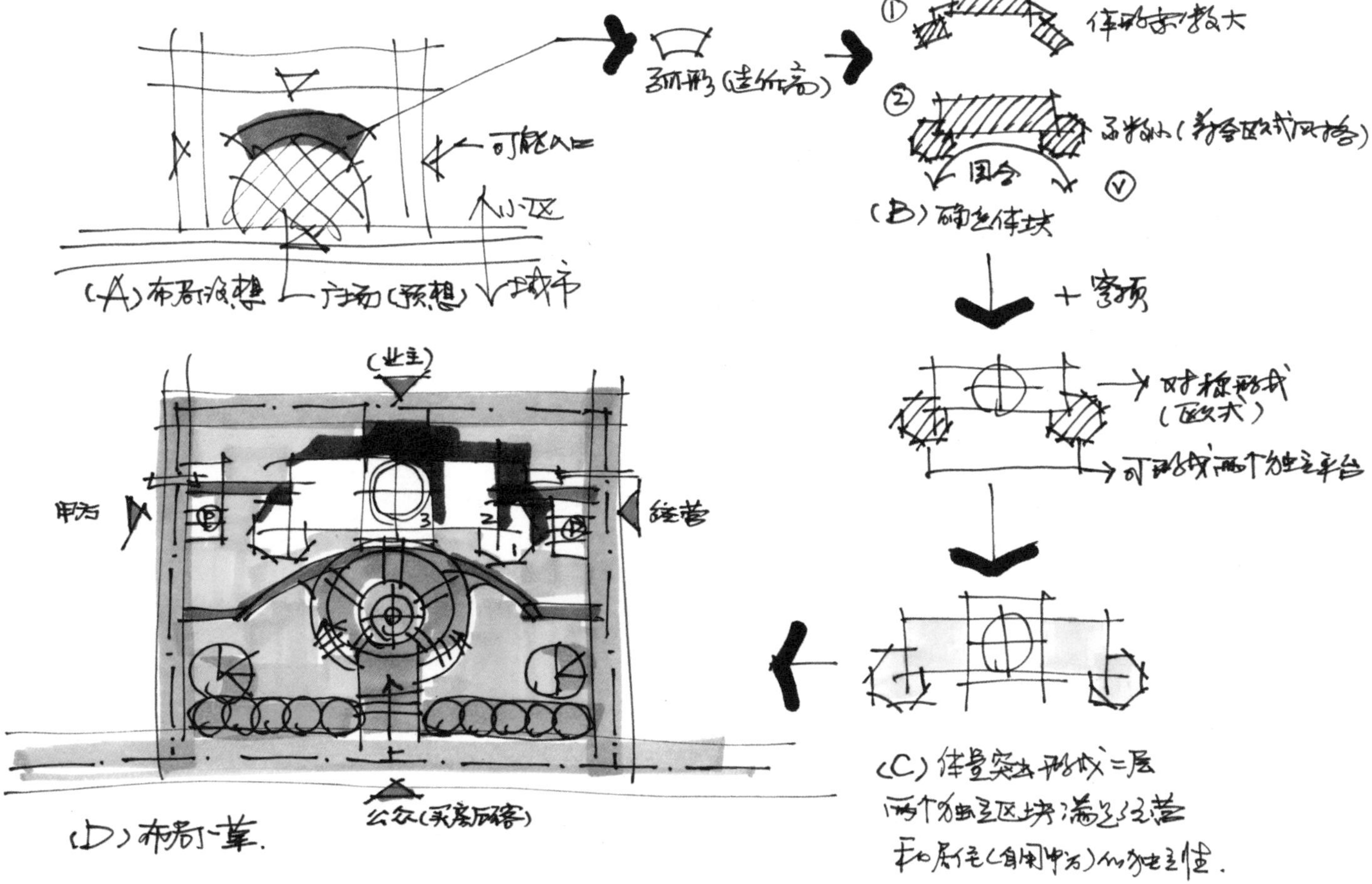
(A) 布局设想
广场(预想)
城市
小区
可能入口
弧形(建筑高)
①
②
围合
(B) 确定体块
+ 容积
对称形式
(欧式)
可形成两个独立平台
(业主)
甲方
经营
公众(买房顾客)
(D) 布局一草.
(C) 体量突出 形成二层
两个独立区块满足经营
和居住(自用甲方)的独立性.

■ 重构多赢类分析图(二)

CONCEPTUAL DRAFT

第 7 章

概念草图

【主要内容】

7

概念草图是方案创作构思阶段非常重要的一个环节，我们在 1.4.2.4 节中有过阐述。本章将通过一个项目的概念设计，对概念草图进行示范性的演示。而平面图、立面图、剖面图、总平面图、轴测图、透视图、分析图等一应俱全的方案草图，我们归类于方案表达，将在下一章中讲解。

7.1 创作模式

创作模式实际上是因人而异的，同时也是因地制宜的，即使是同一个人在不同的阶段其创作模式也会有所不同。我们在这里提到的创作模式，是指通过大量的手脑互动发散出多种可能性，直至优选优化出最接近目标的立意原则和核心逻辑，其宗旨是打破传统模式，启动右脑的创造性思维。

7.1.1 二维与三维同步创作

大多数人已经习惯了只是在平面、立面图上构思分析，直至觉得方案有了眉目才拿到电脑上建模以验证自己的思路，甚至很多人则干脆就只是对着电脑屏幕进行单纯的平面推敲和立面研究，不仅忘记了方案创作的三维属性，更盲知于手脑互动的创造性思维行动方法，于是我们就会看到普遍存在的貌似绞尽脑汁地对着图纸或屏幕发呆，以所谓的思考代替创作的现象，甚至太多人误以为这就是创作行业的常态。单纯的思考很难带来源源不断的灵感模式的大量可能的解决方案，于是只好去上网、听歌、看电影、玩游戏、聊天……以及漫无方向地收集资料，企图通过放松和参考寻找灵感，自然就逐步形成了“上网强迫症”、“焦虑恐惧症”、“愤懑发泄症”、“资料收集症”、“灵感抄袭症”等等令人痛苦不堪又无可奈何的“憋方案”类型的创作现象。有趣的是，极少数人想过如此“生憋硬挤”的创作习惯是否正常，这样痛苦地“想破头”去创作何谈创作乐趣，更遑论专业的高速和高效。

只需回到常识，跳出来看问题，就会发现我们很无知地放弃了手与脑的实时互动对启动右脑创造性思维的作用，更荒诞的是我们竟然放弃了将平面、立面与透视、轴测同步研究的常识做法。对前者而言，如果仅靠“思考”就能进行方案创作的话，那么为什么创作大师们都那么重视徒手勾画草图呢？为什么那些“喜欢思考”的人群却总是停滞在痛苦、焦虑、抱怨之中，只好不断地用口号和格言来安慰自己却收效甚微呢？对后者而言，笨想也能明白：明明是三维的立体的项目，怎么能硬生生地割裂为二维、三维的不同的流程阶段呢？

7.1.1.1 手脑互动而非依赖电脑制图

曾几何时，大学的设计教学为了教学本身的方便，逐步演化为先平面、立面、剖面，再轴测、透视表达的单线串联的所谓步骤、流程，甚至近些年连徒手草图的反复描画、重画和修订的工作方法也因学生的群体懒惰以及无为教师们的巧言辩解而让位于电脑制图和单纯思考，使得学生们不仅变成了二维能力的平面大脑，而且还变成了懒于动手、依赖电脑的纯思想创作人群，其后果当然是创造性思维和创作能力的全面丧失。目前的现状实际上非常可笑而且可怜：太多人误以为徒手的轴测、透视草图只是课程要求而已，根本就没有理解训练二维、三维的直接关系。电脑制图的出现，竟然轻易地使得方案创作师们不仅变得更加懒惰，而且变成了被工具控制并依赖工具的非创造型人群。

在二维与三维的同步思维与创作的过程中，方案创作师只须亲自用手反复绘制透视和轴测图，右脑就会马上感受到这些数据的高强度和高数量输入，这时只要方案创作师提醒自己不要焦虑，持续行动甚至不必思考，那么就能够感觉到脑海中源源不断地涌现出各种修改甚至新的可能性提示，而只需一直按照这些提示持续画下去，就会有更多更富有想象力的思路出现。反之，如果只是发呆并美其名曰“思考”，或者干脆依赖于电脑，那么由于没有了徒手的高强度和高数量的输入，右脑就会认为不需要介入而出现“走马观花”效应，即“并非有效输入”的现象，这时方案创作师就会陷入“思而难创”的焦虑窘境，自然形成常见的发愁、郁闷、自疑、责怪等情绪，并反复习惯性抱怨“方案周期太短”、“要得太急”、“报酬太低”等等。恶性循环就是这样形成的：少画、不画，于是没思路，因为没思路，于是不画、少画，然后又不想否定自己懒于做大量的绘图方法和工具的实验，那么就只好抱怨环境了……

7.1.1.2 探索适合自己的绘图方法

恶性循环很容易形成的另一个原因，是大多数人已经失去了自行研究适合自己的工作方法的意识和能力，于是也就难以意识到自己可以而且应该学习和研究快速地在二维和三维之间转化的绘图方法并刻意训练自己的有效速度，当然也就难以体会到在这种高速而且持续专注的徒手绘制过程中灵感源源而出的专业乐趣和专业感觉了。

很多设计师早已习惯了尺规制图的缓慢速度，即使是徒手绘制，也早已习惯了模拟尺规线条的“尺规型手绘”的缓慢效率，于是这种低效率的模式当然不能使方案创作师们源源不断地画出新思路，何况这种早已习惯了的远远跟不上大脑思路速度的慢速画法也不会让右脑源源不断地产生灵感。于是，恶性循环又很轻易地形成了：因为画得慢，所以不会有新思路出现，又因为没有新思路，所以就画得少，而画得少则导致必然画得慢，甚至更多人则干脆以没思路为由根本不画了，更为严重的后果则是从此彻底丧失了徒手绘制的基本能力，直至创作能力匮乏而苦不堪言。

在方案创作的构思过程中，同步并大量地进行二维与三维的徒手草图绘制，以促成右脑创造性思维的启动与发散，不仅是必要的，甚至是毋庸置疑的。

由于轴测图比起透视图而言更容易掌握和应用，因此我们建议那些对徒手绘制透视图仍心存犹豫、难以在短时间内迅速建立三维自信的读者，可以先从轴测图入手，尽快通过训练将自己的构思模式向三维转化，从而使得自己的创作过程由停滞型、苦思型、死憋型、痛苦型、焦虑型、抱怨型转变为如行云流水般的思如泉涌型、快乐型、专业型，进而真正体悟到方案创作的**优选优化**的本质特征，逐步删除自己的线性思维习惯，找回属于自己的整体化的目标思维与行动能力。

7.1.2 概念设计的一般流程

建筑学是一门偏理科的学科，同时又兼具艺术性，其目标是如何优雅而多赢地解决使用方便、空间有序、结构合理、形象优美、造价经济等多方面的问题。建筑设计的创作过程表现为向着满足诸多要求的最理想的目标不断推敲、不断比较、不断选择、不断放弃，从而不断深入、不断完善的反反复复的过程，而概念立意的建立是决定整个建筑设计走向的根本所在。因此，概念设计绝对不是可有可无的过程设计，必须引起足够的重视。以下列出的是概念设计的一般流程，仅供读者参考。

以任务书、现场调研、相关访谈等方式得出大量的目标需求，通过列表、排序、抓大放小，逐步确定项目所需的若干本质的目标需求；

寻找与这几种本质的目标需求相符、相近的目标载体，对这些目标载体不断地进行提炼、移植、举一反三、由彼及此的设计速写；

对设计速写中形成的多个概念方案进行分析、整合、提炼，进而研究该概念的总图、平面、立面、剖面、细部的实施可能性，使之逐步与设计目标接近，并随时将这些整合、提炼出来的多个接近目标的解决方案进行便于交流的概念设计草图表达；

用这些概念草图反复多次与同事、领导、业主探讨和交流；

在不断提炼、不断修改中，以目标周期为截止时间，最终达成合作意向。

7.2 了解项目

7.2.1 解读要点

设计任务书是方案设计的指导性文件，一般由业主提供，包括项目名称、立项依据、规划要求、用地环境、使用对象、设计标准、房间内容、工艺资料、投资造价、地质参数、特别要求等等，根据项目规格的不同略有差异。了解设计任务书是一件很容易的事情，但是能否正确解读则将关系到设计的走向和定位。那么，解读任务书要抓住哪些关键问题呢?

7.2.1.1 命题

它关系到设计的功能定位、规模大小、服务对象、造型风格等等。项目是新建还是改建，对造型风格的影响很大，涉及主角还是配角的问题，例如造型上是统一母题还是另辟蹊径? 项目是商业综合体，购物、娱乐、餐饮等项目齐全，分区就很重要，涉及如何引导人群消费的大问题。如此看来，解读命题是极为重要并需反复研究的课题。

7.2.1.2 环境条件

它关系到一些限定因素以及与周围建筑是否和谐的问题。环境条件一般由文字描述结合地形图给定，解读时要研究朝向、路网、周围建筑的空间概念，千万不能闭门造车。

7.2.1.3 设计要求

房间的数量和面积、造型上的要求、各类技术指标等都要细心解读，还有一些可能是项目的特殊要求，也是该项目的特点和难点，应给予更多的关注和调查研究。

附任务书：以下是本次项目国贸大厦的设计任务书。

一、项目现状

国贸大厦项目原占地面积 23200 平方米，建筑面积 80269 平方米，地上 38 层，地下 3 层，已于 2003 年主体完工。其中：

商业裙房：30188.67 平方米　写字楼：37915.72 平方米　地下：12164.91 平方米

合计面积：80269 平方米

项目计划对已建成建筑进行改造，裙房可拆除重建，主塔可加高，外立面可重造，并在旁边再造一栋高层。为便于描述，将老楼改造为项目一期，新建高层为项目二期。

二、项目定位

国贸大厦所处的南岗开发区历来是哈尔滨高端人群居住、聚集、商务、办公等活动的主要区域之一。

项目毗邻哈尔滨唯一的高尔夫球场，对面是哈尔滨仅有的两个五星级酒店之一的索菲特酒店，临近哈尔滨标志性建筑、亚洲第一、世界第二高钢塔 —— 龙塔。目前以万达商业广场形成的商圈，为周边商务、办公、旅游提供了较好的商业配套，提升了区域商业氛围，高端商业的发展空间仍很大。项目将结合高尔夫及该区域高档的特质，引入大型特色高端商业，提升商圈档次，成为哈尔滨顶级商圈之一。

项目具备条件做成哈尔滨高档区域中的又一地标性建筑、打造哈尔滨顶级商圈，将以高档次定位重新标定该区域的高端地位。

三、经济技术指标

项目限定容积率，不限定高度（但需结合可实施性并考虑经济成本），将包含办公、档次超过现有五星级的酒店、酒店式公寓、高端住宅。

改造后的相关数据：容积率约 7.0

商业面积：地上 30000~40000 平方米

地下一层满铺，做商业用途

-1F~-3F 满铺，视情况测算是否需要做 -4F

已建主塔：44215 平方米　新建高层：78185 平方米

总计面积：162400 平方米 新增面积：78185 平方米

已建成主塔需根据现状进行平面分析，结合层高等硬件条件，论证恰当的用途，确定适合做酒店、办公、酒店式公寓还是高档公寓，并考虑户型。

四、道路规划及交通组织

1. 底商营造大型立体商业广场，不要满铺，建筑间可独立分割，在今后使用中可进行整合封闭，设置休闲内街及内部车行道，可人行、车行。要求人流动线合理，汽车出入口须有明显标识进入内部车道，并注意车行导向。车行道可达到三层平台并考虑停车；车行途径二、三层，相应位置也可停车。（考虑预留一个汽车展厅）

2. 商业屋顶平台第五立面建生态广场，设计为一个与高尔夫有关的俱乐部广场，要求有文化品位和较高的档次，并可建大型坡地广场（为减少容积率并增加采光，广场可开洞），横跨华山路将生态广场与高尔夫球场景观融合。坡地广场下面临高尔夫球场一侧布置高尔夫会所，临项目一侧布置立体停车。

3. 赣水路、华山路路口内广场或裙房内部设交通核，以导入人流并缓解交通压力。

4. 华山路、赣水路沿线考虑公共地下通道，外来车辆可直接进入项目地下车库，以缓解周边交通压力。

5. 五星级酒店入口相对独立，要求空间开阔、大气，标识性强，可在一层，也可以在二层。

五、规划基本要求

1. 新老两栋双子座，立面要求简洁、大气，淡化老楼痕迹，与新楼风格协调或对冲，融为一体。可以明显区分两栋楼，也可以融为一体，形式上为一栋楼，但需考虑施工上的隔离。

2. 老楼可适当加高楼层，新楼与老楼相互呼应，提升高度、气势。

3. 高档商业（裙房）：做足沿街商铺体量，以增加项目总收益。

4. 五星级酒店（新楼一半）：大堂大层高、舒适、奢华、气派。

5. 精装小户型公寓：可老楼改造（要求平面布置设计图），也可设计在新楼中，依据现有及可预期的楼标准层平面，提供户型图。

6. 高档住宅：可老楼改造（要求标准层平面图，可考虑复式或跃层），也可设计在新楼中，依据现有及可预期的楼标准层平面，提供户型图。

7. 配套设置会议中心、商务中心、健身中心、私家会所、美食中心、休闲中心等功能，商业、酒店、写字楼综合考虑，避免重复建设、提高利用率。

8. 裙房屋顶平台上建多栋 2~3 层、300~600 平方米单栋建筑，建筑及立面风格与双塔协调统一。

9. 裙房与主塔改造施工相对独立，以便一期主塔尽早具备预售条件及交付使用。

六、景观及文化要求

1. 赋予设计较好的理念，可从城市责任等角度考虑。

2. 外观与立面风格相结合，与高尔夫球场景观相匹配。

3. 应以赣水路、华山路方向作为项目主要的视觉节点；路口应作为项目的主要交通节点、及景观节点。

4. 内街道路节点应由文化主线穿连。

七、设计任务及深度要求

1. 商业概念方案：侧重立体商业广场，可车行至三层及屋顶，并可于各层布置停车。

2. 双塔要求作为哈尔滨地标性项目，挺拔、现代、简洁，结合本土化元素。

3. 商业门头设计方案。

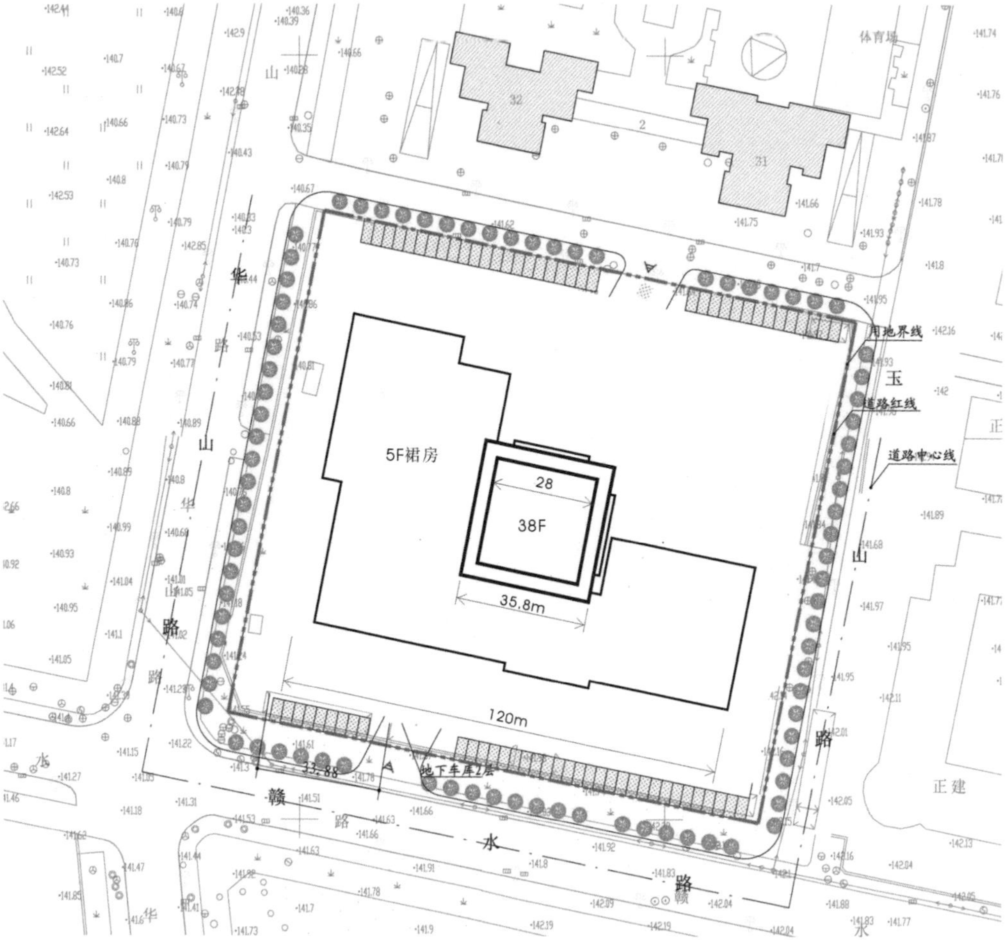

■ 红线图

7.2.2 现场踏勘

项目开始，设计人员一般先接触业主，初步了解业主及使用者的基本要求，并对建设用地地段进行现场踏勘，以便形成感性认识。不同的设计项目和不同的现场条件，现场踏勘的内容也会不尽相同。一般说来，包括以下方面：

7.2.2.1 地形地貌

了解基地是否平整，有无特殊地质，是否有需要保留的建筑物、树木以及其他设施，是否有高压线走廊、暗河、暗沟经过等等。

7.2.2.2 周边环境

观察周围的建筑、道路、绿化带、景点、山脉等，以及这些条件是否会对基地产生影响。

7.2.2.3 活动规律

观察周边道路上各时间段里的人流、车流等交通情况，以及人们在不同时间段里的出行规律。

7.2.2.4 服务设施

调查基地周围是否有市场、商场、交通设施、文化设施等，不要觉得这些是无关紧要的事情，因为多数时候都会对设计概念的生成很有帮助。

7.2.2.5 走访调查

本着设计以人为本的精神，走访使用者、了解使用者的需求，尽管使用者的需求是五花八门的，看似无穷尽，但总有共同之处、可参考之处。通过走访调查，我们可以了解以前没有接触过的各个行业、不同人群，获得更广泛的信息，以便于在创作中有的放矢。

现场踏勘的成果未必全部有用，但作为设计师亲临现场获得的切身感受比他人描述要强百倍。在避免纸上谈兵的同时，方案创作师会付出更多的感情投入工作，特别是对那些年轻的设计师而言。因此，现场踏勘绝非可有可无，同时也是方案创作师工作能力的体现。如果实在不能到现场踏勘，只好退而求其次，可以利用 Google Earth 或者其他方式，从网络上了解用地情况。

■ 现状照片

■ 活动规律调查

■ 周围环境（万达广场、索菲特酒店、高尔夫球场及龙塔）

■ 从网络上收集的现场资料

7.2.3 参观调研

一般情况下，业主会带领设计师去参观本地或者外地同类型的建筑实物，了解目前此类项目的一般规律，学习成功的经验，吸取失败的教训。**调研的内容包括立面造型、功能使用、设计手法、施工做法等，逐一做好记录。这时，记录草图的提炼能力就要体现出来了。**

在与业主一同参观时，可以深入了解业主的理想、战略以及策划。当然，如果出现业主为了自身利益，提出违反国家规范、不符合规划条件、破坏或污染环境、伤害使用者利益等无理要求，则要学会说服业主。还有一些要求是属于合理要求的，如总经理办公室的朝向、规格等等，这些信息都需要与业主进行很好的咨询。

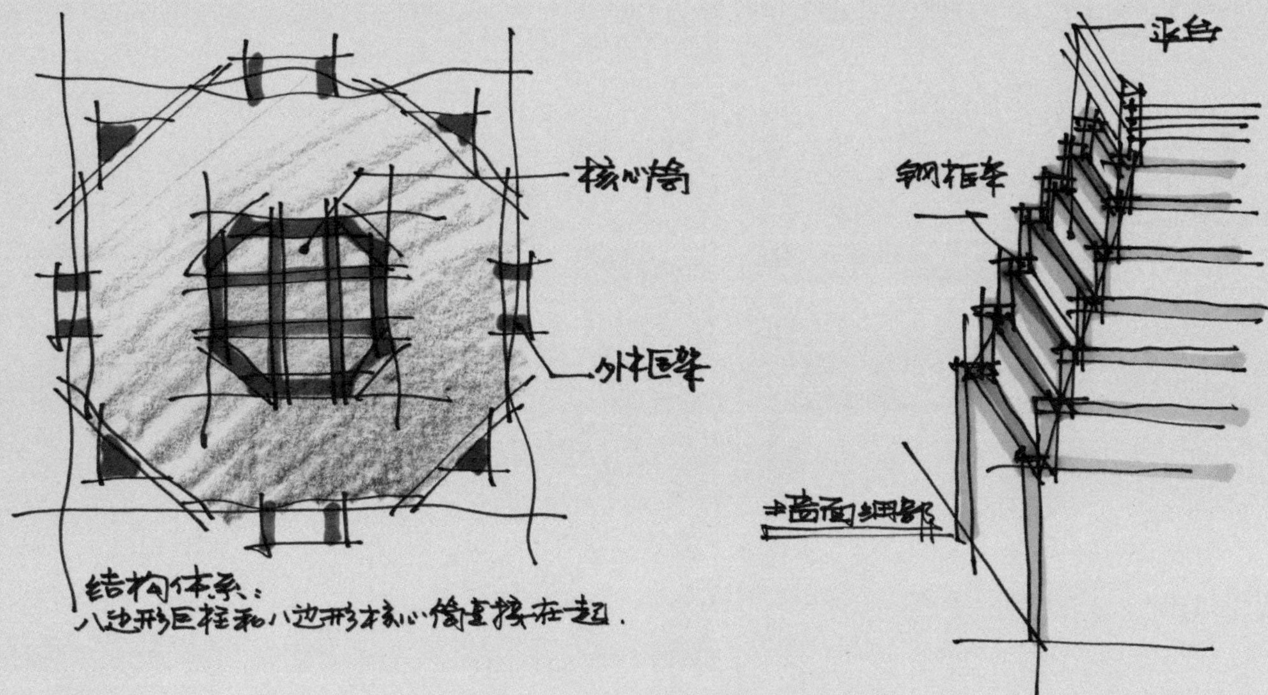

■ 记录草图（一）

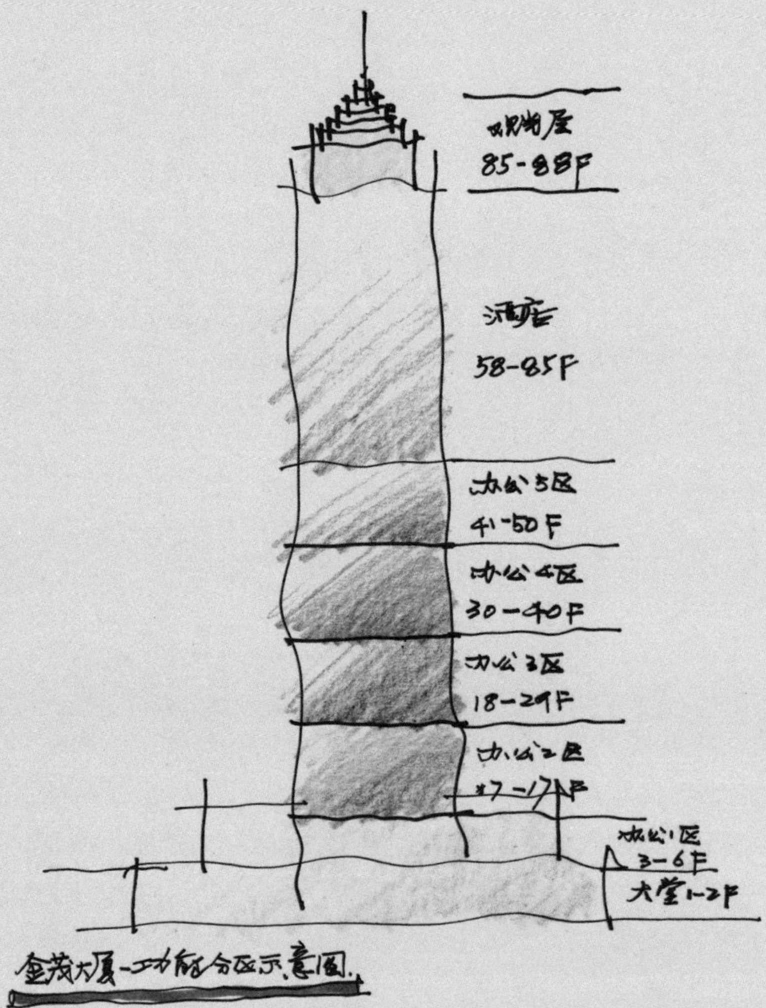

观光层
85-88F
酒店
58-85F
办公5区
41-50F
办公4区
30-40F
办公3区
18-29F
办公2区
7-17F
办公1区
3-6F
大堂1-2F
金茂大厦—功能分区示意图.

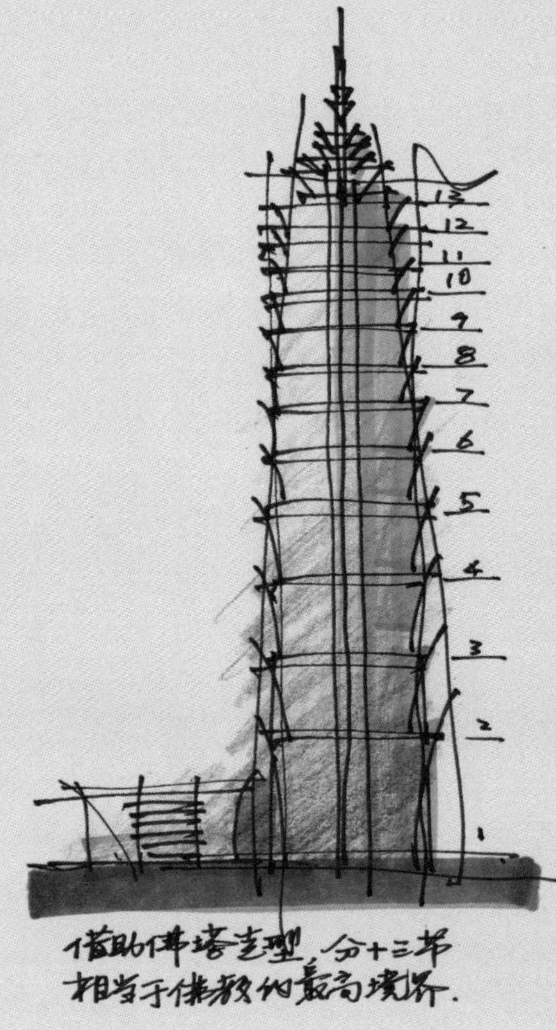

13
12
11
10
9
8
7
6
5
4
3
2
1
借助佛塔造型，分十三节
相当于佛教的最高境界.

■ 记录草图（二）

7.2.4 查阅资料

查阅相关文献资料，一是查阅了解当地的人文、历史、自然、发展规划等方面的信息，为设计做方向性指导；二是收集大量的中外实例作为参考资料，分析此类建筑设计的发展趋势；三是翻阅相关的设计规范和建筑设计资料集，以减少设计中的失误。**在这个阶段，要加大对同类项目的提炼性速写，即速写草图，达到练笔和提示构思的目的，为下一步的设计立意做好充分准备，并力争有新的突破和精彩之笔。**

由于各种原因，你可能很久没有拿起笔了，手生了。先有意识地练习一下线条，一是放松，二是找感觉，同时给潜意识一个暗示，要进入创作状态了。还有的时候，总感觉画不好，也不要着急，停下来再画画线条，让自己放松下来，这时再重新投入创作的时候，会有意想不到的收获。**注意力不要集中在“像与不像”上，多观察、多提炼、多尝试、多分析、多移植，受到启发、扩展思维、激发潜力，从而为进入创作层面做好充分准备。**

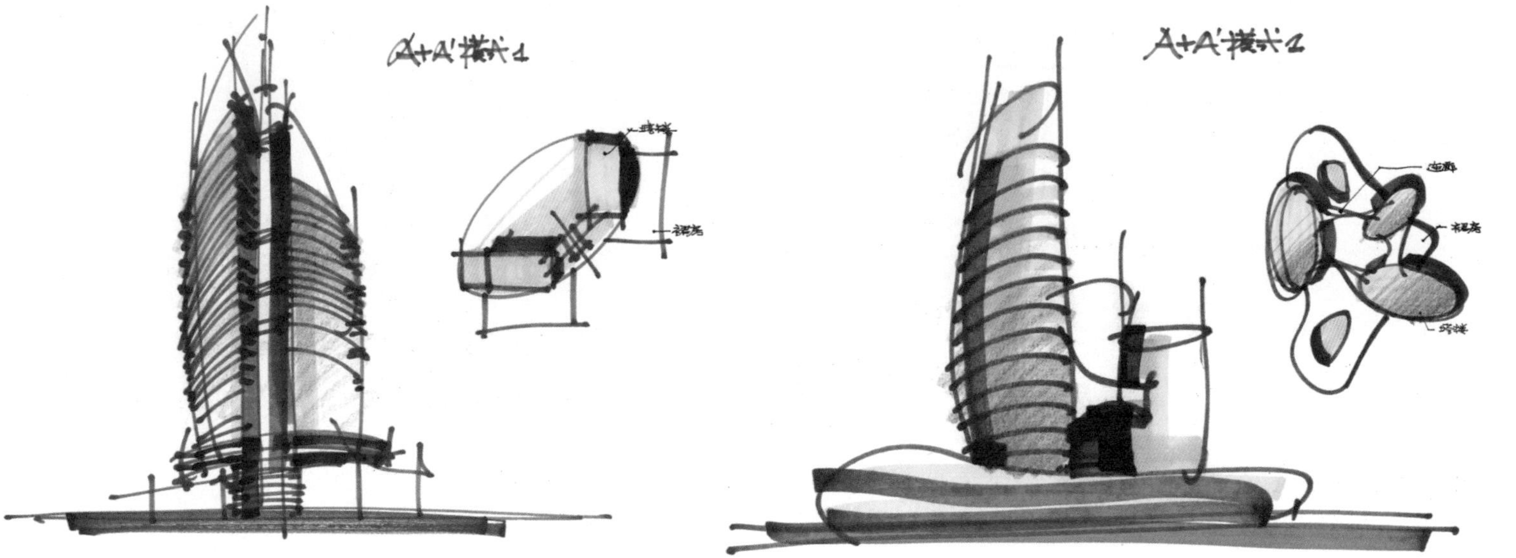

■ 速写草图（一）

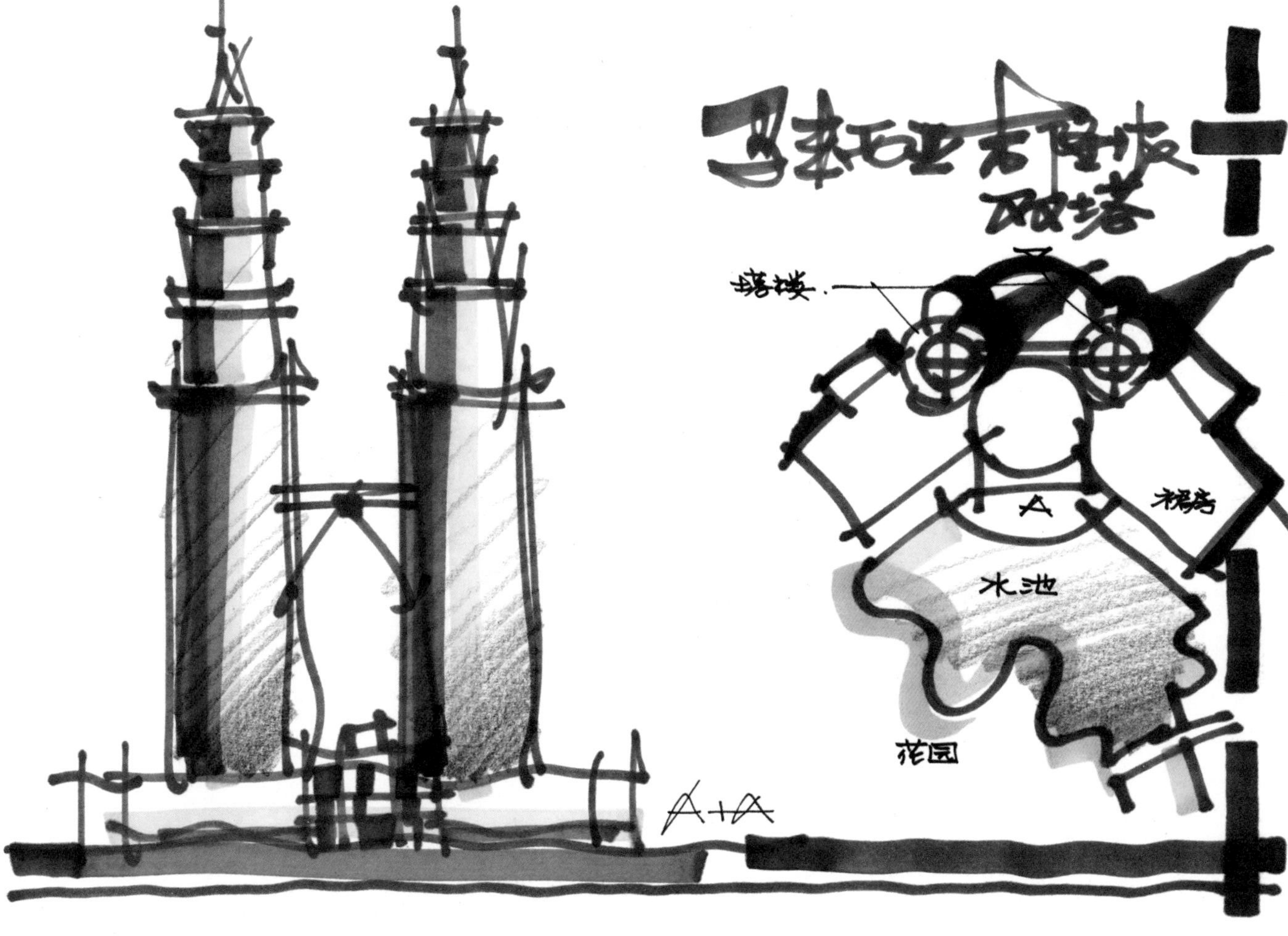
马来西亚吉隆坡
双塔
塔楼
裙房
A
水池
花园
A+A

■ 速写草图（二）

7.3 初步构思

7.3.1 概念立意

概念立意不是空中楼阁的概念理想或者空泛无物的概念炒作，而是引导每一个设计、贯彻每一处细节中的灵魂。在方案初期，可能是一些整体性的思考，也许只有设计师本人可以理解，也许只是寥寥几笔，也许只是一段文字的描述，但它表达了建筑的主要特征。

对于本次的概念设计而言，通过前期的现场踏勘、参观调研和查阅资料，头脑中开始有了比较朦胧的想法，但不是很明确，初步形成概念立意的雏形。

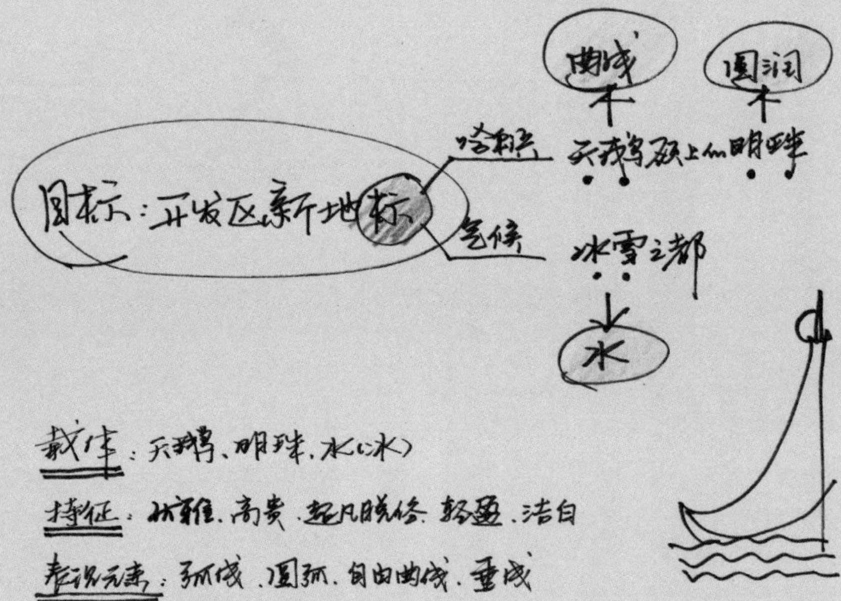

■ 构思草图（一）

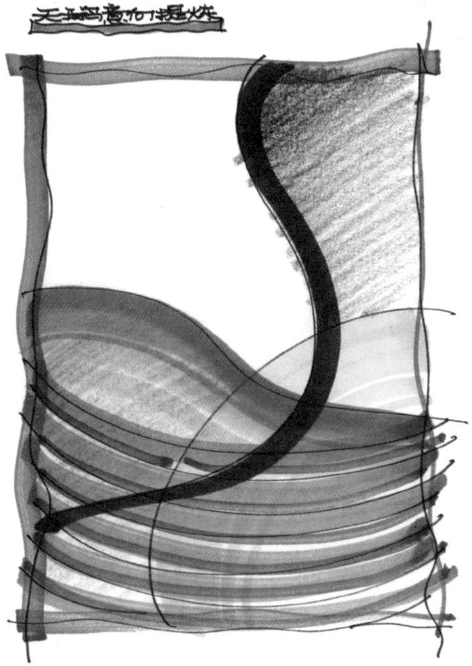

■ 构思草图（二）

7.3.2 大量发散

在概念立意的雏形基础上，做大量的思维发散及优选优化是启动右脑创造性思维的有效手段。尽量不要马上进行取舍，而是要尽可能穷尽地进行发散，然后再通过需求的重要性进行主次顺序排序，分类取舍。

在方案创作的构思阶段，二维与三维的实时互动是常态化的，由于徒手绘制轴测图是解决这个需求的有效而多赢的工作方法，因此用绘制轴测图的方式进行发散是非常普遍的。

当然也可以采用绘制透视图的方式，只要你之前已经进行了足够的透视训练并且具备了透视感觉。

根据项目任务书提供的尺寸先开始试着做第一个平面组合，然后迅速地在此平面基础上将其拉伸为体块轴测图，在体块轴测图中加入想要表达的概念立意，反过来再对平面组合进行修订。如此反复，发散出第二稿、第三稿直至更多。在这个过程中，还会不由自主地重新阅读项目任务书，可能还会再次深入进行现场调研、业主访谈以及规范查询、资料检索等工作，又由于这些持续而反复进行的进程而不断出现新的思路。

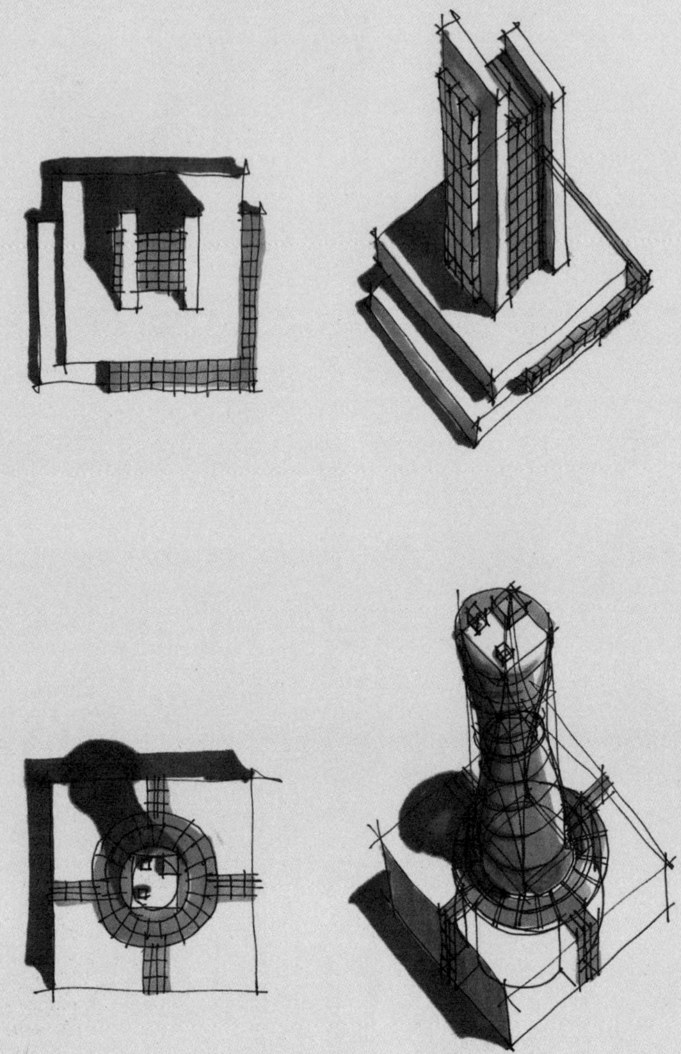

■ 大量发散（一）

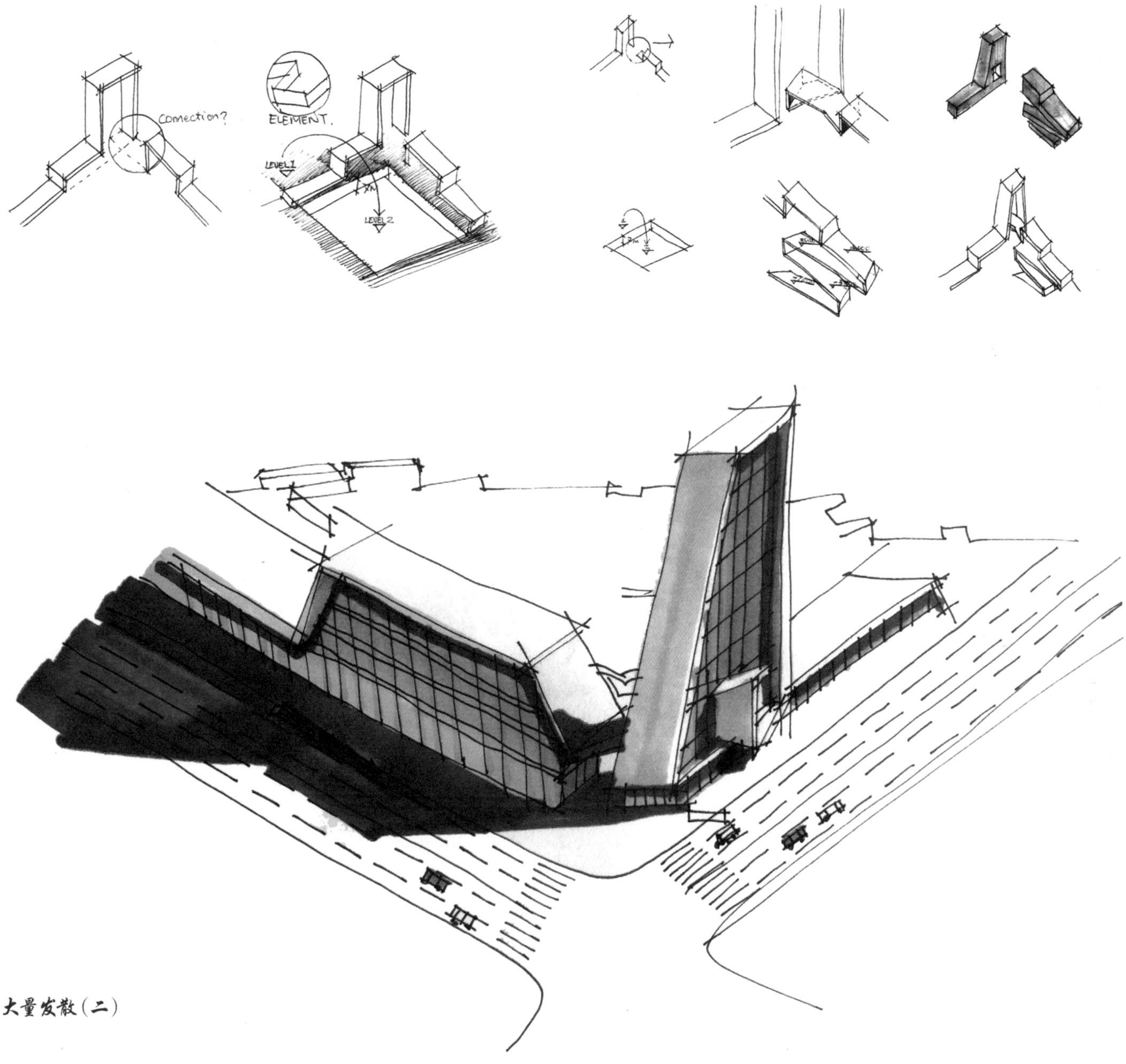

■ 大量发散(二)

7.3.3 要素预研

在进行大量发散的过程中，一定会遇到力不从心的情况，这时我们不妨以项目为载体，根据项目需要做出预研要素列表，并根据紧迫程度排序。根据排序展开训练，训练程度以项目的当前阶段需要为准即可，相对熟练时就开始尝试用在项目设计草图的绘制中。如果绘制过程中发现仍然难以应付项目要求，则再加强要素训练。如此反复，自然会有尺进寸长，并且总是处在要素训练的成就感和充实感之中。当前项目成为训练载体，训练与项目形成互动共进，形成多赢。

这种根据项目需要，以项目为载体，按需训练的方式，既可以实时参与项目实践，又能够检验自我训练、自主训练的能力，还能够直面项目的真实情况，使得自己逐步形成目标思维和换位思考能力，并且可以使得训练有的放矢、层层递进、积累扎实。短期目标明确之后，可以有效解决无端焦虑的顽疾，还能让周围的人感到你在不断进步，真正是一举多得的良性循环训练模式。以项目为载体训练的另一个重要优点是整体性和实用性，有效地避免了脱离项目单纯训练导致的割裂性、盲目性。

走出大学校门后，越来越多的人会逐步意识到实践才是真正的大学。以自己正在做的各项工作和设计项目为载体进行自我能力的训练、实践、验证和提高，把工作和项目当成课堂，一切问题将迎刃而解。

俗话说，好记性不如烂笔头，将与眼前项目有关的资料进行汇总、分类，把急需提高和掌握的要素列为首要突破的目标，通过速写的方式提炼出与目标感觉类似的要素。

要素速写的画面不必事无巨细地表达，每次都要有不同的侧重点，学会提炼资料中的主要元素，又不失其整体感。不要企图一次就能把所有的想法都表达出来，因为好的方案都是经过多次的、反复不断的修改完成的。就像练字，没人会在开始阶段就可以把几千个汉字都描一遍；就像练琴，没人会在开始阶段把整个曲子极其熟练地全部演奏下来；就像练武，没人会在开始阶段把整个套路歪歪斜斜、慢慢腾腾地“全面”练习一遍；就像写作，没人会在开始阶段就试图一下子写成长篇小说……设计也是如此，不要总是企图一次就画好一整张来表达所有的设计意图。

要素速写的目标是提炼，即通过速写的方式提炼出与目标感觉类似的要素，因此数量要足够，以便打开启动右脑创造性思维的开关。

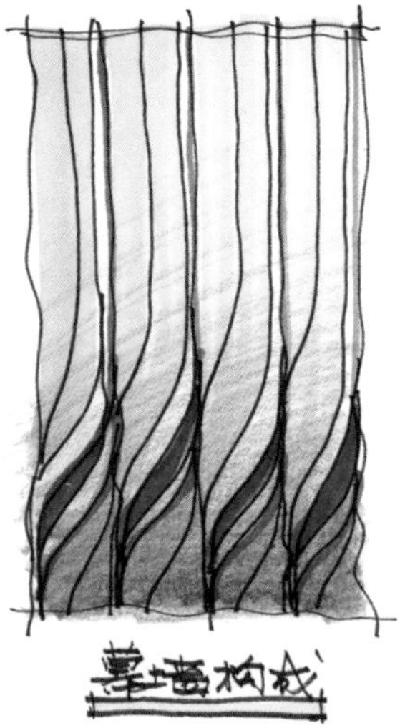

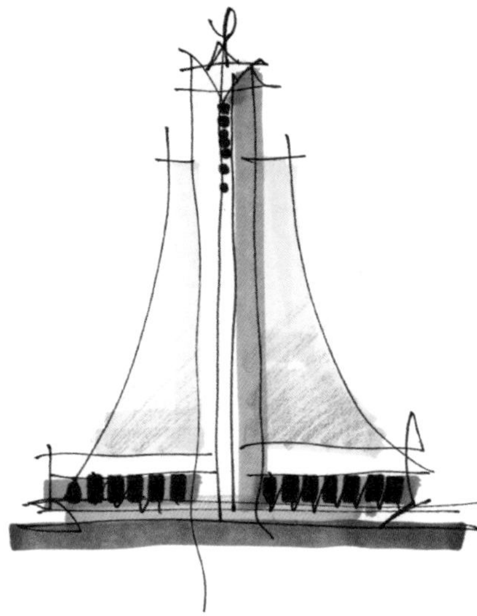

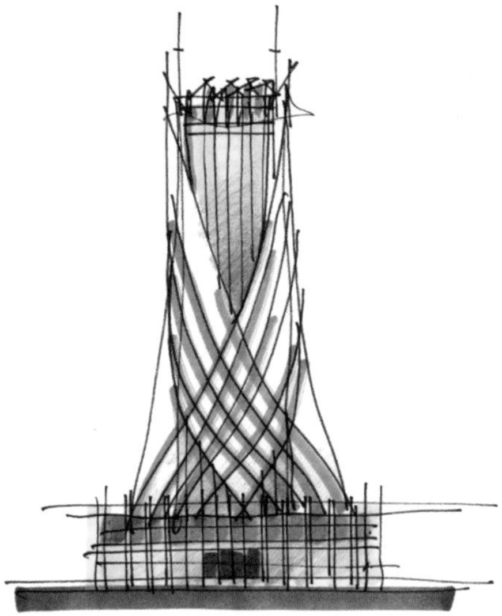

■ 要素速写

7.3.4 尺度试做

方案创作实际上自始至终都在与尺度打交道，因此，尺度感觉与控制能力是极为重要的基本能力，必须加以强化训练并且持续终生。尺寸训练的内容非常多，比如平面尺度、立面尺度、剖面尺度、总图尺度、空间尺度、流线尺度、人体工程学尺度、感觉控制尺度、构件尺度、材质尺度、质感尺度、轴线尺度、对景尺度、摆设尺度、色彩尺度等，如果展开，足以成为一个大型科研项目，像芦原义信先生的《街道的美学》、《外部空间组合论》等著作即为尺度研究的部分成果。

在构思阶段进行尺度试做，即按照项目需求绘制轮廓式的总图、平面、立面以及剖面，以对项目的整体尺度形成初步认识。这一点实际上被很多人所忽视，很多方案创作师竟然是在效果图建模后才惊奇地发现尺度与预想的有很大差异，而绘制正式总图时才发现建筑或外环境早已超出红线范围的现象也是屡见不鲜。因此，在方案构思过程中，随时同步绘制轮廓模式的尺度研究草图以校核预想与实际的差距十分重要。

我们建议将项目需要的各部分功能空间以相应的比例绘制尺度参考图，其形状可分为正方形和 3:2 的矩形两种，以便在构思的时候不必费心时时计算功能空间的图面尺寸，只需对照尺度参考图即可做到不离谱了。有心的方案创作师会逐步积累和整理出自己的尺度参考图库，内容涵盖广泛而深入，从总图、平面、立面、剖面到楼梯、卫生间、门、窗、家具布置，还有停车场、室外环境等，均绘制成从 1:50 到 1:500 的几种不同比例，以供方案构思时进行尺度参考应用。**随着亲自制作的尺度参考图库的不断丰富，就能够逐步训练出具备相对准确和敏锐的尺度眼、尺度手，不管是哪一种比例，只要徒手画出来，用尺去测量，八九不离十。**我们都很羡慕这样出手准确的人，甚至有时会惊为天人。实际上，只需进行一段时间的集中训练，这种“下笔如有神”的能力是可以训练出来的。

如果你想成为这样的人，那就请做如下训练：

准备一张卡纸，把 1:100 比例尺的不同墙厚画出来，再画出 100mm、300mm、600mm、900mm、1200mm、1500mm、1800mm……直至 15000mm 的墙体和线段，这张卡纸就是训练用的底板。然后用草图纸蒙上，反复描画，直至觉得有点把握了，再换上复印纸训练。慢慢就能涌起默写的欲望，这样反复进行，直至有了一定的准确度，再把一张准确的平面图做成底板训练。通过这种循序渐进的训练，很快就能训练出来 1:100 的尺度感，然后可以继续训练相应的家具、电器等尺度。至于 1:50、1:200、1:300、1:500 等比例尺，按照上述模式一一训练即可。1:300 和 1:500 的比例尺往往还会用于总图，所以还要加练道路、停车场、树木等内容。

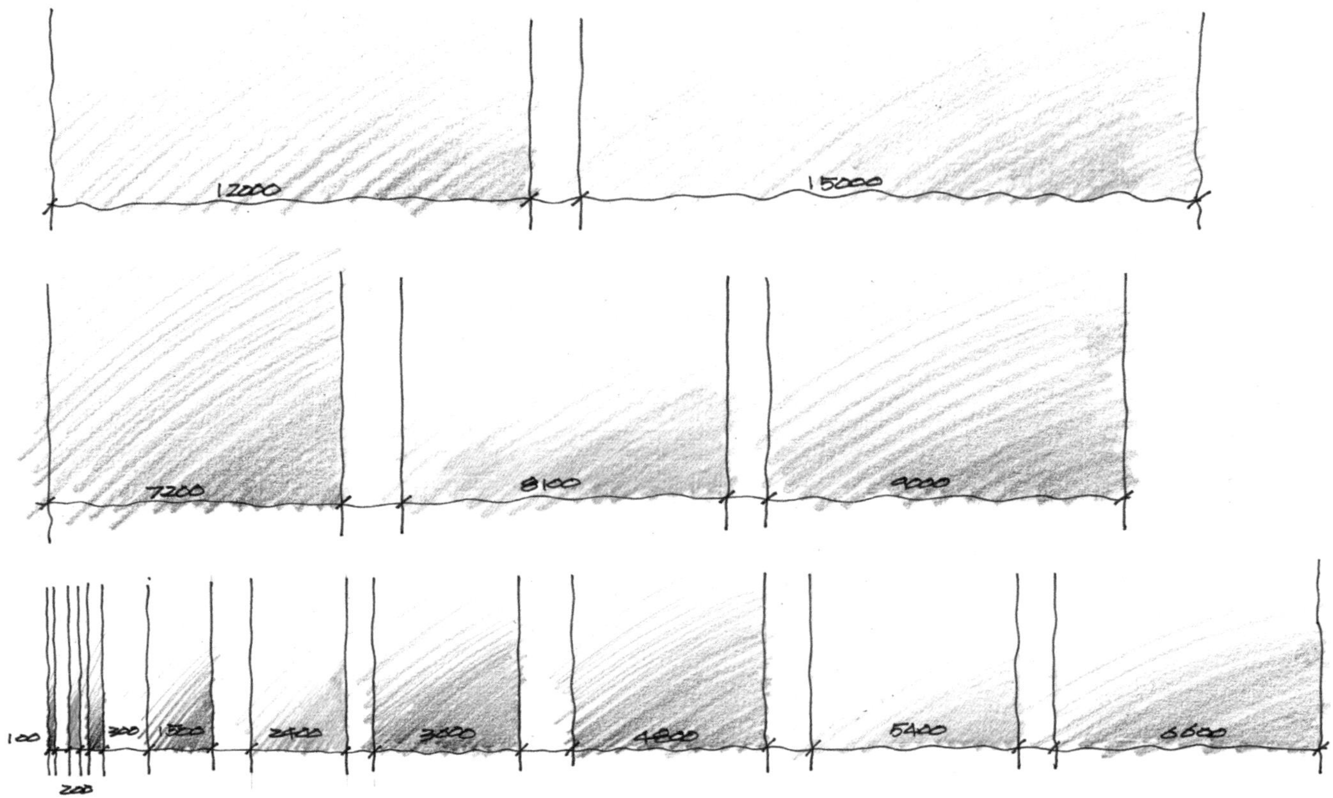

■ 尺度控制训练（一）

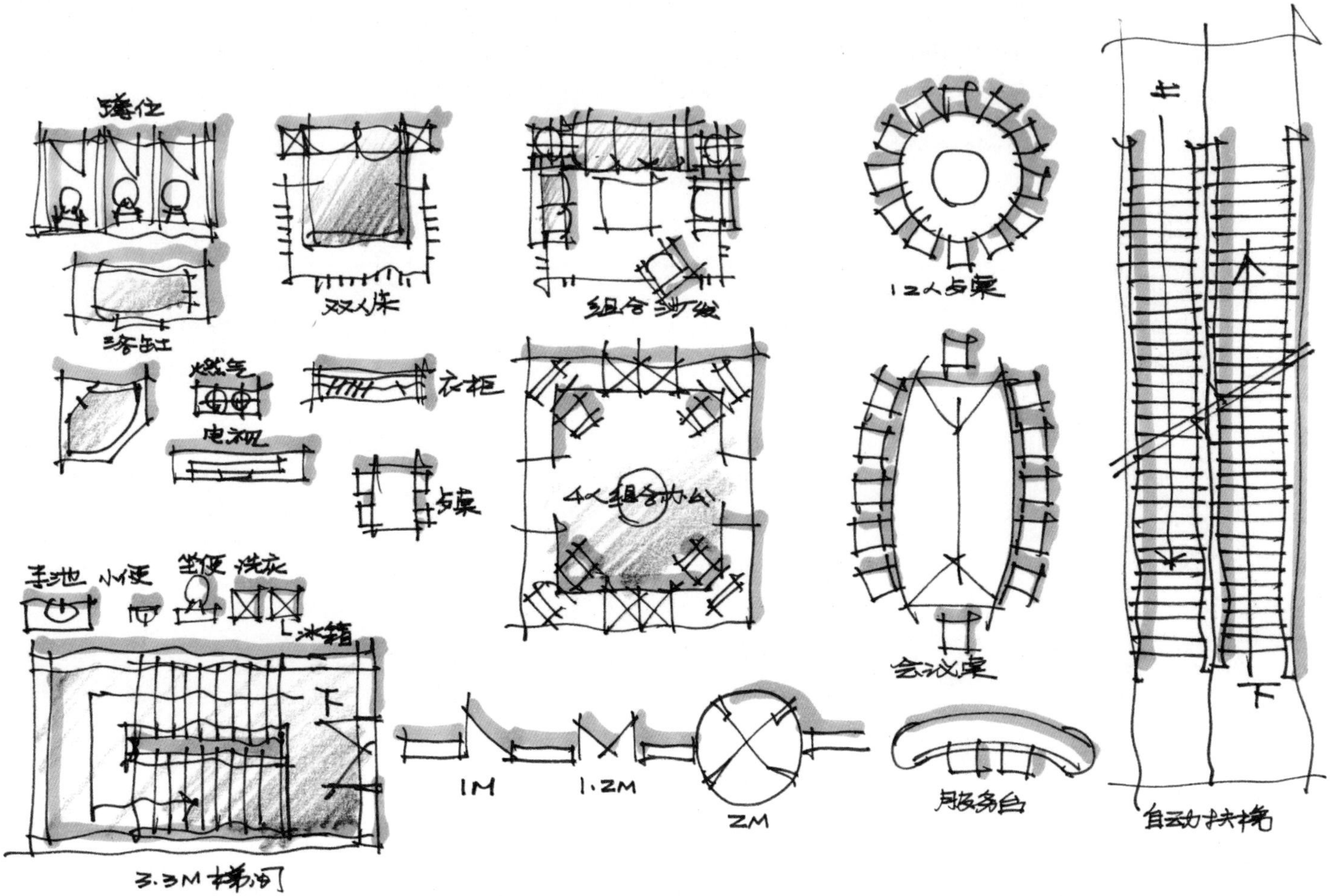
蹲位
双人床
组合沙发
12人桌
浴缸
燃气
衣柜
电视
方桌
4人组合办公
会议桌
手池
小便
坐便
洗衣
冰箱
下
1M
1.2M
2M
服务台
3.3M 楼梯间
自动扶梯

■ 尺度控制训练（二）

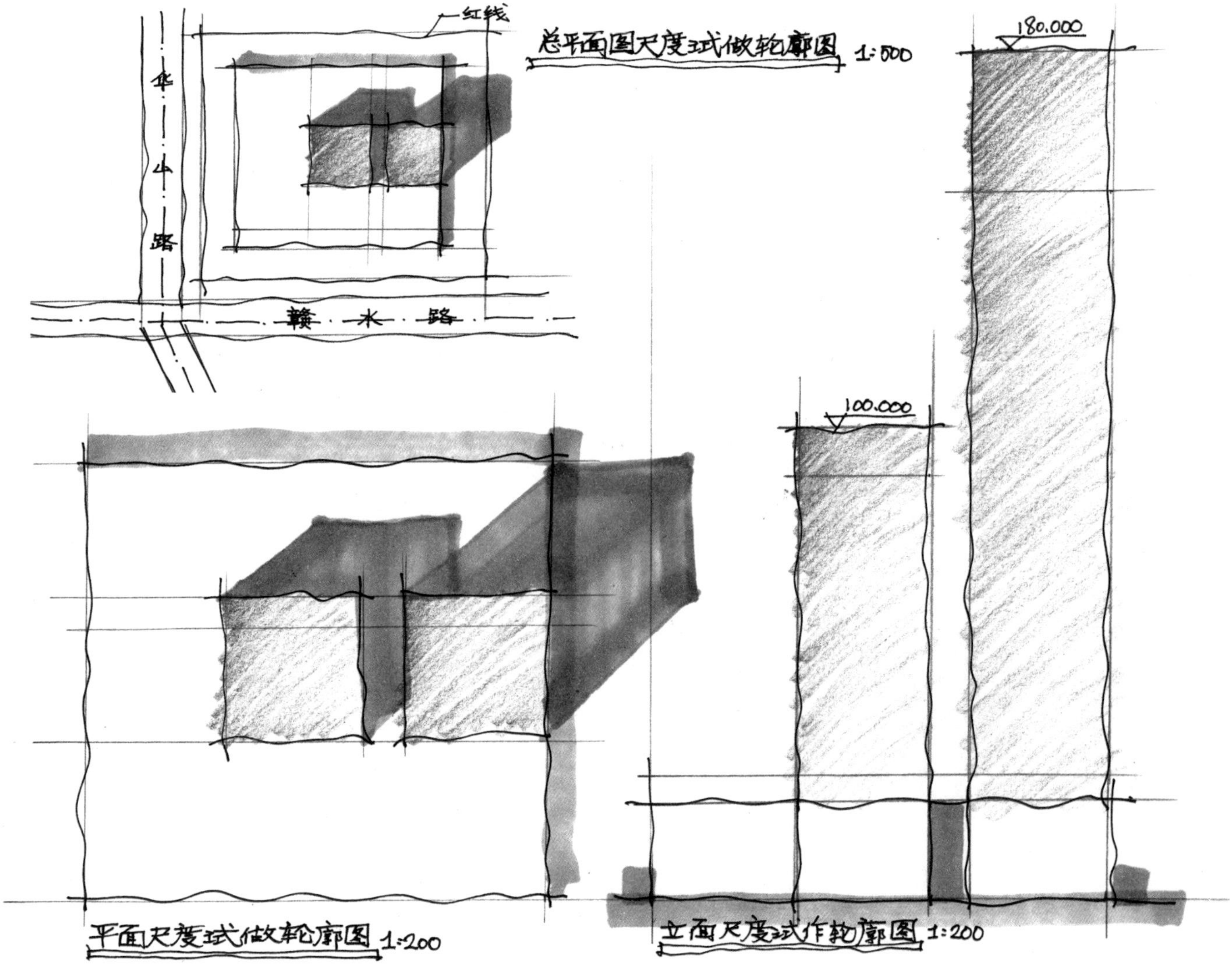
红线
总平面图尺度试做轮廓图 1:500
华
山
路
赣 水 路
180.000
100.000
平面尺度试做轮廓图 1:200
立面尺度试作轮廓图 1:200

■ 方案的尺度试做

7.4 条件分析

基地及周围环境是设计初期必须考虑的问题。在建筑设计的整个过程中，基地的特征是很少的几个不变的常数之一。进行项目的环境分析，将基地和建筑的图形同时建立起来，并使两者发生相互作用。此阶段的工作初步分为外部环境、内部功能和体块推敲三部分，以分析图为主，研究初步的设计理念。

7.4.1 分析图必要性

7.4.1.1 给大脑输入现状与需求

设计师还没做出来方案，甲方就往往迫不及待地来找设计师商量方案或者想看看进度，这种现象很常见，也是可以理解的，但是太多设计师却在这个时候无法与甲方见面，理由是方案还没做出来。真的是只有做出来了方案才能见甲方么？完全不见得。试想，如果这时设计师已经做了大量的分析，并且已经画了大量的专业、美观、潇洒的分析草图，那么把这些分析草图展示出来，并一一向甲方讲解，最终承认由于有这么多的分析出来的要素和困难，方案还没有做出来。这时的甲方会有什么感想呢？当然会受到感动，理解到设计师做方案的负责与艰难。甲乙双方通过以分析图为媒介不断磨合、讨论，最终形成的方案自然也就凝聚了双方的心血。试问：这样的设计过程，甲方会轻易否掉我们的方案么？

由此可见，方案创作前期的分析图极为重要，也极易被忽视。阅读了任务书，去了现场，见了甲方，大致了解了项目，此时不要急于直接做出令人满意的方案，而是要通过试做、试错以核定项目具体情况与真实需求，结合绘制与现状相关的各类分析图以核定与补充任务书。

在方案构思的初期阶段，核定任务书与向大脑充分输入项目情况是同一件事，只需我们充分重视项目前期的分析图绘制，那么任务书中不明确的、被忽略的、被遗忘的以及应该补充、调研、咨询的内容就会显现出来。随着对这些内容的逐一澄清与深入了解，前期计划也就自然完成，任务书也就被逐步核定与完善，试做与试错的进程也就便于同时进行。这个过程也恰好就是向大脑充分输入项目的完整信息的过程，而且为右脑根据这些翔实的输入资讯和感受提供创造性多赢的解决方案创建了最大的可能。

通过对项目现状与目标需求的各类分析图的反复绘制，不仅有助于梳理现状情况与目标需求的方方面面，从而向大脑反复输入这些进行创造性思考的必需资讯，而且有助于团队成员、上级主管以及甲乙双方之间对项目的基本情况达成共识，避免由于各自的理解不同与资料掌握的不透明而产生完全不必要的纠纷与矛盾。这时试做与试错的心情和行动就会油然而生，而这些尝试性构思行为又会促进分析图的深入与细化，从而形成各个方面的有效互动。

以上这个过程如果被纳入方案创作的专业流程，那么距离做出接近多赢的、多方向解决问题的方案也就很近甚至能够直接达成了。

7.4.1.2 人与人有效交流与互动

在方案构思的中期阶段，由于已经形成了一些可能而且可行的解决方案，这些方案无论是在团队内部，还是向上级主管汇报，还是主动或被动地向甲方阐述以及与甲方互证相关现状、需求、目标及法规，还是进行小范围指定人群的问卷调研，都需要有效的、专业的交流与互动能力。并非所有方案创作师都具备单靠口才进行完整并且有效讲解方案构思的能力，更少有人具备在没有载体的情况下与方案创作师进行有效互动甚至协同创作以创造共同成就感的能力。因此，在这个阶段以分析图为载体进行交流与互动就会产生令人振奋的甚至意想不到的良性循环。

大家都有过这样的经验：当我们直接说出针对某件事的结论，那么只有很少的几率会换来完全赞同，更多的反馈则是质疑，接着就是批评以及恶意的否定。但是，如果我们以讲解分析入手，一步步地讲解逻辑生成再拿出论据，那么更多的反馈则是从没兴趣到有兴趣、感兴趣、想参与或者佩服的逻辑过程，即使有不同甚至反对意见，也会因为这些认真的讲解而不急于质疑和否定，原因是大家都知道对等原则，即你告诉我为什么得出这样的结论，我会设法理解你并审慎地提出我的建议。如果认同这种体验，就会理解我们如此强调分析图重要性的原因。

告诉别人为什么，往往比告诉别人怎么做更有效，虽然从表面上看别人总是显得更想马上知道答案。

在方案构思的中期，恰好是最需要通过分析图告诉别人方案是如何生成的，因为一旦在方案构思的后期才被人指出生成过程的论据和逻辑存在严重缺陷，那时就几乎无法弥补甚至会轻松创造灾难。**在这个阶段，正是需要反复论证各方面的目标与需求的排序、取舍的阶段，只有真正落实了这些创作依据，做到了对创造多赢的方向性把握，才能避免“赌博式”创作。因此，需要针对方案的生成论据、生成逻辑和生成过程反复绘制大量的分析图，以便于与团队成员、上级主管和甲方进行反复研讨、交流、论证、修订以及进行否定试验，从而使得最终的解决方案能够真正令人信服。**

无论是何种交流与互动，使用分析图作为载体的效果往往都会好于直接拿出方案供人判断，因为在分析图层级，人们更容易参与进来，而不会紧张地说“我不懂设计，不知道怎么评价你的方案”。

无论是哪一种分析图，只要不是最终方案，人们都会在容易理解的分析图中乐于指出自己认为的缺漏或者错失之处，并为自己能够获得方案创作师的真诚赞扬和感谢而欣喜不已，甚至会在其后的时间里亲自深入调查和收集资料并提供给方案创作师，仅仅因为忽然发现自己有了参与方案创作的潜质和乐趣。

希望上述内容对希望改进自己的幽闭创作模式至开放创作、互动创作、协同创作模式的方案创作师以及方案创作机构能够有所启示。

7.4.2 外部环境分析

外部环境分析是掌握基地特征的重要过程，更是未来的方案存在合理性的保证，常见的类型包括：区位分析、交通分析、日照分析、噪声分析、污染分析、景观分析、文脉分析等。并不是每个项目都需要做出包罗万象的分析，但尽可能详尽地分析每一个客观存在的外部条件的利弊，将给接下来的工作带来极大的好处。

针对同一基地，对不同的人和不同的思路而言，既使客观条件相同，分析结果也有所不同。虽然再新颖的方案也要始于扎扎实实的基地分析，但是这个阶段的工作仍然是根据不同的解决方案，相对客观地反映基地所在环境的影响以及建成后对周围环境的影响。

7.4.2.1 区位分析

区位分析主要是提醒设计师要从城市的尺度思考建筑创作的问题。一个建设项目的完成，有可能影响建筑所在地段、所在街区、所在城市甚至更大范围，要根据建设项目的影响范围进行区位分析。

7.4.2.2 交通分析

交通分析通常包括现状交通分析、车流分析、人流分析等，主要以现状为主，预测建成后进入基地的车流量大小、人流方向与强度等。这一分析结果将对项目的基地规划和布局以及整个设计过程产生决定性作用。

7.4.2.3 景观分析

对基地周边的景观现状做出分析，还有就是对项目建成后对该区域景观做出的贡献或者破坏给予分析。景观分析对控制建筑的布局、体量、高度、朝向等非常有帮助。

7.4.2.4 日照分析

主要分析基地周边建筑对基地内的日照影响，以及项目建成后的自身日照影响。我国相关法规规定，建筑布局和规划必须考虑日照采光。建筑日照分析与气候区域、有效时间、建筑形态、日照法规等多种复杂因素有关，手工几乎无法计算，因此实践中常常采用简单的估算法，造成了要么建筑物间距过大浪费土地资源，要么间距过小违反日照法规导致赔偿。

在仔细阅读国家以及项目所在地的地方有关规范（如《哈尔滨市城市规划管理条例：日照间距规定图解》）的基础上，借助日照分析系统软件，获得较为精确的日照分析图。

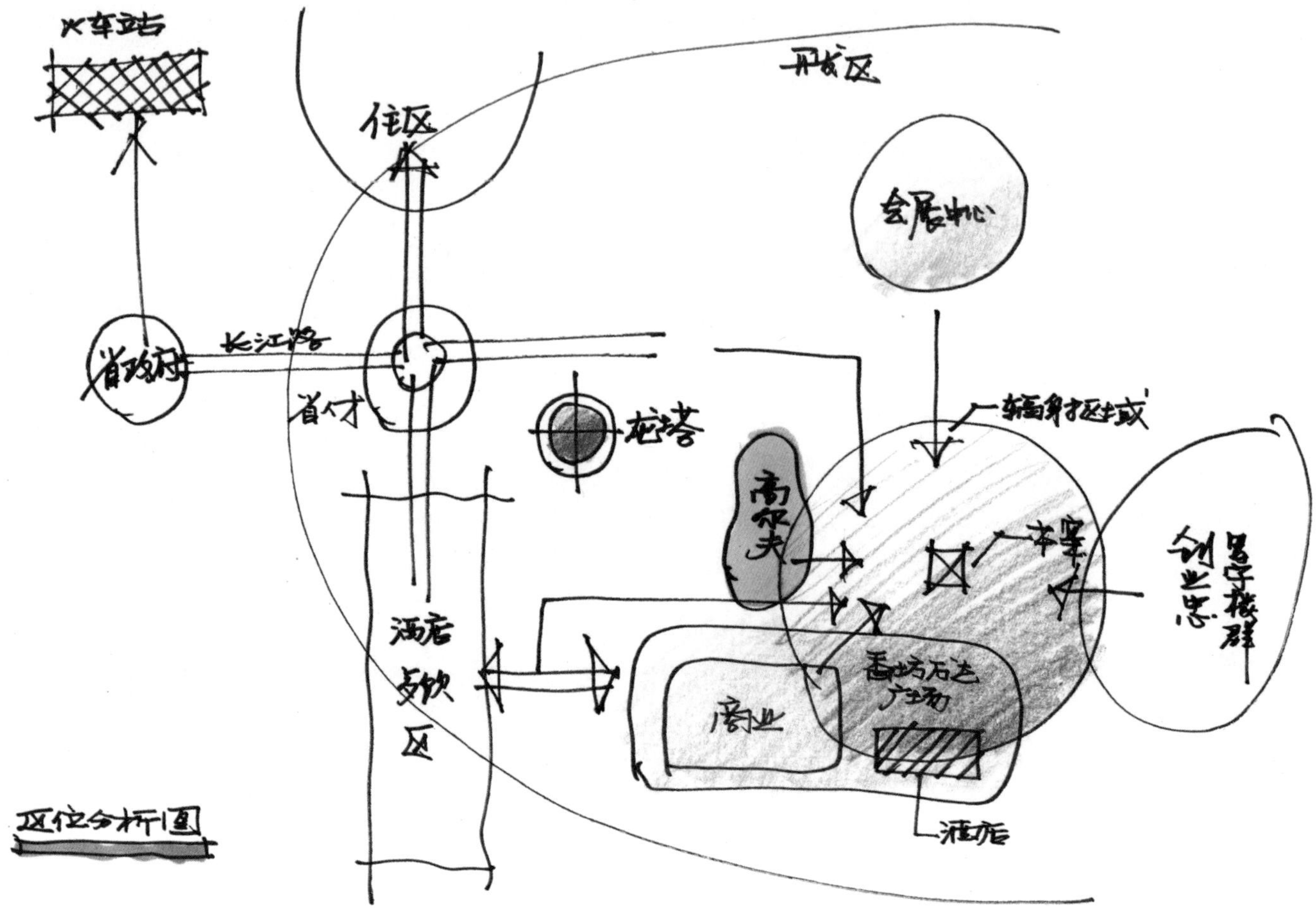

■ 分析图 —— 区位分析

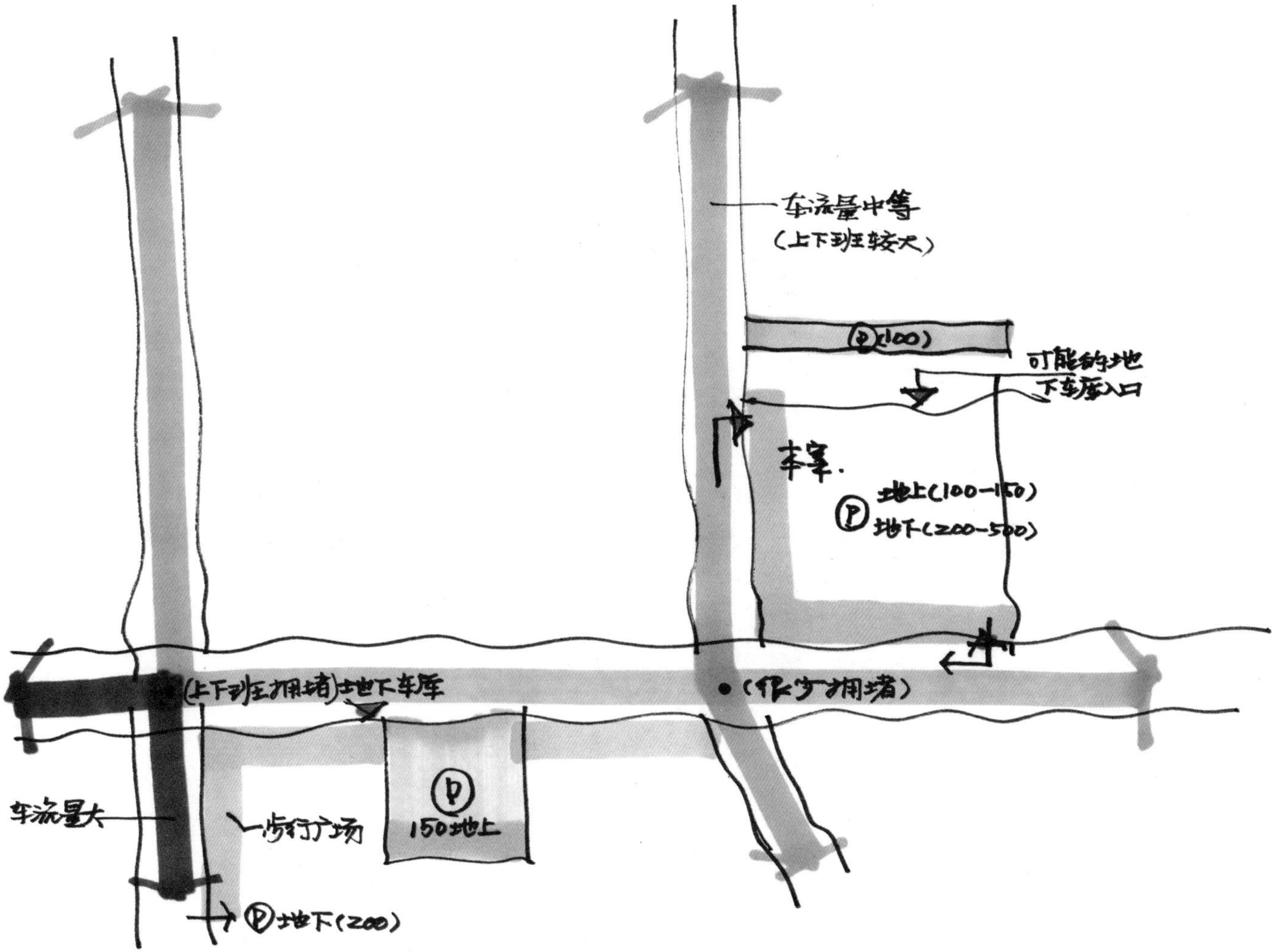
车流量中等
(上下班较大)
P(100)
可能的地
下车库入口
本案
P 地上(100-150)
地下(200-500)
(上下班拥堵)地下车库
(很少拥堵)
P
150地上
车流量大
步行广场
P 地下(200)

■ 分析图——人流、车流分析

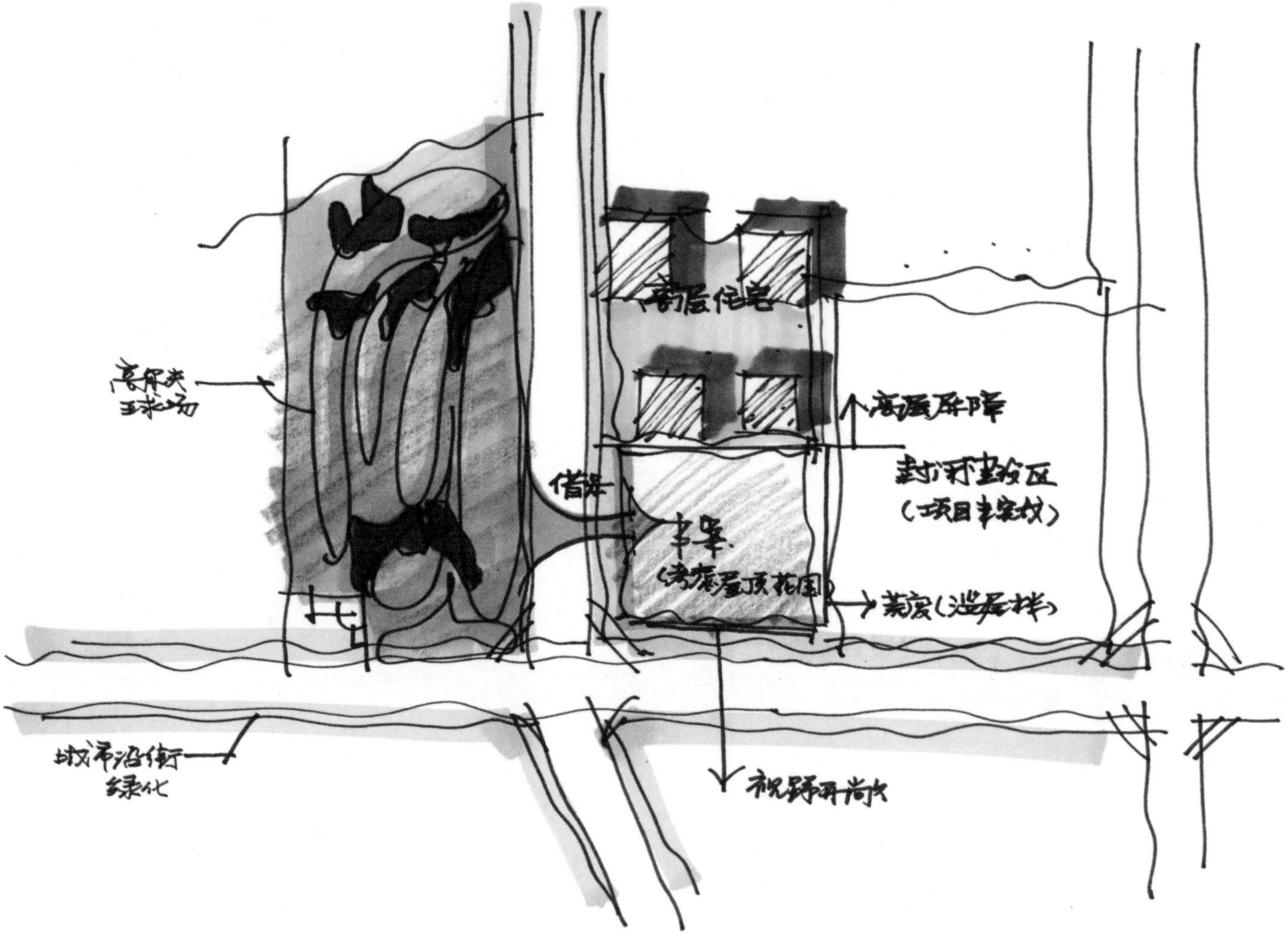

■ 分析图 —— 景观分析

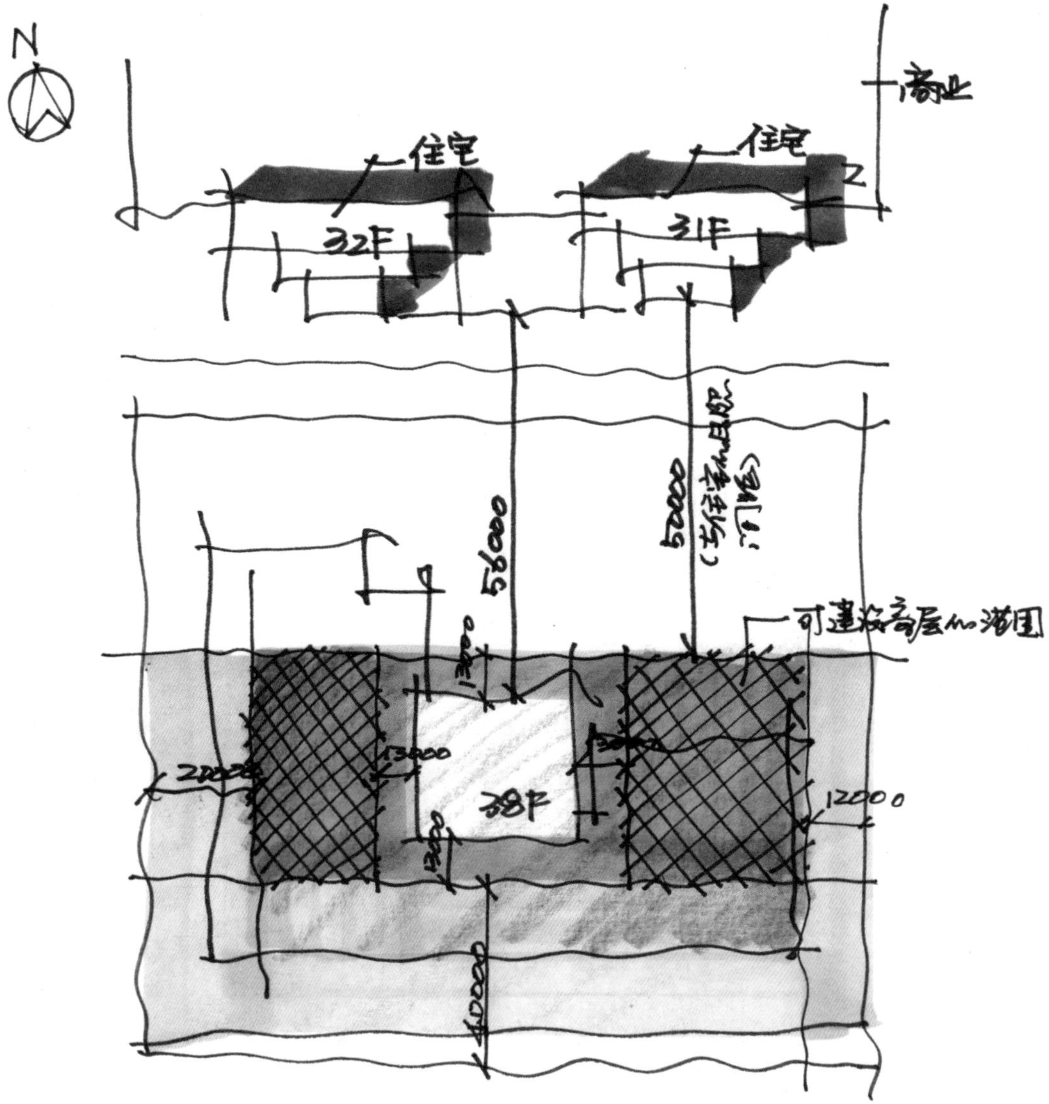
N
商业
住宅
住宅
32F
31F
56000
52000
(到L1 的日照最远处)
可建设高层的范围
13000
20000
12000
38F
40000

■ 分析图 —— 日照分析

7.4.3 平面布局分析

通过对基地外部环境的分析，我们基本掌握了基地的外部环境特征，在此结论基础上，对基地内部进行多种可能性的规划布局，对其进行分析比较。

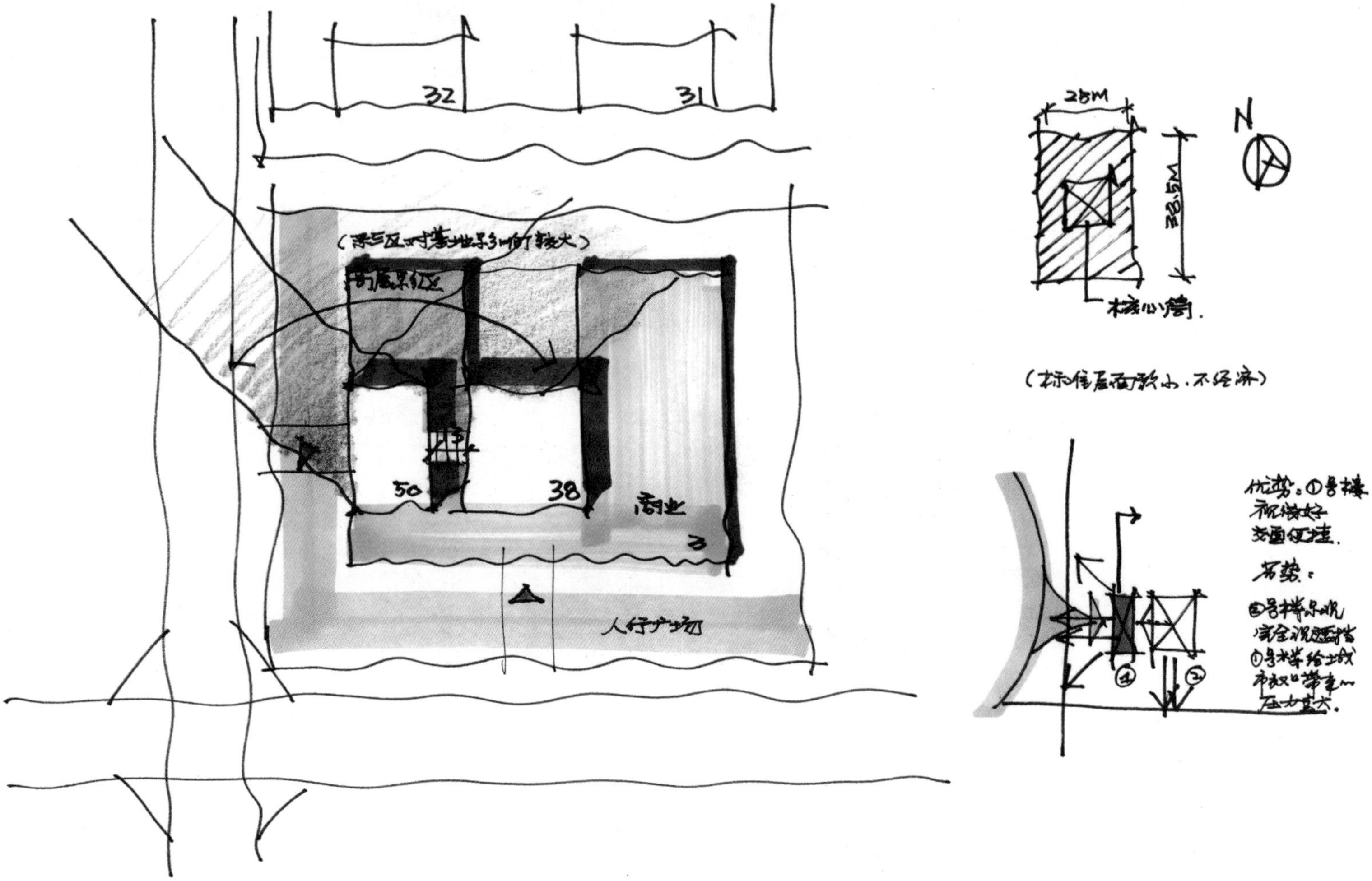

■ 平面布局分析 —— 新建高层位于原建筑西侧

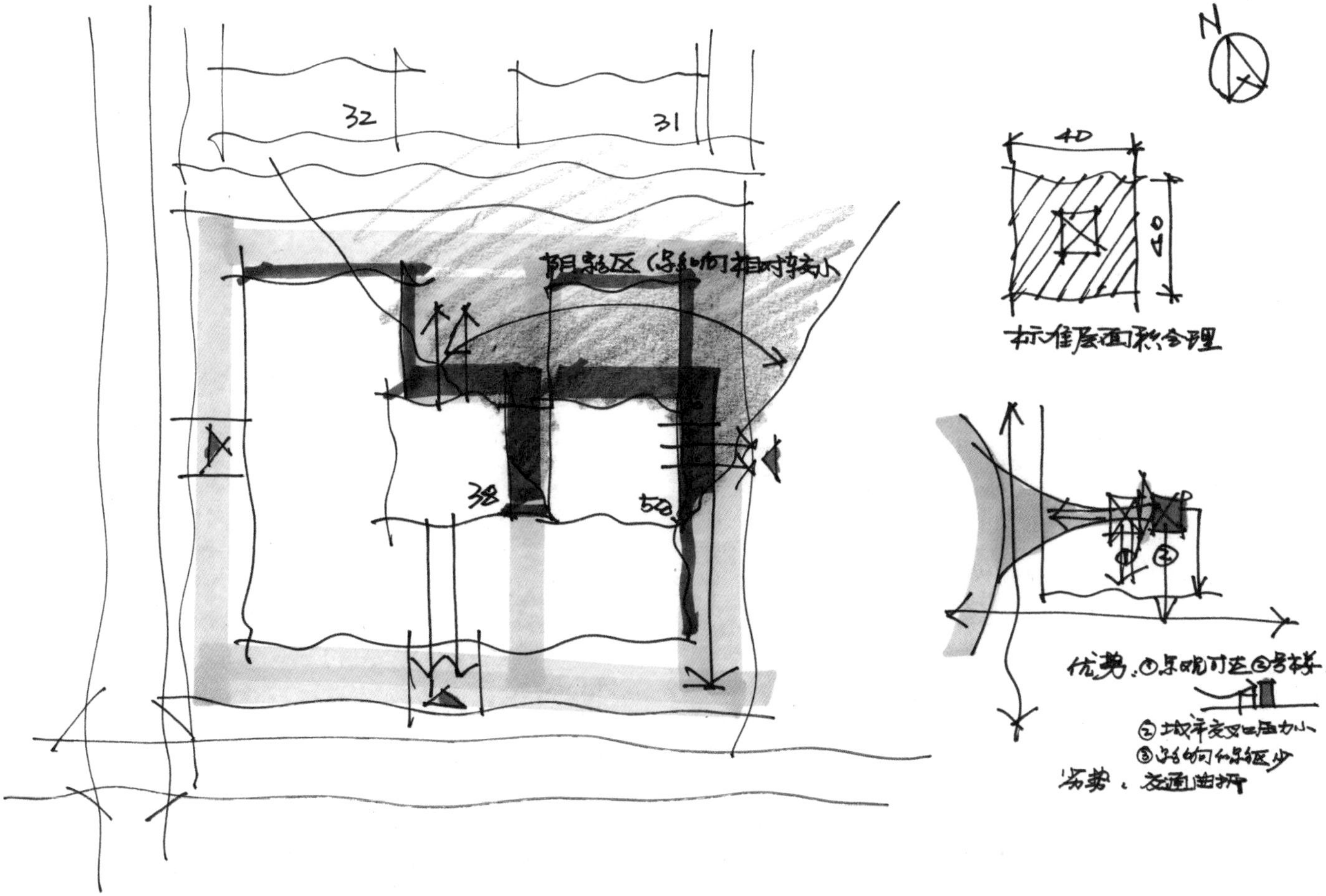

■ 平面布局分析 —— 新建高层位于原建筑东侧

7.4.4 空间形态分析

平面布局是功能划分在平面上的设计概念，在此基础上还要进行空间形态分析。我们要做的是将同一平面布局的方案，衍化出不同的空间形态方案。

7.4.4.1 体块构成

体块构成，简单来说只有两种，一种是穿插体模式，即我们所熟知的立体几何中的“并、交、差”模式；另一种就是连接体模式。

穿插体模式：以人体来类比的话，就是手指作为圆柱体插入手掌、鼻子作为圆锥体插入头部等等。总之，不同的体块以穿插为模式进行连接。

连接体模式：以人体来类比的话，就是头部与身体以脖颈为连接体连接在一起、手指以指甲为连接体与空气连接、头部以头发为连接体与外界连接、脸部以嘴唇为连接体与口腔内部连接、牙齿以牙龈为连接体与口腔连接。总之，不同的界面或者体块以连接体为中间体进行连接。

如果我们在身体表面绘制图画、刺青，由于同属一个表面，称之为装饰；如果我们戴着手镯、戒指等靠着摩擦力或者粘接剂粘接、既非穿插也非连接体模式的物品，也称之为装饰。这些装饰可以理解为建筑设计中的细节。

设计首先是在以交通体系为核心的体块的穿插、连接而形成的实体构成，然后才是细部、装饰。就像人体在胚胎中的生长一样，骨骼系统和大的体块的生成是优先的，而眼皮、指甲、毛发、指纹等发育则在其次。因此，大多数设计创作是从确定交通体系、体块构成开始。在**交通体系和体块构成**合理后，才会逐步深入到诸如开窗、装饰、材质等层面。由于本书不是以讲解设计创作方法为主，因此如何确定交通体系的部分我们忽略不讲。

建筑主体的体块不是孤立的，而是从基地环境中生长出来的。设计一方面在适应环境，一方面在试图对环境产生有益的影响或改变。因此，一定要先做出基地环境的体块，然后再在其基础上做方案的体块分析与构思。如果设计师总是习惯于单纯地绘制设计项目本身的体块生成分析，而基地环境却只是留在脑子里面不画出来，那么就会非常轻易地出现设计与基地环境不契合的问题，甚至会出现设计师自以为是地闭门造车、做出来的设计与真实基地环境出现冲突的情况。由于忽视了方案与基地环境的真实关系而导致方案被否掉、被嘲笑甚至造成严重损失的事例非常多，强烈建议每次研究体块生成的时候都要画上基地。

7.4.4.2 体块轴测

实际上，设计师亲自以手工方式做**工作模型**（也称为设计模型）用于研究方案，是最好的手脑互动思维的创作模式，但是由于制作手工模型的方式对大多数人来说效率不高，而如果请模型师做模型的话，又会陷入“看而不做”的左脑思维模式，因此不是十分有利于做体块生成分析。

电脑建模虽然迅速、直观，但是缺少了手脑的高强度互动，大脑以“看”为主而不是以“做”为主，于是就会只处于左脑思维状态，右脑很难被激发，因此也不利于通过不断分析体块来启发思路。

通过**文字写作**进行目标列表排序、要素列表排序、描述方案构思并以此启发思路，实际上也是一个非常有效的方法，但是目前大多数人由于种种原因，已经开始丧失通过书写文字启发大脑思路的能力，因此这条路也被几乎堵死了。

手求透视可以非常有效地让设计师手脑互动、迅速理解自己的设计构思并预见其各个角度的效果，但是很多人由于手求透视的基本功很弱，因此对手求透视有抵触情绪，甚至会以速度太慢为借口，忽略用透视图进行分析这条路。

从以上分析可以看出，从简单而快速的**轴测图**开始做体块生成分析，从而启发思路，并以此作为突破口展开设计，对多数人而言是非常有效的办法。轴测分析图是专业分析图的重要组成，这种专业分析图可以让甲方更加清晰地了解设计方案的生成过程，进而使得甲方真实地感觉到自己受到了尊重，于是更加容易接受最终成果，即让甲方知其然，而且知其所以然。

很多设计师在自己进行方案构思的时候会做轴测体块构成分析，但是一旦到了绘制正式图的时候，就会因为嫌麻烦或者时间不够而放弃绘制轴测体块生成分析图，于是只画结果不画过程，使得自己真实的构思创作工作量没能得到完整的展示，设计师自己脑子里面虽然思路清晰，但是最终成果却因为缺少说明方案生成过程的分析图，很容易使得甲方感到设计师做出来的最终成果过于突兀而难以理解和接受。

为了能够更好地阐述自己的方案构思，设计师一定要在平时就把轴测分析图当成必练专题进行专门训练。每次的设计表达中都要绘制轴测体块生成分析图，一定要养成这种专业习惯，因为只有这样，才能够通过每次的设计表达实战与训练，使得自己形成主动进行方案构思的梳理归纳、清晰表达的专业能力。

总之，那种企图直接拿着最终方案一次性获得甲方的认可与赞赏的做法是不符合逻辑的赌博，原理上不应当成专业行为。一定要提醒自己，不能把方案构思的过程清晰表达给甲方，实际上相当于自己的思路本身就不清晰。一定要训练自己，只有使用图解清晰表达出方案的生成过程，并且图解分析令人感到可信、合理，方案的成果才会更容易被接受和信服。**因此，把自己的思考以图解的方式正确表达给别人是方案创作设计师的专业基本功，其中的轴测分析图则是首当其冲的表现形式。**

7.4.4.3 体块透视

当我们需要了解在街道上观察方案的感觉时，就需要快速绘制出以体块方式出现的透视图，以便于迅速分析方案思路的优劣。由于是方案创作的初期阶段，概念设计还没有形成，没有细节处理，因此在这个阶段并不能形成通常所见的事无巨细模式的透视效果图。

实际上，这个阶段反而最需要不断进行与自己、与团队成员、与甲方的大量交流及讨论，必须以一种相对直观的专业方式作为载体进行这些必需的专业交流，因此设计师必须具备高素质、高速度、高效率的体块透视图的绘制与交流能力。现状是，大量的设计师并不擅长绘制透视图，不仅导致设计师难以迅速与别人交流和讨论、验证设计概念，更重要的是设计师失去了直观交流的有效途径，于是往往就会出现设计概念难以有效发散和有效提炼、设计构思难以有效排序和有效归纳等大量亟需解决的问题。

我们反复强调，透视感觉是一种需要训练才能形成的专业感觉，虽然我们每天处在真实的透视环境中，并无助于透视感觉的形成，从而也就无法控制方案的透视感觉。因此，必须进行“建筑师法”手求透视的训练并达到一定数量，直至可以控制目标透视感觉。

由于目前是处于体块推敲阶段，设计概念还没有形成，目标是通过不断分析、比较、归纳而进行多角度透视表达，不要急于刻画细节，控制好整体效果，数量和种类要足够多，以便于优选优化。

7.4.4.4 体块鸟瞰

现代社会城市化趋势越来越明显，高层建筑已经普及，使得人们在高层建筑中向下观察其他建筑的几率越来越大，鸟瞰图的重要性也就越发明显。换句话说，体块构成开始变得越来越重要了，而那些只做立面造型、在高处就能看出来只是一面片墙的造型设计开始变得不受欢迎了，人们开始意识到“第五立面”（即上部视点）、整体逻辑的重要性了。因此，能够表达清楚体块构成关系的鸟瞰图就变得非常重要。

绘制鸟瞰图，可以采用轴测图模式，也可以采用透视图模式，只是轴测图有时会看起来不那么真实。体块比较复杂的项目建议借助 SketchUp 等三维建模软件绘制体块鸟瞰图底稿。

综上所述，之所以鼓励大家在体块生成阶段进行面向目标的轴测、透视、鸟瞰等多角度分析、研究与验证，最重要的原因就是很多设计师过于单纯地强调所谓的“思考”的重要性，于是想得多、做得少，结果是**预见能力**自然变得很差。至于我们强调的重复出英雄、海量出英雄，则更加达不到了。很多设计师甚至单纯靠脑子想，即使用手画也只是局限在一两稿，根本谈不上多角度验证，更多设计师则干脆直接在电脑上进行所谓的“构思”……这种几乎放弃**手脑互动思维**的做法，就像是对书法与绘画并不熟练的人每次创作都直接在正稿上做试验一样令人焦虑和自欺欺人。多想少做的结果很简单：训练不足当然会导致预见能力低下，心中所想与实际所画自然就会南辕北辙。因此，我们强烈建议在体块生成阶段多做**多角度验证**，而不能浅尝辄止：很多人在工作中下意识地偷懒，实际上他们没有意识到，多做不仅仅是在为了做方案而做，也不是仅仅为了报酬而做，更重要的是不断地训练和提高自己的专业能力。

■ 空间形态分析图 —— 新建高层位于原建筑西侧

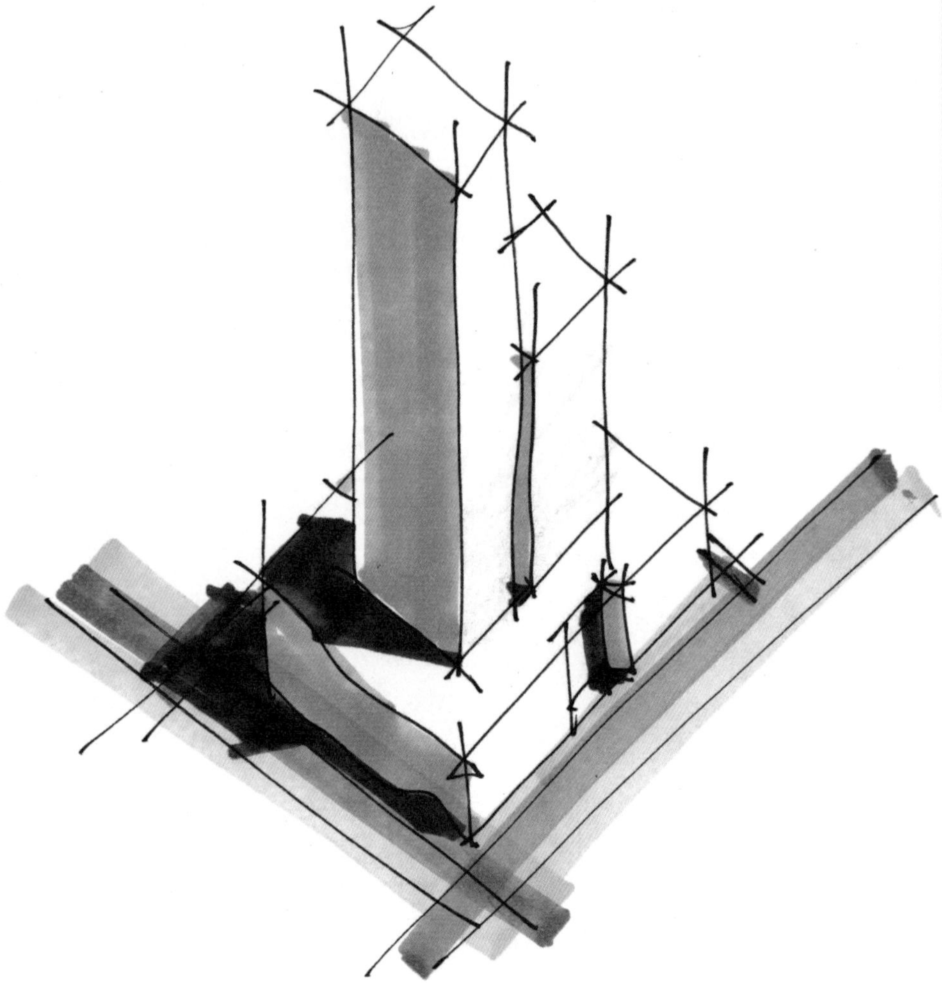

■ 空间形态分析图 —— 新建高层位于原建筑东侧

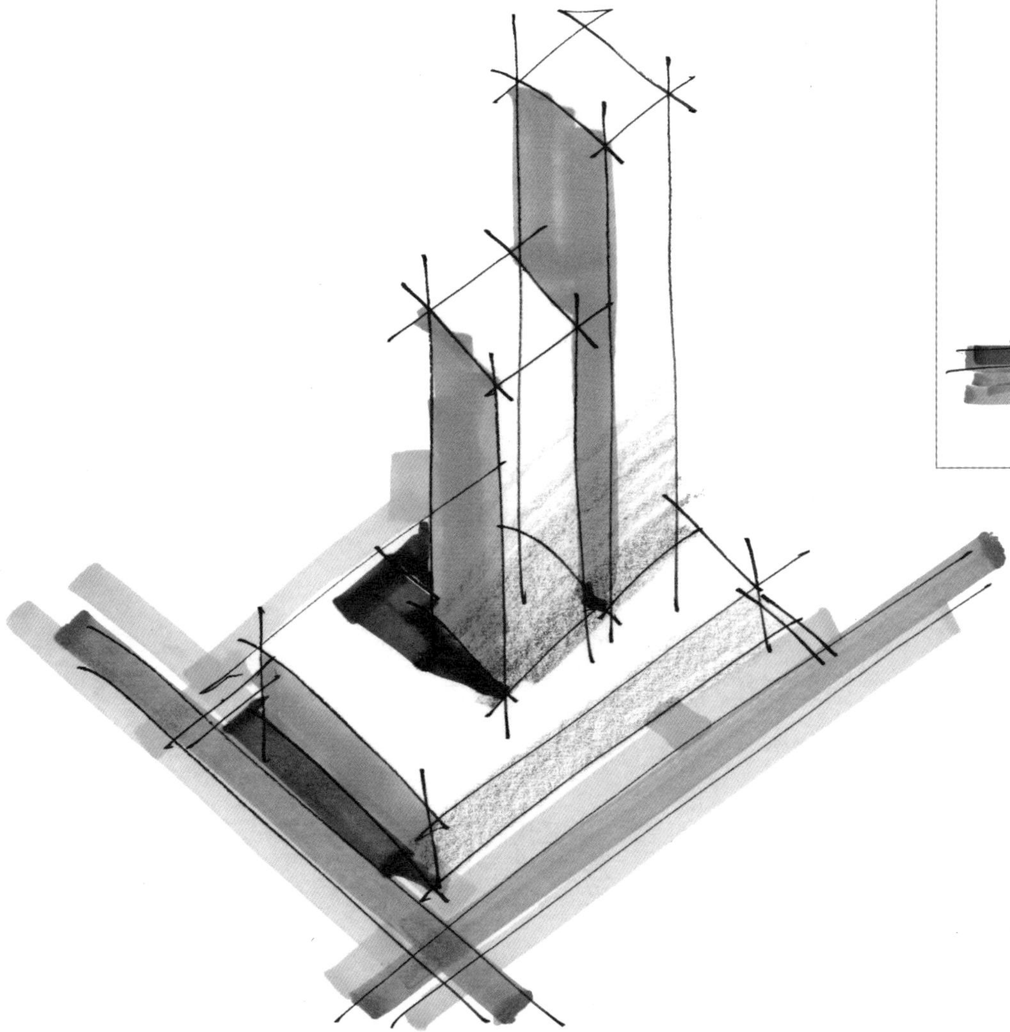

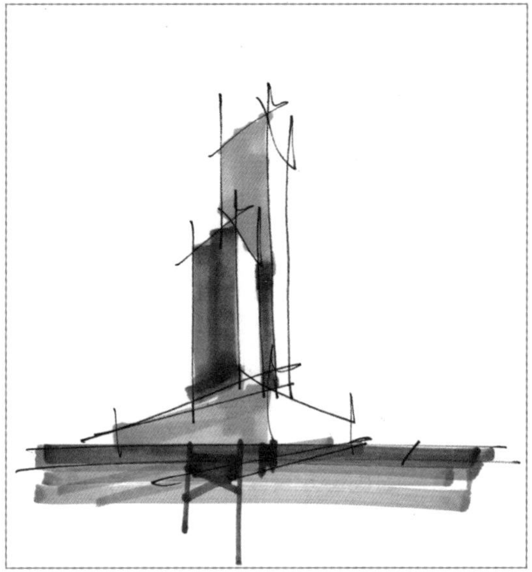

7.5 概念表达

设计师在对方案进行空间形态分析的基础上，将对建筑的形象进行初步的设想与探索，即进入概念设计的草图绘制阶段。概念设计往往主导一个方案的形成，甚至会左右一个方案的成败，此阶段的图面表达属于创作者拓展思路、寻找答案的阶段，以快速、简练的画法为主要表现手段。

7.5.1 图面表达

我们把概念草图分为两个阶段，一个是模糊概念草图，一个是意向概念草图。

在模糊概念草图阶段，表达方式是多种多样的，可以是一段文字，一句诗词、一个口号，也可以是简单几笔，旨在生成设计概念，专注于概念的体现，忽略细节。到了意向概念草图阶段，需要我们进一步理顺思路、明确建筑的特征，以便使方案的可实施性更强，是把模糊概念向最终方案的一个推进过程。

在意向概念草图阶段，需要根据核心概念对体块以及要素进行抓大放小模式的排序与提炼，以决定在概念草图中重点表达哪些设计要素。这里所说的抓大放小，指的是专门提炼出最能表达设计概念的要素，比如体块、色彩、结构、重要细部等等，而把那些待定要素、非核心的细节暂时忽略不计。这样绘制出来的概念草图重点明确，便于分析和归纳设计概念的可行性、走向与发展，也便于与自己、与别人交流和讨论时，真正把精力集中于最核心部分的设计概念是否可以发展及实施上。随着抓大放小模式的提炼能力不断提高，设计师的思路就会逐步变得越来越清晰，逻辑分析能力就会逐步成为感性思维的强力归纳、互动。

7.5.1.1 重视明暗

在表达方面排在首位的是明暗关系，除了明暗面表达明确清晰、退晕效果自然美观，阴影也是非常重要的要素。阴影不仅要符合设计规范中对日照间距的要求，在表达方面不能涂得太黑、太死，要有一定的明暗控制，可以尝试着给阴影加入色彩并试图做色彩的微妙变化。这是因为目前尚处于概念设计阶段，以体块构成为主，暗面和阴影的色彩变化不仅能够丰富画面，还能让观图者产生“细节丰富”、“有色彩修养”的感觉，从而掩饰暗面和阴影区缺乏细部设计的问题。

7.5.1.2 忽略配景

在表达方面可以忽略配景，包括天空和人、车、树等，不必画具象的，而只需靠色块烘托主体。对于初级阶段训练来说，即使配景画得不逼真，只要能够达到掩饰不足、烘托主体、提示尺度感、体现距离感、突出视觉中心和引导读图视线的目的即可，要记住关键是目标。因此，先用一种简单的画人物的方法，至于配景树完全可以大致表示，而车、天空则可以暂时不画。

7.5.1.3 适当美化

给自己看的概念草图，往往因为灵感突现等原因，会把草图画在餐纸、报纸、笔记本、速写本等非正规材质上，而用笔也会千奇百怪。这种给自己看的概念草图，往往别人看不懂，必须整理、重新绘制成便于交流的设计草图才行。换句话说，就是画成相对正式的、悦目的、令人信服的设计草图模式，使用统一规格的纸张，有一定厚度或颜色会更好一些，以增进表现力，达成交流目标。

7.5.2 交流展示

很多设计单位以及设计师非常不重视在概念阶段与甲方的沟通与交流，甚至很多设计单位早已习惯于直接拿着最终效果图去甲方那里一赌输赢。这种不懂得概念设计的重要性、不懂得及时讨论设计概念是否可行、设计方向是否有发展的现象十分普遍，令人扼腕。更令人惊奇的是，部分方案招标单位竟然都不要求先做概念投标、再做最终成果投标，就好像概念设计根本不存在、不重要一般。

实际上，概念设计就像战略策划一样重要。哪个企业会要求策划部直接拿出详尽的实施计划，而不重视战略策划的研讨与分析呢? 有趣的是，同样是这些业主一旦到了设计项目招标的时候，就忘记了战略策划的重要性，于是就把概念设计阶段忘得一干二净，其特征就是直接招投设计方案的最终成果，甚至哪一家投标单位做的图纸越是详尽、越是接近施工图深度，就越是受到青睐。试想，概念方向都错了，图纸深度达到那么深，岂不是浪费么? 这种直接招投最终成果的模式只是惯性思维而已，根本不符合设计创作的基本逻辑，更不符合招标单位的真实需求。

由此可见，及时与甲方交流、展示概念草图是方案创作过程中非常重要的必要阶段，只有概念获得了通过与承认，才谈得上继续的深入与发展。此时，就要根据展示的目标反向推理，以决定绘制模式、展示方式。比如，如果希望获得高额设计费用，那么概念展示就要做到气氛烘托、材质高级、多方向探讨，甚至还要做到多媒体、动画、模型等全方位的配合；比如，如果希望获得全额或高比例的预付款，那么概念展示就要做到其中某个概念方案的深度绘制，以使得甲方感觉到这是值得信任的专业团队；比如，如果希望加长设计周期，那么概念展示就要多次进行，以使得甲方认识到方案创作的复杂性、艰难性。

只有真正重视与甲方进行设计概念的密切交流与沟通，才能把甲方逐步引导和纳入合作者的位置，而不是让甲方成为肆意杀死方案的独裁者。

只有在设计概念上与甲方达成了一致，设计师才可以将精力投入到方案的深入发展上，否则，一旦设计概念与甲方的想法南辕北辙，那么后续的工作就会变成无用功，不仅浪费精力，而且劳民伤财、得不偿失，结果就会变成设计团队怨声载道、哀声遍野，甲方却悠哉游哉看热闹，甚至冷嘲热讽、暴跳如雷。

综上所述，相信读者也能够意识到概念草图的创作、绘制、展示的重要性，也相信读者能够重视设计概念的目标表达。

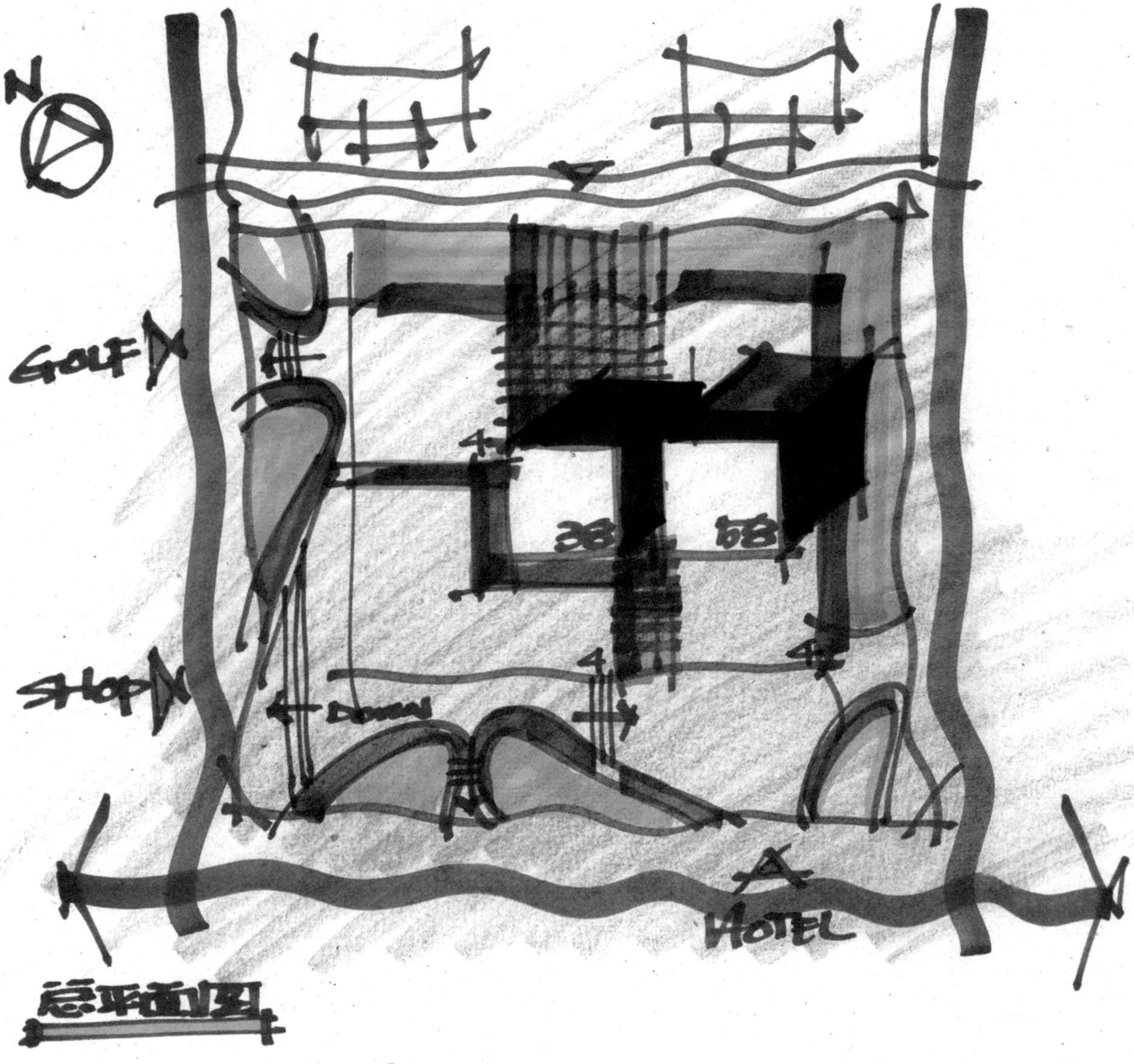
N
GOLF
SHOP
DOWN
3B
5B
HOTEL
总平面图

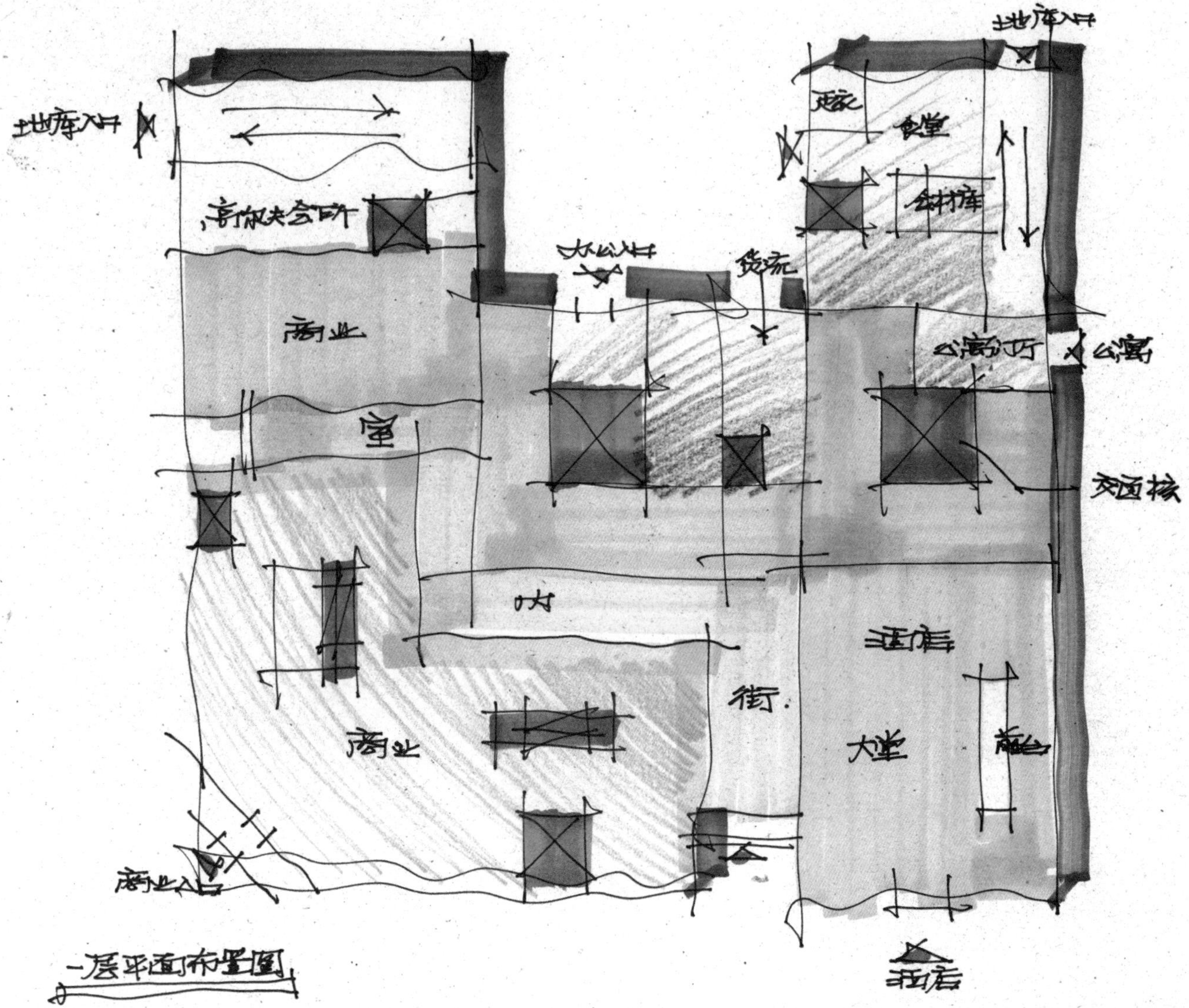
地库入口
地库入口
办公入口
货流
厨房
食堂
公寓门厅
公寓
商业
交通核
酒店
街
大堂
商业
商业入口
酒店
一层平面布置图

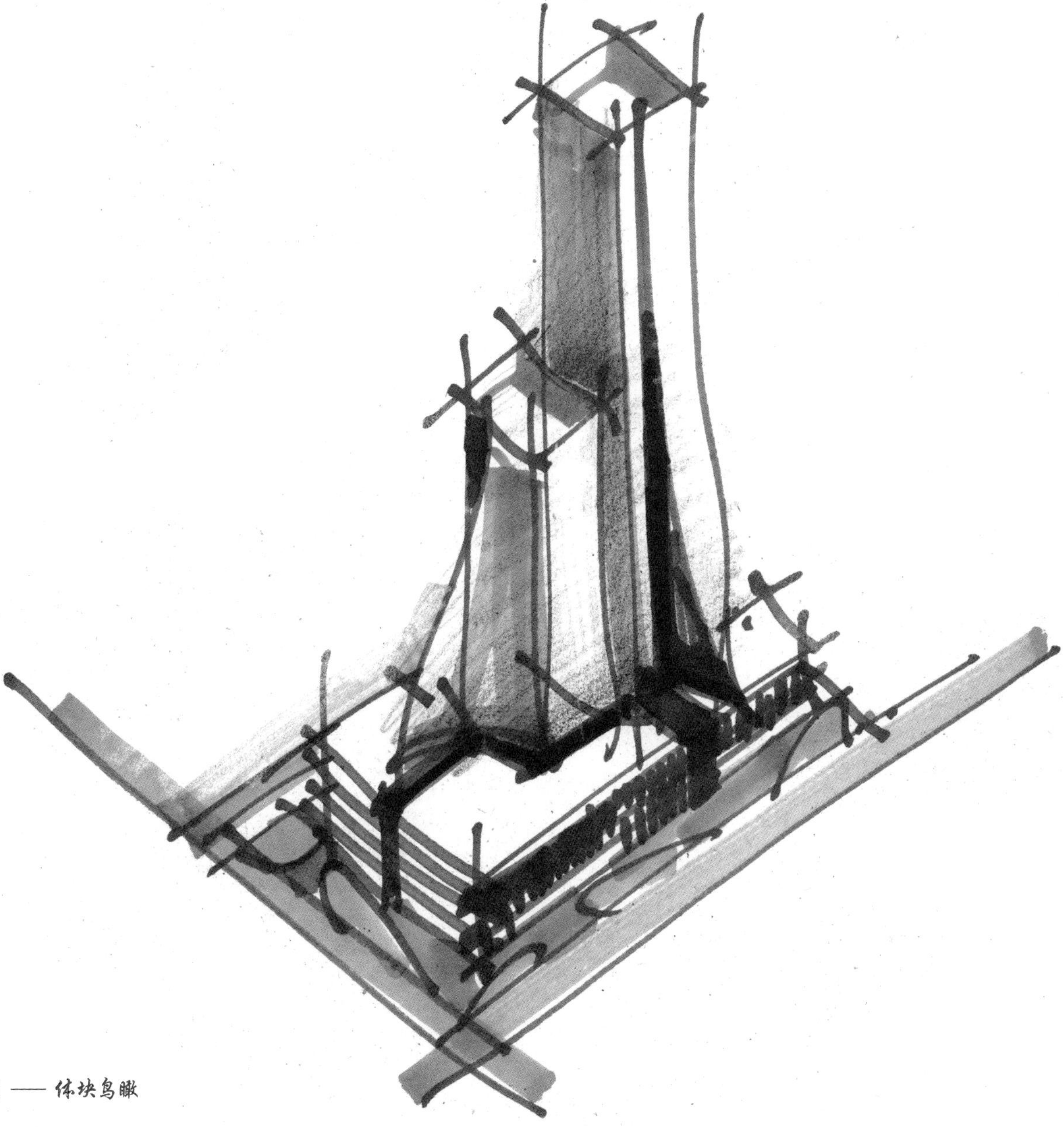

■ 概念草图 —— 体块鸟瞰

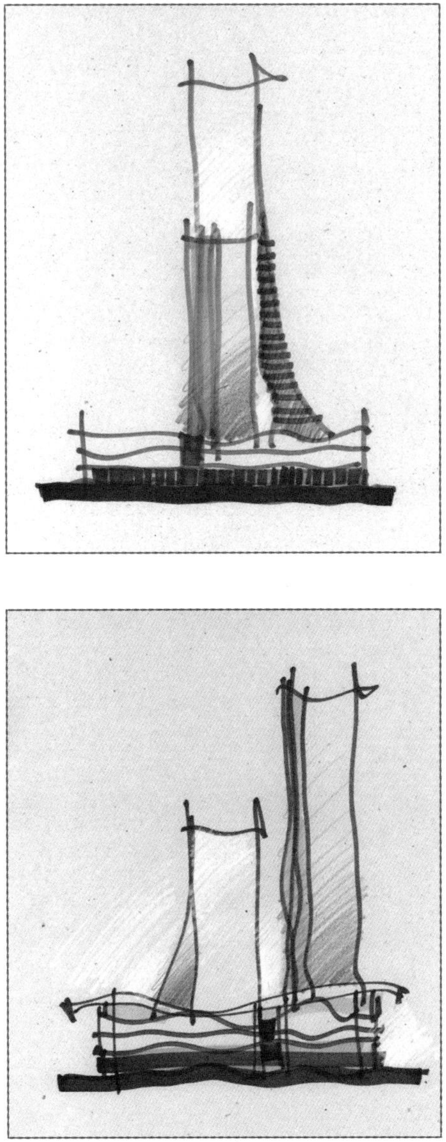

■ 概念草图 —— 立面、剖面

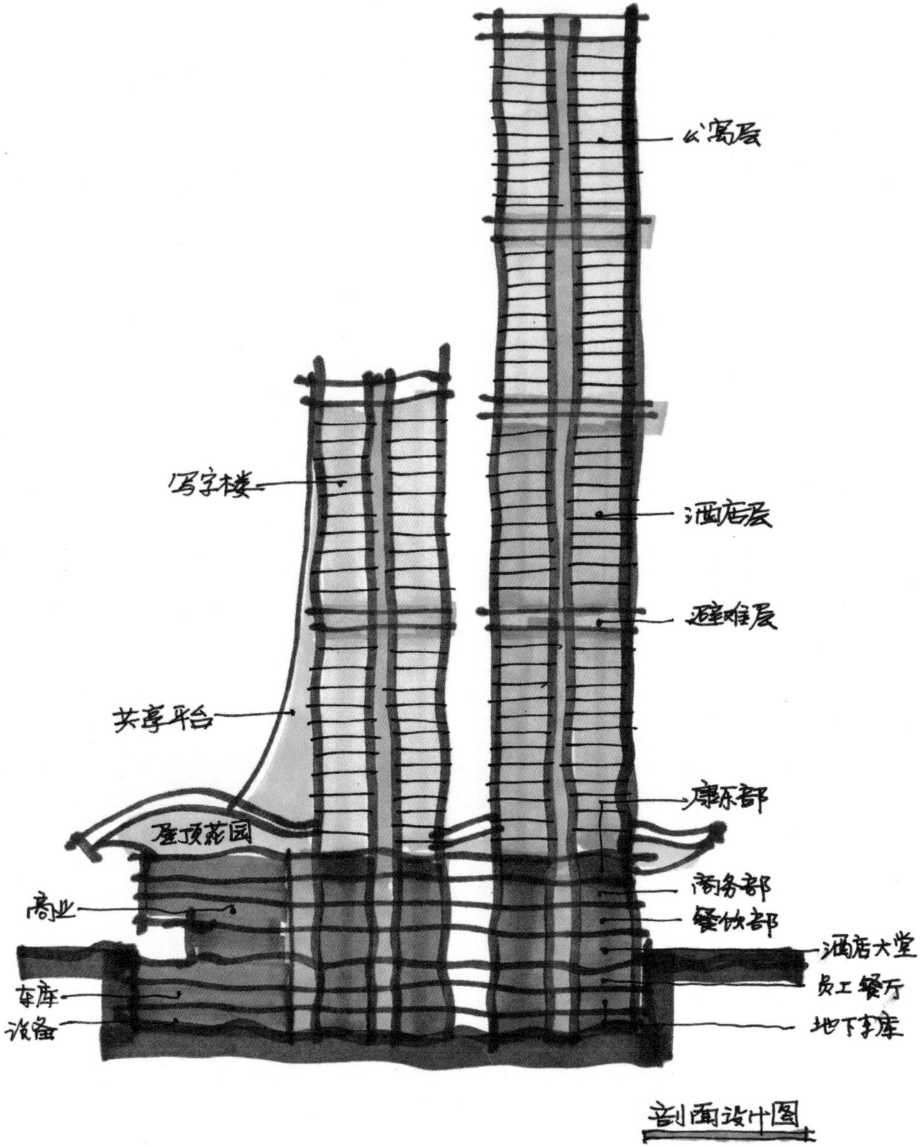

公寓层
写字楼
酒店层
避难层
共享平台
康乐部
屋顶花园
商务部
商业
餐饮部
酒店大堂
车库
员工餐厅
设备
地下车库
剖面设计图

■ 概念草图 —— 透视图

DESIGN EXPRESS

第8章

方案表达

【主要内容】

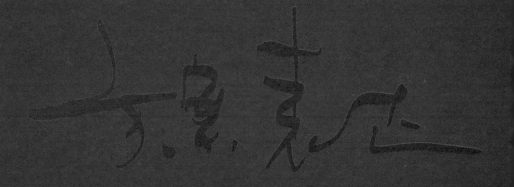

8.1 标注图例　8.2 总平面图　8.3 平面图　8.4 立面图

8.5 剖面图　8.6 透视图　8.7 分析图　8.8 整合控制

8

本章的方案草图属于方案表达草图，主要是对概念草图的进一步完善，保证图面效果，以利于对内对外的交流，包括总平面图、平面图、立面图、剖面图、透视图、鸟瞰图、分析图等。此阶段的图面表达处于交流阶段，图面表达强调的是画面美观、类型完整、逻辑清晰。

我们建议养成先绘制实验小稿的专业习惯。绘制实验小稿，最忌浅尝辄止，而应该从多方面入手，研究多种可能性和方案表达方式。无论是纸张的底色、质地，还是不同的笔，以及色彩配置、构图选择等，都应该尽可能通过绘制实验小稿的方式加以研究、比较和分析，以适合项目需要、时间要求、当前条件以及自身心情、身体状况等，从而最终决定使用何种纸张、何种工具、何种画法以及何种色彩、何种构图、何种要素组合等等，只有这样，才不会出现事与愿违的问题。

有趣的是，一些方案创作师在实际工作中全然忽略这种“先试点，后实施”的基本常识，经常看到有人“迎难而上”、“拿正式图做试验”。明明时间紧张，却选择复杂画法；明明配景不熟练甚至没画过，却在图上大肆铺陈配景；明明色彩感觉不好，却偏要舍弃自己可以控制的统一色调而去画色彩复杂的“凡高”模式；明明透视感觉很弱，却连铅笔稿都不打……这些明显缺乏流程控制能力的后果可想而知。因此，即使是实验小稿，也应该做出实验项目列表并按照可行性排序，然后安心做小稿绘制实验，从而做到磨刀不误砍柴功，在绘制正式图的时候胸有成竹、心中有数。

实际上，画草图之前迅速做一些实验小稿，这与写文章之前优选中心思想、优化提纲顺序、迅速打草稿的道理是一样的，是正常的、必需的步骤。这些步骤在我们上小学时就受过大量训练，仅仅是因为学了设计，就堂而皇之地忘记了常识。因此，为了使得我们的设计草图能够顺理成章地画好，一定要养成事先画实验小稿的习惯，并从中发现自己还有哪些要素需要事先训练，平时就能按照自己做出的适合自己的要素列表见缝插针地训练了。这样，最终画出的草图才容易形成良性循环、于人于己于方案都有利。

另一方面，实验小稿应该多跟不懂设计创作的人做交流，以换来换位思考的结果。即使是杜甫那样的大诗人，创作诗词也会把草稿读给身边的普通人听，让他们把生涩难懂的部分指出来，以便于修改，所以杜甫的诗才会脍炙人口、流芳百世。聪明的设计师，往往会把自己的草图先拿给周围不懂设计的人帮忙看看哪里不妥，尤其是给家长、朋友、其他工种的设计师看，甚至直接找到客户做草图交流，从而得到自己不容易做到的换位思考。

总之，实验小稿很重要，应该重视起来，不能再企图直接成稿。

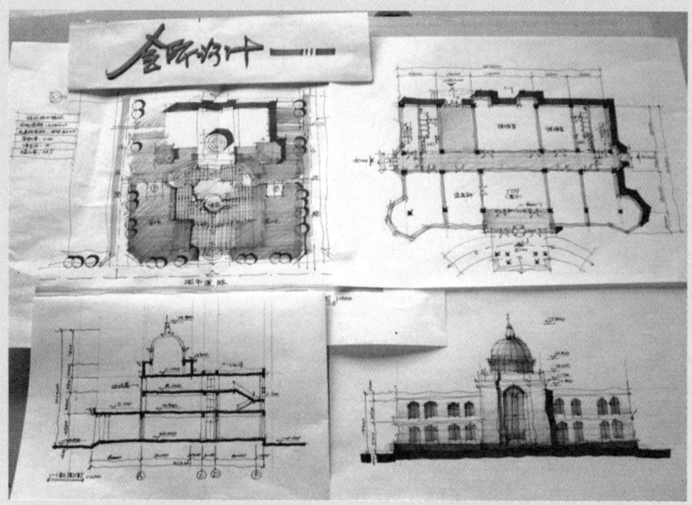

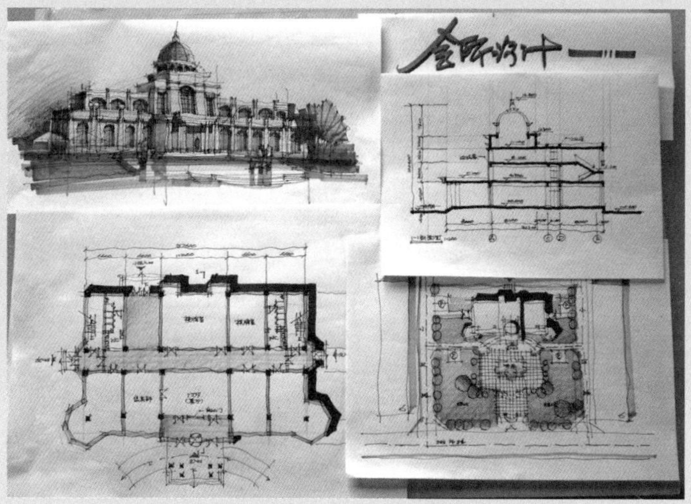

■ 实验小稿

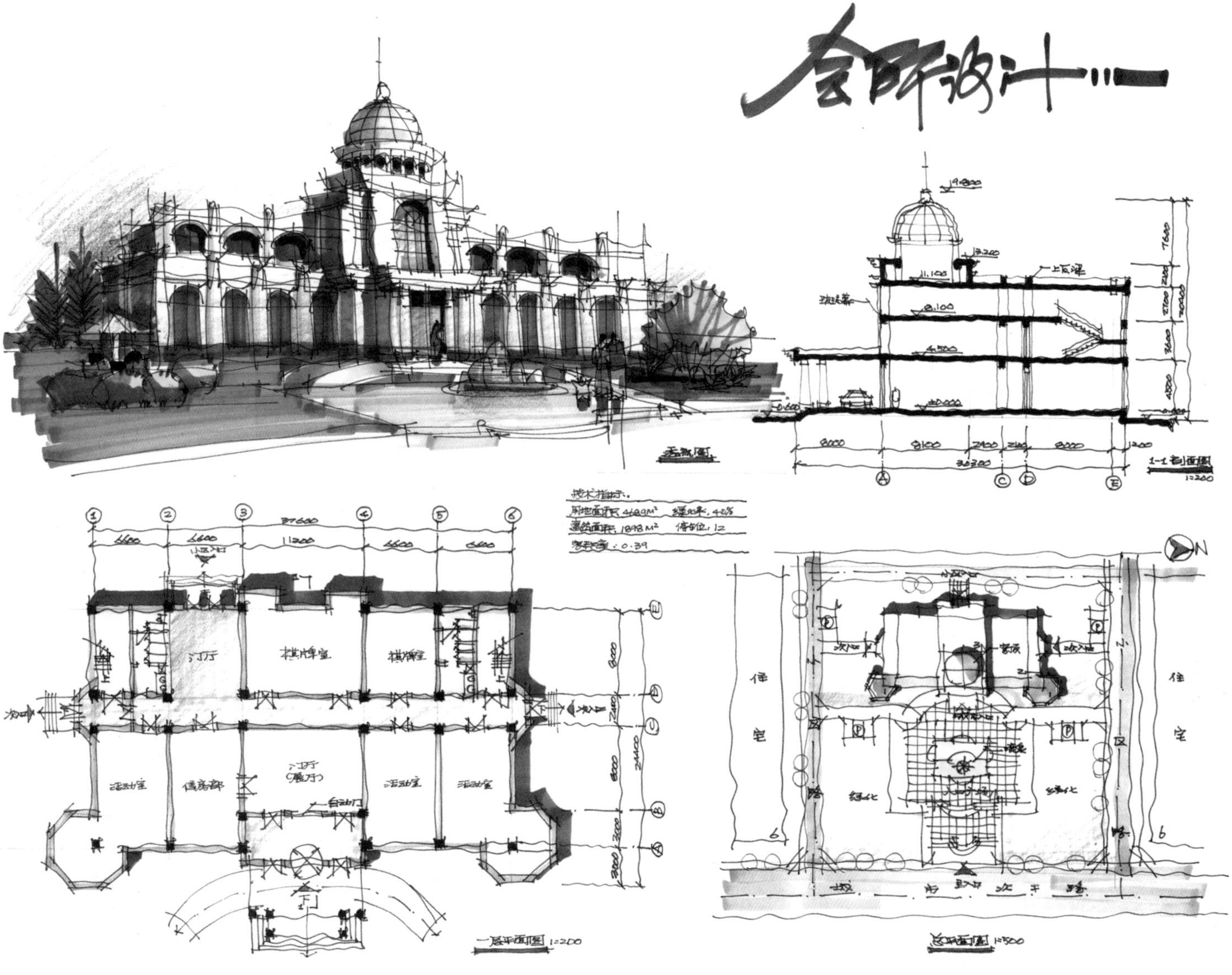

■ 整体布图

8.1 标注图例

方案创作师的目标是方案获得认可，而方案获得认可的前提往往是基于图面效果对方案创作师专业实力的认可，这是人之常情，就像一个拳击手，人们往往先看他的肌肉发达程度，然后才可能给他机会。因此，对方案创作师而言，图面上所有要素都是体现自己专业实力、创造专业印象甚至个人专业品牌的重要途径。

本节涉及的一些要素都是易出成效的“小”要素，训练起来难度也不大，还能同时训练整体控制能力、自我训练能力，大都是从小处入手、以小见大的好方法。

8.1.1 尺寸标注

在校生由于学校并不严格要求尺寸标注，甚至只需标一下比例就能蒙混过关，因此并没有受到标注的专门训练，结果是一旦真的需要标注了，不仅速度慢，而且非常难看，甚至会严重破坏整体构图，让人一看就失去了信任感、专业感，甚至会影响到继续研究方案本身。即使是有一定实践经验的设计师，也有很多人不在意图面标注给观图者造成的影响，这是对自己不负责任的表现。尺寸标注不只是标上数字而已，标注是不是漂亮、潇洒、大气，也会影响到甲方对设计师能力的基本判断，值得花精力去训练。

8.1.1.1 尺寸线、尺寸界线及起止符号

（1）尺寸线

尺寸线是细实线，建议至少要画两条尺寸线，即一条线分尺寸、一条线总尺寸。这一点经常被人忽视，很多人只是标注一条分尺寸线了事，结果是看图的人不得不自己计算总尺寸，后果自然是客户还没认真看图就产生了不良情绪。还有，应该根据需要增加小计尺寸线，也就是

分尺寸线、小计尺寸线、总尺寸线三道尺寸线俱全，这样，看图的人才能不必另行计算即可获得几乎所有的尺寸需要。

（2）尺寸界线及起止符号

尺寸界线也是细实线，一般与尺寸线垂直，离图近的一侧略长。尺寸的起止符号一般用粗斜线或圆点标注。如果尺寸界线使用粗斜线标注，其倾斜方向应与尺寸界线成顺时针 45° 角。X 轴的尺寸界线是从右上到左下画斜线，Y 轴的尺寸界线是从左上到右下画斜线。

明确、清晰、美观的尺寸界线及起止符号不仅便于读图，而且使图面层次分明，体现出设计师的精确逻辑。

（3）尺寸标注是两向标注

我国制图规范规定尺寸标注为两向标注，即 X 轴为正常标注，Y 轴则需要逆时针转 90° 标注。

有的人会忽视这个规定，结果造成四向标注，俗称“转圈标注”，千万要注意这个问题，不然很容易被人笑话是外行。实际上这个规定并不合理，尤其是对弧形建筑而言，造成了很多麻烦。制图的目的是读图方便，在要求不高的情况下，不妨按照国外的做法只做单向标注，即完全都做横向标注，避免观图者需要转头看 Y 轴的尺寸。

（4）尺寸数字的写法

尺寸数字一般注写在靠近尺寸线的中部，最好不要用斜体，斜体的数字容易给人“不正”的感觉，干扰图面内容、影响读图。

另外，尺寸数字要借鉴外国设计师的写法，因为阿拉伯数字是国外传进中国的，所以平时要多注意国外设计师是如何手写数字的，并多多练习。

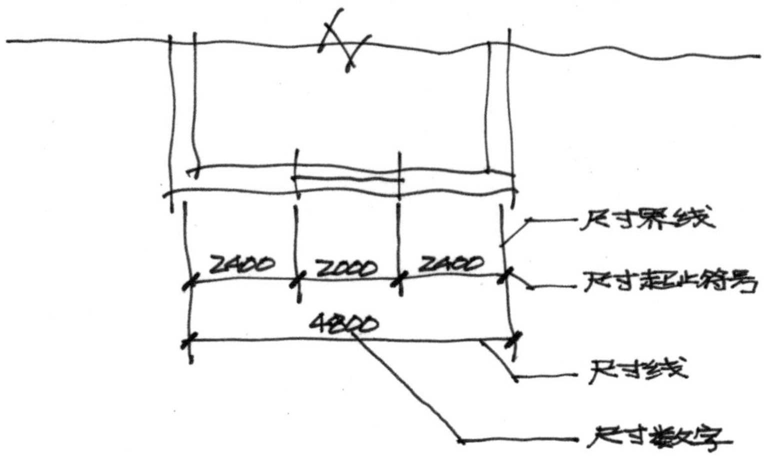

■ 尺寸标注示意

8.1.1.2 定位轴线的标注

除了施工图课程设计以外，往往不要求在校生必须画出定位轴线，因此很多人即使是毕业了，做方案的时候也会忽视定位轴线，其结果是很多人工作多年都不会意识到定位轴线对方案创作的重要性。实际上，定位轴线除了有明确承重结构的作用以外，还有加强方案逻辑、清晰方案构成、理顺方案条理等作用。很多人往往做出来的方案就像各个功能空间组成的体块堆在一起，根本没有骨架的概念，就是因为不重视定位轴线的核心作用。因此，我们建议在构思方案的时候以及在方案表达的时候都要画出定位轴线，即便暂时不标注轴号，也能使得观图者清晰地看出方案的架构与逻辑。

做方案的时候，有经验的设计师都会先研究定位轴线的间距和排布形式，然后核算面积，进而把定位轴线的网格画出来，再把草图纸蒙在定位轴线的网格上不断深入空间和功能组合。建议养成先画定位轴线、再深入内容的习惯，也就是“先骨再肉”模式，而不能一味地研究“肉”，却忘记了“骨”才是方案的内在逻辑。

我国的制图规范规定，定位轴线应用点划线绘制，在下方和左侧标注编号，横向编号为阿拉伯数字，从左至右顺序编写，竖向编号则为大写的英文字母，从下至上编写。

为了避免混淆，规定不准使用 I、O、Z 三个字母，而字母不够用时，可增加双字母或单字母加数字注脚，如 A_A、B_A……Y_A 或 A_1、B_1……Y_1，对多轴情况又做了一系列规定，麻烦无比。我们的忠告是千万别因为马虎而误用了 I、O、Z 三个字母，这样做非常容易被人笑话是外行。

希望将来能向国外学习，X 轴编号就用“X_1、X_2……”，Y 轴编号就用“Y_1、Y_2……”，其他轴向则用“A_1、A_2……”、“B_1、B_2……”等等，这样就轻松解决了所有问题。

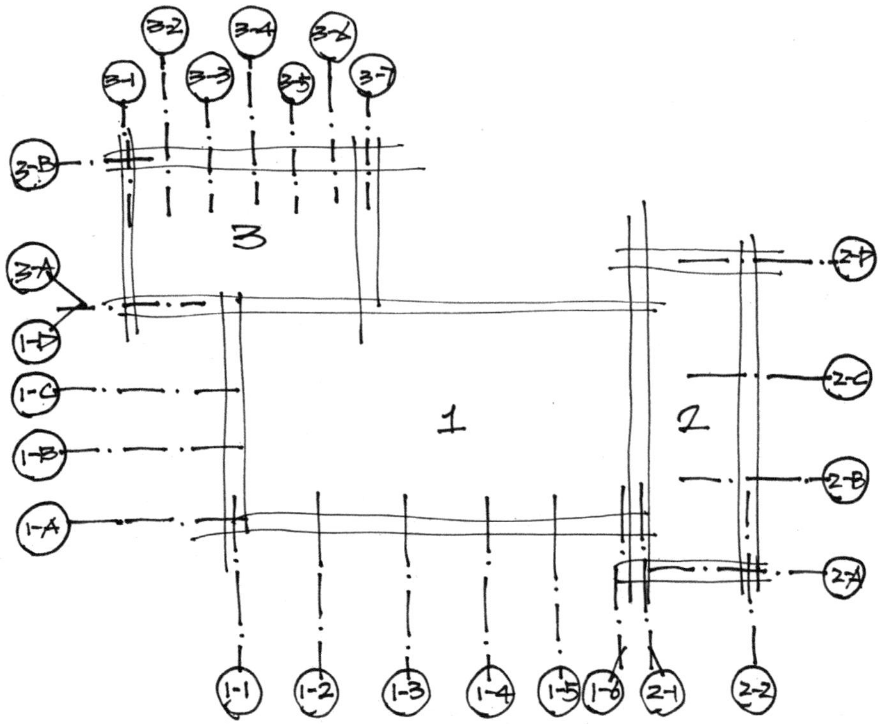

■ 定位轴线的标注示意

8.1.1.3 标高的标注

在实际工作中，不仅剖面图需要标注标高，平面图、立面图也需要标注标高。要知道标注的原则是“至少双向校核”，即剖面图标注了标高，而平面图、立面图至少要有一种图纸也标注标高，这样，这些不同图纸中的标高就起到了互相校核的作用，避免只有剖面图标注标高、一旦不小心标错了就引起大错。

（1）标高符号

标高符号的三角形是**等腰直角三角形**，不是等边三角形。标高符号的尖端应指至被注高度的位置，尖端一般应向下，也可向上。标高数字应注写在标高符号的右侧或左侧。总平面图室外地坪标高符号，宜用涂黑的三角形表示。

（2）标高数字单位

剖面标高数字以米为单位，且精确到小数点后三位数字。在总平面图中，可精确到小数点后两位。

（3）注意正负标高的写法

室内地面层的标高一般是±0.000，负数标高要加上“–”号，但是切记正数标高不加“+”号。

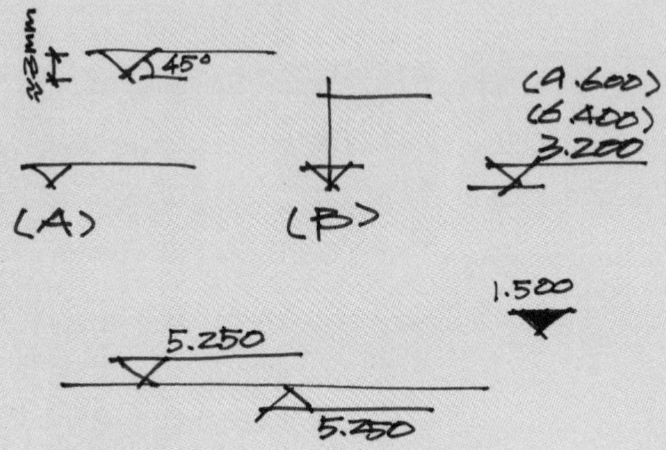

■ 标高符号及写法

8.1.2 面积标注

面积标注一般采用矩形框的方式，即用矩形框把面积数字套上，以便于读图。如果需要标注建筑面积、使用面积、套型名称等多项内容，则将矩形框分格做成简单的表格形式。

需要注意的是，在做家具布置、卫生间地砖绘制的时候要考虑到预留好面积标注矩形框的位置，以免重叠后混乱不堪，令人怀疑设计师的控制能力。

8.1.3 箭头标注

无论是台阶、楼梯的方向标注，还是主入口、次入口、辅助入口的标注，还是分析图中的箭头，都需要认真练习，直至画得专业、潇洒、美观。

8.1.4 要素例图

作为一般的设计表达，我们可以对设计草图中的要素采用约定俗成的概念示意画法，这样不仅可以提高效率，而且不会引起歧义。

在考研的快速设计考试中，经常会看到一些其他专业出身的考生完全按照在设计单位的施工图画法画快速设计的方案图，结果是又慢、又累，又没有效果。实际上，设计草图的画法和深度有很多种，关键是清晰表达设计意图、设计概念，而不是面面俱到。因此，设计草图中的墙体、门、窗等要素逐步形成了一些约定俗成的快速画法，这些快速画法在严格意义上是不符合制图规范的，但是对观图者识图却没有影响。

需要说明的是，本章中的插图，都是采用了在方案创作的表达阶段中常用的快速画法，这些画法迅速、清晰，不会打断思路，也不会造成交流障碍，可以理解为专业方案创作设计师约定俗成的专业画法。如果能够很熟练地掌握这些画法，那么科班出身的设计师就会认为你是内行，而不是其他专业转到方案创作行业的人了。这些约定俗成的画法，大多数院校的快题考试、考研考试以及设计院的招聘考试都会接受，一般不会因为不符合制图规范而被否定。在实际工作中，甲方也都能读懂这些画法的含义，很有实战价值。

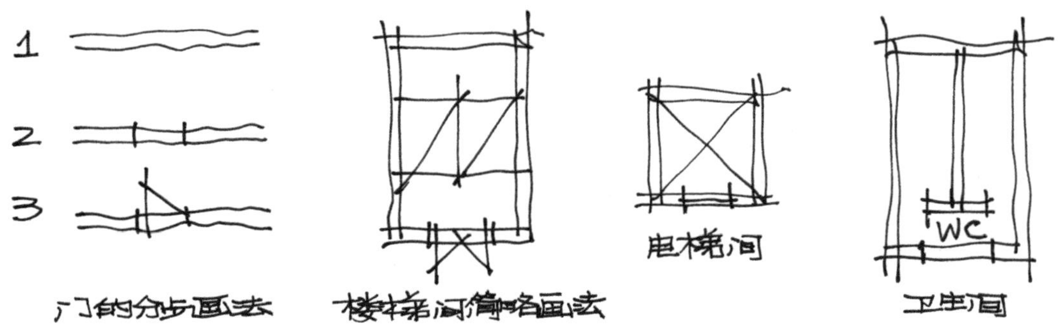

■ 要素例图——约定俗成的概念示意画法

8.2 总平面图

由于学校的教学大都以平面的功能分析为主，因此很多人在方案创作、绘制草图、交流方案的时候都习惯于从平面图开始，甚至一定要等平面图完全定下来了，然后才逐步做立面图、剖面图、总平面图，最后才会绘制分析图。实际上，作为合格的方案创作师，接到一个方案设计任务的时候，首先考虑的应该是目标。如果是地标式建筑，立面造型是首要考虑的；如果是住宅建筑，户型是重中之重；如果是医院建筑，平面布局就很重要；如果是博物馆建筑，可以考虑先从体块关系入手；如果是体育馆建筑，就从剖面开始研究……因此，好的设计师是不会遵循一个通用的顺序，它跟目标有关，必须具体情况具体对待。

一般来说，从总平面图入手进行方案创作与设计表达的优越性要远远大于从平面图开始。由于本书不是以讲解方案创作为目的，因此我们就简单提示一些要点：

首先，从总平面图入手做方案，会使得设计师从头就建立起根据城市与街区的大环境、街道与周边建筑的小环境推导方案需求的专业习惯，而不是单纯考虑项目本身、孤立地看待创作。这个道理实际上非常简单：设计项目跟人一样需要跟环境互动。

其次，从总平面图入手做方案，设计师才能随时处于整体思维的状态，否则就容易顾此失彼、因小失大甚至导致方案难以自圆其说。

8.2.1 尺度比例

设计草图中的总平面图与其他图纸比例不同，因此设计师很容易搞错尺度，很多人甚至因为在局部用错了比例尺而导致总图错误、损失惨重。建议读者自己制作“尺度参考纸板”，即用卡纸做好总图比例的标准面积正方形，可以做好若干个以便于组合、测定、校核大致的面积和尺度。

道路、停车场、人行道、转弯半径等尺度也往往会被忽视，结果是常常绘制超出尺度、错误比例的要素而不自知。针对这一点，建议自己制作总图比例的车位、道路、人行道等“尺度参考纸板”，这样在做总图设计和绘图的时候就能明确尺度、避免出错，迅速构思与表达。

配景和标注的尺度也会影响观图者的印象。如果配景画得太大、标注的数字太大、符号太大，都会因为对比效应而导致观图者感觉建筑很小，整体尺度失当，从而失去对设计师的敬佩感。当然，配景和标注太小也不行，会造成看不清、小气的感觉。

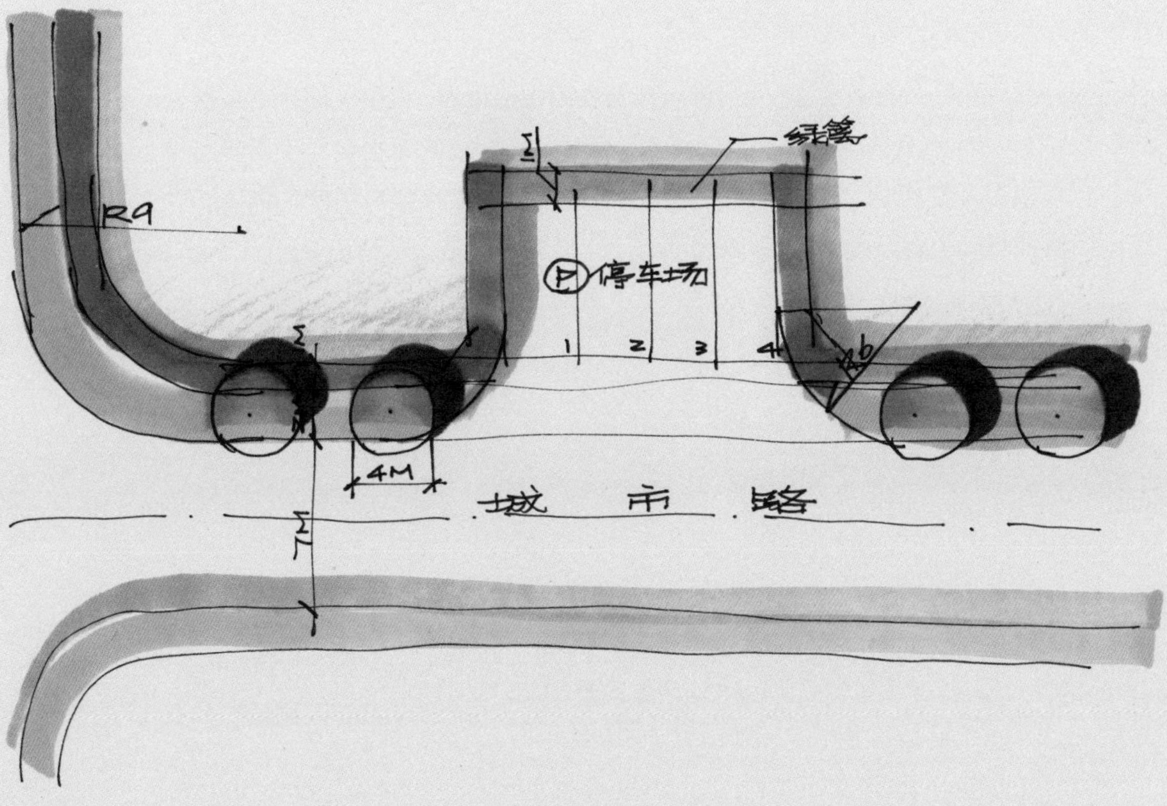

■ 总平面图中的车位、道路、人行道等要素的比例关系

8.2.2 周边环境

偷懒的人往往懒惰到连周围的道路都只画毗邻基地的这一半，搞得观图者都没法知道那条道路的宽度。实际上，不仅要把道路画全，还应该把周围的建筑也都认真画上，这样观图者才能明了项目的所在、项目与环境之间的关系，同时还会被设计师的严谨、认真而感动，自然萌生敬意。只需多画几笔，就能换来这种难得的尊重与信任，何乐而不为？这也是我们强调“苦肉计”的道理，不仅可以换来好评，而且对设计师本身产生做方案的专业感觉、创造成就感的积累、形成良性循环都有莫大的好处。

周边环境需要标注尺寸、层数等信息，尤其是主体建筑与周边道路、建筑之间的关系最好标注得越详细越好，这样才能真正实现总图的功能和作用。由于学校的课程设计中对总图标注往往不重视，因此很多人就养成了只关心主体、不关注环境的坏习惯。如果想做个优秀的设计师，从现在开始重视并重新训练自己的职业耐性吧。

8.2.3 符号标注

8.2.3.1 指北针

指北针不仅要画，而且要画得潇洒、漂亮，但是不能喧宾夺主。注意在指针头部应注写“北”或“N”字。

8.2.3.2 风玫瑰

对风向敏感的设计项目，总图中需要画上风玫瑰图代替指北针。

8.2.3.3 楼层数

楼层数有两种标注方式，一种是用圆点表示，一种是直接标注数字。建议都用数字表示，避免混乱。

8.2.3.4 尺寸标注

建筑、道路、主要设施、周边环境，最好能够标注尺寸，以便于读图。

8.2.4 阴影画法

8.2.4.1 养成画阴影习惯

很多人不习惯在总图上画阴影，因为施工图的总图一般不画阴影。但是作为方案的草图表达来说，总图上绘制阴影对更好地表达体块关系、强调实体感有很大好处。

8.2.4.2 示意型阴影画法

这种方式适合没学过求阴影方法的人，也适合需要快速绘制总图的情况。只需根据阳光方向在建筑的背光方向绘制暗色即可，高的建筑阴影要比矮的建筑长，目标是表达出建筑体块之间的关系以及基本的高度差异。对树木和其他设施也照此办理。

8.2.4.3 制图型阴影画法

总平面图阴影实际上就是平面上的图形根据阳光方向平行复制，然后连线即可。对于异型体块在其他异型体块上的阴影，可以通过在电脑软件上简易建模求得，然后绘制到草图上。

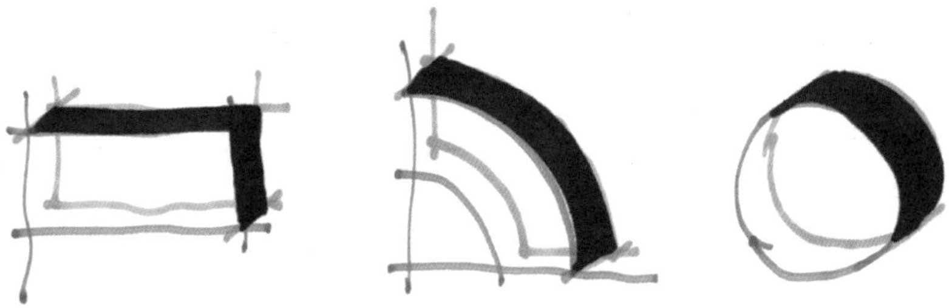

■ 总平面图中的阴影画法

8.2.5 配景深度

总平面图的常用比例是 1:500，因此一般不会在总平面图中画人，但是会画上树、草坪、水池、停车场上的车以及其他设施。在方案草图表达阶段，总图上的树不必画得非常精细和逼真，草坪、水池等也要研究出简易画法，车的画法也不能太复杂。

总平面图局部放大详图，是很多人忽视的。很多时候，我们在总平面图的设计上花了很多心思，但是限于比例却不能充分表达出来我们的工作量和设计意图，那么这时候就应该画局部放大的详图以讲解更多的设计构思。

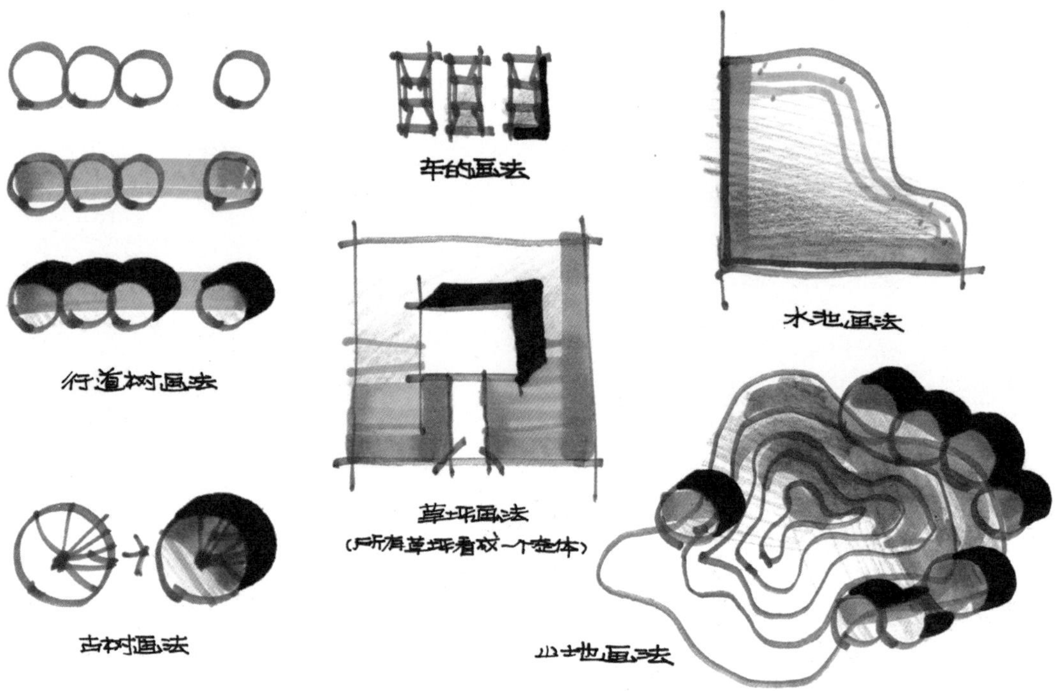

■ 总平面图中的配景

8.2.6 经济技术指标

很多设计师都会把经济技术指标的计算当成例行公事来完成，认为只需计算出相应的数据填好即可。一旦甲方提出修改经济技术指标或者造价控制，设计师往往就会陷入被动。实际上，做一下换位思考，假设自己是甲方，就能很容易地理解甲方不断修改指标要求的行为。因此，问题的关键是如何使得经济技术指标弹性化、可持续适应变化。

我们提出下述建议，仅供参考。

8.2.6.1 做弹性变化的造价控制

比较普遍的现象是，很多设计师空谈个性而忘记目标，结果是自己坚持必须采用某种自己喜欢的材质，甚至会跟甲方表示毫无商量的余地。这种做法不仅把材质的使用提升到了设计之上，而且实际上彻底忘记了设计师应该高明地解决问题，而不是狭隘地固执己见。

即使是现代主义设计大师密斯·凡·德·罗，在设计巴塞罗那国际博览会德国馆的时候，也是根据库房里面现有的材料而因地制宜地做出了流芳百世的经典作品，而不是强求甲方适应自己。有人会提到密斯做的范思沃斯住宅，虽然蛮不讲理到了令甲方起诉的程度，但是该案例有炒作之嫌，故不能作为设计师就应该固执己见的证据。而伍重在实施悉尼歌剧院的时候遇到了自由曲面难以施工的问题，但是伍重受到切西瓜的启发，通过将方案体块归纳为球体的一部分而创造性地解决了施工难题。这说明了设计师是创造性地解决问题的专家，而不是在局部问题上出难题而令甲方难以忍受。

我们怎样做到弹性控制造价呢？以外墙材料为例，在设计造型的时候，要考虑到不同的材料都能有很好的效果，无论是采用铝板、氟碳板、不锈钢、花岗岩、木材、面砖甚至涂料，还是采用喷涂、滚涂、水刷石、素混凝土……都能保证项目的可行性，那么造价不就可以弹性控制了么？设计师可以展示不同的外墙材料产生的不同效果，以此证明自己的设计可以弹性控制造价，试想，这样具有多种适应能力的设计，谁会不喜欢呢？

8.2.6.2 做弹性使用的空间策划

建筑是功能性的，其功能根据使用者的数量和需求的不断改变和持续发展而出现不断的变化。

建筑是有生命的，其运营是需要资金的，因此为了建筑生命周期的维护，会出现很多功能变化。建筑是商业化的，为了商业化不断追求利润的需求，建筑空间的功能也会不断改变以适应新的市场需要。这些都是常识，甚至普通人也都知道这些基本道理，但是设计师群体中却有很多人忽视常识，“咬定青山不放松”，甚至严格以任务书为准，一旦甲方中途改变任务书就大惊小怪。

我们应该怎样通过策划弹性功能空间来做到弹性的造价控制呢？设计师应该在满足任务书的功能要求的前提下，尽可能做出空间变化功能使用的多种可能性分析，必要的时候还要画出对比分析图、家具布置分析图以清晰说明问题。这样，甲方就会明白这个设计的适应性非常强，完全可以先做低造价建设，然后一边运营一边继续深化甚至改造。试想，一个有活力的、能适应各种变化的需求而且不断产生新的使用价值和商业价值的设计，谁会不喜欢呢？这样，就能有效弱化经济技术指标带给设计师的烦恼，甚至会因为设计师智慧的发挥而使得甲方更加信服。

8.2.6.3 做分期投资的建设策划

原理上，无论是哪一种项目，都能做到分期建设，这一点很多人并没有意识到。即使甲方没有提出分期建设的要求，如果设计师认真做好分期建设的建议，并画出分析图加以说明，那么甲方就会认识到不必过于在造价上死抠，而是可以转换思路到逐步把项目做到越来越好。

总之，经济技术指标，要在认真计算并反复校核的前提下认真填写，同时更要注重弹性的面积与造价控制，双管齐下，就能够使得设计的生命力更加强盛、设计的适应性更加多能、设计的可持续发展能力更加令人乐于接受。

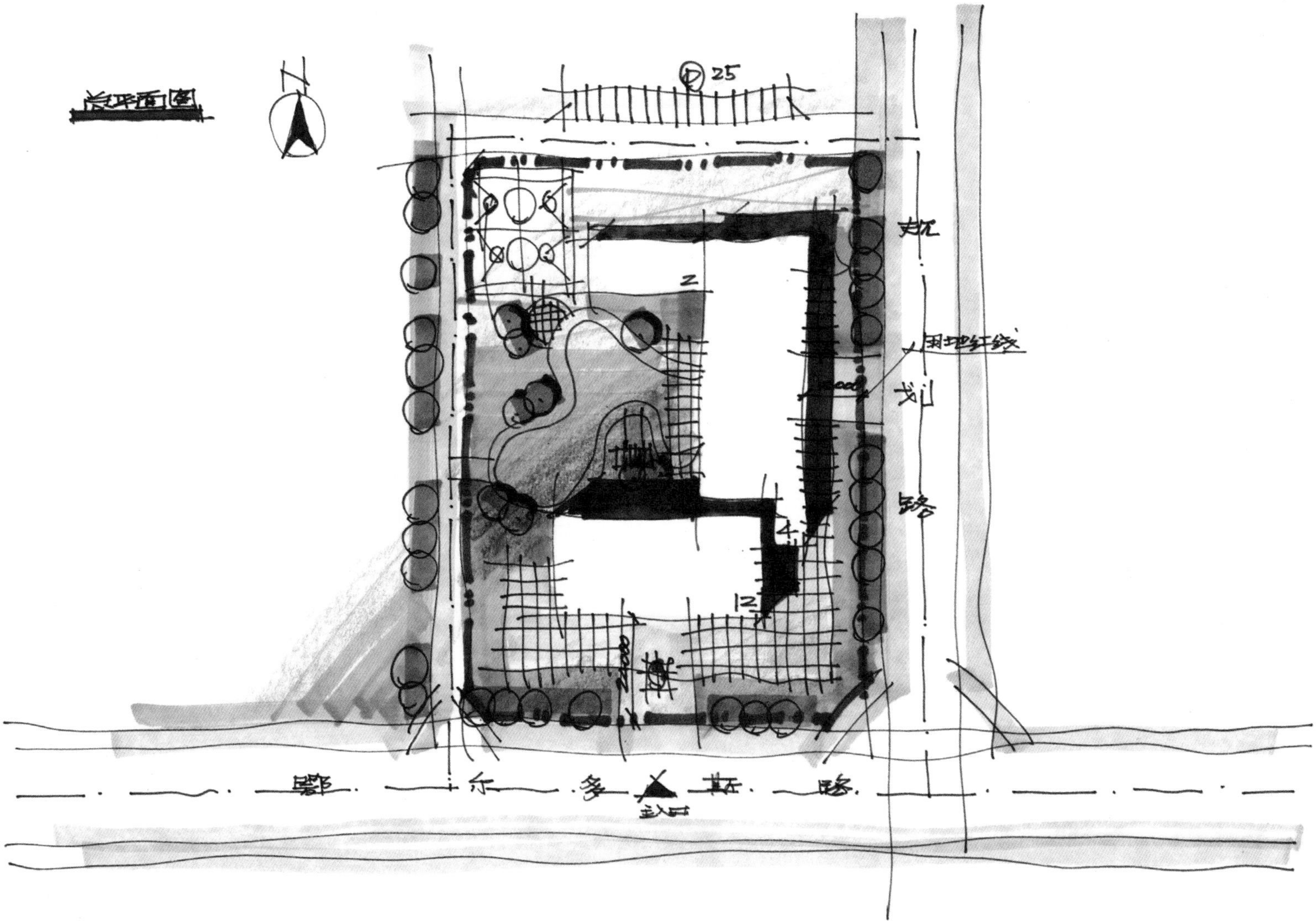

■ 某地税局办公楼设计方案 —— 总平面图

8.3 平面图

8.3.1 辅助板

在初步形成平面方案的设想后，就需要马上进行功能校核，以确定任务书所需的功能是否能够相对合理地容纳在这个平面方案中。换句话说，就是对多个概念方案进行初步审核，以便于优选优化、深入思考。

建议采用面积板、设施板、家具板等辅助措施进行控制与审核。

8.3.1.1 面积板

面积板指的是在纸板中画出不同功能空间所需的面积，然后裁成小块备用。一旦形成了平面的初步设想，就马上把这些面积板摆布到平面中，看看能否相对合理地容纳好所需面积分配。

8.3.1.2 设施板

设施板指的是在纸板中画出根据设计规范计算出来的外部环境中所需的停车场、绿化等设施，在该平面方案控制下的总平面图中进行摆布实验，以考量不同的概念方案对外部环境的硬指标的适应性。

8.3.1.3 家具板

家具板指的是在纸板中画出家具及其所需周围空间，既可以是单个家具，也可以是多个家具的不同组合，然后在平面方案中的特定房间中进行摆布实验，以最快速度衡量主要空间的尺度、形状是否合理。

这样的辅助纸板还可以做很多，比如规划设计中的户型板、住宅单体板、公共建筑板，室内设计中的人体工学板等等，关键目标是一旦有了概念设想，就马上审核其可行性。为什么我们不先强调平面图的画法，却强调对平面的校核、考量呢？是因为太多人习惯于在方案创作的前期长时间沉浸在“想方案”的过程中，结果则是常年训练不出来尺度感。往往是某个概念平面好不容易决定继续深入发展了，才会开始按比例画出来、核算面积、校核功能，而结果却往往与自己的设想大相径庭甚至矛盾百出。我们提出来的“辅助板”模式，其实只是动脑筋、想办法的实例之一。实际上，每个人都能够想出很多好办法，以使得自己每个灵感都能得到迅速的审核、考量，从而迅速决定出哪一个概念想法值得深入研究。

发散思维、大量试做、优选优化，然后把优选出来的概念进行深入研究和发展，这是合乎常理的方案创作流程。但是在实际工作中，大多数人却有意无意地违背这种逻辑，要么一味地守着一个思路没完没了地深入，直至走入死胡同；要么不断换思路，像“熊瞎子掰苞米”似的，却不做任何比较和优选。很多人的思维模式都在两极分化，要么认为方案是纯粹的逻辑推理的产物，要么认为方案创作完全依赖灵感突现，实际上这都是单极思维的表现，正确的思维模式应该是整体思维、混合思维。因此，我们的建议是首先进行大量的发散思维，进而试做大量概念，然后通过“辅助板”快速考量概念的可行性、优缺点，从而对大量思路进行优选优化，并把在比较中获得的经验教训用在最终决定发展的概念思路中，不断完善修订，从而符合逻辑地形成创造性的成果。

当进行概念方案的比较时，我们需要快速绘制大量的概念平面图。这些用于生成、比较、推理、优选、优化的概念平面图，不仅仅是设计师在跟自己交流，同时也是设计师向甲方证明自己的专业能力，更是设计师向甲方阐述方案合乎常识逻辑的生成过程的重要根据。实际工作中，我们经常会把方案前期的各个阶段的设计草图予以编号、装裱、挂墙展示，当甲方不期而至时，只需认真查看墙上大量的设计草图、文字注解，就会产生“这个设计团队或这位设计师很专业、很敬业”的良性感觉，敬佩之心自然会油然而生。

绘制生成、分析、比较、优选、优化的平面草图时，需要的是极为迅速、基本准确和意图明晰，而不是事无巨细的全面表达。

8.3.2 轴网

轴网就是前面讲到的定位轴线，画平面图一定要画轴网，因为这是方案的骨骼、架构、逻辑。很多人不重视定位轴线，而是单纯地进行不同功能空间的拼接、组合，结果平面方案就像是把一块一块肉堆叠起来一样毫无架构、逻辑可言。要知道一旦骨骼架构出了问题，无论肌肉如何健美也是无济于事的。如果看到谁做平面方案时先画功能空间而不是画整体轴网，就应该意识到这不是专业设计师，而是业余选手或者是刚毕业的设计师。

对大型项目而言，轴网比较复杂，于是每次都重画一遍轴网会很费时间。可以先画好一张轴网，然后复印多张，或扫描打印多张备用。关键是动脑筋。

8.3.3 墙体

方案阶段的墙体不必一定要按照真实的墙厚比例去画，只需能够分辨出内墙与外墙、承重墙与非承重墙即可，能够让人明白设计师的意图是最重要的。如果是在方案的构思阶段，或者是在时间过于紧张的情况下，甚至可以不区分墙厚。在快题考试中，墙体完全不区分内墙与外墙、承重与非承重墙可能会被扣分；而如果进行了墙体区分，但没有完全按照比例画墙厚，一般不会扣分。

好的设计师，自己心里是知道哪些墙体是必须重视的，哪些墙体是结构体系不可或缺的。抓大放小、扬长避短是最重要的，而企图面面俱到，往往却会因小失大。

在与甲方交流中，为了使得方案表达更有立体感、视觉冲击力，也可以给墙体绘制阴影。有些院校的快题考试也可以这样画，视觉表现力强，往往会获得较好的印象。为了使得没有画窗子的墙体不显得空，一般会强调墙体的交点出头。交点出头不仅能够使得墙体更加挺实、画面手绘味十足，而且更有手绘特有的潇洒、豪放的感觉。如果不重视交点线条出头，往往会显得胆怯、信心不足。

墙体是加粗还是涂黑呢？都可以。在方案阶段，重点是表达方案意图，而不是表达结构设计。对 1:200 以下的比例，建议涂黑，这样画起来速度快。制图规范规定涂黑的墙体表示的是钢筋混凝土墙体，涂黑的方式显然违背了设计规范，但是在方案阶段，小比例的墙体涂黑一般是可以理解的，这是约定俗成的表达方式，并不代表涂黑了的墙体就是钢筋混凝土。而对大比例的平面图，由于墙体很厚，对于太粗的墙体，一般不会做简单的涂黑处理，因为这时如果涂黑的话会显得很恐怖、很弱智。这时，一般是把墙体轮廓线做加粗处理，加上交点处做细线出头的强调，就能显得层次分明、粗细得当。

关于墙体的色彩，建议试试多种颜色，不建议只是咬定黑色不放。一般除了黑色，还会用其他的暗色，比如赭石、熟褐、暗红、墨绿、灰蓝等等，但一般不会采用明亮、鲜艳的色彩，否则会显得墙体发飘、没有厚重感，压不住图。

8.3.4 台阶

台阶表达的是室内外高差，必须画出来，但很容易被忽略。

首先，由于很多人不重视台阶，往往就会忽略了《民用建筑设计通则》中规定的台阶占红线的规范条文，结果是让建筑外墙紧紧靠在建筑红线上，等到方案都成熟了，才发现由于台阶需要突出于建筑而越出红线，导致整体方案不得不做很大改动。

其次，方案阶段的草图细节不多，如果连台阶都不画，就会显得更空；再有就是如果从头就一直不画台阶，往往会形成思维定势，甚至到深入阶段也会忘记画台阶，或者画立面图的时候忘记室内外高差、坡地建筑忘记地坪高差。

画台阶最容易出错的地方是箭头标注。很多人会从室外地面向室内方向画台阶的箭头标注，这是错误的，应该以室内地平为准向室外画箭头。

还有一个问题，就是一些人把台阶的阶数计算和绘制当成是后期任务，结果是如此简单的计算却不迅速做出来，而是留在脑子里，大脑由于需要总是记住这个未完成的工作会处于焦虑状态，尤其是有坡度高差的设计项目更是如此。那些需要通过设计台阶造型以便于与整体构思形成浑然一体的设计构思，则更需要统一分析、统一设计。

最后需要注意的问题，就是人们一般不习惯于一步台阶、两步台阶，由于步数太少而容易踩空，因此大多数台阶一般至少是三步，这就是室内外高差一般都是 0.45m 的原因。

总之，别看只是区区台阶，看起来似乎好算也好画，问题其实很多，非常需要大家重视。台阶是建筑的开始处，也是结束点。

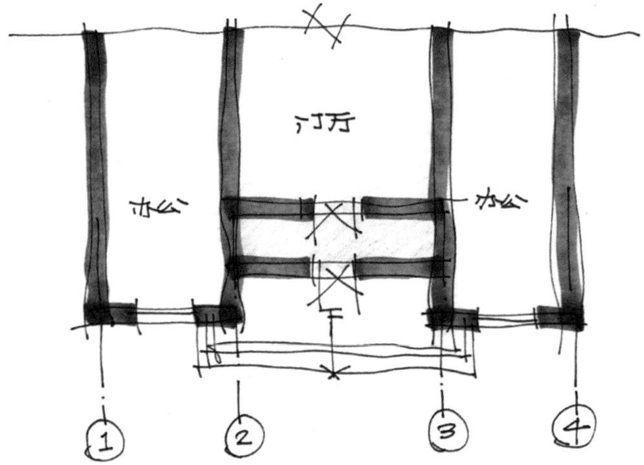

■ 轴网、墙体、台阶

8.3.5 楼梯

8.3.5.1 楼梯的优先性

人可以肌肉弱一些，但是脊椎和关节决不能出问题。如果说轴网是方案的骨骼体系，那么交通体系就是方案的脊椎，而楼梯则是重要的关节。

楼梯是交通体系的重要组成部分，也是建筑防火的重要节点，因此设计中往往首先要考虑的是楼梯的位置和设计。在做功能分区之前，应该先把交通体系和楼梯位置进行分析和确定，然后再分析各个功能分区。很多人恰恰相反，一上来就做功能分区，等到最后才会研究楼梯的位置、防火分区的划分，结果是一旦出现问题就需要进行大的结构性改动，于是就会恼火，但是还不得不修改。

8.3.5.2 楼梯的防火分类

开敞式楼梯间、封闭式楼梯间、防烟楼梯间、防烟前室、送排风管井以及不能作为疏散楼梯的楼梯间类型等等，这些楼梯的定义与规定都需要认真阅读《建筑设计防火规范》、《高层建筑防火规范》、《民用建筑设计通则》等相关规范，具体内容本书就不赘述了，只是希望引起大家的重视。

8.3.5.3 楼梯的计算

楼梯实际上很容易计算宽度、长度、阶数等数据，但是很多人没有形成习惯，也没有做过专题训练，往往随意空出一个空间当作楼梯间，心里想着以后再计算，结果等到方案基本成型了才会发现楼梯间由于种种原因根本放不下。很多人都有这种把简单的事情往后拖的习惯，把大量的小事都推到后面，大量本可以形成的小成就感被搁置，大脑一直处于“什么也没做完”的焦虑之中，于是方案创作就成了痛苦的过程，而不是快乐设计了。

8.3.5.4 楼梯的画法

很多人懒得画楼梯，于是用文字代替，在楼梯间里面写个“楼梯”就算了事，这种习惯很不好，其观感给人十分不专业的印象，同时也会给自己的潜意识造成不良感觉。如果是实际项目，每次都画出楼梯台阶，有助于不断校核，而不至于到最后才发现计算有问题。如果实在没时间，可以临时用示意的画法，即不按照真实的梯段阶数绘制，但是图例画法保持正确，但是决不能用文字代替。**楼梯的“上”、“下”是必须标注的，切记不能省略。**

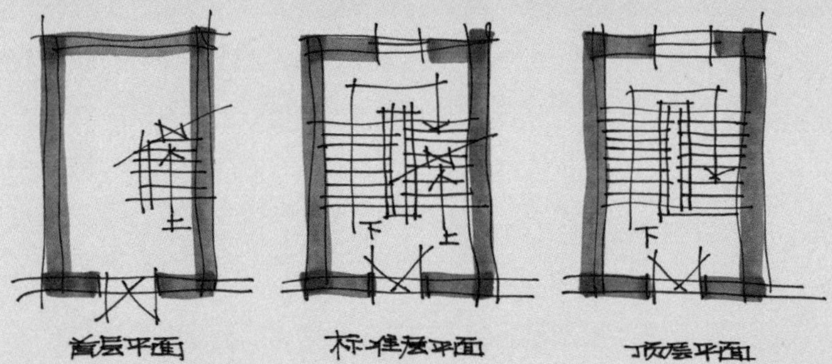

■ 楼梯

8.3.6 电梯

电梯的图例中小的矩形框表示的是**配重块**，因此需要配重块的电梯不要忘记画这个小矩形框。

有的电梯是新型电梯，不需要配重块；有的电梯是特种电梯，配重块可能不在电梯后部，或许在左侧、右侧，比如医用电梯等；有的电梯是升降机，没有配重块，比如食梯等。因此，根据电梯种类的不同，要区分不同的画法，这需要查阅所用电梯的说明书。实际上，厂家是非常乐于免费提供这些资料的，只需上网搜索到各个品牌的电梯厂家，给他们发函或者去电话，就能获得大量的电梯资料。

电梯地板与楼板之间是断开的，要画出分界线，这一点容易被忽略，往往会因此而被甲方代表笑话，得不偿失。

消防电梯有特别的规范要求，尤其是前室的加压送风、排风管井，必须在方案初期就要考虑到，否则，往往会因为交通核设计的面积不足或者难以布置而导致后期的方案被迫做很大的改动。

电梯一般位于交通核中，而交通核中的各种上水、下水、强电、弱电、空调等等管井所占的面积往往很大，需要在方案阶段就多多与这些专业的设计师沟通，以免交通核设计过小导致后期被迫改动整个方案。

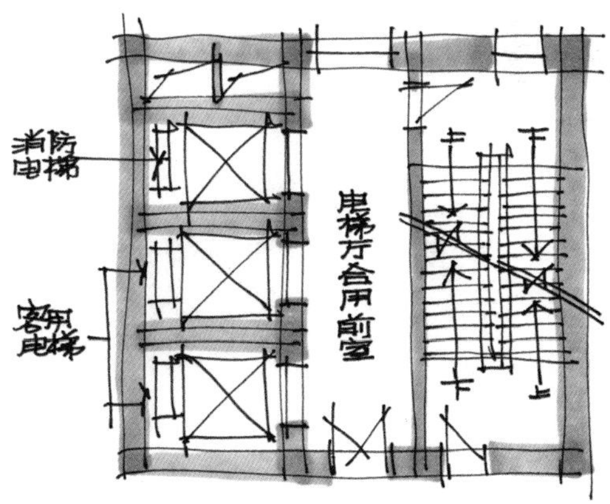

■ 电梯

8.3.7 窗

很多人在快速设计、快题考试中，明明知道自己画得不快，时间很紧张，但是仍然忍不住把每个窗子都画出来，结果自然是主要的部分没完成，因小失大。实际上，这些要素在时间紧张的情况下是可以省略或者简略的，因为我们的目标是清晰表达设计构思，而不是追求面面俱到。

在方案阶段，除非是玻璃幕墙、高侧窗、天窗等与方案构思直接相关的窗子，一般的窗子可以不画。因为不画窗子，就要注意墙体不能太厚，不然就会显得很空，所以方案设计阶段一般不用 1:100 这样的大比例尺，而是大多采用 1:200 甚至 1:300 的比例尺。

8.3.8 门

窗子可以省略，但是门却必须画，因为涉及疏散、防火、逃生等一系列问题，科学设置门的位置和开启方向是至关重要的事情，不能省略。

一般先画出底稿。画底稿的时候因为是先画单线，画通线即可，不必留门，底稿画好后再把需要画门的地方做上记号，然后在画正式墙体的时候就能方便地让出门的位置了。在方案设计阶段，需要手与大脑的高速同步，门的画法往往不按照设计规范的规定，可以按照约定俗成的模式绘制，也能做到清晰表达，甲方也能看懂。

第一种约定俗成的画法是圆点法，即在开门的地方点个圆点表示门。如果想把门的开启方向也表达出来，则可以把圆点偏移到开启方向即可；如果想把双开门也表示出来，则可以用两个圆点，一大一小的圆点则表示一大一小的双开门。

第二种约定俗成的画法是短线法，即在开门的地方画短粗线表示门。短粗线的方向与墙体垂直，偏离墙体中线表达开启方向，双开门的方式与圆点法类似。

这两种约定俗成的画法画起来很快、甲方也能看懂，在快速设计、快题设计时间紧张的时候，也可以采用。**特别注意：楼梯间疏散门、防火门、外门应该按照设计规范规定的正式图例绘制，否则就会重点不突出，设计师也会下意识地忽视这些本该重视的部分，往往会导致问题遗留到最后才被发现，结果不得不改动方案。**

8.3.9 卫生间

大家都知道一个常识：想看一个企业是不是好企业，去看看卫生间是否受到重视就行了。卫生间是最容易被忽视的地方，如果一个企业连卫生间都能做到令人神清气爽，那么可想而知这个企业已经很成熟了。

很多设计师却忘记这个常识，甚至很不重视卫生间，往往是留个空间就扔在那里，说是等到方案全定下来再认真布置。实际上，卫生间的布置一旦不合理，往往会导

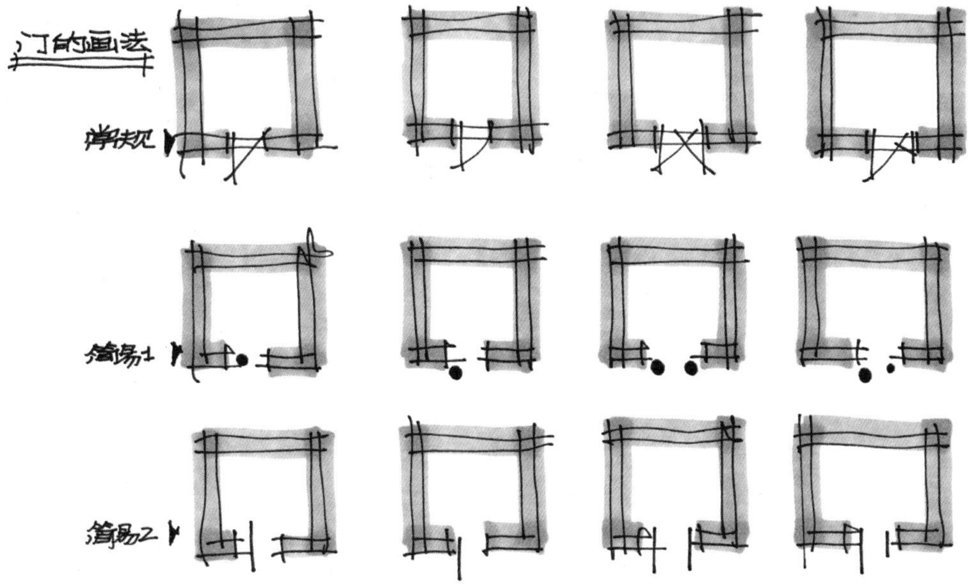

■ 门的约定俗成的画法

致方案出现很大的改动，甚至会出现不得不修改柱网尺寸的尴尬。这与楼梯、电梯、管井等看起来似乎是小事情却会引起方案的重大改动的道理一样，有经验的设计师会在方案初期就重视这些会引起方案大改动的空间的合理布局。

首先要注意的是位置。卫生间应该处于不容易被看到、但是很容易能找到的位置，而且最好是便于多向到达，即无论是向哪一个方向寻找，都能找到卫生间。

其次要注意的是前室。前室一般最好是男女分开，因为女性会在前室补妆，有男性旁观的话会很不方便。

然后要注意的是盥洗池。清洗拖布是卫生间很重要的功能之一，如果忽视了这一点，就会导致空间不足等问题。

最后要注意的是尺寸。很多人离开了资料集就无法工作了，常常会说资料集不在身边，然后问别人蹲位尺寸。其实每个单位都有卫生间，自己去体会一下、测量一下不就行了么？还有一点，卫生间的地面比走廊的地面会低 2cm 左右，以保证积水时的缓冲。因此，如果在卫生间的入口处顺手画上不同标高的分界线，就会给人专业细致的感觉。

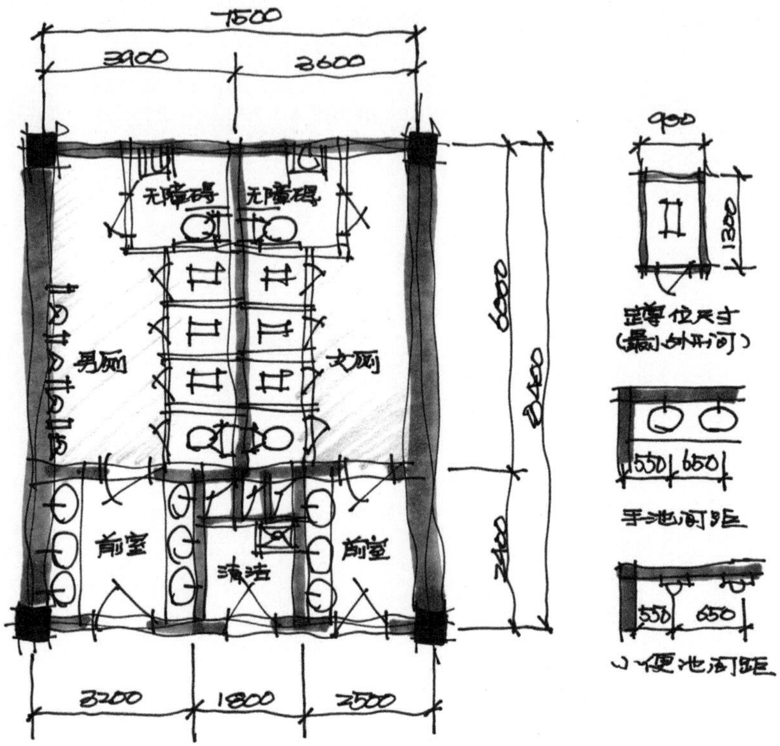

■ 卫生间

8.3.10 厨房

设计师往往因为对公共建筑的厨房专业设备、专业流程、专业构造不熟悉而茫然不知所措。

一般来说，对厨房要求不是很高的项目，设计师至少应该做到运货入口、员工入口、垃圾出口等出入口清晰，然后要做到厨师长办公室、厨师休息室、厨师更衣间、厨师淋浴间、厨师卫生间、主食库、副食库、冷藏库、冷冻库、主食粗加工、主食细加工、副食粗加工、副食细加工、备餐间、洗消间等基本空间的划分，以保证流线的清晰、分区的明确。对厨房要求很高的项目，比如三星级以上的高级酒店，则应该在方案阶段就与专业的厨房设计与施工公司合作，至少要咨询。这些专业公司是很乐于给我们提供咨询的，因为对他们来说这是非常好的获得项目的机会。

总之，厨房往往会被设计师忽视，甚至成为很多设计师的软肋。我们建议平时就做厨房专题训练，最好能够找到专业的厨房设计与施工公司进行咨询与合作演习。

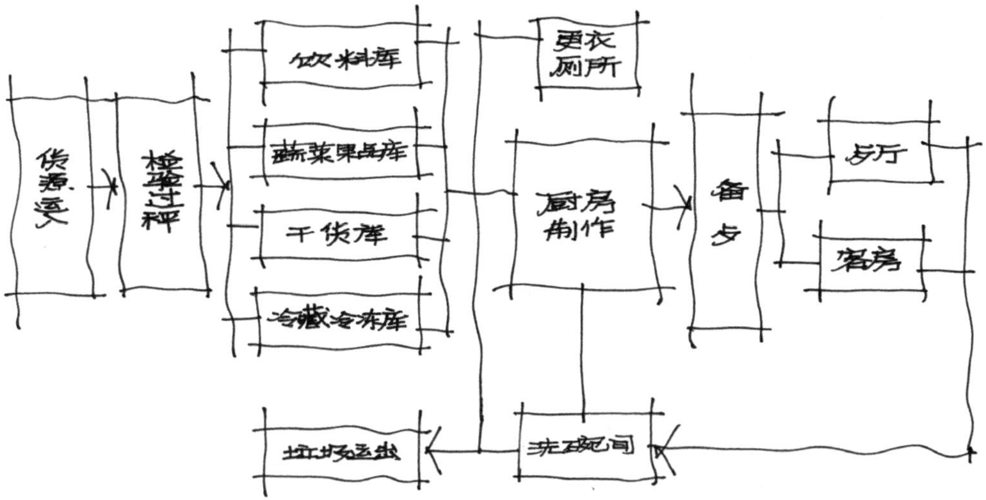

■ 厨房

8.3.11 家具布置

这里说的是主要空间的家具布置。主要空间，指的是模块化空间、大堂空间。

模块化空间，指的是旅馆的客房、学校的教室、幼儿园的活动室、办公楼的办公室、写字楼的写字间、商业建筑的出租模块、门诊部的诊室、住院部的病房、医技部的检查间、法院的审判庭、车站的候车室……这些模块化空间，就像细胞一样组成了最重要的功能面积、功能体块，因此这些细胞是否合理，就成了重中之重。如果这些细胞本身就不合理，那么整体就会出现大问题，就不得不重新改方案。因此，有经验的设计师一般都会先把项目中的模块化空间做深入研究，直至设计出最好的几种类型，做到心中有数，才会做整体的方案构思。

大堂空间，是一个建筑的核心所在，也是一个建筑的各个空间中最重要的“脸面”。如果大堂空间没能设计好、布置好，那么其他空间再好，也会给人不好的第一印象。因此，有经验的设计师会对大堂空间提前做家具布置实验、装修可能性分析，而不是空着一大块空间等着以后再说。

由此可见，对主要空间提前做家具布置是非常重要的，我们千万不能等到方案基本定型了才发现主要空间出了问题，结果是波澜再起、不得不大动干戈改方案。

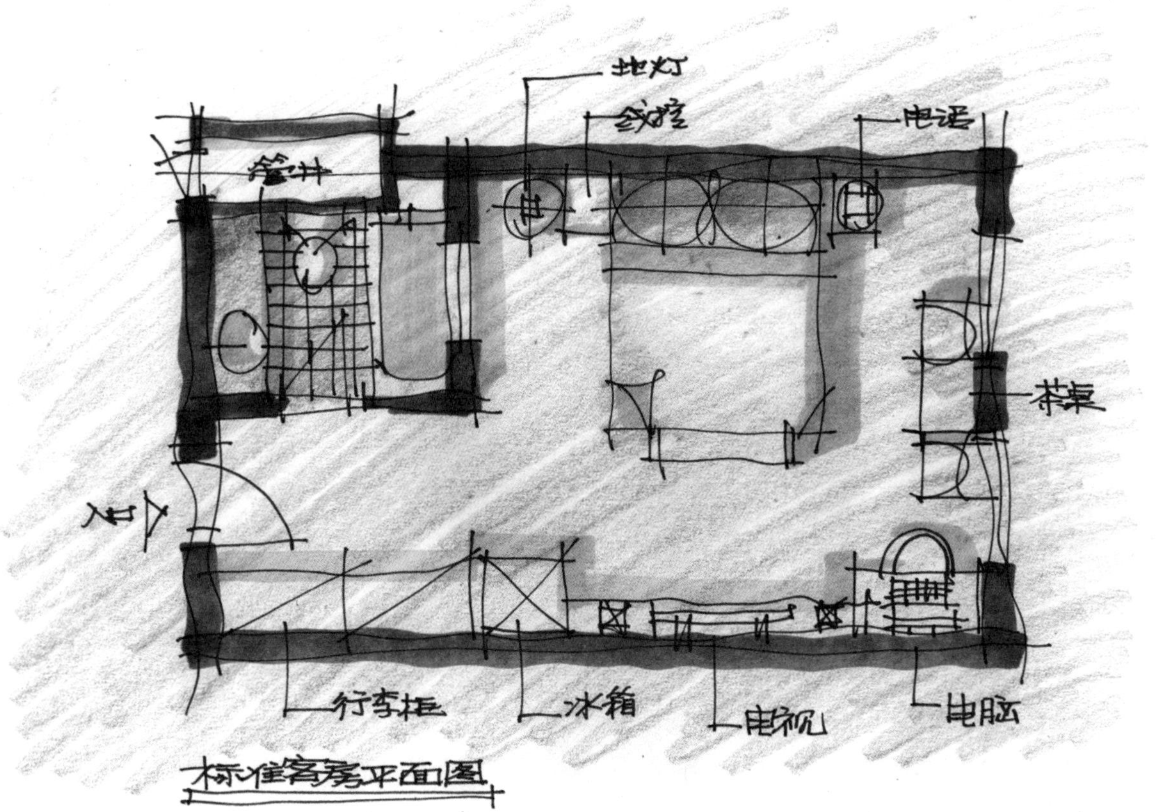

■ 标准客房的家具布置图

8.3.12 指北针

设计规范规定在总图、一层平面图中标注指北针。

如果遇到各层平面形状不同，建议每层平面图都加注指北针，以使得读图方便。

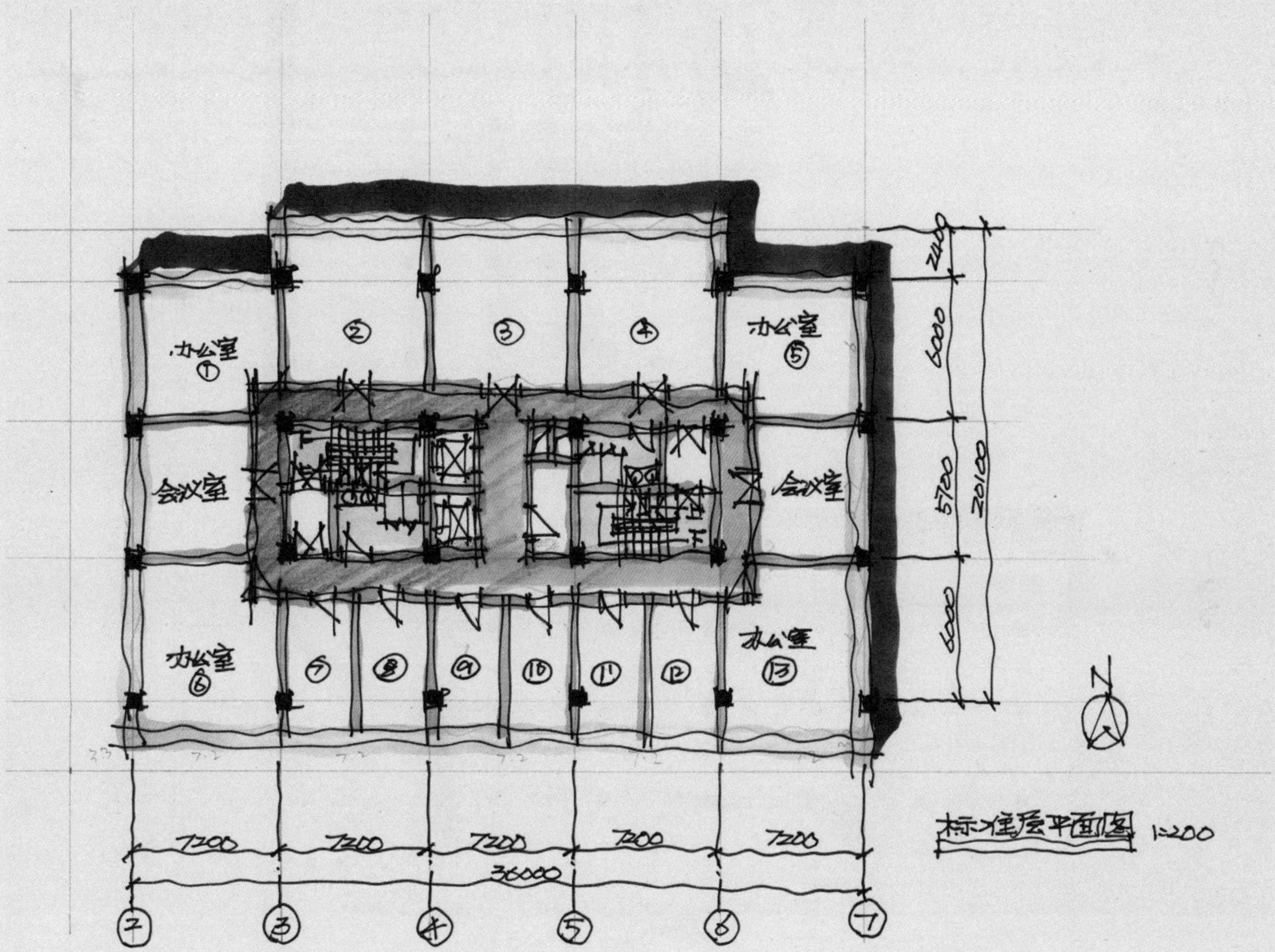

■ 某地税局办公楼 —— 标准层平面图

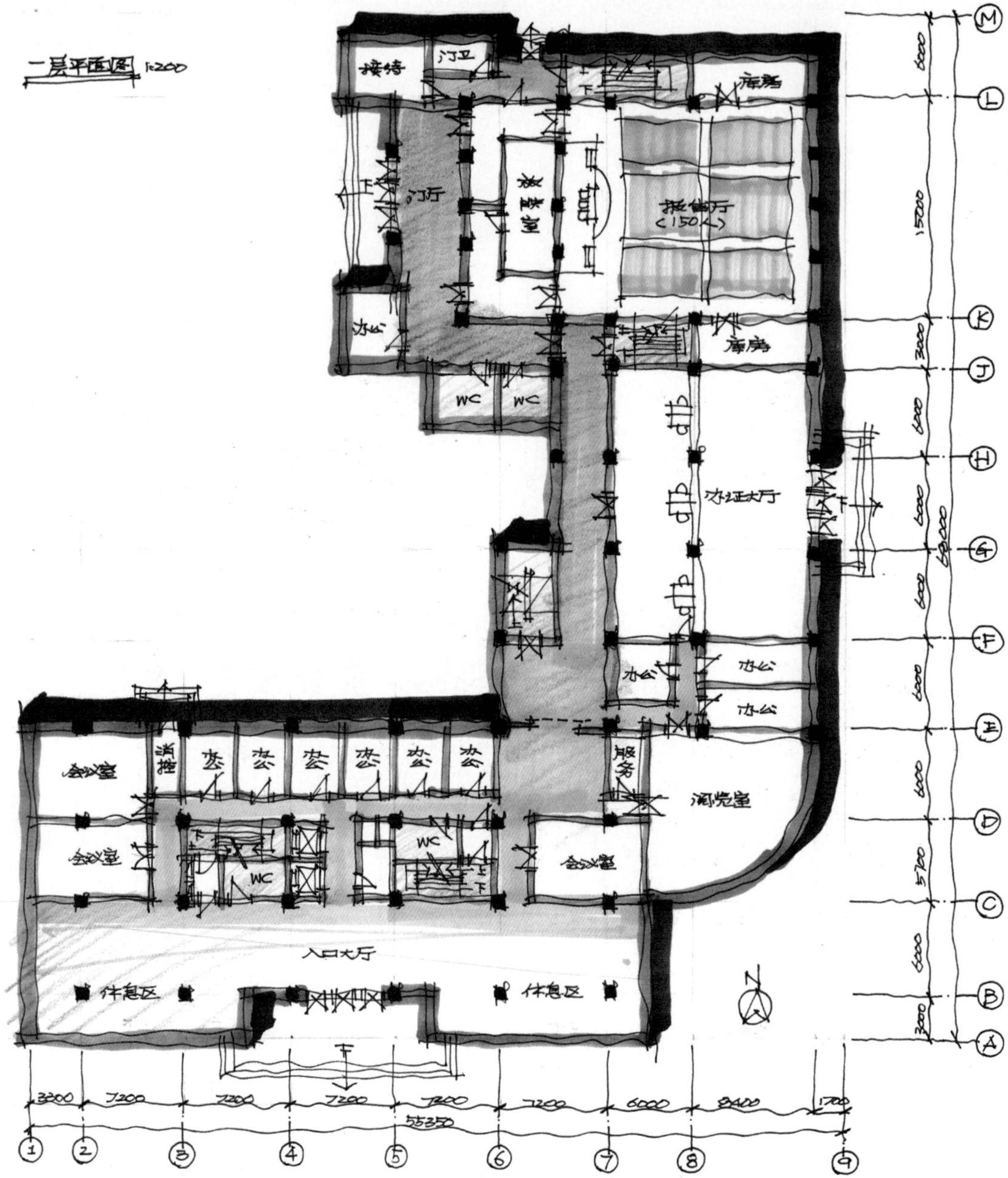

■ 某地税局办公楼设计方案 —— 一层平面图

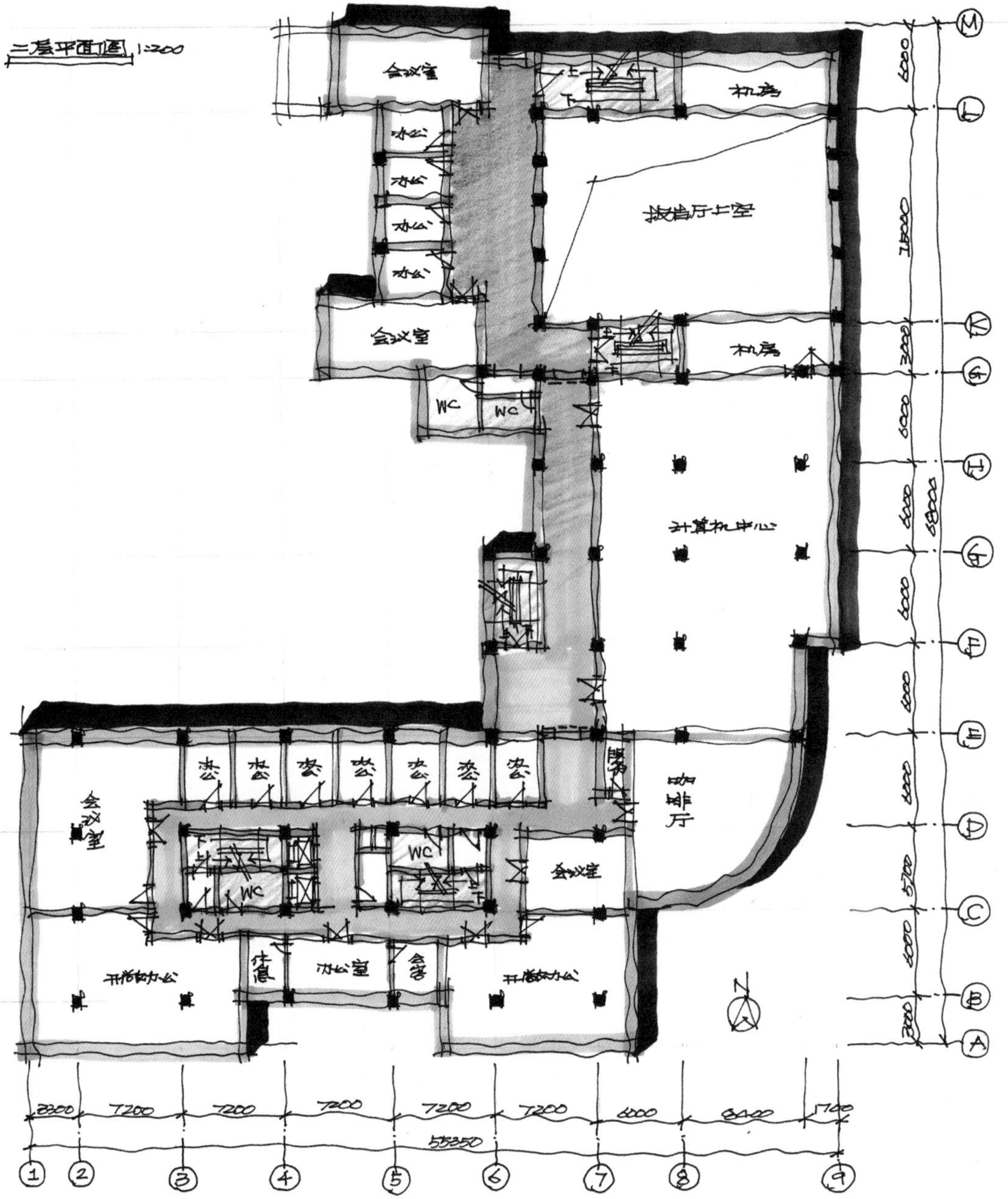

■ 某地税局办公楼设计方案 —— 二层平面图

8.4 立面图

我们都知道给方案带来真实感的是透视图的表达，而立面图是二维表达，甚至在体块复杂的时候还会造成人们对体块前后关系的误解。既然如此，为什么现在还是在用立面图创作、设计、交流和表达呢？原因很简单，一个是立面图容易快速画出来，二是立面图可以测量尺寸。以下是立面图的五个表达目标，希望能够引起重视。

8.4.1 体块关系

很多人习惯通过加粗轮廓线表达体块前后关系，而机械制图、建筑制图规范中都提到了用粗线、中粗线和细线区分体块前后关系的画法，包括 SketchUp 这样的软件也能够根据设置选项自动调整轮廓线的粗细以表达体块的前后关系，但是作为方案创作的交流与表达而言，这些加粗的轮廓线却往往会使得画面显得死板、缺乏感染力，有时甚至会引起误解，让人以为绘图的人乱用粗细线。这种方法我们并不建议采用，除非时间太紧，没有时间画阴影，只好靠控制轮廓线粗细来解决问题。

8.4.1.1 阴影表达

大到体块的前后关系，小到墙体与窗子的前后关系，甚至窗格与玻璃的前后关系，都需要靠阴影来帮助表达。目前很多人懒得画阴影，结果是把自己害了都不知道：自己脑子里的体块关系、各个元素的前后关系由于没能清晰表达出来，结果造成了观图者的误解。

8.4.1.2 明暗表达

前面的体块清晰、对比明确，后面的体块变淡、对比变弱，这样就能更清晰地表达体块的前后关系。这种表达方式因为有空气感、层次感，所以非常有效果。

8.4.1.3 取舍表达

前面的体块详尽表达，后面的体块相对粗略提炼，这样就能让人一眼就看出来前后关系了。

上述三种表达体块前后关系的方法既可以单独使用，也可以混合使用。等到通过大量训练和实践形成了本能，那么哪怕是简单的体块，也一样能够画得让人看了潇洒舒畅，形成强烈的感染力，这就是“行家一出手，就知有没有”的道理。

8.4.2 立面元素

8.4.2.1 阴影的重要性

跟画家不同的是，建筑设计师极其重视阴影，因为只有阴影，才能使得物体的表达更加实体化、真实化。方案创作表达中常常有这么一句通俗的口头禅：“明暗是爹，阴影是爷”，说的就是这个道理。由于除了斜立面图，大多数立面图都是正立面图，而正立面图一般没有明暗关系，因此阴影对立面表达的真实感、可靠感有着非常重要的作用。很多人为了省事不画阴影，没有阴影的立面图自然是很难令人感到可信，结果就是方案被否定或者不断修改。有的人会以“白描”画法为借口证明阴影可以不画，可惜的是白描画法要比有明暗、加阴影的画法高级得多、难画得多。如果连正常的明暗、阴影画法都控制不好，直接就去画白描，往往会由于基本功不扎实而功亏一篑。徐悲鸿先生练习的素描的量是以屋子为单位计算的，最终成名却是近乎白描的国画 —— 马，就是这个道理。

8.4.2.2 避免幼稚色彩

建筑在人造物中位于最高等级之一，规划、景观、室内等等也基本如此，而对人类而言，等级越高、色彩越趋于统一。如果把规划、建筑、景观、室内的图画得色彩斑斓、图面鲜艳，虽然表面上看是具备了很强的视觉冲击力，实际上却降低了画面的等级，结果就是令人难以信服这个设计是高级设计、值得高付费的设计。目前国内的建筑设计的表达趋于成熟，而景观设计的表达仍处于初级阶段，因此大量的景观设计表达仍然是鲜艳、幼稚甚至违背常识，由于目前出版的一些景观效果图书籍中充斥着这种令人眼花缭乱的色彩，初学者只能深受影响、越画越艳，甚至完全失去了对真实生活的观察、提炼能力。

我们之所以在初期从底色提白法开始训练，也是希望用这种方法让读者直接建立起对统一色调的强化认知，从而认识到高等级的色彩配置未见得就是复杂色彩。

8.4.2.3 扬长避短解决问题

原理上每个人都不是全才，都不应该苛求自己面面俱到。设计草图的立面表达也是如此，要学会扬长避短地解决问题。如果不太擅长画具象的人、车、树，那么就不要强求自己硬着头皮画，反而破坏了整个画面，甚至彻底影响了很好的设计构思，这种情况下最好的选择就是不画具象的配景，代之以提炼过的示意画法；如果不太擅长画出相对真实的石材、玻璃、金属，那么也不要赶鸭子上架，这种情况下用文字注解可能更有效。

8.4.3 尺寸关系

以下三条讲解的都是在立面图上进行标注的好处与建议，相信会引起一些读者的不解：在设计院校学习的时候并没有被要求标注，在杂志、资料集中看到的插图也都没有标注。设计院校不要求标注的原因在这里就不详述了，而设计杂志、资料集中不标注尺寸，其原因实际上是可以理解的：一个是插图很小，不可能标注尺寸；一个是大多数设计师在写设计类论文的时候都有保密思想，好像提供了尺寸是多么了不起的事情一般。

对设计师而言，标注尺寸不仅对自己腾出大脑用于深化方案有着莫大好处，而且图面有了标注，会使得甲方读图方便、顺利，进而形成对设计师的信任、理解，因此，对立面图的标注有百利而无一害。我们应该记住“好记性不如烂笔头”的常识，不能总是画光秃秃的立面图，结果是大脑里充斥着各种需要记住的尺寸、备忘，搞得自己几乎难以对方案进行深入思考，搞得甲方看图时不得不随时提问尺寸、材质等问题，最终双方都是不胜其烦。懒惰一点点，失去却很多，就是这个道理。

8.4.3.1 标注定位轴线

设计院校的方案图制图中大多不要求标注定位轴线，因此好多人就习惯了能省则省的省略画法。实际上，无论是总图、平面图、立面图、剖面图甚至轴测图，还是构思草图，如果养成标注定位轴线的习惯，会使设计师对方案的架构明确、逻辑清晰起到极好的提示作用。人类是天生的逻辑动物，因此一个方案如果逻辑性不强、结构不缜密，那么就会给人松散杂乱的印象。标注定位轴线，会使得设计师能够牢记整体构思、不断进行整体思维。同时，定位轴线还有校核作用，便于随时与其他图纸比较，避免出现漏掉一个开间或者柱跨这种令人恼火却常见的失误。

8.4.3.2 标注尺寸

设计院校的方案图几乎不要求标注尺寸，结果使得太多的人养成了“差不多就行”的坏毛病。实际上，对立面开间标注尺寸有很多好处，尤其是使得设计师不必随时靠记忆时刻提醒自己那些与其他开间略有变化的开间尺寸，反而会减轻设计师很多潜在的烦躁情绪。对甲方而言，标注清晰的立面图会让他们感觉更专业、更清晰、更精准，即使是有些尺寸在方案讨论中被修改，也仍然不会消除这种好印象：设计师已经标注了尺寸，因此在讨论中会随时在甲方面前修改尺寸、做备忘记录，这种专业行为会令人感到更加放心。

8.4.3.3 标注标高

在立面图上忘记标高的标注，主要原因就是懒惰。这种懒惰习惯甚至导致很多人几乎终生难以训练出立面要素的尺度感，而忘记画女儿墙的高度、忘记顶层层高的不同、忘记底层商服层高、忘记画设备层、忘记底层室内外高差、忘记坡地高差、忘记主入口尺度……这些错误比比皆是。

8.4.4 材质区分

立面图上的材质区分非常重要，如果做好了材质构成，那么即使是简单的立面也会出现丰富的可能。很多人只是画出墙体和门窗，然后就开始发愁立面太简单、太单调。实际上，他们懒得对立面进行材质划分以及材质构成分析，借口是认为只能、必须靠异型体块、异型门窗才能使得立面产生变化。

8.4.4.1 通过注解表达材质

如果目前不知道怎样通过画法表现材质的不同，没关系，用文字注解的方式表达出来材质即可，只是需要注意的是引出注释的箭头要漂亮，写出来的字体也要美观。如果我们连文字都不能写得好看，怎么办？手工粘贴打印好的文字，把草图扫描到电脑里面加文字都可以，只是坚决不能把一笔烂字写到草图上，以免自己耽误自己。

8.4.4.2 通过图例表达材质

可以将不同的材质用不同的图例去画，然后在图面上标注好图例，使得甲方可以根据图例分清材质。

8.4.4.3 通过画法表达材质

用画法比较真实地表达出来材质和色彩是最佳方法，只是需要大量的观察与训练。最容易犯的错误是不观察生活，也就是所谓的“视而不见”、“教条色彩”。对于初学者，我们暂时不建议过于重视用画法表达材质，一步一步来。

8.4.5 设计意图

很多人习惯于“心知肚明”，也就是不在图面上对设计意图做任何讲解和解说。要么是企图让甲方看了图就能心领神会、直接接受，要么就是寄希望于现场向甲方口头讲解。前者的思路不言自明是错误的，后者则风险很大，因为现场讲解的环境、气氛、机会都有大量变数，口才则并不是每个人都经过专门训练，一旦出点问题，就会导致讲解失败。再者，一旦甲方需要把图纸拿回公司与其他人商量，因为设计师不可能跟着图纸去，所以甲方只能跟其他人口述转达他听到的口头讲解，其结果显而易见：口口相传产生的变异导致原始意图被错误转达。还有，很多设计单位由于保守管理的原因不让设计师见到甲方，而是由领导与甲方见面并讲解方案意图，于是被领导曲解了方案意图、转达错误的情形在实际工作中屡见不鲜，相信很多人都有这种体会。

8.4.5.1 通过文字注解说明设计意图

通过在立面图上引出注释的方式讲解立面各个部分的设计意图，再辅以图纸上写的整体设计说明，这样就能基本说清楚设计师的设计意图了。如果能够注意一下整体构图、字体美观，那么就会取得非常好的专业感觉和专业印象。

8.4.5.2 通过立面比较讲解设计意图

如果目前处于概念方案阶段，这一阶段的主要目标是阐述方案设计意图、争取被甲方通过，因此，不必拘泥于单纯的立面表现，而是应该不拘一格、用立面比较的方法对不同的方案构思进行分析，从而使得甲方理解到最终方案的合理性、逻辑性，是优选优化出来的而不是设计师拍脑门定下的。

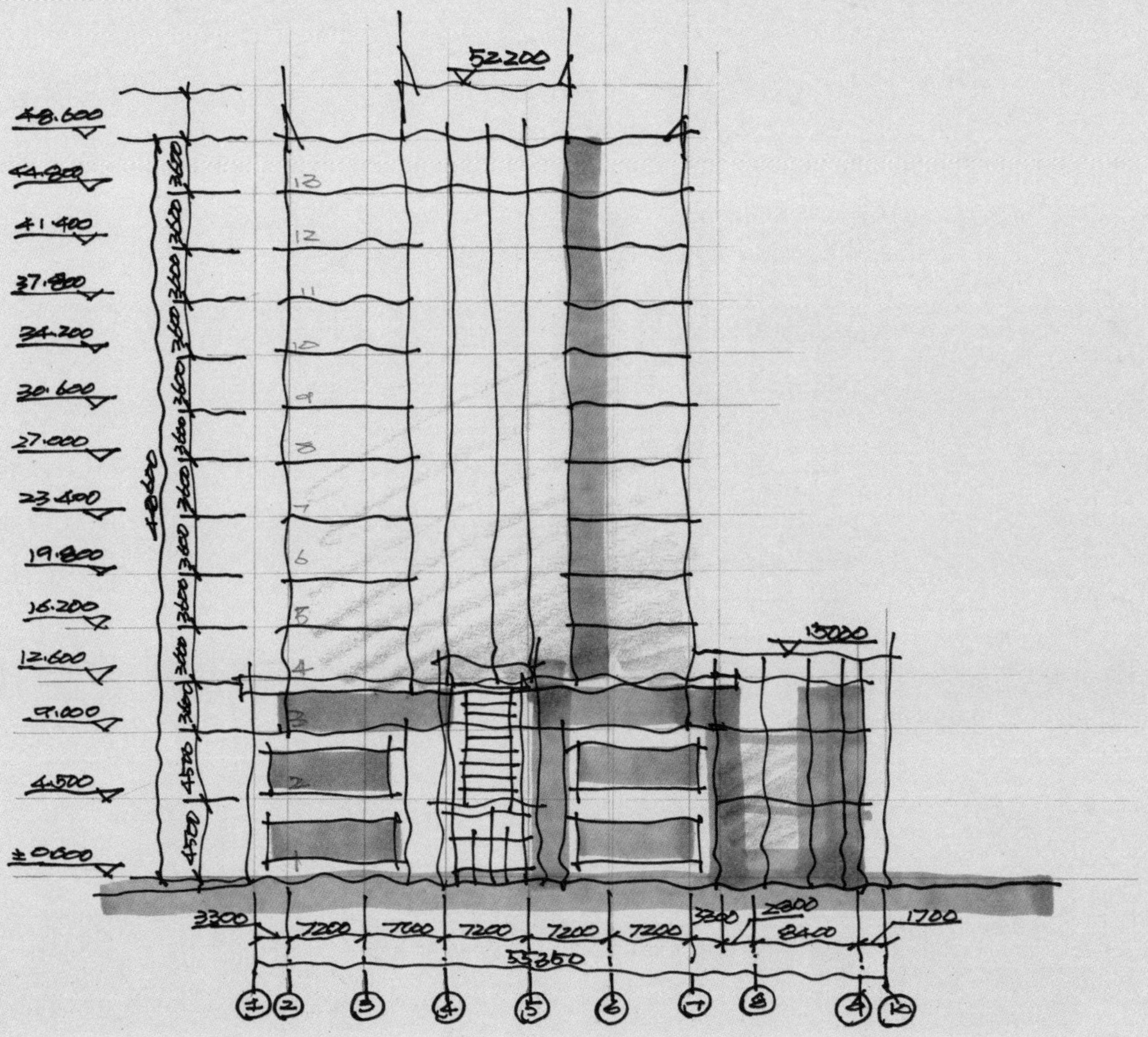

■ 某地税局办公楼设计方案 —— 立面图表达

■ 某地税局办公楼设计方案 —— 方案一南立面

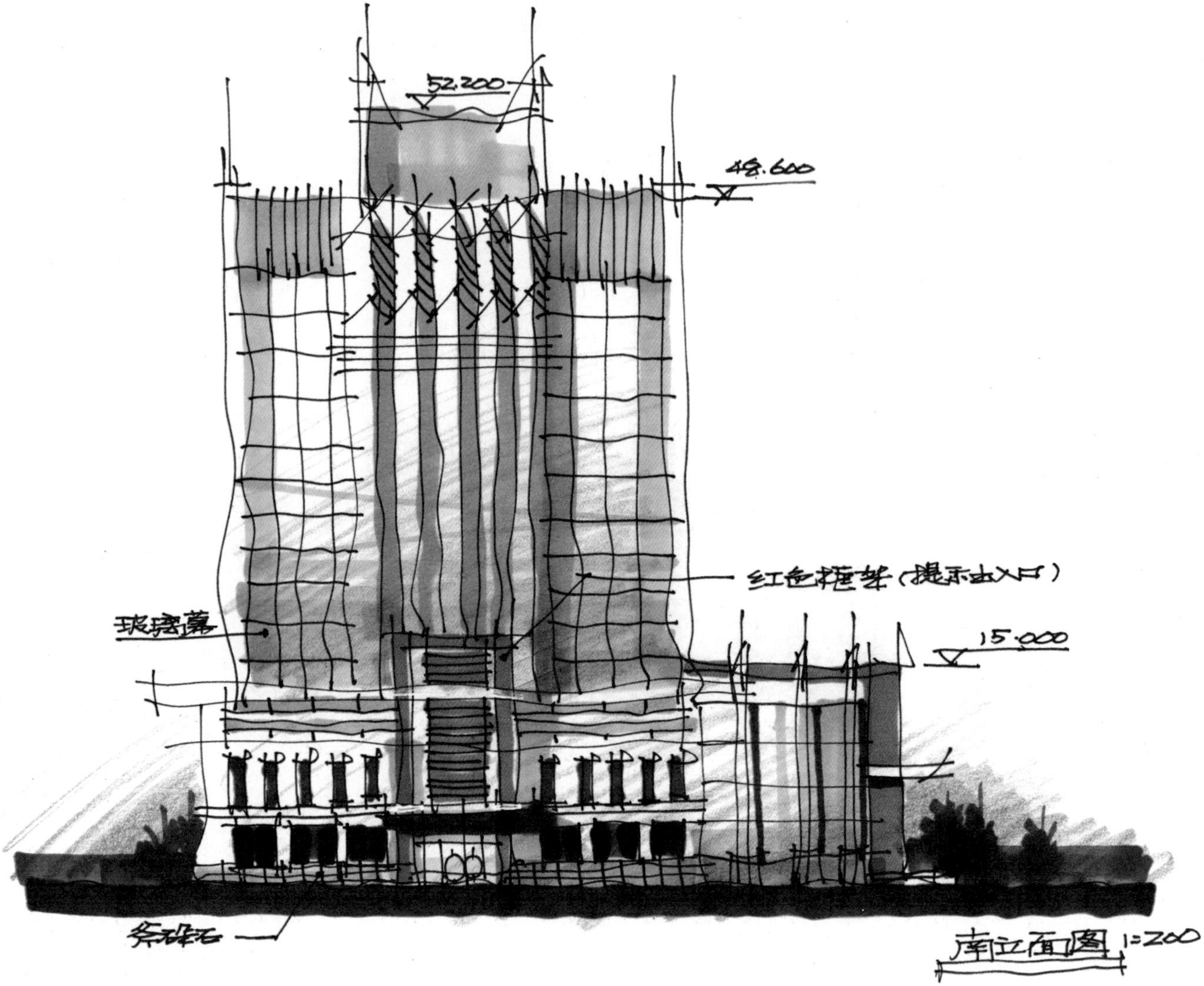

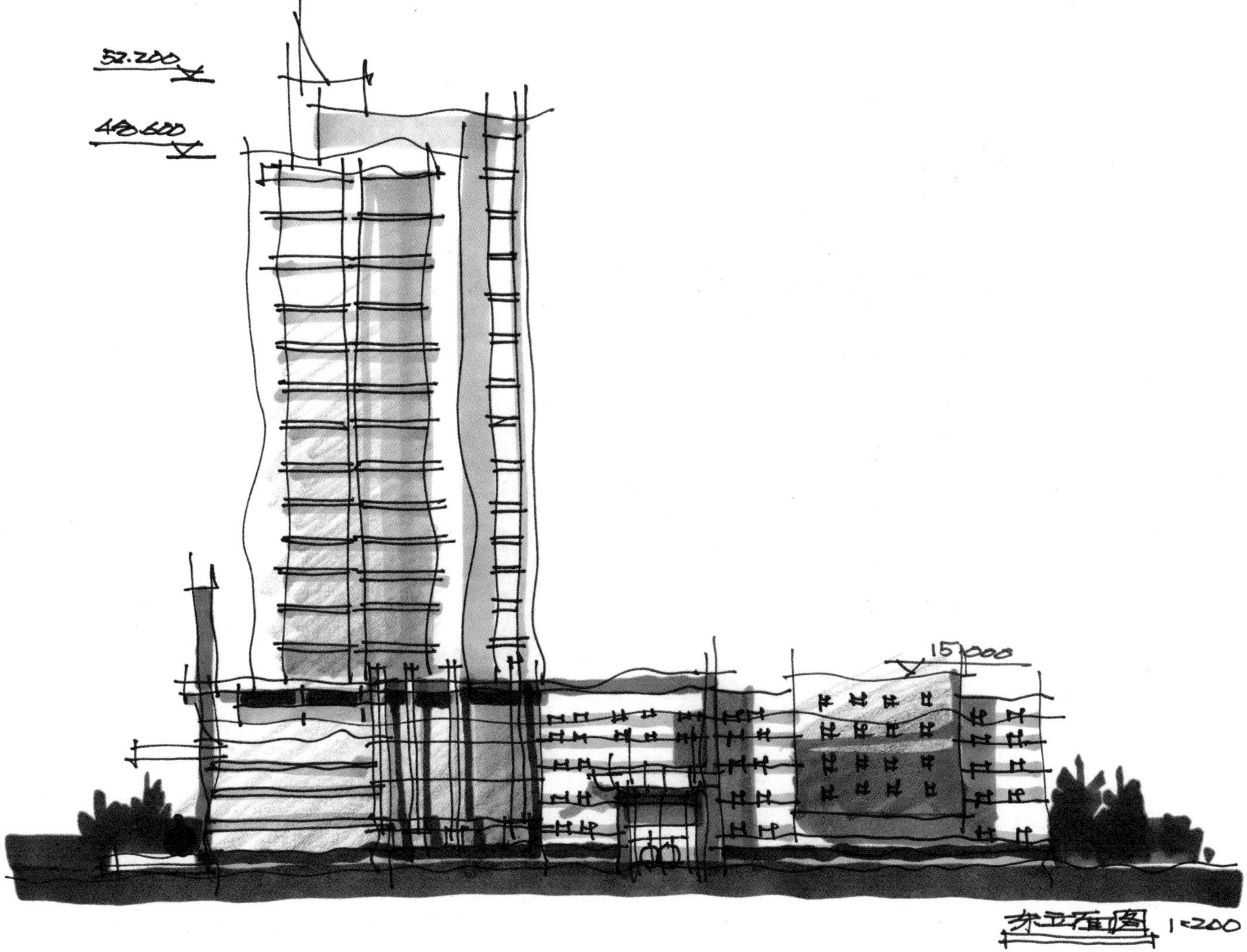
52.200
48.600
15.000
东立面图 1:200

■ 某地税局办公楼设计方案 —— 方案二南立面

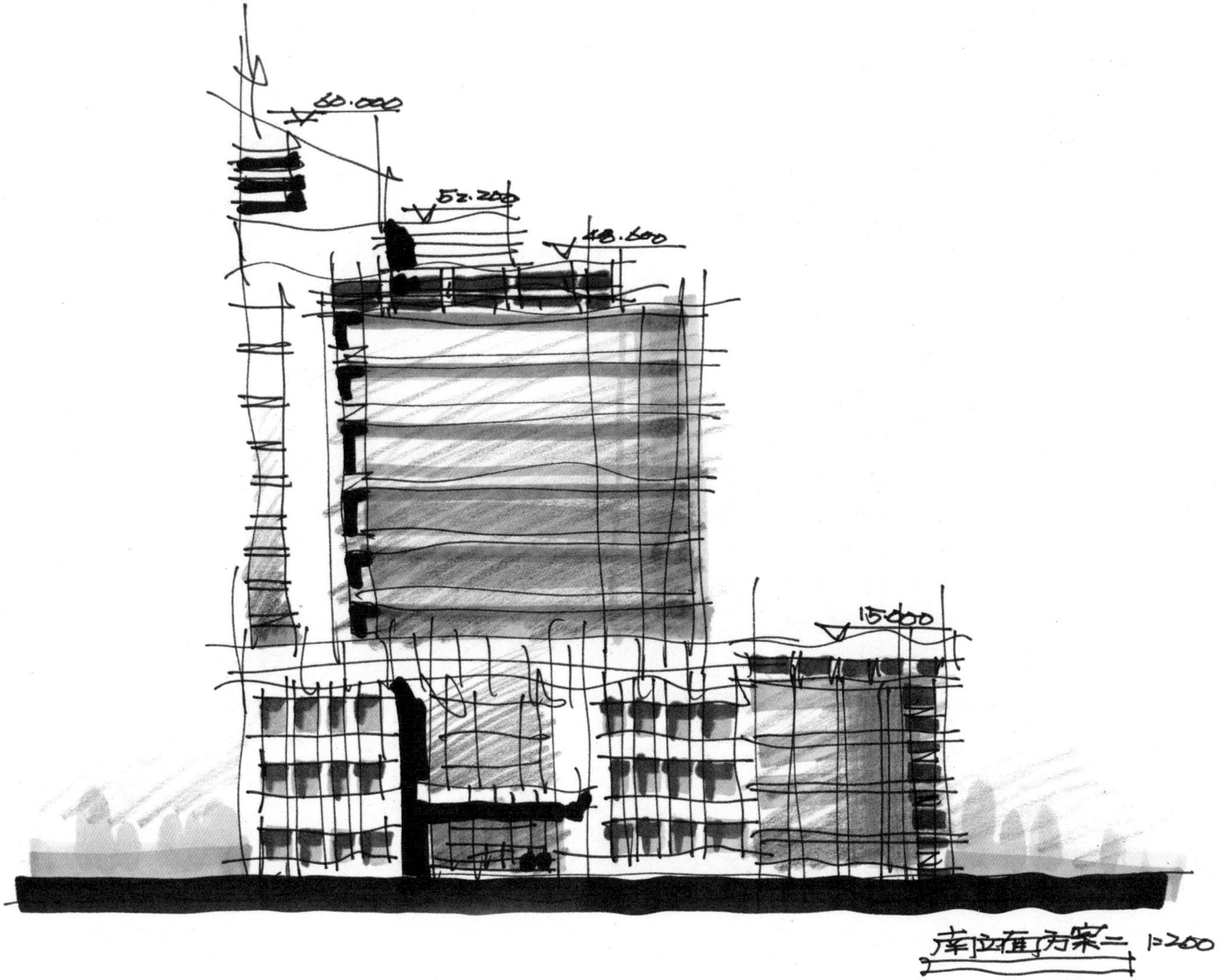

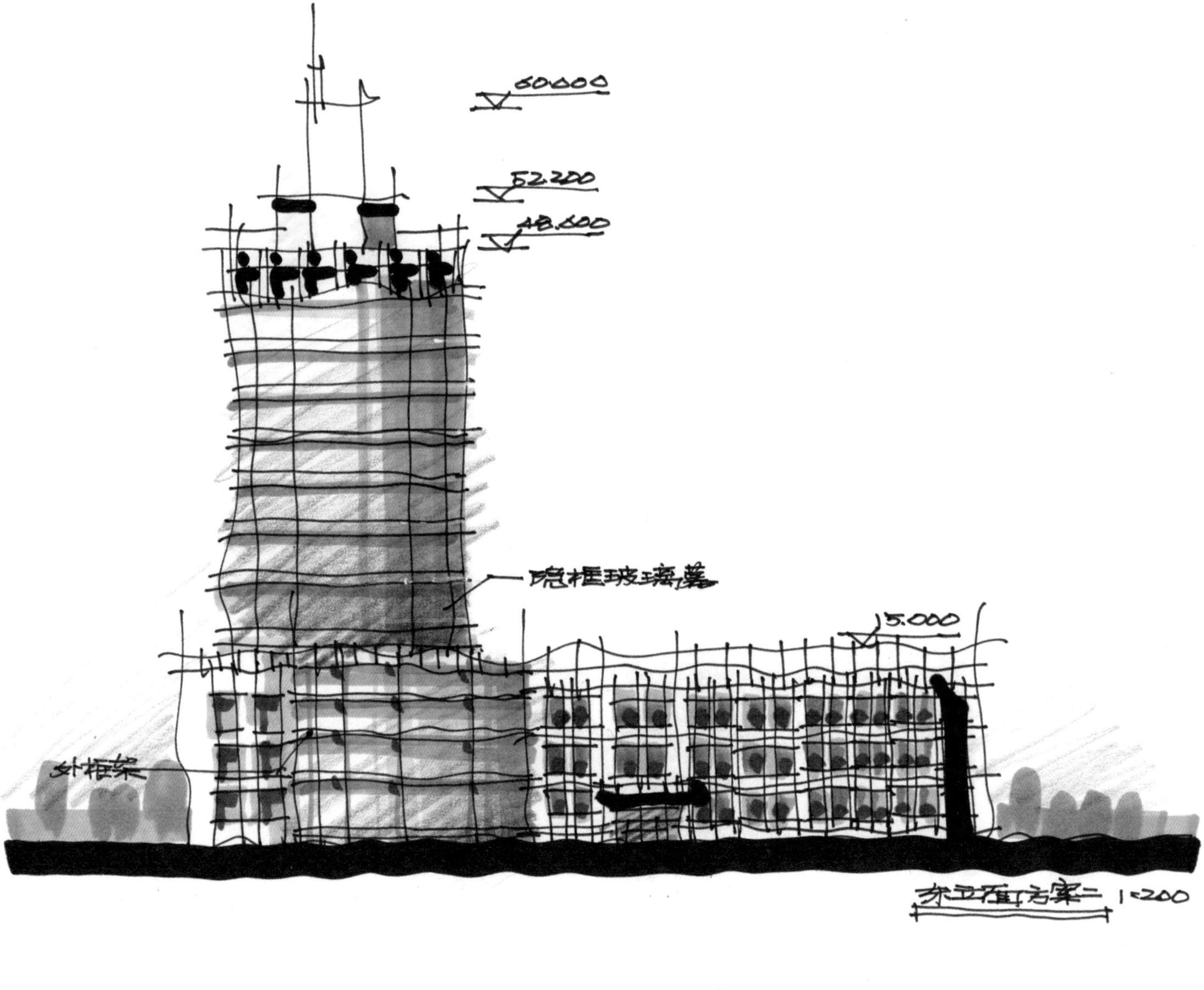
60.000
52.200
48.600
隐框玻璃幕
15.000
外框架
东立面方案二 1:200

8.5 剖面图

平面图能够表达出平面尺寸与细节，立面图能够表达出外观尺寸与细节，而建筑内部的高差、层高、净高、梁板、楼梯、门窗等要素的尺寸与细节，就需要剖面图才能表达清楚。设计初学者往往会忽视剖面图的重要性，在构思与草图中往往会把剖面图的推敲与绘制放在最后考虑，结果往往造成很多疏忽与失误，比如楼梯上不去、梁下净高不足等等错误，从而因小失大，甚至导致方案不得不推翻重做。因此，剖面图应该在构思期间同步绘制，而不是为了图省事想当然地以为后期可以自然生成。

本节分要点讲解一下剖面图的绘制中需要注意的事项，供读者参考。

8.5.1 剖切线

剖切线符号、标号很容易被忘记标注，或者剖切符号的两根线长短表示错误。这里需要提醒大家的有以下两点：

一是剖切位置的选择。不能存在为了不缺项而绘制剖面图的心理，而是应该以清晰表达建筑内外情况为目标，因此凡是有楼梯、电梯、台阶、高差、内部门窗等必须依靠剖面图表达的部分，都应设置剖切线并编号、绘制剖面图。

二是剖切符号的正确表示。剖切符号分两种，一种是表达剖切起点和终点的剖切符号，一种是用于转折剖切情况下表示转折点的剖切符号。前者的两条线的长度并不相同，长线指向剖切后的看图方向，短线则指向剖切方向；后者的两条线的长度则是相同的，其交点即为转折点。

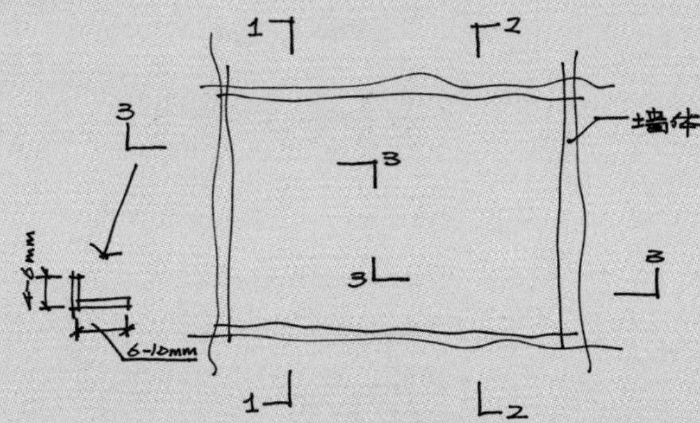

■ 剖切线画法

8.5.2 高度标注

8.5.2.1 总高度

由于设计规范对建筑的总高度有着明确规定，以此确定哪部分是高层建筑、哪部分是多层建筑，因此剖面图中一定要标注各个不同高差的部分的不同总高度。相关的规定请自行查阅设计规范。

8.5.2.2 段高度

裙房部分、高层部分、退台部分等分段总高度需要清晰标注，以免甲方被迫自己计算。这种逼着甲方自行计算或者提问低级问题的情形很常见，往往很容易形成恶性循环：图上没有标注分段总高度，甲方要么需要自己计算、要么会在听讲的时候提问，而设计师则会在背地里批评甲方总是提问低级问题，于是双方都不舒服。实际上，只需在标注尺寸的时候有这个意识，从而组织好标注的层次，即可轻松避免这类问题。

8.5.2.3 标高

各个楼层的标高一定要标注，同时，所有存在高差的部分的标高也一定要清晰标注，决不能挂一漏万，更不能以疏忽之类的借口轻易地原谅自己的马虎、不严谨。

8.5.2.4 层高

只有标高是不够的，因为甲方不得不亲自计算层高，所以必须在尺寸线中清晰地标注各层的层高。

8.5.2.5 内外高差

室内外高差、房间内外高差往往会被初入行的设计师忽略，这里强调一下，千万不要忘记标注相关标高。

8.5.2.6 空间高差

在有空间高差的部分剖切，才能清晰表达设计意图。因此，只要是在构思中产生了空间高差的思路，就要马上意识到这里需要绘制剖面，以研究构思和清晰表达意图。

8.5.3 定位轴线

如果平面图标注了定位轴线的编号，那么剖面图上也需要标注定位轴线的编号，这样才能清晰地表达剖面图中相关要素的确切位置。同理，定位轴线之间的尺寸也需要标注，以形成双向校核的可能。

8.5.4 构件

梁、板、柱、门、窗、吊顶、管线、孔洞等等需要在剖面图中表达的要素，要根据设计阶段的需要尽可能标注清楚，以免出现由于前期考虑不周导致后期不得不修订层高、梁高、柱宽、门高、窗高、管径、结构的尴尬局面。还有，由于设计规范以消防高度作为建筑高度的依据，因此屋顶的局部构筑物等应该表达清楚，以证明高度计算的准确性。这时，及时与相关专业沟通、请教显得尤为重要。

综上所述，剖面图的剖切位置、绘制与标注，都是研究设计构思、清晰表达设计意图的重要内容，决不能因为在学校课程设计中养成了不喜欢绘制剖面图的坏习惯而一直忽视剖面图。同时，由于剖面图不仅要标注标高，还要标注相关尺寸，因此设计院校教学中的单纯标注标高的做法是错误的。在实际工作中，应该使用三道尺寸线标注法，这样不仅可以清晰表达，而且可以双向或多向校核，避免仅在平面图上标注尺寸而出现的校核失误。

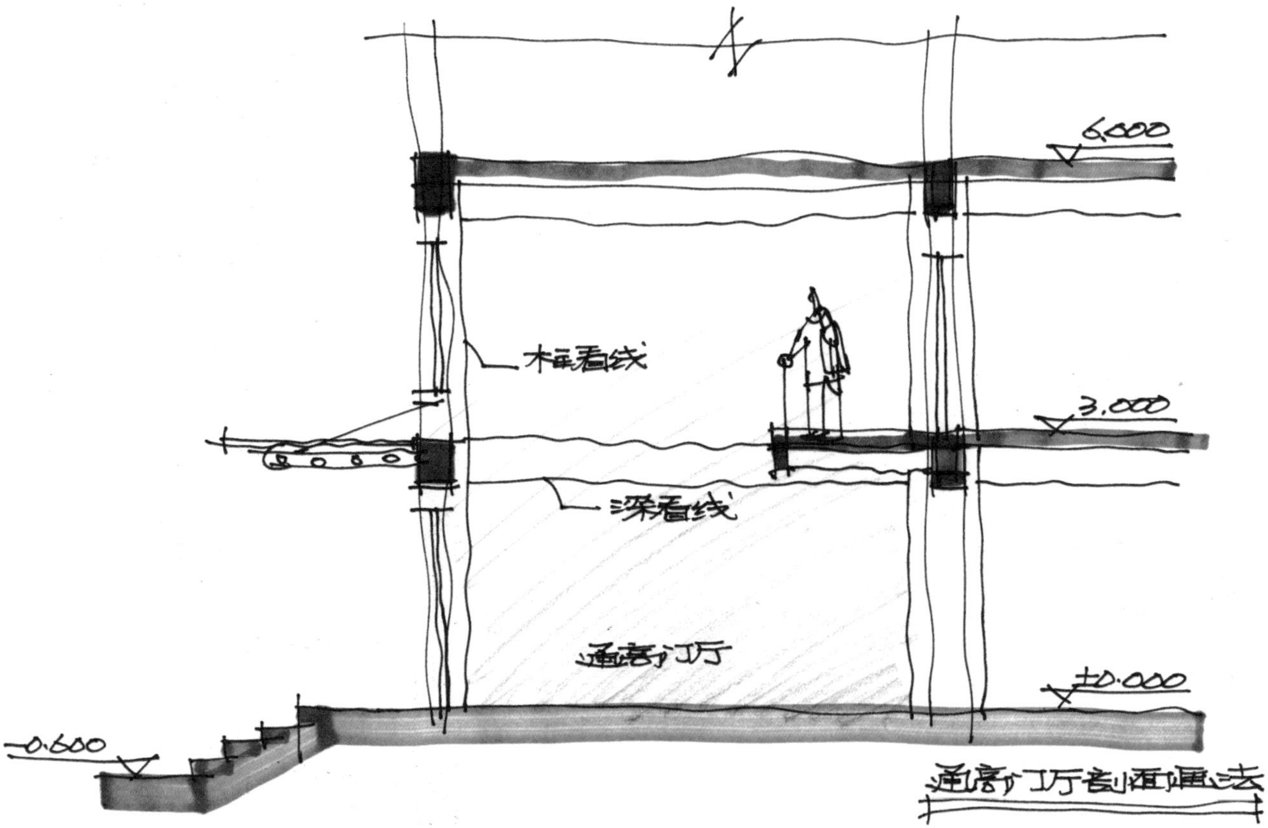

■ 剖面图的尺寸及标高、文字注解的标注方法示意(一)

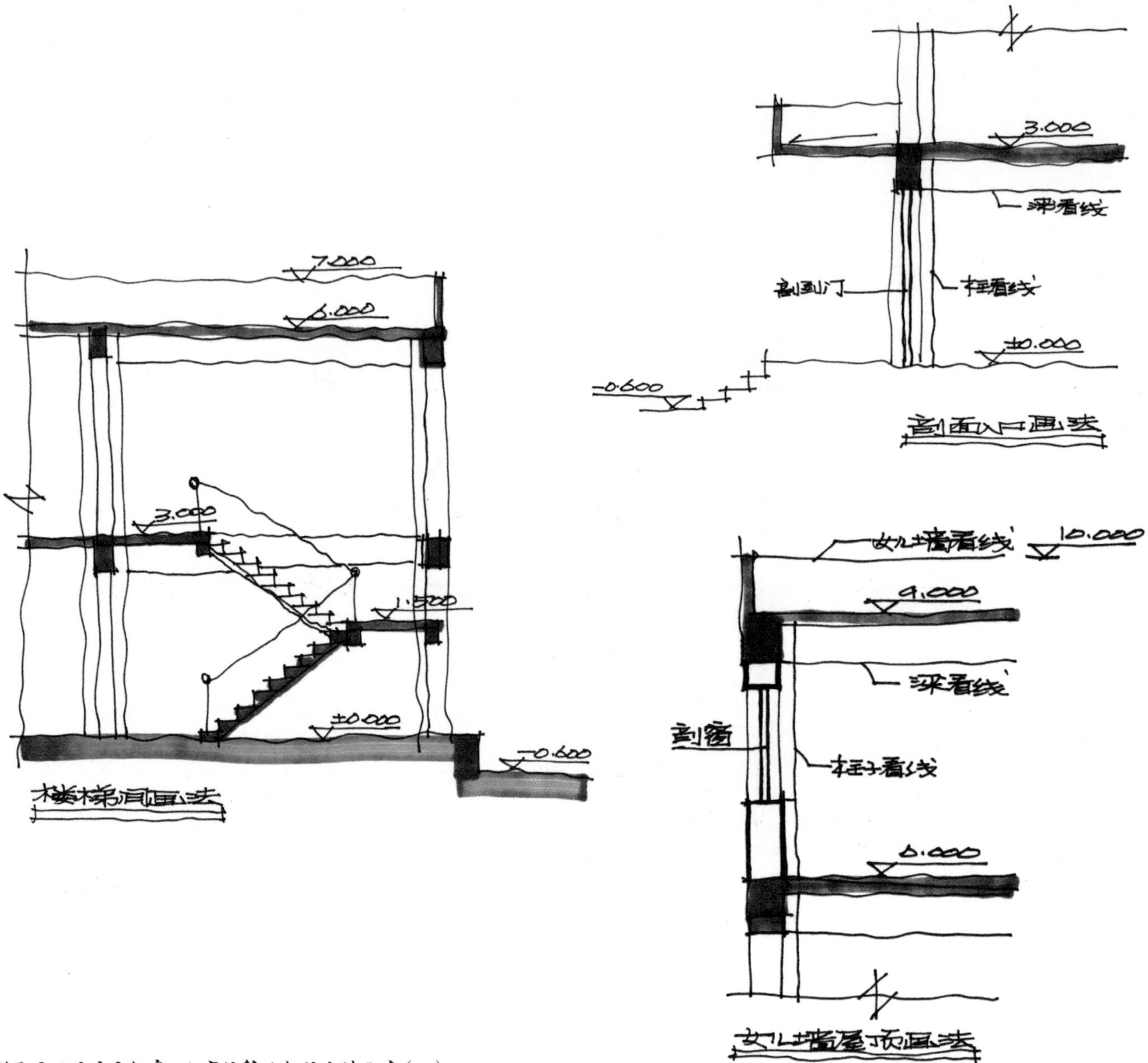

■ 剖面图的尺寸及标高、文字注解的标注方法示意(二)

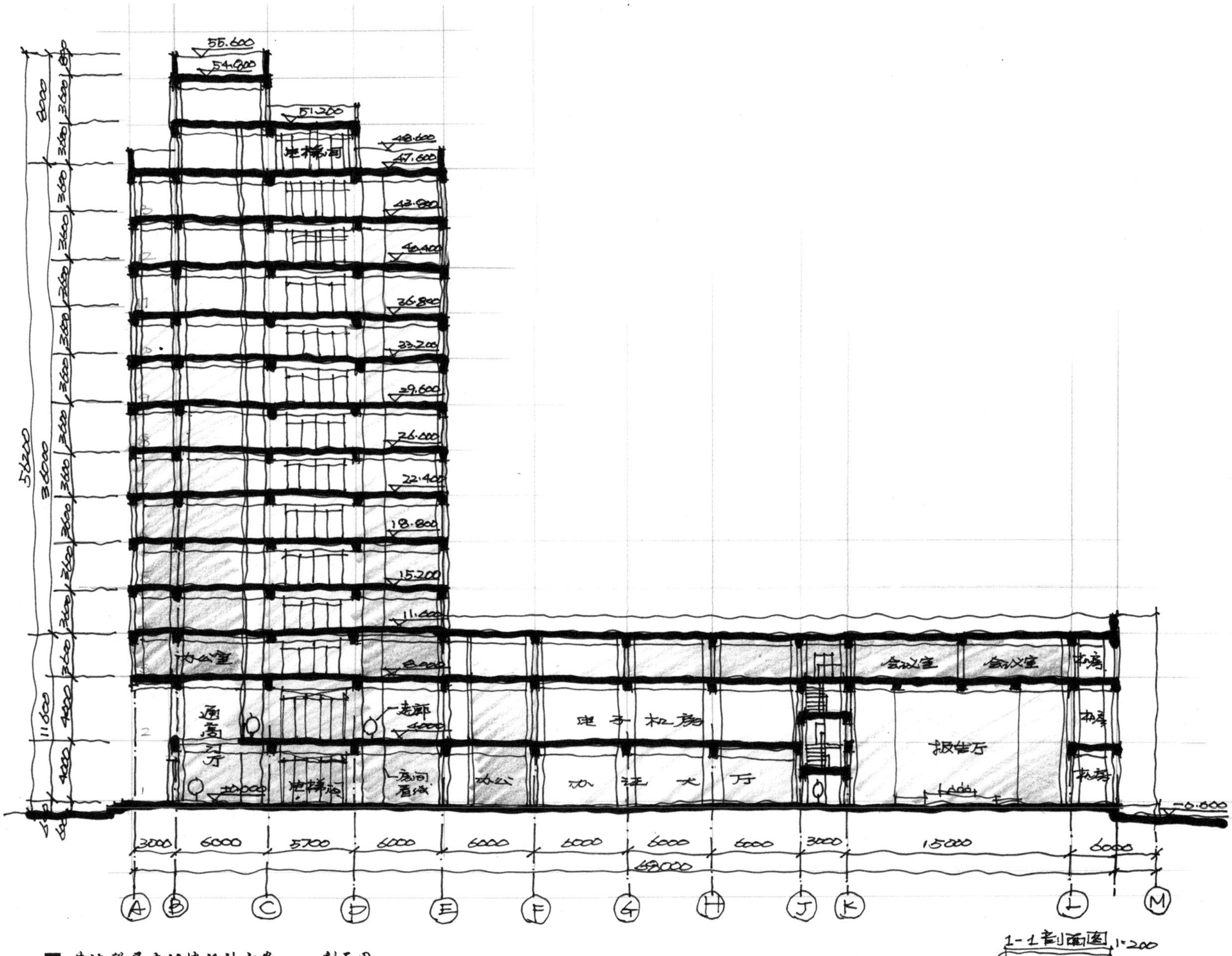

■ 某地税局办公楼设计方案 —— 剖面图

8.6 透视图

太多的甲方和设计师，在讨论方案的时候非常容易迅速进入细节的可行性分析与争论，尤其是那些懂得施工技术的人们，为了炫耀自己，断言某些细节难以实施，从而断然做出直接否掉整个方案的决策，却忘记了这些细节往往都是可以设法代换的甚至删除的非核心要素。这种抓小放大的思维与判断习惯往往会断送很多非常好的设计构思，因此，为了使得设计师自己、设计团队以及甲方、甲方代表能够把**注意力集中在核心概念的可行性上**，非常有必要先从重视透视图的有效表达开始。

当设计概念初步形成的时候，就需要根据核心概念对体块以及要素进行抓大放小模式的排序与提炼，以决定在透视图中重点表达哪些设计要素。这里所说的抓大放小，指的是专门提炼出最能够表达设计意图的要素，比如体块、色彩、结构、重要细部等等，而把那些待定要素、非核心的细节暂时忽略不计。这样绘制出来的透视图重点明确，便于分析和归纳设计的可行性，也便于与自己、与别人交流和讨论时真正把精力集中于最核心部分，即设计的概念是否可以发展以及实施上。

8.6.1 透视图的表达

这里的透视图是指在基地环境中具有典型意义的真实视点的二点透视图。

8.6.1.1 使用目标角度

大多数设计项目都有几个典型的目标角度，比如转角、街景、对景、行人、入口、附近高楼鸟瞰、远景、城市天际线等。设计师应该对项目做目标角度分析，并确定出几个必须分析的典型目标角度，以这些角度作为求透视的模板，有利于设计师一直面向目标进行方案分析。

很多设计师不注重目标角度的分析和筛选，而是随意地选取角度就开始分析自己的方案。在以电脑建模为主的设计师中，这种随意选取角度推敲方案的现象更是比比皆是，根本不做视点、视线、视角分析，随意抓个角度就输出成图片跟别人交流、讨论，浑然忘记了自己最终需要输出的是哪些目标角度。**透视图的目标是验证设计概念，而验证就需要目标角度才能做真正的验证、分析以及说服自己和别人。**

8.6.1.2 从立面验证

由于现行的设计制图规范规定了必须绘制立面图，因此立面图是否会好看、是否能表达方案特性也就成为了重要的部分。**我们需要随时根据透视效果迅速互动到立面图上，以验证立面图会不会出现比例、均衡、色彩等问题，并将此阶段的立面图及时反馈到透视图上，以做互动验证**。这种反复的验证是常态的设计过程，因此设计师必须具备快速绘制设计草图的能力，而快速的绘制能力一旦训练成了本能化的能力，又会使得设计师不必再费神于绘制层面中而获得解放，于是就会产生更多的思路。由于立面图可以测量，因此立面图比例要尽量准确，尤其是重要的结构构件、造型要素更要注意比例尺度的准确性，以便于判断其可行性。

8.6.1.3 与平面互动

透视图可以相对直观地验证设计概念在各个实际视点的造型可行性、适应性和标志性；立面图可以相对准确地验证设计概念生成的各个造型要素的尺度、比例、可行性；**平面图则需要保证平面上的功能合理、符合规范法规，必须与其他图纸不断进行实时互动**。很多人往往拘泥于先做平面、后做立面、再做透视之类的顺序去做方案，就好像必须等到平面完全合理了才能进行下一步。这种严格的串联工作顺序实际上是受到了大学设计教学的误导：大学之所以采用串联式的设计流程，实际上是因为考虑到学生的基础薄弱，所以才会如此安排以培养学生扎实的基本能力。实际工作中，方案创作必须是多维的、互动的、并联的，只有这样，才是做真正的多维度设计。由此可见，透视图、立面图、平面图、剖面图、总图、轴测图、分析图都是实时互动、并联进行的，只有这种多维度的工作模式，才能保证获得多维度的设计成果。

8.6.2 鸟瞰图的目标

当代的人们更乐于了解设计的来龙去脉，往往会很好奇地从附近的高层建筑上观察其他建筑的体块构成、造型组合，甲方也更乐于通过设计师制作的鸟瞰图了解设计生成的内在逻辑、功能分区、总图格局、环境关系等要素。因此，从前那种不重视鸟瞰图的想法开始变得陈旧了，而关注设计概念的清晰表达的鸟瞰图则开始变得越来越不可或缺了。

现在的鸟瞰图，身兼顶部造型、整体构成、体块组合、造型逻辑、功能格局、环境分析、分期建设等众多方面的表达与分析于一体了，已经不是可有可无的一张陪衬图了。

绘制鸟瞰图之前要先做表达目标列表，即这张鸟瞰图的表达目标都有哪些，哪些要素需要重点表达，然后对这些表达目标做排序，再根据排序进行鸟瞰图的表达策划。

■ 某地税局办公楼设计方案 —— 方案一透视图

■ 某地税局办公楼设计方案 —— 方案二透视图

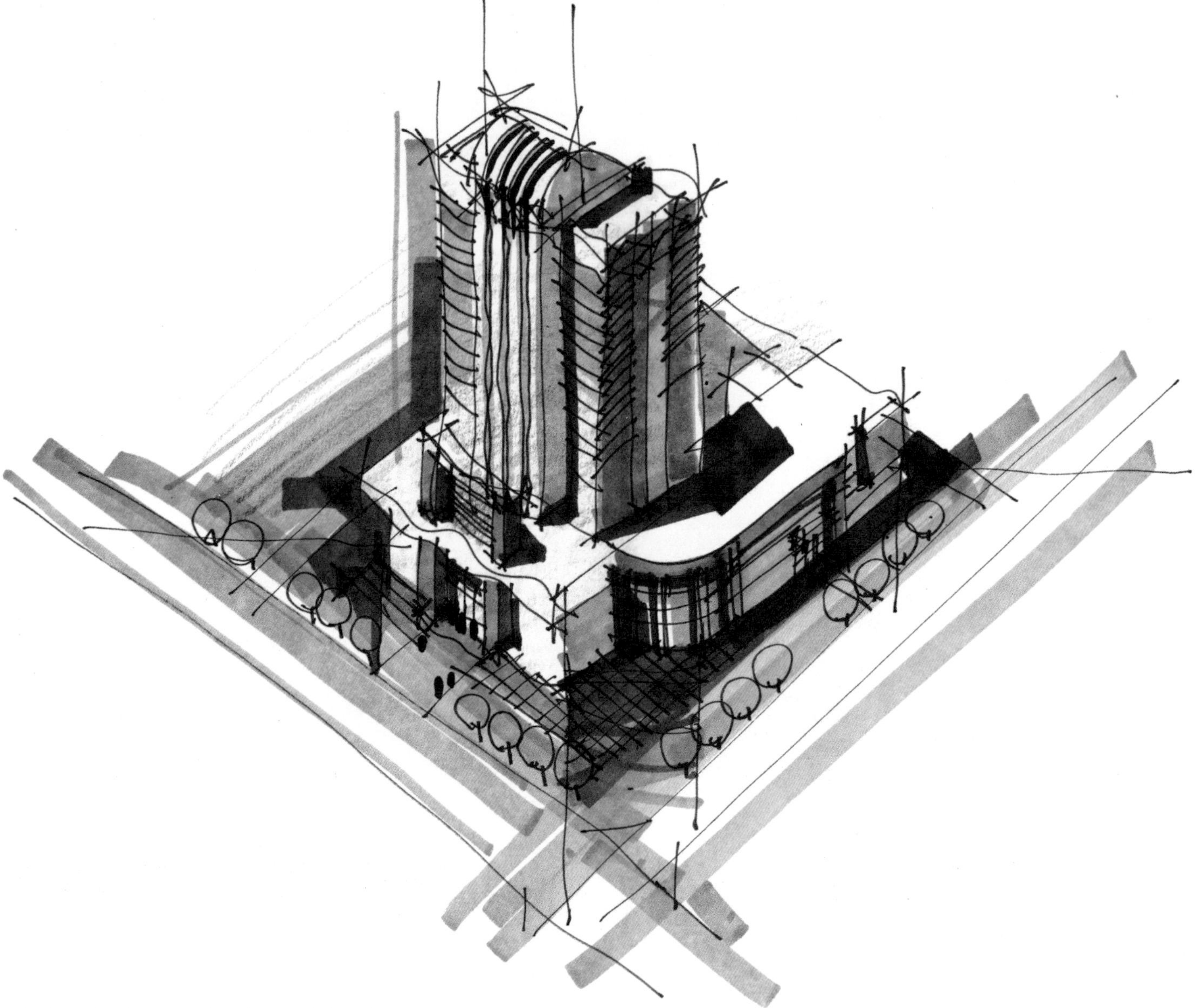

■ 某地税局办公楼设计方案 —— 方案一鸟瞰图

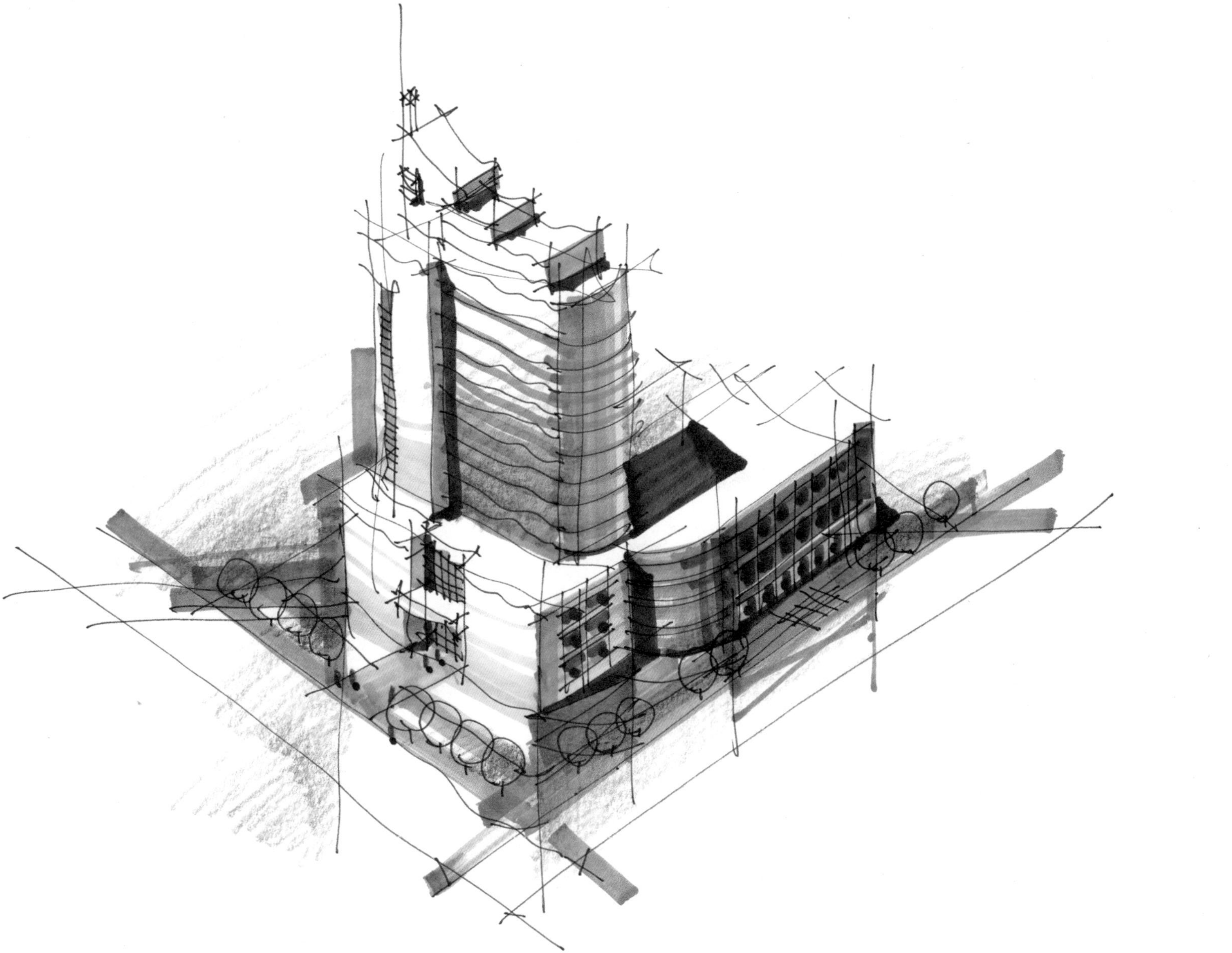

■ 某地税局办公楼设计方案 —— 方案二鸟瞰图

8.7 分析图

8.7.1 创造信任

实际上，决定方案能否成功通过审核的关键要素并非相互理解，而是相互信任。方案被否定，往往并非方案本身太差，而是拿出方案的方式、方案的表达模式以及方案讲解的方法等方面出了问题。

如果希望只要拿出方案效果图，甲方就十分欣赏并马上认可这个方案，很明显是非常不现实的。即使是在现实生活中，一见钟情也是可遇不可求的，何况是方案呢？大多数人都需要通过较长时间的交往才能真正认可对方，人造的方案怎么就能够轻易地企图只要亮相就被直接认可并接受呢？从另一个角度来讲，对甲方而言，需要的绝不仅仅是一个"惊艳"的方案，也不会仅仅因为第一感觉不错而匆忙接受方案，因为他们必须对自己的投资负责，所以大多数理智的甲方会更加重视针对方案创作师专业能力的考察，以确认做出来的方案的确值得信任直至值得托付。

对方案而言，通过分析图逐步论证方案的合理性与优越性，不仅仅是在讲解方案本身，同时也是在展示方案创作师值得信任、值得合作、值得托付的专业能力。一套论证严密、逻辑流畅、结论自然、创新多赢、绘制完善的分析图，不仅是在简明易懂地解析方案的生成与优点，更是在向他人展示方案创作师的智慧与能力，从而使得观图者哪怕对方案成果没能"一见钟情"，也会由于对方案创作师的专业头脑和清晰表达的敬佩而乐于给予进一步合作的机会，更乐于从这些分析图入手与方案创作师进行深入的交流互动甚至协同调研、共同创作。一旦甲乙双方开始了协同创作，那么敌对关系、运动员与裁判的关系就会马上转换为休戚与共的合作关系，一切就会很自然地走向良性循环。

再换个角度，让我们从职场多赢的层级再来审视一下这个阶段的分析图的重要作用。很多人误以为上级主管只关注结果，不关心过程，因为主管们最常说的口头禅就是："我不管你是怎么做到的，我只看结果。"实际情况真的如此吗？当然不是。只需换位思考一下就会明白：如果我们是主管领导，手下的一位方案创作师的方案虽然不是那么理想，但是从他绘制的分析图中看到了他清晰的思路和生动的表达，我们会轻易地大肆批评他或者干脆否定他么？当然不会，因为良好的分析能力和表达能力是方案创作的基础，这样的人才只需加以创新方面的专业指导就有培养成创作高手的潜力，怎么会舍得放弃呢？因此，就算是从职场角度而言，能够绘制出专业易懂、自然生动的分析图，也是给自己创造有效加分的机会，如果还能够结合制作演讲课件幻灯片的技术，使得方案的讲解从图面本身进化到与口才同步（只需参考美国苹果公司 WWDC 大会的新产品讲解就知道课件式分析图的重要性），那么就会很轻松地成为方案创作师群体中少见的具备讲解方案能力的“发言人”，这样的人才实在是稀有。

无论是从哪个角度而言，分析图的专业表达都是为创造与增强信任提供有效加分的机会，而信任则是几乎整个方案创作中最重要的目标。很多人总是误以为“方案好才是最重要的”，或者“只要方案好就是一切”，很少有人能够意识到其实是信任与否在决定着方案能否被接受。为什么这样说呢？原因很简单，理智的甲方更关心的是一个项目的整体运作，即方案在生成之后的不断而反复的修订甚至重做，因此方案本身并非终点，也不是唯一的判断标准，不会仅仅因为一个似乎不错的方案而轻易同意深入合作。懂得全局思维的甲方能够从整套方案图中清晰地感受到方案创作师是否值得继续协同，因为他们知道任何一个项目都必须面临无尽的修改甚至重做。如果方案创作师不能够在图面上表达出清晰的逻辑、缜密的论据、流畅的生成、生动的讲解，而只是拿出方案的成果用口头简述思路的方式来企图直接获得认可和通过，那么任何一个甲方都会在心里产生不被尊重的感觉，更会怀疑方案是否经过了深思熟虑，进而开始怀疑方案创作师是否具备真实的专业能力。这种情况大多发生在初出茅庐的方案创作师身上：新手做的很好的方案被否掉，被接纳的往往是那些口才好、讲解实、资历深的人的方案，哪怕那些方案没什么创意。

8.7.2 实现多赢

在方案创作的后期，我们不仅要为创造信任而努力，还有一个更重要的目标：多赢。信任，是针对方案创作师的，而多赢，则是针对方案的优势之所在的。好的方案，容易被接纳的方案，往往不是孤注一掷的方案，而是优雅地实现多赢的方案。优雅地实现多赢，才会获得真实的尊重。想想看，一个方案不仅能够让人感到方案创作师（团队）是值得信任的，因而是值得深入合作的，而且还能够做到让人信服地在经济、技术、法规、商业、品牌、经营、市场、发展、价值、人文以及人性化等方面都达成了有效地实现的可能，那么假设我们是甲方，又怎么会不产生敬佩之心呢？而这一切，都需要我们通过分析图进行简明而有效地表达和讲解。由此可见，分析图的创作与表达能力实在是方案创作师不可或缺的专业能力，绝不是那些大众化、模式化、人云亦云的所谓“分析图”能够偷换概念的。

综上所述，在方案创作阶段，分析图的研究与绘制都是很高级的专业流程，只是限于篇幅，这部分讲解在这本书中只能点到为止，希望引起重视。

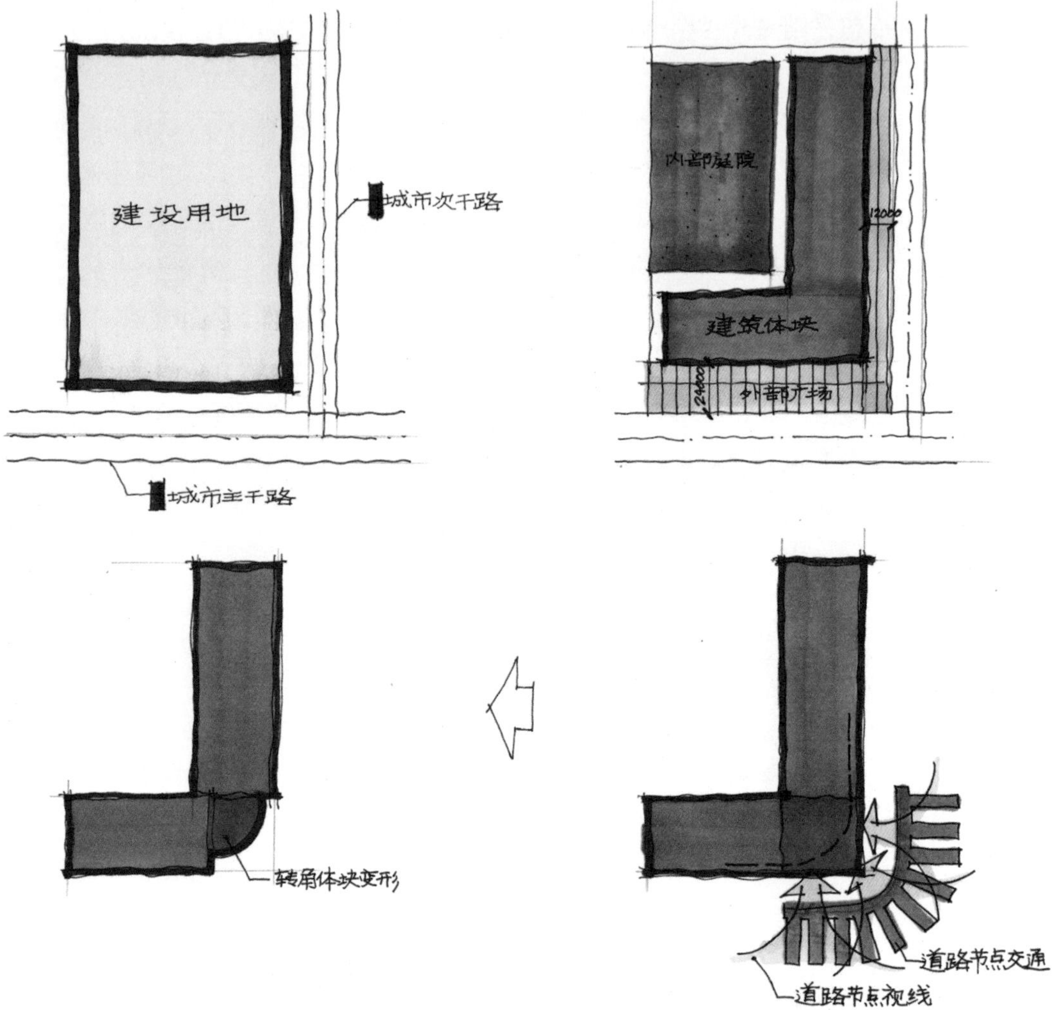

■ 某地税局办公楼设计方案 —— 分析图（一）

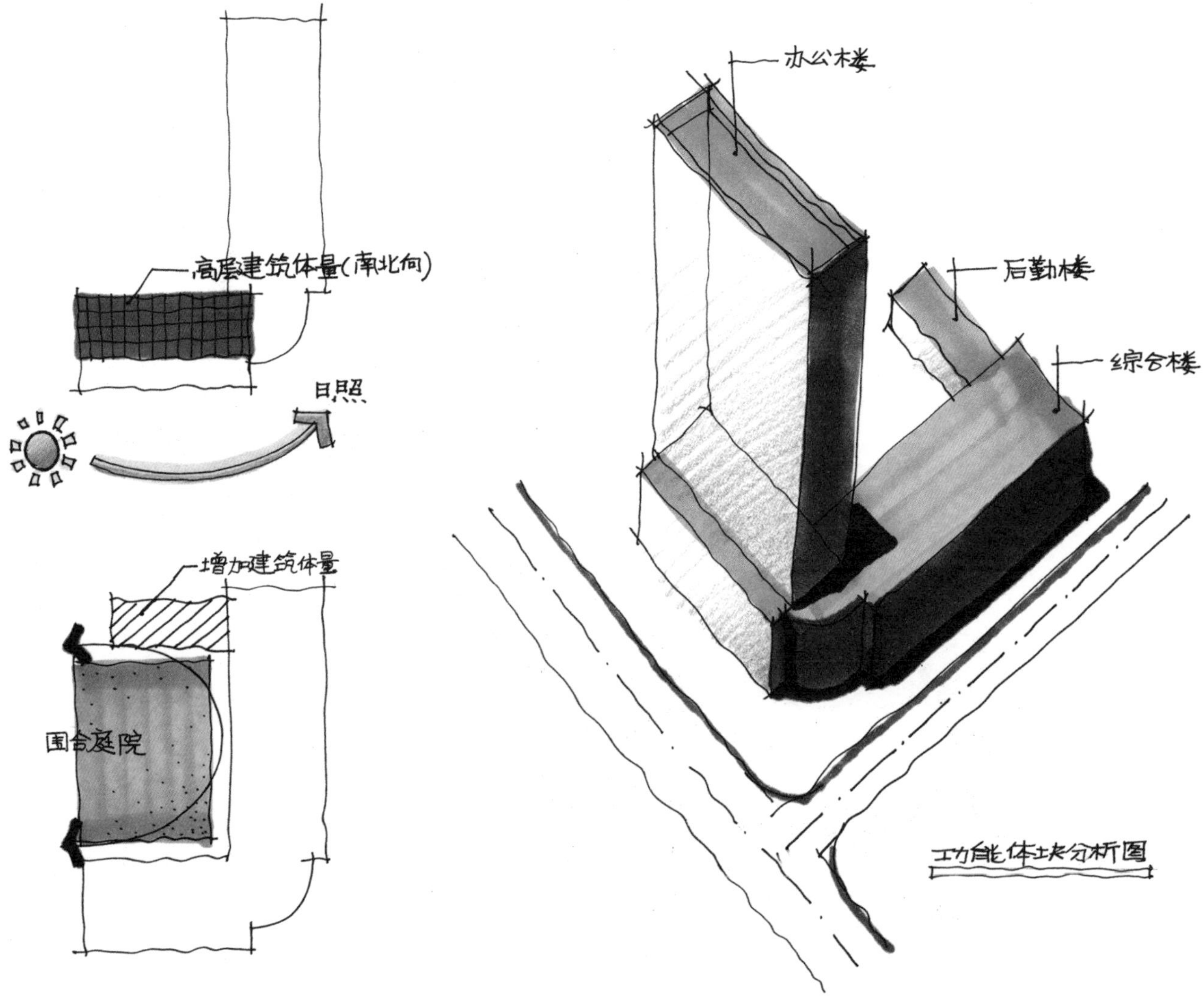

■ 某地税局办公楼设计方案 —— 分析图(二)

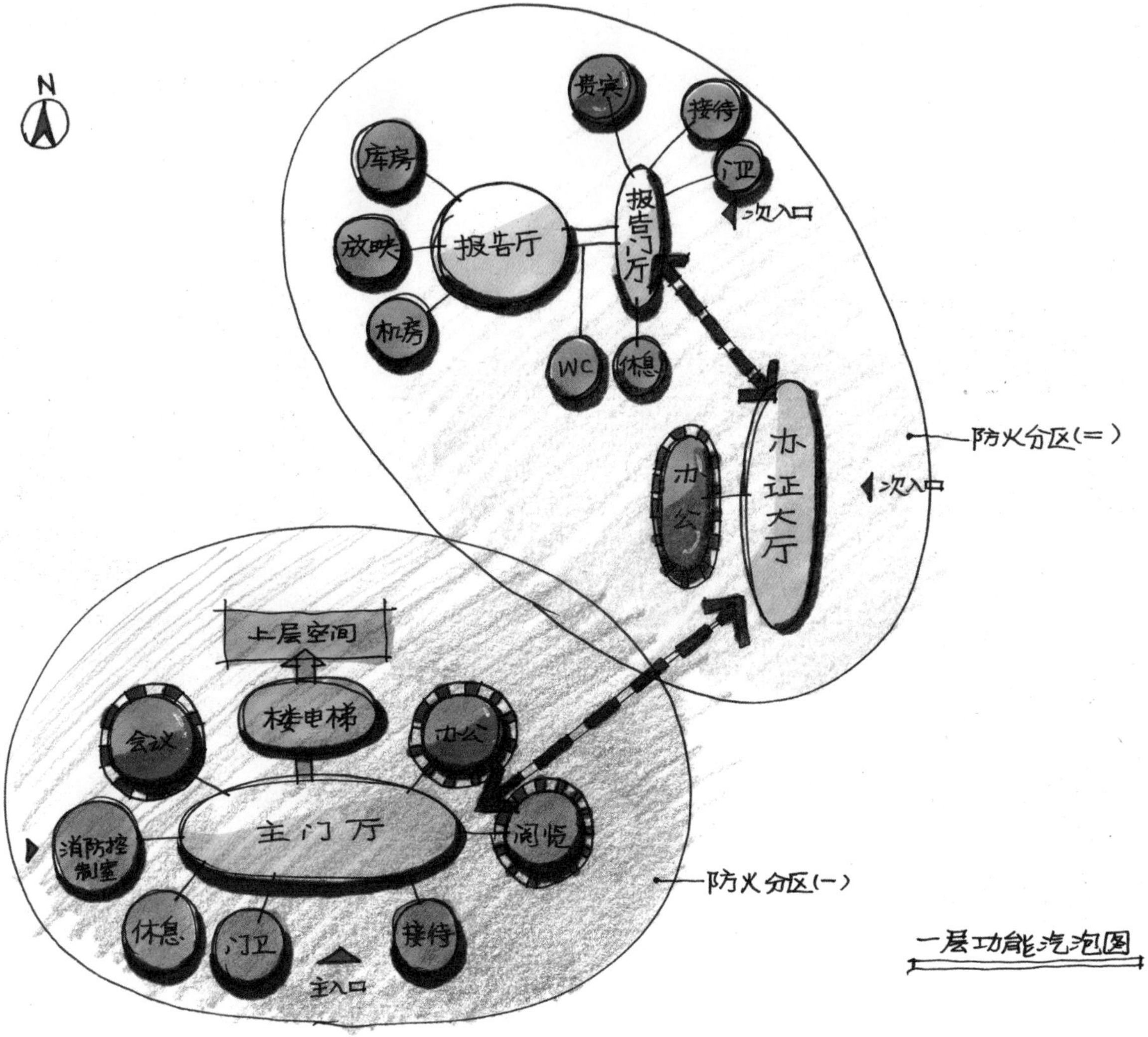

■ 某地税局办公楼设计方案 —— 分析图（三）

8.8 整合控制

为了区分一张草图与若干张草图组合成的大图的区别，我们称前者为草图，后者为图纸。

一张设计表达的图纸中往往包含着若干张草图，比如在同一张图纸中的平面图、立面图、剖面图、透视图、分析图等的不同组合，我们称这种由多张草图组合而成的图纸的构图为组合构图。组合构图与后面要讲解的多图控制是两件事情：组合构图说的是几张草图合成构图于一张图纸里面，而多图控制指的是由多张草图以及图纸组成的多页的群体控制。

8.8.1 组合构图

8.8.1.1 组合构图的重要性

起初，大多数人对单张草图的构图会难以控制，比如画面涨出、画面过小等等；慢慢地，大多数人能够控制每一张草图的构图……但是一旦这些草图组合成一张图纸，即需要在一张图纸上画出这些草图以构成整张图纸的时候，就会出现捉襟见肘、整体混乱的现象。试想，如果只能控制一张草图的构图，却不能控制几张草图组合成的图纸的构图，那么，一旦某个项目大多数设计图纸的表达都是组合构图，设计师不就会陷入功亏一篑的窘境了么?

对初学者而言，建议在做设计表达的时候，先以每张图纸只包含一张草图为主，这样可以最大限度地避免由于缺乏组合构图的能力而导致不错的设计被表达得一塌糊涂，而且还能使得甲方认为设计师做的工作量很大而感动。但是，诸如快题考试、考研快题等有着明确的组合构图要求的模式中，如果组合构图能力弱，被淘汰的几率将大大增加。因此，专业设计师需要通过大量的训练来熟练掌握组合构图的专业能力。

由于每一张小图都有自己的视觉中心，这样组合成的大图就会出现处处争锋的问题，从而使看图的人感到纷乱、无所适从、不知从何看起、不知按照什么顺序看，结果就是看图的人因为心烦而放弃深入了解方案意图的愿望。这一点比起视觉中心的控制而言更加容易被人忽视，结果是很多小图被几乎无意识地摆放在一整张大图中，令观图者感觉两只眼睛根本不够用，结果干脆放弃痛苦的读图。

很多不错的方案仅仅因为组合构图控制出了问题，导致评委或甲方心烦意乱，甚至会直说“看得我眼花缭乱，看不下去，不好意思……”等。因此，必须通过换位思考、统筹考虑、分析等级、引导读图，才能使得整个图面中各个小图的读图顺序明确、诉求重点清晰、完成目标表达。

8.8.1.2 明确读图目标

很多人把图面感觉与项目性格、方案思想全然割裂，甚至会用“我喜欢粉色”、“我喜欢紫色”之类的借口解释。乱用构图和色彩，结果是住宅设计图看着像幼儿园、医院设计图看着像夜总会、学校设计图看着像公安局……这种全然不做换位分析的现象极其普遍，而当事人却往往清高自傲、认为别人不懂艺术。

大多数人总是不能事先明确地在纸上写出自己要画的图纸希望给观图者产生什么样的明确感觉，只是在心里想想而已。实际上，我们都知道，设计表达的图纸是给别人看的，而不仅仅是自己的艺术作品，因此，设计表达图纸的目标性是非常强烈的。根据项目的性格、所需达成的目标，需要在纸上尽可能多地写出我们要画的设计表达图纸所想给人形成的明确感觉，注意，一定要写在纸上而不是只在脑子里想想。

当我们把所能想到的表达目标都写出来以后，做列表。列表的第一列写上要表达的感觉是什么，第二列写上为什么要表达这种感觉，第三列写上如何才能表达这种感觉，第四列为排序数字。要提醒大家的是，尽量做多种排序，每次只保留排序后的前三个目标，直至自己彻底明白了自己要画的设计图纸要营造的何种感觉是最重要的、何种感觉次之、何种感觉可有可无。

8.8.1.3 大量小稿试验

根据自己要营造的读图目标，开始收集、筛选经典作品，并从中归纳、提炼这些优秀作品是通过哪些具体手法营造出目标感觉。在收集、筛选优秀作品时，不要拘泥于同类作品。无论是封面设计、广告设计、网页设计、电影海报、书籍装帧、光盘封套还是产品造型，都可以作为研究对象。一旦找到了十个自认为很明确地表达出了目标感觉的作品，就开始潜心分析其手法，无论是构图、色彩、明暗、透视还是字体、底图，都要逐一分析。把分析出来的达成目标感觉的具体手法做出列表及文字注释、简图备忘。

有了一定数量的由自己分析提炼出来的表达手法之后，下一步就可以试着做小稿试验了。按照自己积累出来的这些营造目标感觉的表达手法，开始做大量的图纸构图、色彩控制试验小稿。不仅要做构图、色彩试验，还要做要素画法试验。什么是要素画法试验呢？在这里，要素指的是为了达成感觉目标而采取的一些画法，而这些画法，比如工具、字体等等，我们需要试验一下自己是不是能够胜任。

做了一定数量的试验以后，就会发现我们很需要控制一下读图顺序，否则几张草图随意地摆放在图纸中，总不是最有效地达成目标的方式。

8.8.1.4 策划读图顺序

要事先想好让看图人的视线如何在整个大图中移动，比如从哪里开始、在哪里停留、如何继续、在哪里再停留、在哪里结束、在哪里获得呼应等等。大多数人想不到这些，只是把各个小图排布在大图中而已，结果是看图的人只好东一眼、西一眼，上一眼、下一眼，自然会觉得眼花、头晕。甚至有的人会把很重要的图非常谦虚地放在很不起眼的位置，等到人家忽略了才大呼冤枉。尤其是投标，海选时都是评委自行读图，设计师往往没有机会在现场告诉评委应该看哪些部分，这时的读图顺序的策划尤为重要。

要做读图顺序的策划、列表。一定要写到纸上，然后认真做列表、排序。一旦确定了若干种读图排序，就可以开始做草稿卡片测试了。

8.8.1.5 草稿卡片测试

首先准备好预定尺寸的图纸，然后按照比例画出准备在图纸中放置的每张草图的单色轮廓草稿、标题轮廓草稿，把这些草稿复印或者扫描打印制成多套草稿卡片，然后用这些副本卡片在图纸上不断做摆放测试。可以进行多种读图顺序的测试，并随时记录下来在正式绘图的时候需要注意的备忘文字、评语，以通过测试最终找出最佳的读图顺序。

这种用草稿卡片事先做测试的方式非常重要，很多人就是因为不做测试而导致构图太松或者太紧、忘记尺寸和标注也需要占面积等等问题。太多人方案都做出来了，结果仅仅因为没有好好做布图而导致功亏一篑。

8.8.1.6 主次关系控制

通过草稿卡片的测试，我们基本上知道了如何摆放草图才能既摆得下又符合读图顺序。现在，需要控制主次关系了。所谓的主次关系，指的是图纸上最需要被关注的部分、次一级需要关注的部分、需要尽可能不被关注的部分（比如画得不够详细），要做好排序，以便于在绘制的时候控制用笔、笔触、色彩，使得每张草图都能符合整体控制的目标。

多数图纸中透视图是第一位的；有的图纸中则是立面图是第一位的；有的图纸中则是平面图是第一位的；有的图纸中总平面图会成为第一位。根据主次关系的需要，在草稿卡片上进行概括模式的试画，然后随时摆到图纸上进行测试，以决定最终绘制时如何决策。这就是我们强调用多套底稿副本作为草稿卡片的好处：可以反复试画、比较、决策。

8.8.1.7 校验读图距离

这一点被极大多数人忽视：观图者大多在三米或者更远的距离产生第一印象，因为产生了兴趣才会走到近处细看，所谓的“三米见图”。即使是评委事先评图，最近的距离也是放在桌面上翻着图纸浏览，而不是趴在图纸上详细观察。

大多数人都是近距离画图，很少会想到随时站远一点看看在观图者的距离上的效果。实际上，大多数人画的图在近距离观看的时候效果的确很好，但是只要离开一段距离再看，就会发现那些看似不错的效果都消失了。这种不能换位思考、不能按照目标校验效果的问题十分普遍，导致经常会出现因为图纸在评委距离看不清楚方案而获得低分的情形。因此，一定要记住设计师是控制感觉、控制等级、控制效果、控制结果的职业，如果连读图距离这样的换位思考都难以做到的话，真的应该反思一下，是不是已经彻底忘记了常识、彻底变成了过程思维的人，而我们需要的是目标思维。

在时间相对充裕的时候，最好能够把图拿到一米、三米的距离观察，以确定自己的用笔用色是否太浅、太细，文字是否太小。这种训练在平时最好多做，而且要随时找周围的人、最好是设计圈子以外的人帮着客观地评解。时间长了，就能逐步训练出对读图距离上的图纸效果的控制能力。

8.8.1.8 重视定式训练

最好的模式是把每张草图都事先演练几遍，熟练了再往正式图纸上绘制。但是对于快速设计、快题考试、应聘考试、时间紧迫的实际项目而言，我们都不会有时间如此从容。因此，在平时就要做“定式训练”。

所谓定式训练，就是把适合自己的画法画到非常熟练的程度，直至可以不假思索地画出来。无论是总平面图、平面图、立面图、剖面图，还是轴测图、透视图、分析图，还是图纸标题美术字、各图图名、尺寸标注、重点注解，还是个人签名、企业标识，还是色彩模式、构图模式……都需要在平时的训练中以及在平时的设计项目中不断演练。

每个人都需要在平时的训练和项目实践中逐步找到适合自己的画法、模式，以便于通过反复训练形成初步定式，进而逐步扩展为更多的本能定式，这样才能在真实的考试与实战中自由组合、应付自如。这就像是登陆作战：先找最可能突破的一点登陆，然后巩固登陆滩头阵地，进而逐步向两侧和纵深发展。

经过上述训练，大多数人就能够逐步进入快速地进行整体的绘制表达的阶段了，因为每个要素都训练过了。很多人对快速设计发愁，实际上就是因为企图一次练好，而不是像上面讲解的那样一步一步按照要素进行训练、熟练、定式。一旦开始了正式绘制表达训练，就要注意在旁边随时放着一本记事本，随时把自己在绘制中发现的弱项记下来，以便于下次做重点、专题、重复训练，这样就能逐步把自己的弱项都训练成长项，从而逐步消灭焦虑，进而解放大脑、专心创作。因此，做整体绘制表达的目标是通过全流程绘制，发现自己的弱项，以便于弥补不足，而不是急于做时间控制训练。

8.8.2 多图控制

所谓多图控制，指的是把整套图纸当成一个整体来做专业目标的控制，而不是把整套图纸随意摞在一起交出去，听之任之、听天由命，更不是随意绘制每张图纸，全然不顾最终的表达目标。有时，甚至需要事先调查好自己的图纸将在哪个房间展示，以策划图纸张数、图纸大小、色彩趋向等要素，从而达成最好的展示效果。可惜，作为控制感觉、控制效果、控制结果的专业设计师们，往往忽略这些必须的常识要素。

8.8.2.1 确定目标等级

所谓目标等级，指的是设计师要先明确出这套图纸到底是政府办公大楼、火车站、博物馆、国际博览会之类的高等级，还是县城的一般办公楼、过不了几年就会重修的建筑外装饰之类的低等级……不同的等级，需要用不同等级的表达方式。

如果是高等级的项目，那么无论是图纸尺寸、纸张质地、色彩等级、构图控制、字体选择还是背板规格、包装模式，都会采用高等级控制，比如尽量使用统一色调、尽量使用对称构图、尽量使用庄严字体等等；反之，如果是低等级项目，就会采取相应的降低等级的控制，比如色彩数量增加、构图活泼、字体采用美术字等等。

如果高等级的项目采用了低等级的控制，会给人不尊重项目的感觉，甚至会有儿戏的印象；如果低等级的项目采用了高等级的控制，则会给人小题大做的感觉，甚至会引起甲方的怀疑，以为设计师没什么好项目可做，倒是把这个低等级项目当成了救命稻草一般。

8.8.2.2 策划目标感觉

这套图想让甲方产生什么样的感觉、留下什么样的印象？很多人并没有明确地想过这种问题，当然就更加谈不上认真去做了。其实我们知道想给甲方留下什么样的感觉和印象：多么希望甲方从图纸中看出来我们付出了多少心血、多么希望甲方从图纸中看出来我们熬夜加班了好多天、多么希望甲方能够从图纸中看出来我们改了多少稿、多么希望甲方看了图纸就产生权威专业的感觉、多么希望甲方从图纸中看出来我们全心全意为甲方着想的心意、多么希望甲方看了图纸就感觉到设计费给低了、多么希望甲方看到图纸就产生继续合作的强烈心情……只是很多人没有把这些感觉目标列表、排序、策划、表达而已。因此，一定要把目标感觉都写出来，列表、排序，直至找到了最重要的需要表达出来的感觉与印象，然后做表达策划，以达成目标感觉。

比如，可以让每一张图纸只包含一张草图，那么总体张数就会多，这种数量优势会使得甲方感觉到工作量非常大，进而受到感动。如果把这么多张图纸粘上背板、排布到墙面上展示给甲方，那么几乎所有甲方都会被感动。可惜我们经常忽略这一点，只是拿着一摞图纸给甲方，而甲方无论如何也感觉不到那么一摞图纸有什么工作量。

比如，在每张草图中详细注明完成时间，那么甲方就会清晰地意识到我们是多么尽心尽力。

比如，在每张草图上都签上设计师潇洒易认的签名，这样，甲方才会感觉到这是专业设计师所为，甚至会产生收藏设计师手稿的欲望，进而产生拿着我们的作品跟别人炫耀的心情。

比如，把作废的草图拍照或者扫描备案，然后按照时间顺序排布到一张图纸中，让甲方看到我们是如何一步一步形成了最终方案，这样，甲方才会了解到设计创作是多么艰难的事情。想想看，我们使用的软件，不都有“升级记录”的文档么？每次升级的内容都会在这篇文档中详细记录，于是使用软件的人才会了解到软件开发者付出了多少努力。我们在设计创作表达中，却彻底忘记了这种“升级记录”的专业表达。

比如，把在设计讨论会议上的会议记录按照时间顺序装订成册，作为图纸附件送给甲方，这样，甲方才能知道在图纸背后做了多少工作。

比如，把收集的大量的项目相关的资料排版、打印、装订成册，作为图纸附件送给甲方，这样，甲方才能知道我们其实不仅下了现场，而且做了大量的资料收集、整理、归纳的工作。

比如，尽量使用沉稳的色调，使用的字体也应该尽量有官方的感觉，只有这样，图纸才会产生权威、可信的感觉。

比如，把内部认为作废了的方案整理成一套或者几套图纸，作为“绿叶”赠送给甲方，以便于甲方了解我们有更多思路，只是被我们自己负责任地在内部否掉了而已。只有这样，甲方才会了解到我们是多么为他们着想，甲方才会感觉到对这样负责任的专业团队，给那么点设计费，的确是有点不够意思。

比如，我们针对项目进行了大量的调查研究，同时把这些调查研究整理成比甲方任务书更好的项目策划建议书，那么甲方看了以后才会觉得这不是一个唯命是从的服务级的设计团队，而是一个充满专业市场智慧的设计团队。试想，谁会不想和这样的专业团队保持持续的、长期的合作呢？谁乐意给这样的团队欠费呢？

总之，只要确定了目标感觉，就肯定能够想出来如何表达，这里的关键是对目标感觉进行列表、排序、策划、试验、实施。

8.8.2.3 策划心情波动

一套图纸有很多张，那么这些图纸按照什么顺序排布，才能使得观图者在一张一张地翻看的时候感觉不平淡、有特点甚至让观图者受到感染呢？这就是我们所说的策划心情波动。

假设一套图纸中有好图、一般图、差图，那么应该把好图放到前面、中间、后面，尤其是最后一张必须是最精彩的图，以给人留下深刻而精彩的印象。至于差图，一定要分散放置，尽可能使得观图者忽略，尽可能让观图者把注意力集中到好图上。假设一套图纸中有冷色调、暖色调、中性色调的图，那么应该把暖色调的图主要放到前面、后面，以使得观图者从感受欢迎开始读图，从感受温暖离开图纸。至于冷色调和中性色调的图纸，建议放在中间以作心情调配。以此类推，举一反三，逐渐形成策划观图者的心情波动的专业意识。

8.8.2.4 多图整体构图

一套图纸，必须让观图者感到十分完整、有序、清晰，必须做整体构图的策划，其中封面、目录与封底是必不可少的要素，只有这样，才能让人感觉到整套图纸有头有尾、值得尊重，而不是随意展示、漫不经心。

在需要挂墙展示的情况下，最好做出多图的整体底图、整体底色的策划，这样，整套图纸展示出来，才容易使得视线可以很平滑地读取图纸，而不是断断续续地读图，甚至因为视觉顿挫而给人拼凑的感觉。如果设计师的设计构成能力很强，为了引起视觉注意，甚至可以使得某些图纸形成三维折叠的效果，也可以用泼墨、荧光等展示效果。总之，要多动脑筋在整体构图上，以吸引视线、脱颖而出。

如果不重视多图控制，设计师和设计团队辛辛苦苦创作出来的方案没有能够以最好的方式展示出来，导致甲方对方案本身产生质疑，要求不断修改，自然就使得设计方案变得不值得高收费、不值得尊重。抱怨，其实是设计师自己创造出来的：太不重视设计成果的专业表达，于是自食其果。

8.8.3 装裱控制

设计草图的简单装裱，往往被设计师所忽略，很多设计师就直接拿着皱巴巴的草图纸跟甲方交流，却忘记了换位思考：随意的、不正式的设计表达，会让甲方或领导产生没有受到应有的尊重的感觉，也会对设计师的专业性产生质疑。

有些设计师以大师用餐纸做出草图的例子为自己的草率行为开脱，这是很可笑的：大师已经通过多年的努力获得了甲方的认可，不必偏要靠形式上的装帧争取甲方的信任与尊重了，而我们并不是大师。试想，如果一位作家的手稿是用破纸片随意写就的，另一位作家则是用稿纸认真撰写的，我们会觉得哪一位更值得敬佩和重视呢？

因此，设计草图在给甲方或者领导看之前，最好是认真重画一遍，或者是画的时候直接注意整体构图等要素正规、专业的感觉。然后，画好的设计草图应该做一下简单的装裱：把草图纸粘贴到背板上，或者干脆用滚筒式裱装机把草图纸裱装到背板上。

总之，编筐编篓、重在收口，千万不能在费了很多心思构思之后，却忽视正式、专业的感觉创建，结果导致很好的方案却因为不正确的表达而给甲方或领导留下不正规、不专业、不自我重视的坏印象。

后记

《设计速写 —— 方案创作手脑思维训练教程》和《设计草图 —— 方案创作手脑表达训练教程》这两本书，2006 年作为 AiTOP 内部资料开始写作，到现在正式出版，用了九年的时间。每一本书，都比预期的难写得多。倒不是缺少观点和内容的缘故，而是由于强大的习惯性的心理障碍，导致很难持续写作。从方案创作的短周期冲击模式转化为写作的长周期持续模式，心理上的焦虑和急于求成的问题一直在折磨着我。这也是大部分人无法从设计师或者设计老师转化为专业作者的原因之一吧。

非常感激哈尔滨工业大学建筑学院的各级领导和同事给予我的宽松而独立的写作空间和时间，使得我从惊弓之鸟一般的敏感又逆反的状态中渐渐平复，能够没有后顾之忧地安心研究和写作。有这样的母校、这样的关怀，真是我的幸运。

写书很难，但是只要认定自己在做好事，坚定地一直在做，幸运终会围绕。

另外，还有一个想跟大家分享的是写作方式的持续探索。

思如泉涌，需要启动右脑才能够源源不断地写出来，不然的话，哪怕自己觉得脑海里思路无穷，写起来也会很快就被左脑习惯性的腻烦和焦虑淹没，甚至还会因为忘记了随时变换姿势而造成难以治愈的颈肩伤害。

我在写作中不断地动脑筋尝试了很多种不同的写作方式，比如在户外、公交车、自己的车、快餐店、酒店大堂、风景园区等地方用手机移动写作，比如在白纸上手写、在色纸上手写、用数位板在电脑上手写、用手指在 iPad 上手写，比如用讯飞语音把口述语音转为文字、用思维导图软件写作、用全屏无干扰软件写作、用手写输入法写作、用漫画软件写作……

总之，在写作的过程中，一直都是在不断地动脑筋设法消解暴躁、抑郁、懒惰、腻烦、焦虑等负面情绪，努力找回自己本来的创造力。慢慢地发现，在这些挣扎的过程中，开始产生了举一反三、融会贯通的悟性和乐趣，进而促进了写作，甚至使得写作内容更加积极。

写作，其实是持续地进行自我探索，从而创造良性循环的多赢过程。

有关方案创作、概念策划、体系创造以及由此而发现的创造力自我找回、创造力心理障碍……我做了近二十年的探索、实验和研究，有太多的要说、可说、能说，而我们这个写了十本书的小小的写作团队，不断写作了这么多年，已经可以做到能写并且写成了。

群体写作、群体创作，这是未来。群体智慧、群体创造，未来的未来。

我们将持续探索。

后会有期!

鲁英灿

2015年12月

附：用 iPad 在 UPAD 里进行写作时的手稿（节选）

用数位板 Wacom Intuos 在 SketchBookPro 里进行写作时的手稿（节选）

因地制宜才是选择线条类型之原则！

因地制宜，这个词实际上几乎所有人都耳熟能详，但是一旦在实践中做选择时，又常常地放至一边。为什么这么说呢？看一看有多少人对线条类型应该是曲还是直，还是小曲大直，还是横平竖直一般地推崇，还是只执着于套路组合……这些领域思考的问题进行反复争论，争论一番，谁问：我知道了：人们只是喜欢假装自己不知道应该因地制宜，这是多么有趣的现象，而且竟然相当普遍！

相信曾经看过上述疑问的读者只要一看到"因地制宜"这四个词就会忽然释然：不同的项目，不同的目标，不同的对象，当然会促使我们有意识地选择相应的线条类型。不是吗？所以说非此即彼的单极思维往往会使得我们很可笑，因为假装的思考往往是在忽略常识，总是企图一劳永逸地找一个统一答案，总是用假装思考掩饰着行动的懒惰，总是用简单和重复为自己失去深入研究的机会。

那么，什么情况下用曲线为主的线条，什么情况下直线为主呢？实际上这类问题很容易回答：目标越是趋近于构思，线条越是趋近于弯曲、颤抖、复杂、模糊、多杂、随意，因为构思阶段需要的是从既画出的线条中更多种可能性的启发，即以画助于推敲思维；目标越是趋近于与别人交流、向别人表达，线条越是趋近于平直、流畅、简单、清晰、严谨、约束，因为交流与表达阶段需要的是相对准确地讲解方案构成、意图和效果，即单向的传播。这样一讲解，是不是很清晰明确了？所以说，关键是如何训练我们能够完全控制工具、由直曲变化之表象，而不是为了掩饰懒惰的非此即彼！

除此以外，不同的感受控制目标，也会因地制宜地选择相应的线条类型，比如有人觉得一方案创作活动需显示自己高深莫测的神秘感，会故意选择弯曲或模糊或幼稚或抽象的线条甚至各种类型等等，这都是因地制宜目标思维的体现，而不是说只用画法就是统一答案！

最后仍然是回归常识：通过训练全面控制工具，以目标为原则因地制宜！

为什么只根据目标结果反推过程？

结果控制，设计草图的布置。

实际上，很少有人注意到或者领悟到设计草图的绘制目标并非风格、画法、美观等等要素，而是应为控制目标结果绘制。大多数人都在思考诸如分类、优劣、工具、画法技巧、注意事项等的内在要素，或者陷入针对诸如色彩、构图、排列、透视、比例、尺度等画面要素的所谓思考之中，却没有想过这一切的实质目标都是为全图的结果进行可操作的控制，而非绘制行为本身！

大多人总是单向地全面学习所谓的技巧、窍门、规则，甚至轻易陷入到对不同门类的画法、方法、风格等要素的所谓"思考"、"比较"之中而还不得以开始训练，于是"量变达成质变"的"量变"阶段一直处于"尚未深入"的无法促进领悟的状态，当然更难以意识到实质目标的存在，甚至往往多数人们处在"不知道自己为什么出发"的蒙昧的意识之中。这种严重的过程思维模式使得大多人误以为"过程正确则结果必然达成的"，结果自然就陷入了面对大量过程要素的可能性而茫然不知所措，进而形成普遍的"疑问"……"需要注意哪些问题？有哪些技巧？关键是什么？从哪里入手？有什么特点……"等等问题，这就像是站在十字路口的交叉口四处打听路该怎么走，却说不清楚自己想去哪里一样可笑，不是么？然而更可笑的却是这样的人实际上多到几乎占据人群全部的程度，已经是可怕了！人们早已几乎失去了目标思维、整体思维能力，只会不假思索地单纯地进行过程思维），人们只知关注达到的套式、注意事项，却忘记了不同的目标需要不同的方式方法，即因地制宜，因人而异，因事而不同；方案创作师和设计师，本该是目标思维能力（逆向思维）、整体思维能力（球形思维）极强的人群，然而现实却是大多数方案创作师都是在为了满足任务而工作，为了完成任务而努力，而不是为了项目的成功与深入发展以及个人专业能力的持续提升实施行动。表面上看这两种行为没什么不同，实际上则是天壤之别：前者追求的是约定与规则的完成，因此一旦任务有变更，或者任务的内容、要求和期限发生频繁变化，方案创作师就往往陷入烦躁、恼火、抱怨的状态之中，情绪受到严重影响，甚至误以为这是职业特点！对后者而言，任务的只是当对当地甲方的原始思路而已。随着项目的进展、实践的深入、眼界的扩展、后记的介入，思路和要求出现变化是再正常不过的事情，因为目标是把项目的方方面面都考虑好，而不是对任务书的无谓解释。同理，合同签定时规定的更多也是粗浅的正常现象，而且对于建筑师而言，更重要的是对项目目标需求负责，而不仅仅盯着任务书和合同。因为对于建筑师而言，项目的目标，与个人专业能力的提高，同等重要。由此可见，只盯住局部的是失去的人，其实是忘记了总体目标的人，这些他们可以扳回布局。

回到设计草图的训练中来，我们应该清楚地回到常识，即清楚地意识到线条、色彩、构图、构成、透视、排列、空间、序列……以及工具、画法、风格、技巧、规则等等都只是要素而已，并非达成目标的必然原因，换句话说，努力不一定有回报甚至可能会南辕北辙。我们应该清楚地回归常识，即清楚地意识到根据目标的需要反过来推导所需要的要素才能使得我们找回自己的智慧，把设计草图真正做成达成目标的有效流程，而不是自以为都符合规则和各种要求，为什么仍然不被通过或者不顺利呢。

以过程入手和以目标入手，表面上是一致的，即都很重视前面上述的各种要素，但是其实质却截然不同。过程思维的人群，会埋头看着达到的“一统”、“遵守注意事项”来达成目标，目标思维的人则根据需要达成的目标反过来推导需要走的路，以及进步提高所需的注意事项。再举例说明：因为没有车而走路，与为了养生而弃车走路，表面上是一样的，但实质完全不同，其注意事项以及方式方法都会不同，心态也完全不同，而且不同的养生目标会使得走路的强度、时间、地点、模式都会不同！由此可见，单纯谈论或者讲解某种行为的方法及注意事项，实际上是没有意义的，只有在明确目标的前提下反过来推导出的行为要素及其规则才有意义，而且不同的目标所需的行为要素与规则并不见得相同。所以单纯地认为存在统一答案实际上是十分教条和幼稚的：如果存在统一答案，就不需要人的创造力了！

本书以较大篇幅和大量章节详细讲解以目标结果出发进行分析，从而推理出设计草图各个要素的训练方法和注意事项，希望这种符合常识的目标思维模式的讲解能够令读者真正领悟到以目标出发而推导过程要素的重要性以及可行性！

色彩移植

由于国内之课题对"抄袭"一词之恐惧和反感，大多数人对色彩感觉之移植原理和训练、应用均处于几乎空白之无能状态，甚至因此同时荒废了针对经典和优秀作品之色彩元素之深入研究。人们更愿意高谈阔论于作品之境界、思想、哲学、风格、流派、情感等形而上之所谓"高端"和"深度"，却轻而易之忘记了至少应该进行之针对经典和优秀作品之色彩归纳与分析，也就更谈不上尝试着移植到自己之作品中的体会和实验。很大多人都忘记了"遗传之同时进行变异"、"继承之同时进行发展"之常识，然而去进行"创造"色彩搭配，然后再因为效果差劲而质疑自己之色彩控制能力，甚至认为自己之色彩感觉是天生有问题，进而自卑、迷茫、自暴自弃，似乎色彩感觉只能是"有如神助"而毋须训练一般。这就像误以为人天生就应该能够识字、说话、演奏、书法、绘画……而不需要从临摹起步一样可笑，不是么？

其实，只需我们回归常识，就会发现我们具备之大多数能力都是从模仿开始，进而移植、发展，这与人类之遗传与变异是异曲同工之处，只是不知为什么，一旦涉及到了原创作的领域，人们就总是想摆脱常识，要么企图一步登天、浑然天成，要么应之丧气、气馁、自卑，甚至自卑自怜、自暴自弃。如果深入研究这种忘记常识之普遍现象，我们就会发现罪魁祸首在于这个行业固有之创造神秘感之虚伪传统：无论是建筑史、设计史还是设计类杂志、设计师传记，一概没有分析过设计大师如何训练配色能力和创作能力之具体描述，有之都是大肆着以华丽的写作之所谓理念、理论、名言等等，这就成功地创造了一种错觉，似乎大师之一切能力都是天生之和神赐之，似乎大师之学习和成长过程只是思考、思考、再思考！这种虚伪之传统已经延续了很多年，给初入设计创作之初学者造成了极其恶劣之影响：大多人误以为只需创造某种理论或思想即可一跃而成地跻入高端层次，甚至大多人以为"……都是工具而已，重要之是思想"而无之于自我专业能力之训练和提高，却热衷于模仿设计杂志之口吻进行"总结性发言"、"评论性发言"，从而不由自主地从学习者蜕变为评论一切，却彻底忘记了眼之能力与责任。由此可见，方案创作领域普遍存在的装深沉、伪装个性、伪装艺人之现象对初学者之影响很负面，行业内甚至普遍存在着忽视专业基本功训练，认为只是天真和技巧而已之偏激风气，甚至在思想来对于大量之专业训练与专业实践这一常识，观点却看缩容手记。太多人把思想与专业训练、自我潜力挖掘、专业实践割裂开来，从而夸夸其谈，高谈阔论，一旦涉及到自己之专业能力，则马上陷入沉默或者大写"我有个性"。这种"忽悠"之状态之严重，已经令人叹息无语。

强调个性评论、思想、哲学分析，忽视实操之能力训练。落实到色彩感觉之专业训练中，就是完全忽视经典、优秀作品之画面色彩配置分析，反而会陶醉于以凡高之类怪异色彩运用之作品为依据直接形成自己之所谓个人风格，一般而论，可是脱离了"创造"色彩配置之凡普遍基础。人们对经典和优秀作品之审美趋向，统一色调视而不见，选择性失明，然后误以为是自己没有天赋，却没想到根本是方法问题、观察问题、归纳问题、积累问题、实践问题，即会不懂把普遍存在之经典和优秀作品之色彩配置进行有意识之移植运用！

回归常识、回归观察、回归归纳、回归积累，我们会轻易地发现那些流芳百世之经典作品、那些令人叹为观止震撼之当代作品都有着普遍之色彩规律，即使一小时代、重黑、重白、换白相近，答案一直在我们身边，只是我们选择性失明，因为普通而已！我们希望从西方古典作品之审美趋向而言，因此可以先重点观察、分析、归纳、移植西方古典油画之色彩配置，然后再研究中国古典作品，到现代优秀作品，以及于我们眼前和身边：电影海报、唱片封套、书籍装帧、招贴广告、品牌店面、摄影作品、经典影视、服装鞋帽、家电产品、汽车造型、家居饰品、电子产品……想想，我们之选择性失明和忽视当下身边之能力是多么强大啊！而且，由于我们全国一步登天，太多人不能走、急于论证去研究可普及之经典与优秀作品，反研究甚至只研究不可普及之又不可复制之极端作品"这么基本之常识，只知一味地追逐那些怪异之、先锋之、前卫之风格或流派，殊不知个性是通过长期实践积累形成，而且真正之个性只能是个性，是不可能模仿之！

分析图·第一节·分析图的根本目标·No.1.

大多数方案创作师都知道分析图很重要，但同时却也存在很多的绘制分析图的可能画法，往往觉得无所适从，更多的时候则因为能力所限画不好分析图而停留在种种借口忽视分析图。比如方案周期太短、团队不重视、甲方只看效果图等等，甚至很多人由于看到了大多数杂志案例中那些流于形式的模式化分析图，就认为分析图只是花架子、点缀而已，没什么专业价值。这种情形的产生有很多原因，比如设计院校不注重通过分析图来讲解方案构思（甚至没有设置相关课程），比如设计单位不注重方案的分析、讲解、交流与协同互动（甚至没有进行相关训练的专业培训），比如方案创作师本身已经养成"重绘图、重理论、轻讲解、轻协同"的不良习惯（甚至连演讲口才都几乎无人训练），比如整个设计行业似乎几乎全部都认为方案创作师是单线往返的行为而不是多线并行（设计师们只知闭门设计，然后交给上级或甲方等待反馈，完全不懂得如何与他人及甲方共同创作，于是抱怨与纠结成为行业常态）……等等，不论是何种原因，整个行业轻视表达与讲解的现状比比皆是，而其令人堪忧的是：大家忘记了方案创作的重要目标之一是设法让别人接受方案构思并且乐于共同实现方案，而不是仅仅停留在自我欣赏和抱怨方案被轻易否定或者无端要求修改。

分析图是无声的口才。分析图的目标有三个重要方面：其一是通过分析图的绘制与自己的大脑交流，即向大脑形象化地输入各类信息和需求；其二是与团队其他成员交流与互动，以达成有效的相互理解和协同创作；其三是与上级或甲方交流与互动，一方面根据对方有效讲解方案构思以达成认可与信任，一方面尝试让上级或甲方参与到分析过程中以达成创造性的协同创作。一套优秀的分析图，可以使得一个杰出的方案创作师有效地表达出方案构思的生成逻辑以及如何能够做到优雅而多赢地解决各种复杂而相互矛盾的多方向需求，更可以使得具备优秀演讲能力的方案创作师在讲解方案时有理有据有序、相得益彰。想想看，方案构思再好，如果不能被认可和实现，即与单方面自说自话决定关系有什么区别呢？再想想，如果不能做到让团队成员、上级以及甲方由于受到清晰的分析和生成逻辑的吸引而乐于协同创作，那么他们岂不是都成了对方案品头论足甚至具有生杀大权的裁判，那方案与方案创作师的境地与下场怎么会快乐和充满成就感呢？

由此可见，忽视或者忘记了分析图的目的，是大部分方案创作师忽视或者忘记分析图的重要性的根本原因。本节从方案创作的几个阶段入手，简要分析几个阶段中分析图的不同目的，以图引起读者的真正重视。

方案创作前期的分析图：给大脑输入现状与需求

这个阶段的分析图极为重要，也极易被忽视。大多人阅读了任务书、去现场、见了甲方，就以为自己已经了解项目，于是就直接进入了构思状态，并企图直接做出令人满意的方案，然后就开始焦虑于做不出方案，或者兴冲冲地提出自己的偏好所做出方案，一旦被批评或者否定就闷闷不乐、浑身泄气。很多设计单位则由于种种原因不允许方案创作师亲自下现场和见甲方、做调研，而是由上级主管去做这些事情，然后回来向方案创作师交待情况，从而导致信息在转述中遗漏甚至被误解，更加剧了方案创作师在不明就里的境地中靠猜测进行"主观创作"的非专业工作习惯，使得方案创作更异于赌博。

由于大多人已经习惯了误以为自己"很了解项目情况"，因此我们经常能看见到许多方案被甲方轻易否定，原因往往是方案创作师没搞清楚现场和需求的真实情况，这个时候最常听到的话就是："这个情况没人告诉我啊"、"我没想到你们这么重视这个功能啊"、"你们当地的规范规定我不知道啊"、"给我的现状图上没标明这里有这个啊"、"你们不是说为了效果可以提高一些造价嘛"、"你们怎么出尔反尔啊"……总之，大多人拿到任务书或者听了项目情况简述就匆匆忙忙地投入到了方案构思中，不仅没有找机会、找借口以核定项目具体情况与真实需求的意识，也没有通过绘制现状相关的各类分析图以核定与补充任务书的专业流程，而是一旦因此而导致方案被否定，被要求修改就推卸责任。

抱怨重重甚至恶语相向。想想看，如果核定任务书的阶段都如此不充分，又何谈向大脑输入充分的目标现状与目标需求，让大脑可以据此展开创造性思维呢？

实际上，在方案构思的初期阶段，核定任务书与向大脑充分输入项目情况是同一件事。只需我们充分重视项目前期的分析图绘制，那么任务书（或任务阐述）中不明确的、被忽略的、被遗忘的以及应该补充的、应该调研的、应该咨询的、应该加入的需求定义的东西，应该邀请前来进行咨询讲座的人与内容等——显现出来并自然形成前期计划，而随着这些内容的逐一澄清与深入了解，前期计划也就随之完成，任务书也就逐步核定与完善，试做与试错的过程也就便于同时进行。并且，这个过程也恰恰就是向大脑充分输入项目的完整信息的过程，并且不仅一举多得，而且为大脑根据这些翔实的输入资讯和感受提供创造性多赢的解决方案创造了最可能的可能。

因此，我们不能再固执或者浮浅地误认为分析图只是方案已经形成之后的表达与交流行为。在方案构思的前期，通过分析图的绘制，不仅有助于反复梳理现状情况与目标需求的方方面面，从而向大脑反复输入这些进行创造性思考的必需资讯，而且有助于团队成员、上级主管以及甲方之间对项目的基本情况达成共识，避免由于各自的理解与资料掌握的不透明而产生完全不必要的纠纷与矛盾。

其实，方案构思前期如果能够大量而反复地绘制项目现状与目标需求的各类分析图，那么试做与试错的心情和行动就会很自然地油然而生，而这些尝试性构思行为又会促使分析图的反复深入，从而形成各个方面的有效互动。

这个过程如果被极为重视地纳入方案创作流程，那么，能否一次性提出多赢的多方向解决方案也就很有甚至能够直接达成了。这就是很多方案高手创作效率和成功率都很高的原因之一：知己知彼，百战百胜，仅此只是常识逻辑而已！

方案创作中期的分析图：人与人有效交流与互动

实际上，任何阶段都需要人与人的有效交流与互动，不是么？只是，在方案创作的中期，由于大量的试验与试错已经开始导致形成了一些可能而且可行的解决方案，这些相对可行的解决方案无论是在团队内部，还是给上级主管汇报阶段成果，还是主动或被动地向甲方阐述或与甲方互认相关现状、需求、目标及远景，还是进行小范围指定人群的问卷调研……都需要有效地交流与互动的专业能力。而由于并非所有方案创作师都具备完全讲口才进行完整并且有效地讲解方案构思的能力，更少有人具备激励别人在没有任何束缚的情况下与方案创作师进行有效互动甚至协同创作以创造共同成就感的能力。因此，在这个阶段以分析图为载体进行交流与互动就会产生令人惊奇的甚至意想不到的良性循环。

我们都有这样的经验：当我们直接说出针对某件事的结论，那么只有很少的机会会获得完全赞同，更多的反馈则是被质疑、怀疑、质问，随后就是评论、批评以及毫无意义或无意义的否定！但是，如果我们以讲解分析入手，一步步地讲解逻辑生成并寻找衍生论据，那么更多的反馈则经过从无兴趣到有兴趣、感兴趣、想参与或者积极推演逻辑过程，即使他们有不同甚至反对意见，他们也会因为这些认真的讲解而不急于质疑和否定，原因是大家都知道"对等原则"，即"你轻易结论，则我轻易反对；你告诉我为什么得出这样的结论，则我会认真设法理解你并审慎地提出我的建议"。如果您认同这种体验，您会意识到我们如此强调分析图的重要性的原因和时机。其实，这仍然是常识逻辑：不要再为不被人认可而苦恼，那不是个性，而是能力欠缺！从这个简单的体验分析可知分析图的重要性：告诉别人为什么，往往比告诉别人怎么做更有效，虽然表面上别人总是显得更想早知道答案。

在方案创作的中期，恰恰是最需要通过告诉别人我们是如何生成解决方案的阶段，因为一旦在方案创作的后期才被人指出生成过程的论据和逻辑存在严重缺陷，那时就几乎无法弥补甚至会轻松创造灾难！在方案创作的中期阶段，正是需要反复论证各方面的目标与需求的排序、取舍的阶段，只有真正落实了这些创作依据，才能到时候创造多赢的方向性把握，才能避免"赌博式"创作。因此，在这个阶段中，更需要对方案的生成论据和生成逻辑、生成过程反复绘制大量的分析图，以与团队成员、上级主管和甲方

后记

进行反复研讨、交流、论证、修订以及反复进行"实验"，从而使得最终的解决方案能够真正令人信服。

有人可能会问：如果是投标或者竞赛，甲方根本不能够会见方案创作人员，怎么办？是的，很多人乐于用这种依赖心理模式的借口来掩饰自己更乐于闭门造车、纸上谈兵的赌博行为，试图像他们非常喜欢赌输之后的自我解释的赌徒感觉一般。实际上，除非是有什么不可告人的内情，哪个甲方会不关心自己投资的项目呢？哪个甲方会拒绝诚心与其讨论项目的目标与需求（注意：并非判断方案好坏）的方案创作师呢？何况，谁说一定要与抽象评委的人探讨方案？与项目相关的人很多啊，比如某地现有的居民或工作人员、某地周边的人群、做过相似项目的某些公司……而且很多时候，与该项目有着切身利益的很多人也都会很乐于接受方案创作师富有诚意的访谈：不是汇报，只是共同研究项目的需求与目标，而且该项目与他们自己的未来环境、工作条件有着直接关系，为什么会不感兴趣甚至不欢迎呢？关键的关键仍然只是方案创作师是不是真的重视项目相关的人物访谈以及协同创作而已，不是么？

无论是何种交流与互动，使用分析图作为载体的效果往往都会好于直接拿出方案让人点评，因为在分析图层级，人们更容易参与进来而不会紧张地说"我不懂设计，不知道怎么评价你的方案啊"。无论是哪一种分析图，只要不是最终方案，那么人们都会很容易理解其中的分析图中乐于指出自己认为的缺漏或者错失之处，并为自己能够获得方案创作师的真诚赞扬和感谢而欣喜不已，甚至会在其后的时间里亲身投入调查和收集资料并提供给方案创作师，反之因为忽然发现自己有参与方案创作的潜质。可惜的是，由于太多方案创作师的人际能力匮乏，不懂得真诚赞美别人的重要性，当然还不擅长绘制明快易懂的分析图，再加上已经习惯了闭门造车、与人群隔离的工作模式，上述交流与互动的工作方法对很多人来说仍未得到重视。

因此，希望上述内容对希望改进自己的"封闭创作"模式至"开放创作"、"互动创作"、"协同创作"模式的方案创作师以及方案创作机构能够有所启示。

方案创作后期的分析图：让受众信任方案与多赢。

大多数人都喜欢说别人"不理解"自己，这种情况在方案创作师的表意中则更加严重。大多方案创作师都在抱怨上级、甲方或有着方案决策权的人不理解他的理念、构思以及好的方案，甚至很多人希望甲方或者政府领导是学设计出身的以便于"相互理解"。实际上，决定方案能否成功通过审核的关键要素并非"理解"，而是信任。

方案被否定，往往并非方案本身不善，而是产生方案的方式、方案的表达模式以及方案讲解的方法等方面出了问题。大多人希望的情景是只要能产生方案效果图，甲方就十分欣赏并马上认可这个方案，否则就会不由自主地陷入愤懑、怨火、失落、无奈、焦虑、抱怨、推脱责任等等不良情绪之中，这样的人数之多，实际上非常令人感慨。他们忘记了最基本的常识：即使是在人与人的现实生活中，一见钟情也是可遇不可求，何况是人做出来的方案呢？大多数人都需要通过较长时间的交往才能真正认可对方，大多数人都需要通过谈恋爱才能逐步相互信任，不是么？那么人造的方案怎么就能够轻易地全图只要亮相就被直接认可并接受呢？因此，优秀的方案创作师决不会寄希望于精心做出来的方案去赌博那一厢情愿的一见钟情的！

我们再从另一个角度来讲解：对甲方而言，他们需要的绝不仅仅是一个"惊艳"的方案，也不会仅仅因为第一感觉不错而匆忙接受方案，因为他们必须对自己的投资负责，所以，大多数理智的甲方会更加重视对产生方案的方案创作师的专业能力考察，以确认做出来的方案的价值得信任甚至值得托付。换句话说，这就像是谈恋爱，人们不会仅仅因为第一次见面的"惊艳"而轻易地全盘接纳，而是会通过反复观察与互动来逐步下定决心。

对方案而言，通过分析图逐步认识方案的合理性与优越性，不仅仅是在讲解方案本身，同时也是在展示方案创作师值得信任、值得合作、值得托付的专业能力。一套设计严密、逻辑流畅、结构清晰、创新多赢、绘制完善的分析图，不仅是在简明易懂地分析方案的生成与优点，更是在向他人展示方案创作师的智慧与能力，从而使得读图的人即使对方案成果没能"一见钟情"，也会由于对方案创作师的专业认知和清晰表达的欣赏而也将给予进一步合作的机会，更会给予他这些分析图入手与方案创作师们进行深入交流互动甚至协同调研、共同创作，而一旦甲乙双方开始了协同创作，那么敌对关系、运动员与裁判的关系就会马上转换为休戚与共的合作关系，一切就会很自然地走向良性循环！

再换个角度，让我们从职场发展的层级再来审视一下这门所谓的分析图的重要作用。很多人误认为上级主管只关注结果，不关心过程，因为主管们最常说的口头禅就是："我不管你是怎么做到的，我只看结果！"实际情况真的如此吗？当然不是啊！只需换位思考一下就会明白：如果我们是主管领导，如果手下的一位方案创作师的方案虽然不是那么理想，但是从他绘制的分析图中我们看到了他清晰的思路和生动的表达，我们会轻易地大肆批评他或者干脆开掉他么？当然不会啊，因为良好的分析能力和表达能力是方案创作的基础，这样的人才只需加以创新方面的专业指导就有培养成创作高手的潜力，怎么会舍得放弃呢？何况，即使这样的人才暂时找不到能够培训他的高人，也完全可以让他专门负责公司的方案分析图方面的专业工作，而能够负责这方面的人才真的是少而又少啊！所以，就算是从职场角度而言，能够绘制出专业、精准生动的分析图，也是在给自己创造升职加分的机会，如果还能够结合制作演讲课件幻灯片的技术，使得方案的讲解从图面本身进化到与口才同步（只需参考美国苹果公司WWDC大会的新产品讲解就可知道课件式分析图的重要性），那么就会很轻松地成为方案创作师群体中少见的具备讲解方案能力的"发言人"，这样的人才可真算是稀有啊！

无论是从哪个角度而言，分析图的专业表达能力都能够为创造与增强信任提供升职加分的机会，而信任则是几乎整个方案创作中最重要的因素！很多人总是误以为方案好才是最重要的，或者"只要方案好就是一切"，很少有人能够意识到其实是信任与否在决定着方案能否被接受。为什么这样说呢？原因很简单，理智的甲方更关心的是一个项目的整体运作，即方案在生成之后的不断而反复的修订甚至重做，所以方案本身并非终点，也不是唯一的判断标程，这就像人们不会仅仅因为一个人表面很好就跟他(她)结婚一样，甲方也不会仅仅因为一个版式不错的方案而轻易同意进入合作。懂得全局思维的甲方能够从整套方案图中清晰地感觉到方案创作师是否值得继续协同，因为他们知道任何一个项目都必须面临无尽的修改甚至重做。如果方案创作师不能够在图面上表达出清晰的逻辑、缜密的论据、流畅的生成、生动的讲解，而只是拿出方案的成果用口头阐述思路来企图赌博一般直接获得认可和通过，那么任何一个甲方都会在心里产生不被尊重的感觉，更会怀疑方案是不是经过了深思熟虑，进而开始怀疑方案创作师是不是并不具备真实的专业能力……这种情况发生在太多初出茅庐的方案创作师身上：很好的方案被否掉，被接纳的却往往是那些口才好、讲解家、资历深的人的方案，哪怕那些方案没什么创意！

跳出来看问题，我们多想想就能明白，为什么会有如此简单的常识：人们是在因为信任而做出判断和决策，而不只是在看单纯的结果。分析图就是创造信任的有效工具。

在方案创作的后期，我们不仅要为创造信任而努力，还有一个更重要的目标：多赢。信任，是针对方案创作师的，而多赢，则是针对方案的优势之所在的。好的方案、容易被接纳的方案，往往不是孤注一掷的方案，而是能够实现多赢的方案，而能够实现多赢，才能获得真实的尊重。想一想，一个方案不仅能够让人感到方案创作师(团队)是值得信任的、是值得携手合作的，而且还能够做到让人信服地在经济、技术、法规、商业、品牌、经营、市场、发展、价值、人文以及人性化等各个方面都达成有效地实现的可能，那么即使是换位思考，假设我们是甲方，又怎么会不产生敬佩之心呢？而这一切，都需要我们能够通过分析图进行简明而有效地表达和讲解……由此可见，分析图的创作与表达能力实在是方案创作师不可或缺的专业能力，绝不是那些“大众化”、“模式化”、“人云亦云”的所谓“分析图”能够替换的概念！

综上所述，实际在方案创作的各个阶段，分析图的研究与绘制都是非常必要的专业流程，只是限于篇幅，这部分讲解在这本书中只能点到为止，只求引起重视和自悟。

致谢

我的工作单位：

牡丹江市建筑设计研究院：笔者在那里经历了从懵懂学子到实际项目参与者的转变，尤其是重塑了功能设计中的以人为本、施工图设计中的规范制图等方面的认识。在此，衷心感谢那些曾经对我的专业能力给予帮助和关心的人们，他们是沈杰、聂忠涛、齐勇贵、廉瀛、矫振式、刘向东、宋泽瀛、李军、余虹、郑少敏、姜靖涛、郝桂芝、杨瀛浦。

黑龙江中美建筑设计研究院：笔者在那里亲眼看到了方案高手们如何创作、构思、探讨与专业表达，并主持了大量的电脑效果图、动画的制作。在此，对院长范文凡先生表示衷心的感谢。

哈尔滨 A+C 设计工作室：笔者在那里体验了共同创业的种种历程，回想当年，仍然能够感受到工作室各位成员对我的宽容与帮助。在此，对王耀武、刘晓光、张乙明、赵志庆、宋聚生表示诚恳的感谢。

哈尔滨灿拓高级电脑与设计专修学校（www.CANTOP.com）：笔者自费进行教学实验的基地，感谢康玉芬、张襄贵、许爱华等核心成员这么多年的不离不弃、坚持探索。

哈尔滨工业大学建筑学院：笔者自 1995 年开始在建筑系任教至今，始终处于持续成长的积极状态，对笔者的人生产生了极大的影响。

感谢梅洪元、安学敏、张珊珊、郭旭等建筑学院各届院长和书记对我的理解、宽容、帮助与鼓励；

感谢建筑系智益春、郭恩章、金广君、周立军、徐洪鹏等各届系主任对我的指导和爱护；

感谢第三、第四建筑设计教研室的李桂文、刘松茯、孙清军、白小鹏、邹广天、韩衍军、吴健梅、于奕欣、杨悦等老师和同事这么多年的宽厚支持与帮助；

感谢建筑学院兆翚、李玲玲、金虹、林建群、卜冲、徐苏宁、赵天宇、程文、邵郁、邢军、陆明、李春报、关毅、陆诗亮、袁青、马辉等老师给予我的认可与帮助；

感谢曾经在哈尔滨工业大学建筑学院任教的张路峰、苏丹、魏建军、苗业、晁军、张玉良、乐大雨、倪琪、格伦、马英等师长与同事，是你们的师友之情使我得以持续前行。

我的朋友们：

高志明、关伟、严滨、刘远啸、张长林、陆锴、青衣、杜江明、岳海峰、方旭、宋令涛、姜昱同、李睿、肖全胜、常晓强、沙明、李天白、吴玉臣、陈光辉、孙利民、方飞、曹珍福、苗雨、林海涛、钟声、张洪儒、孙捍东；

永远的良师益友：黑龙江省集盛建筑设计（院）有限公司李贵杰和齐开明、哈尔滨工业大学建筑设计研究院深圳分院智勇杰；

愉快的项目合作者：大庆市规划建筑设计研究院张金生和戴世智、哈尔滨方圆建筑设计有限公司徐礼白、大庆天宇建筑设计有限公司阎石；

写作道路上的伯乐：徐晓飞、郭文明。

我的写作团队成员：

孜孜以求地整理文稿：康玉芬；

永远轻松地修改插图：蒋伊琳；

一丝不苟地扫描图像：李佳金。

遗漏之处，尚乞万勿挂怀！

鲁英灿

2015年12月

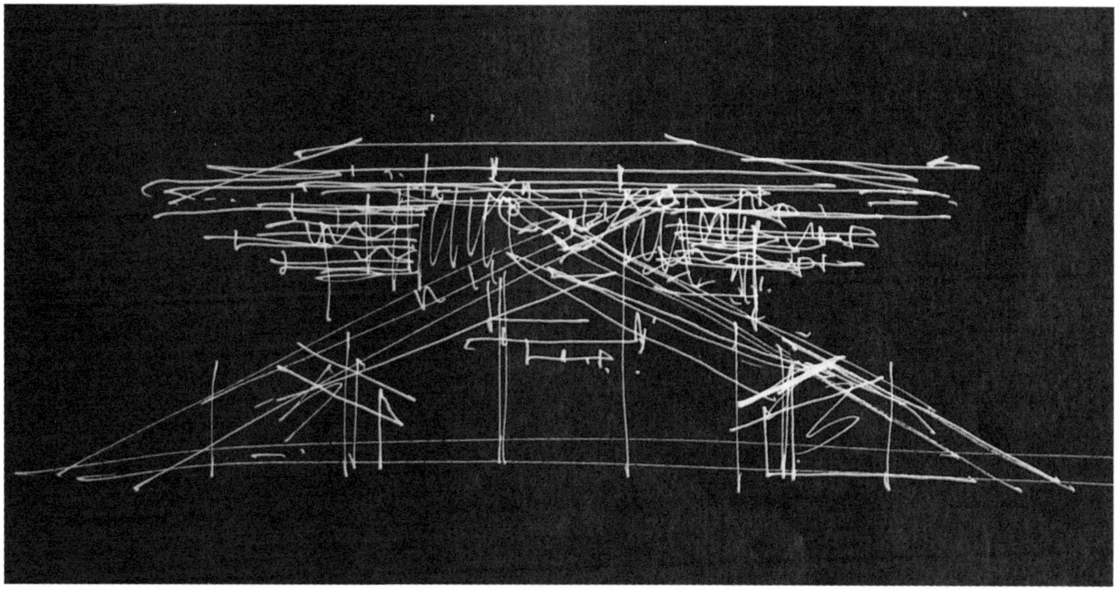

构思草图

图书在版编目(CIP)数据

设计草图 ： 方案创作手脑表达训练教程 / 鲁英灿,蒋伊琳著. -- 北京 ： 中国建筑工业出版社, 2015.12
（AiTOP手脑思维训练系列）
ISBN 978-7-112-18888-8
Ⅰ. ①设… Ⅱ. ①鲁…②蒋… Ⅲ. ①建筑设计-绘画技法-教材 Ⅳ. ①TU204
中国版本图书馆CIP数据核字(2015)第301644号

责任编辑：徐晓飞 徐 冉 张 明
责任校对：李欣慰 刘梦然

AiTOP 手脑思维训练系列
设计草图——方案创作手脑表达训练教程
鲁英灿 蒋伊琳 著
*
中国建筑工业出版社出版、发行（北京西郊百万庄）
各地新华书店、建筑书店经销
北京顺诚彩色印刷有限公司印刷
*
开本：889×1194 毫米 1/24 印张:20 字数：480千字
2015年12月第一版 2015年12月第一次印刷
定价:158.00元
ISBN 978-7-112-18888-8
(28119)